微惯性系统及应用

毛　奔　张晓宇　编著

HEUP 哈爾濱工程大學出版社

内容简介

本书系统地介绍了微惯性器件的基本原理及应用问题。内容主要包括微惯性导航技术有关的基本原理；各种微惯性器件的原理、结构及加工制造技术；微惯性器件与系统的测试、标定及评价方法；基于微惯性器件的惯性系统与组合导航技术。

本书注重理论与工程实际应用相结合，在介绍理论的基础上，还融入了作者及其他研究者近年来的许多最新研究成果，理论及实践并重，具体介绍了各种基于微惯性技术的系统设计、实现及应用。

本书可作为高等院校电子、微电子、微机电系统、测控技术与仪器、导航、制导与控制、精密仪器与机械、控制工程等相关专业的研究生、本科生和教师用书或作为教学参考书，也可供从事相关领域研究的有关工程技术人员参考。

图书在版编目(CIP)数据

微惯性系统及应用/毛奔，张晓宇编著. —哈尔滨：哈尔滨工程大学出版社，2013.7(2015.1 重印)
ISBN 978-7-5661-0628-5

Ⅰ.①微… Ⅱ.①毛… ②张… Ⅲ.①惯性导航系统-研究 Ⅳ.①TN966

中国版本图书馆 CIP 数据核字(2013)第 176018 号

出版发行 哈尔滨工程大学出版社
社　　址 哈尔滨市南岗区东大直街 124 号
邮政编码 150001
发行电话 0451-82519328
传　　真 0451-82519699
经　　销 新华书店
印　　刷 黑龙江省地质测绘印制中心
开　　本 787mm×1 092mm　1/16
印　　张 19.75
字　　数 490 千字
版　　次 2013 年 7 月第 1 版
印　　次 2015 年 1 月第 2 次印刷
定　　价 42.00 元
http://www.hrbeupress.com
E-mail:heupress@hrbeu.edu.cn

前 言 PREFACE

微惯性技术是最近几年导航、制导和控制领域快速发展的一个分支。新型的惯性器件特别是微惯性器件不断出现，具有体积小、质量轻、成本低、动态特性好、可靠性高等独特优点。自从满足一定精度要求的微惯性器件问世以来，已经在军事武器装备和国民经济的诸多领域得到广泛应用。目前，国内外各有关研究和应用机构都对微惯性系统的研究和应用投入了极大的关注。这方面的专著和教材是很有必要编写的。

本书是在参考国内外有关文献的基础上，依据研究生专业教学大纲，并结合哈尔滨工程大学多年的教学科研实践编写而成。在编写过程中，充分注意了全书内容的系统性和完整性。

全书内容共分 7 章，第 1 章绪论，第 2 章介绍微惯性系统基本工作原理，第 3 章介绍微惯性器件的功能材料及加工制造技术，第 4 章介绍了微惯性器件，第 5 章介绍了微惯性器件的测试、标定与误差分析，第 6 章介绍了微惯性测量和稳定系统，第 7 章介绍了基于微惯性系统的组合导航技术。

本书第 1 章、第 5 章、第 6 章由哈尔滨工程大学张晓宇编写，其他各章由同单位毛奔编写。

本书在编写过程中得到了哈尔滨工程大学测控技术与惯性导航研究所很多老师及研究生的大力协助和支持，许多素材都直接来自他们的研究成果和文章，特此鸣谢。

由于微惯性器件及技术的理论研究和实际应用的发展速度快，该领域很多新成分不断出现，又由于本书篇幅、作者专业知识及写作时间有限，因此书中必然存在不当之处，敬请同仁批评指正。

本书的编写和出版得到了哈尔滨工程大学出版社的大力支持，同时又是哈尔滨工程大学 60 周年校庆规划的面向高水平研究型大学、体现哈尔滨工程大学教学和科学研究成果的教材之一。

编著者

2013 年 4 月

目　录

第1章 绪　　论

1.1 引　　言

微系统(Micro System)也称微电子机械系统(Micro-Electro-Mechanical System, MEMS)或微机械(Micro Machine),是利用集成电路(Integrated Circuit, IC)制造技术和微加工技术(Micro Machining 或 Micro Fabrication)把微结构、微传感器、微执行器、控制处理电路甚至接口、通信和电源等制造在一块或多块芯片上的微型集成系统。微系统的出现使芯片远远超越了以处理电信号为目的的集成电路,其功能拓展到机、光、热、电、化学、生物等领域。广义地讲,集成电路是电子线路系统的微型化,而其他领域的微型化都可以划分在微系统的范畴。微系统具有微型化、集成化、智能化、无线通信、能源环境、生物医学、军事国防、航空航天、汽车电子以及消费电子等多个领域,已经并将继续对人类的科学技术、工业、军事国防和经济领域产生深远的影响。

典型微系统的尺寸在微米到毫米量级,包括微(机械)结构、传感器、执行器和控制电路等单元,可以实现测量、执行、能量转换和信息处理等功能,构成一个智能系统。图1-1所示为典型微系统的功能组成。其中,传感器感知外界信息并将其转变为电信号传递给处理电路,电信号经过电路处理后传递给执行器,执行器根据该信号作出响应、操作或者通信,从而使控制电路通过传感器、执行器和通信模块与外界联系起来,形成具有感知、思考、决策、通信和反应控制能力的智能系统。因此,微传感器、处理电路和微执行器的功能可以分别比作人的感官系统、大脑和手。

微系统的概念通常指一个较为全面的功能集成体,但是由于制造的限制,目前多数微系统只包括微机械结构、微传感器、微执行器中的一种或几种,而没有形成一个功能完善的系统。这种情况下更多地用 MEMS 一词来代替微系统。MEMS 这一名词已经被世界各国广泛接受并大量出现在文献中,目前 MEMS 已经不仅仅局限于系统的概念,根据不同的场合,可以指微系统这种“产品”,也可以指设计这种“产品”的方法学或制造它的技术手段。

1.1.1 MEMS 和微系统分类

微系统或 MEMS 包括多个功能单元,涉及的学科和应用领域十分广泛,对其进行系统分类比较困难。根据组成单元的功能不同,MEM S 大体可以分为微传感器、微执行器、微结构以及包括多个单元的集成系统。根据应用领域不同,将 MEMS 应用于无线通信、光学、生物医学、能源等领域,就分别产生了 RFMEMS。Optical MEMS, Bio MEMS 和 Power MEMS 等。实际上,几乎所有领域的微型化或应用都会产生对应的 MEMS 分支方向。

微传感器是感知和测量物理或化学信息的器件,是历史最长、产业化最早、产值最高的 MEMS 器件。图1-2所示为 Analog Devices 公司(ADI)制造的单片双轴微加速度传感器

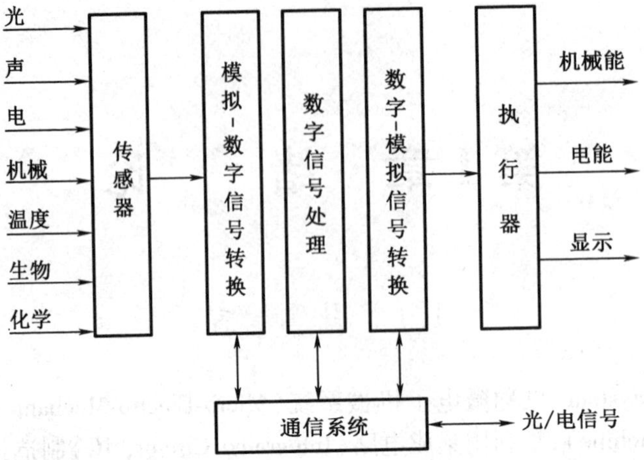

图 1-1　典型微系统的功能组成

ADXL202，图 1-2(a)至图 1-2(d)分别为封装照片、加速度敏感结构静止状态、测量状态以及芯片照片。测量加速度的传感器机械结构位于芯片中心，是利用表面微加工技术制造的悬空多晶硅梳状叉指电容，BiMOS 工艺的信号处理电路分布在结构周围。当有加速度时，作用在可动叉指的惯性力改变了可动叉指与固定叉指之间的距离，引起叉指电容变化，通过集成电路测量电容的变化得到加速度信号。

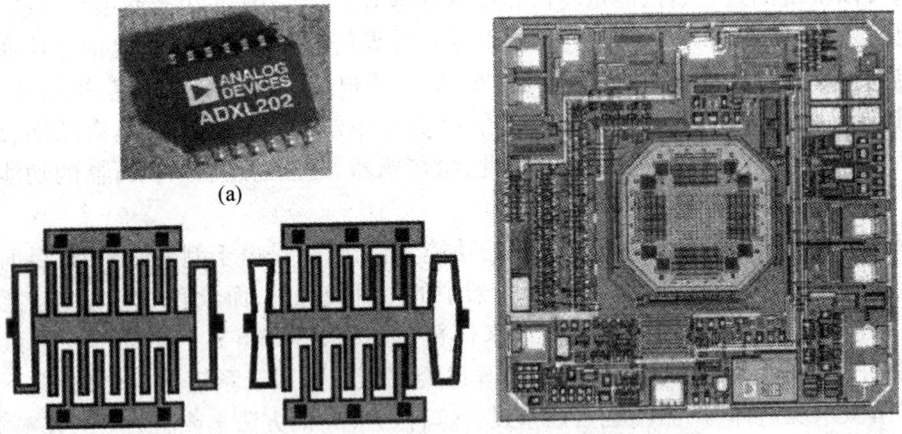

(a)　(b)　(c)　(d)

图 1-2　ADXL202 微加速度传感器

微执行器是用来驱动 MEMS 内部微结构或者对外输出动作的器件，是 MEMS 的另一个重要组成部分。图 1-3 所示为美国加州大学 Berkeley 分校（UCB）研制的直径为 100 μm 的微静电马达，通过静电控制输出旋转运动。微执行器除了单独使用，还是很多 MEMS 应用器件的核心组成部分，例如应用于光通信的微镜利用微执行器的动作反射光线。

将 MEMS 应用于无线通信系统的 RF MEMS 是 MEMS 的重要方向之一，它通过实现高性能的集成无源器件，如开关、谐振器、可调电容和可调电感等，使无线通信系统能够像

CMOS 集成电路使用晶体管一样大量地使用无源器件,从而提高无线通信系统的性能、降低成本、减小体积,具有广阔的应用前景。例如 Agilent 公司开发的薄膜体声波谐振器,工作时在两个电极间的音质 AIN 压电薄膜上产生驻波,尺寸是石英谐振器的 1/20,频率高达 20 GHz。

图 1-3 微静电马达

MEMS 在光通信和显示领域得到了广泛应用,例如德州仪器公司(TI)利用表面微加工技术制造的用于高清晰电视和投影机的数字微镜(DMD)。DMD 的电路首先对光信号进行数字处理,静电执行器根据该信号控制微镜转动,数字式地控制和调整反射光的方向,实现高质量的图像。MEMS 利用技术制造的光开关具有插入损耗小、开关时间短、体积小、调整容易、功耗低等优点,能够实现光通信中的光-光转换,是光通信领域的研究热点,如日本 NTT 和日本朗讯公司等都有产品应用。

生物微系统(Bio MEMS)和芯片实验室(Lab On a Chip, LOC)是 MEMS 的另一个研究热点,包括药物释放、临床诊断、微创外科手术、微型生物化学分析系统等。LOC 可以把生化样品输运、分离、混合、纯化、反应、识别检测等多种功能集成在芯片上,具有样品用量少、效率高、速度快、自动化等优点。Bio MEMS 和 LOC 在疾病诊断、外科治疗和生化分析等领域有广泛的应用。

尺度的缩小将 MEMS 向纳米尺度延伸,产生了纳电子机械系统(NEMS)。但很多 NEMS 又不完全是 MEMS 的缩小,而是利用纳米尺度出现的效应,大幅度提高灵敏度、减小体积、降低功耗。例如有些 NEMS 传感器可将灵敏度提高 10^6 倍,功耗减小两个数量级。采用多壁纳米碳管研制的纳米谐振器,通过谐振频率的变化可测量 3×10^{-14} g 的质量,能够作为检测分子或细菌质量的分子秤;而尺度为 100 nm 的 SiC-NEMS 谐振器,频率高达吉赫(GHz),Q 值高达数万以上,而驱动功率只有 10^{-12} W。

1.1.2 微系统的特点

如图 1-4 所示,MEMS 的设计、制造、应用等涉及自然科学及工程技术的多个领域,如电子、机械、物理、化学、生物医学、材料、力学、能源等,是多学科交叉的前沿性研究领域。MEMS 的应用领域则更加广泛,几乎所有的学科领域都可以应用和发展自己的微系统。

1. MEMS 的典型特点

MEMS 多样性和复杂性的特点,使得很难给其一个准确的定义,但是一般来说,它们具有以下一些共同的特点。

(1)结构尺寸微小。MEMS 的尺寸一般在微米到毫米量级,例如 ADXL202 加速度传感器和微马达的结构尺寸在一百至几百微米,而单分子操作器件的局部尺寸仅在微米甚至纳米水平。尽管 MEMS 器件的绝对尺寸很小,但一般说来其相对尺寸误差和间隙却比较大,

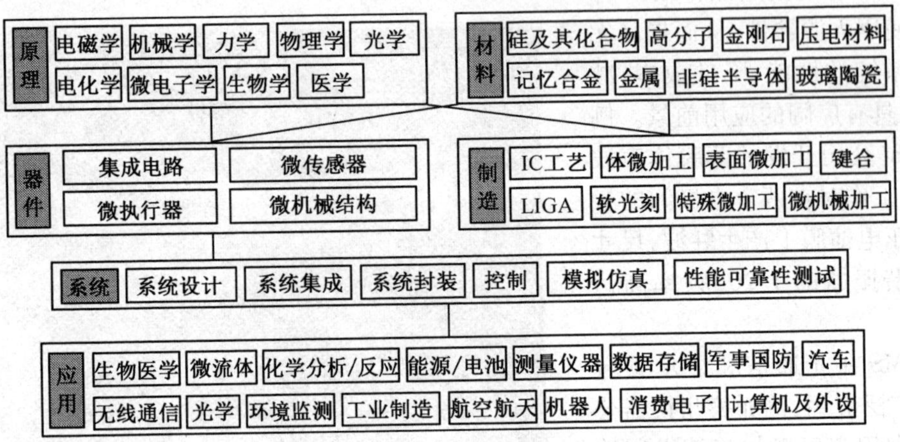

图 1-4　MEMS 的相关研究和应用领域

例如传统宏观机械的相对精度高达 1:200000，而 MEMS 的相对精度一般只有 1:100 左右。

(2)多能量域系统。能量与信息的交换和控制是 MEMS 的主要功能。由于集成了传感器、微结构、微执行器和信息处理电路，MEMS 具有了感知和控制外部世界的能力，能够实现微观尺度下电、机械、热、磁、光、生化等领域的测量和控制。例如加速度传感器是将机械能转换为电信号；打印机喷头将电能转换为机械能；生化传感器可以将化学和生物反应能量转换为电能或机械能。

(3)基于微加工技术制造。MEMS 起源于 IC 制造技术，大量 IC 制造方法，力求与 IC 制造技术兼容。但是，由于 MEMS 的多样性，其制造过程引入了多种方法。这些新方法的不断引入，使 MEMS 制造与 IC 制造的差别越来越大。

(4)MEMS 不完全是宏观对象的按比例缩小。尽管多种不同领域的微型化都可以发展和应用自己的微系统，但是 MEMS 并不是宏观系统的简单缩小，而是包含着新原理和新功能。这是由比例效应决定的。例如微马达不仅结构与传统宏观马达不同，其利用静电驱动的工作原理也与传统宏观马达的磁力驱动明显不同。

(5)在 MEMS 范畴内，经典物理学规律仍然有效，但影响因素更加复杂和多样。物理化学场互相耦合、器件的表面积与体积比急剧增大，使宏观状态下忽略的与表面积和距离有关的因素，例如表面张力和静电力，跃升为 MEMS 范畴的主要影响因素。进入纳米尺度后，器件将产生量子效应、界面效应和纳米尺度效应等新效应。目前人们还没有能够像掌握宏观世界一样掌握微尺度下的规律。

微小的尺寸使 MEMS 具有宏观结构所不具有的优点。首先，微加工技术可以像 IC 制造一样大规模生产，降低制造成本；其次，微器件具有宏观对象不具有的新效应或新性能，如原子力显微镜、隧道式传感器等都利用了小尺度的特性，而细胞操作等利用了小尺度下精确、灵活的特性；第三，MEMS 器件容易形成阵列，并与电路集成，可以简化系统、降低噪声干扰、提高信号处理能力；第四，MEMS 器件的尺寸、质量以及功耗等更低，响应速度更快，灵敏度和分辨率更高，动态范围更大。

集成电路技术的发展方向是不断缩小特征线宽，使其集成度、功能、性能以及性价比不断提高；而 MEMS 的性能取决于精细的微机械结构，这些结构制造复杂、难以缩小，因此 MEMS 的性价比取决于微机械结构。一般地，微系统中晶体管的数量基本标志着系统处理信息的能力,微机械结构的数量基本标志着感知和控制能力。图 1-5 为典型的 MEMS 系统中集成的微机械结构与晶体管数量之间的关系曲线,其中 T/M 表示晶体管与机械结构的数量之比。ADXL 系列加速度传感器和 DMD 分别是晶体管和微机械结构高度集成的代表,这两个器件所在的位置也代表了集成测量、驱动和信号处理功能的 MEMS 的发展方向。

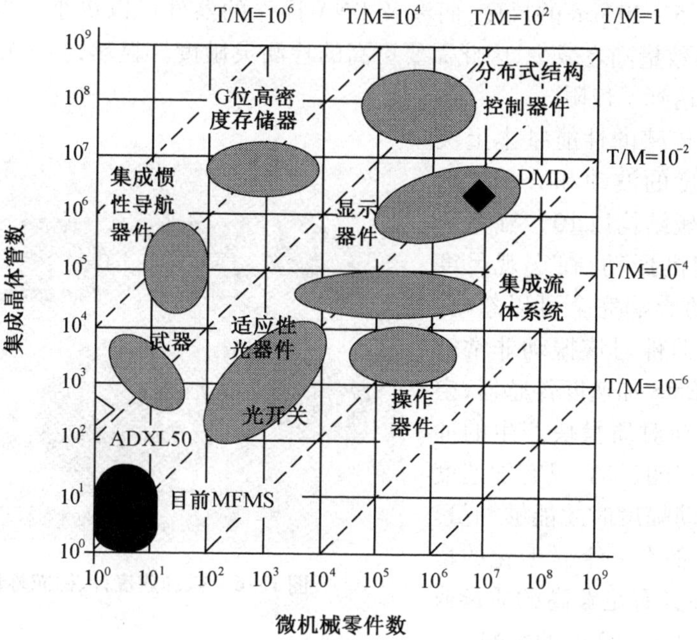

图 1-5 微系统的微机械结构与晶体管数量

2. 尺寸效应

尺寸效应是尺寸等比例缩小效应的简称。一般情况下,常规的宏观物理定律和规律在 MEMS 尺度仍旧适用,但是尺寸的缩小使 MEMS 的控制因素发生了变化。器件特征尺寸缩小 s 倍和 s^3 倍时,表面积和体积分别缩小 s^2 倍,对于特征长度是 1 m 和 1 μm 的结构,其表面积与体积比分别为 1 m^{-1} 和 10^6 m^{-1}。在宏观状态下,很多性能受到与体积和质量相关的特性控制;在微尺度下,与体积相关的质量已经不是重要控制因素,而与表面积相关的性质(如表面张力)开始上升为主要控制因素。控制因素是表面力还是体积力的分界临界长度在 1 mm 左右。宏观情况下,两固体间的摩擦力正比于正压力而与接触面积无关,这是由于相对于宏观物体的重力,分子间作用力可以忽略;在 MEMS 中,分子间作用力变得很重要,摩擦力与器件的质量无关而正比于它的表面积。从这种意义上说,MEMS 是研究表面的科学。将器件或系统微型化,必须充分考虑尺寸效应所带来的物理现象的变化。

当物体的线性尺寸各方向都缩小 s 倍时,机械强度只降低了 s 倍,远远小于质量的缩小。这种强度和质量缩小速度的差异使微机械结构可以承受相当大的惯性力而不会被破坏,例如用于炮弹引信的微型加速度传感器可以承受 10^5g 的加速度。但是惯性力缩小过快也使得加速度传感器灵敏度较低,对检测电路的要求很高。在微尺度下,流体系统的特性与宏观情况下差别很大。宏观情况下惯性力控制流体的行为,流体处于湍流状态;微观情况下黏性力控制流体行为,流体处于层流状态。尺度越小,层流效应越明显,这给微流体的混合带来了很大的困难。

物体以线性比例缩小 s 倍时，热质量（等于热容量乘以体积）下降的速度 s^3 大于热传导下降的速度 s^2，因此微观物体的加热和散热都非常迅速。在光学系统中，由于可见光的波长限制（蓝光 475 nm，红光 650 nm），可见光系统等比例缩小时器件尺度不能小于这个尺寸。生化系统缩小的基本限制来自于被操作的生物分子的尺度和检测灵敏度。对于细胞操作应用，器件需要在 5 ~ 20 μm 的尺度，而涉及 DNA 操作的器件可以更小。当器件尺寸缩小时，被检测的样品数量随之减少，因此需要更高的检测灵敏度。显然，当生物分子数减小到 1 个时，器件尺寸达到了极限。

多数 MEMS 传感的性能基本上决定于热噪声。温度的波动和分子的随机振动引起微机械结构以 10^{-15} J 量级的平均动能作随机振动，在宏观尺度下，该振动引起的影响完全可以忽略，但是微米和纳米器件对该振动非常敏感。例如对于 MEMS 加速度传感器，空气分子随机热运动对质量块产生的冲击使质量块产生布朗运动，只有加速度振幅超过布朗运动幅度时才能够测量。所有 MEMS 器件都有一个微型化的最低限度，以使器件具有足够高的质量或者刚度来抵抗特定环境产生的影响。

图 1-6　微加速度计、微陀螺仪外观

1.1.3　MEMS 的产生与发展

MEMS 是在 20 世纪 50 年代随着 IC 制造技术的发展而出现的，这一时期 MEMS 的主要研究内容是半导体材料的物理现象及其在传感器中的应用。1954 年，Bell 实验室发现并研究碱金属溶液对硅的不同晶向产生不同的刻蚀效果。1959 年，美国著名物理学家 Feynman 在美国物理学年会上发表题为“There is plenty of room at the bottom”的具有划时代意义的演讲，提出了微计算机、微机械和微器件等设想，并预言了研究中将会遇到的理论问题、表面加工工艺和单原子操作技术等。这一演讲不但为 MEMS 的发展指引了研究方向，还吸引很多后来对 MEMS 领域有着杰出贡献的研究人员开始从事 MEMS 的研究，对 MEMS 的发展产生了巨大的影响。

20 世纪 60 年代，MEMS 的主要研究内容是硅微型传感器和各自异性刻蚀技术。Waggener 等在 1967 年进一步完善了 KOH 和 EDP 的各向异性刻蚀技术，使微压力传感器的承载硅膜片得以实现，它与压阻效应的结合促使了硅微压力传感器的出现。Kulite 公司分别于 1961 年和 1970 年开发出世界上首个压阻式硅压力传感器和加速度传感器。20 世纪 60 年代后期，Honeywell 和 Philips 公司向市场推出了基于各向异性刻蚀技术的压阻压力传感器。1967 年 Nathanson 用表面工艺实现了静电力驱动的 SiO_2 悬臂梁谐振 FET 和光反射镜，标志着表面工艺开始出现。尽管这些器件由于不够完善而没有商品化，但是这些工作却构成了硅微加工技术早期成果的一部分。

20 世纪 70 年代是 MEMS 发展的加速时期。在研究方面，1976 年 Michigan 大学实现了第一个电路集成的压力传感器;斯坦福大学于1977年和1979年研制出电容压力传感器和电容加速度传感器,并开始了神经探针和硅色谱器件等生物医学方面的研究。为了降低汽车尾气排放和避免医疗设备交叉感染,20世纪70年代开始,汽车用传感器和医用压力传感器成为MEMS研究的重点,促进了硅传感器和各向异性刻蚀、阳极键合等微加工技术的完善。1974年美国国家半导体公司生产出大批量压力传感器,Honeywell和Motorola等公司也于20世纪70年代末期推出了大批量生产的压力和加速度传感器。IBM和HP分别于1977年和1979年利用MEMS技术实现了喷墨打印机喷头。目前打印机喷头仍旧是MEMS领域重要的产品之一,所能产生的墨滴体积已经缩小到10 pL,打印分辨率超过1 000 dpi。这些产品的出现,标志着MEMS开始走向应用。

20世纪80年代是MEMS的快速发展时期,世界各国相继开始MEMS领域的研究,制造技术不断涌现和完善,应用领域不断拓展,基础理论和设计方法学的研究不断深入。在制造技术方面,1985年UCB的Howe等人实现了与MOS电路集成的多晶硅谐振梁,证明了多晶硅结构与IC工艺的兼容性。随后,UCB,MIT和Wisconsin大学等完善了牺牲层微加工技术,成功制作了复杂的MEMS系统,奠定了MEMS与IC集成的基础,并由HP的Barth于1985年将这种技术命名为“表面微加工”。UCB采用多晶硅和二氧化硅作为结构层材料和牺牲层材料,而MIT采用铝和聚酰亚胺作为结构层和牺牲层材料。表面微加工的发展也促进了微传感器的发展,相继出现了利用表面微加工技术制造的压力和加速度传感器。1984年Michigan大学发明了基于硅玻璃键合和浓硼阻挡KOH刻蚀的溶硅技术,1985年在德国诞生了LIGA加工技术,能够制造高深宽比的三维结构,1986年Shimbo发明了硅-硅键合技术,1987年,IEEE召开了第一届MEMS学术会议,1989年在盐湖城召开的Micro-Tele-Operated Robotics会议上,UCB的Howe建议用MEMS作为这一领域的名称。

在新器件和新应用方面,1980年IBM公司的Petersen研制成功第一个扭转微镜,开始了早期光学MEMS的研究;Michigan大学先后实现了第一个非制冷红外探测器和实用的神经探针。1982年Honeywell公司推出一次性可抛弃型血压传感器。1986年IBM公司的Binning发明了基于微加工技术的原子力显微镜,随后获得了诺贝尔奖。UCB用表面微加工技术分别于1984年、1989年和1991年制作出悬臂梁、梳状驱动器和铰链,并与MIT分别于1987年和1988年研制出微静电马达。Berkeley的静电马达直径120 μm,厚度1 μm,电压驱动350 V,转速500 r/min;MIT的静电马达直径100 μm,转子和定子间隙2 μm,在100 V驱动电压下能够输出12 pN·m的扭矩,在80 V电压驱动下转速达到2 500 r/min。尽管到目前为止微马达仍旧没有获得应用,但在当时却对MEMS的大规模兴起起到了极大的促进作用。

在基础研究领域,1992年IBM公司的Petersen发表了题为《Silicon as a mechanical material》的论文,详细给出了硅的力学性能和刻蚀数据,促进了硅成为MEMS领域的主流材料。1983年,Feynman在加利福尼亚的喷气推进实验室进行了一次题为“Infinitesimal machinery”的演讲。Feynman回顾了上次演讲的预言,详细阐述了如何制造微机器,如何利用微机器、静电力驱动、微型机器人,如何用低精度工具制造高精度产品,以及如何解决摩擦和粘连等问题,并预言到原子计算、电子计算和量子计算等。这次演讲除了指引MEMS的应用和发展,更大胆地把MEMS拓展到纳米领域。到20世纪80年代后期,包括微加工、结构设计、微动力学、材料科学、控制理论、测量等多个领域在内的MEMS的研究全面展开。

20 世纪 90 年代开始 MEMS 进入高速发展时期,世界各国对 MEMS 研究投入了大量的资金,对 MEMS 相关原理、材料、加工、设计、仿真以及集成等方向的研究更加加大投入,MEMS 在国防、生物医学、汽车、通信、航空航天等领域的应用全面开始,并有大量的 MEMS 产品推向市场。我国在 20 世纪 90 年代初期由清华大学微电子所、复旦大学和东南大学率先开始了 MEMS 的研究。ADI 公司于 1993 年推出了基于表面微加工技术的微型加速度传感器 ADXL50,并在随后的十年推出了系列加速度传感器,广泛应用于汽车电子领域。1994 年德州仪器公司推出了 DMD,Stanford 大学在 1992 年研制成衍射光栅,十年后由 Sony 公司成功地应用在高清晰度电视上。由于这些 MEMS 器件更加复杂、集成度更高,从实验室初期原型到产品都经历了十年左右的不断发展和完善。

这期间微加工技术在持续发展。为了降低 MEMS 的制造成本,1993 年美国北卡罗来纳州微电子中心(MCNC)开始为 MEMS 提供加工支持的 MUMP(multi-user MEMS process),它采用 UCB 的表面微加工技术,能够制造 3 层多晶硅结构,有力地推动了 MEMS 研究在大学和科研机构的广泛开展。美国 Sandia 国家实验室开发的 Summit V 表面微加工工艺可以制造 5 层多晶硅微机械结构,并相继实现了复杂的谐振器、马达、齿轮、可调微镜等器件,代表着微加工的世界最高水平。Harvard 大学的 Whitesides 发展的软光刻技术能够制造高分子聚合物微流体器件,成本和周期大大降低,极大地促进了微流体和芯片实验室的发展。在体微加工方面,1994 年 X_eF_2 干法刻蚀技术应用于 MEMS,同年,德国博世公司发明了时分复用单晶硅干法刻蚀技术,随后日立公司开发成功低温硅刻蚀技术。由于干法刻蚀具有刻蚀速度快、兼容性好、能够刻蚀高深宽比结构等优点,基于这两种刻蚀原理的干法深刻蚀设备在 20 世纪 90 年代后期迅速得到了应用,成为现在 MEMS 领域最重要的刻蚀方法。

在应用领域方面,1990 年 Manz 提出了“芯片实验室”的概念,Michigan 大学在 1998 年实现了集成的 PCR 芯片分析系统,目前生化和流体应用已成为 MEMS 领域最大的分支之一。20 世纪 90 年代初,美国 Hughes 公司和 Rockwell 公司等在美国国防高级研究计划署(DARPA)的资助下开始 MEMS 通信器件的研究,并陆续发表了 MEMS 开关等研究成果,这些成果与 UCB 的硅微谐振器一起,促进了 RF MEMS 领域的诞生,RF MEMS 的优势和巨大的市场需求使 RF MEMS 成为 20 世纪 90 年代后期的研究热点。20 世纪 90 年代中期,光学 MEMS 器件开始出现并快速发展,包括光开关等器件应用于光纤通信领域。20 世纪 90 年代后期出现了 NEMS,其特征尺寸在几纳米到几百纳米,质量约 10^{-18} g,以纳米尺度和纳米结构的新效应为特征。制造纳米尺度器件需要分辨率相当的光刻和加工技术,尽管电子束光刻可以实现小于 10 nm 的器件,扫描隧道显微镜和原子力显微镜可以作为制造手段移动和装配原子、分子、构造纳米结构,但是 NEMS 的发展仍面临着较大的困难。首先,如何利用纳米器件以及纳米器件与宏观世界之间的信号传输仍是难题,例如以碳纳米管作为敏感器件时的信号传输。其次,纳米尺度下热传导具有量子效应,NEMS 器件的行为由表面特性决定,这意味着小器件的能量可能通过随机振动发生耗散,需要抑制能量耗散以获得高 Q 值。第三,纳米结构要求用单晶或超高纯度的异质材料制造,材料必须具有极低的缺陷,这对材料提出了极高的要求。第四,目前还没有可重复和低成本的纳米器件批量制造方法,纳米器件几乎不具有可重复性,而可批量重复的纳米加工技术是 MEMS 发展的先决条件。

21 世纪,MEMS 的研究领域不断扩展,逐渐形成纳米器件、生物医学、光学、能源、海量数据存储、信息等新方向,并从单一的 MEMS 器件和功能向着系统功能集成的方向发展,与之相关的纳米科学、生化分析、微流体理论等迅速发展。总结微系统技术在过去近五十年的发展可以发现,制造技术的发展是微系统发展的基础,每一次制造技术的进步都促进了新器件的诞生和性能的提高;同时,提高器件性能和开发新器件又成为推动制造技术不断发展的重要因素。Feynman 在半个世纪前高瞻远瞩的预言和设想,为人类打开了认识、利用、改选微观世界的大门,推动着 MEMS 领域的发展。

1.1.4 MEMS 的产业状况

MEMS 的产业发展是市场拉动和技术推动共同作用的结果。MEMS 目前的商品化已经取得了很大的成功,如压力传感器、加速度传感器、陀螺、麦克风、打印机喷嘴、DMD 等,而 RF MEMS、微光学器件、Bio MEMS 和微流体芯片等也显示出了巨大的市场潜力。

MEMS 产业呈波浪式发展,第一轮商业化浪潮始于 20 世纪 70 年代末,为了提高汽车安全性、降低油耗和排放,以及为了避免医疗器械造成的交叉感染,用体加工技术制造的膜片式压力传感器开始应用于汽车和医疗领域,包括 Honeywell, Nova Sensor, Motorola 等公司大量生产压力传感器。MEMS 的第二轮商业化出现于 20 世纪 90 年代,主要围绕着 PC 和信息技术的兴起以及汽车工业对传感器的巨大需求,如 TI 公司的 DMD, HP 和 IBM 等公司的喷墨打印头,以及 ADI, Motorola, Denso 和 Bosch 等公司的加速度传感器,广泛用于汽车电子领域。第三轮商业化出现于 20 世纪末,主要是 RF MEMS 和光学 MEMS 器件。第四轮 MEMS 商业化主要围绕 Bio MEMS 和芯片实验室等生化分析和生物医学应用。尽管由于技术和市场等原因,这些领域没有出现预期中的快速增长,但是由于 MEMS 的优势和需求,从长期来看这些领域将是 MEMS 强劲的增长点。在这些新兴的 MEMS 市场处于暂时沉寂的时候,已经产生或者已经出现多年的 MEMS 器件,如打印机喷头、陀螺、加速度传感器、微麦克风等,成为支承 MEMS 市场的主角。

目前全球大约有 250 家公司从事 MEMS 产品的研究和开发,主要集中在美国、欧洲、日本和新加坡。2005 年前 15 家 MEMS 制造商为:TI, HP, Bosch, Lexmark, ST, Epson, BEI, Canon, Freescale, Denso, ADI, GE-Novasensor, Omron, Honeywell 和 Delco,前 20 家 MEMS 生产商的收入之和占世界 MEMS 总收入的 87%。按销售额的占有率为:打印机喷墨头 28.3%,压力传感器 24.3%,数字微镜(DMD) 18.4%,陀螺 10.7%,加速度传感器 7.5%,其他 10.8%。其中 Motorola 压力传感器已累计销售 1.5 亿个,TI 的 DMD 累计销售 1 000 万个,ADI 的加速度传感器累计销售超过 2 亿个。

在 MEMS 市场上,大型半导体制造商和应用产品制造商占据着市场和技术的主要地位。大型半导体制造商有 Freescale, ADI, TI, ST, Infinenon, Samsung 等,其中大多数公司都有自己的 MEMS 生产线,占据着计算机、汽车、医疗、电信和消费电子等领域 MEMS 产品的主要市场。大型专业公司如生产 MEMS 传感器的 Delco, Bosch 和 Denso 都是世界著名的汽车零配件供应商,而 HP, Epson, Lexmark 等生产打印机喷头的都是打印机的世界巨头,前十名中只有 BEI 和 GE-Novasensor 是专业传感器生产商。小型 MEMS 公司依靠一项领先技术从事新兴的、高风险领域的应用,如通信、生物、光学等。

1.2 MEMS 的设计

MEMS 技术的主要内容包括基础理论、设计与仿真、材料、制造、封造、测量与测试以及系统集成技术等,其中设计与仿真是 MEMS 的重点之一。

1.2.1 MEMS 设计

MEMS 设计过程包括系统设计、结构设计、模型设计、工艺设计以及版图设计等几个方面,涉及多学科领域,因此设计者往往需要掌握多学科的背景知识。早期 MEMS 设计的重点是工艺设计,并经过了向器件设计转移的阶段,目前 MEMS 设计更重视系统级的设计。MEMS 的设计一般采用“自上而下”(top-down)的设计方法,即从系统设计开始,然后进行器件和工艺设计,最后完成版图设计。系统设计从分析应用和性能指标开始,设计能够实现性能指标的结构和器件,经过结构仿真模拟,然后进行工艺和版图设计,再经过工艺模拟,最后完成制造和测试。经过多次重复这一过程,以达到满意的结果。图 1-7 所示为 MEMS 的设计和制造过程中的关键环节。

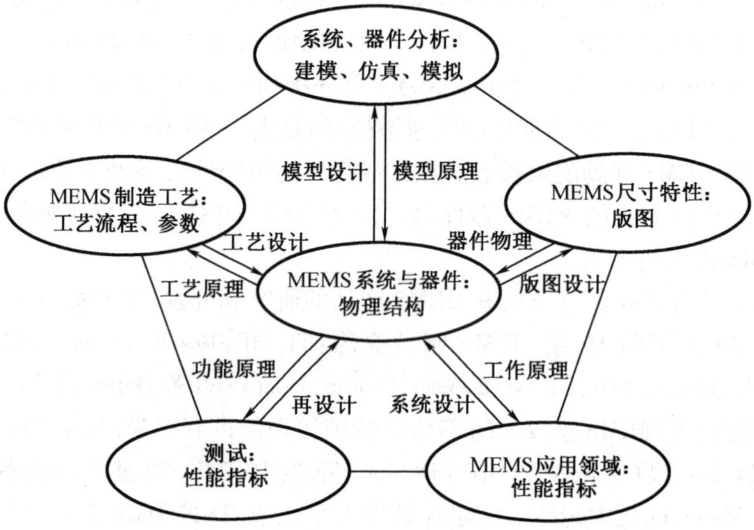

图 1-7 MEMS 的设计和制造过程

MEMS 的设计、制造和封装有很强的相互依赖性,设计很大程度上受限于制造工艺,不同器件所使用的 MEMS 工艺差别很大,即使最普通的 MEMS 器件也需要设计一个合适的加工工艺才能实现。因此掌握 MEMS 制造工艺对设计非常重要。由于 MEMS 的复杂性和多样性,设计制造等各个环节还没有发展成熟,没有固定的设计方法,MEMS 设计的自动化工具发展很慢,还没有高层次的系统级综合工具。MEMS 首先需要标准工艺,然后才能得到标准的设计准则和设计工具。尽管目前 MEMS 代工厂提供一些标准工艺,但是这些工艺的局限性很大,许多 MEMS 器件难以用标准工艺实现。随着代工服务的发展,MEMS 设计工作的重点转变为如何适应工艺技术。

1.2.2 建模、模拟与数值计算

根据MEMS模型所描述的层次,可以将MEMS的模型分为系统级、器件级、物理级和工艺级。系统级模型描述整个系统的动态行为,可以采用框图法或者集总参数形式的电路模型描述,表示为常微分方程的形式,然后借助各种模拟工具如MATLAB,PSpice等进行模拟。物理级模型描述实际器件在三维连续空间的行为,用偏微分方程表示。由于MEMS多领域交叉的特点,往往多个物理场和化学场同时甚至相互作用,形成多场耦合,即使一个简单的传感器也涉及力学、物理和电学等多种参量。这使得通常的理论分析难以得到能够描述耦合系统的方程;即使能够得到这些方程,也会因为边界条件和器件结构过于复杂而难以获得解析解。因此,MEMS建模和分析过程中更多地借助于数值计算软件进行多场耦合分析,然后确定优化的设计结果,例如有限单元法(FEM)、边界元法(DEM)、有限差分(FD)、时域有限差分法(FDTD)等。有限单元法和边界元法能够获得较为精确的物理级分析计算结果,利用综合法可以获得结构在每个能量域内行为的精确描述,但是这种方法不适合系统级的分析计算,也不能同时考虑电路和结构器件。实现这些分析需要减少系统参数,即降阶模型。

多场耦合问题的模型包括非耦合模型、顺序耦合模型、集总或降阶模型,以及分布式耦合场模型。非耦合模型是早期分析MEMS器件常采用的方法,它单独分析每种物理场对器件的作用而不考虑各种场之间的相互作用。非耦合模型在分析梳状叉指电容和谐振器方面被广泛应用,其分析过程忽略静电场边缘效应,通过简化静电模型计算电场、电容以及电极间的作用力,最后计算静电力引起的机械结构变形。如果多物理场(如机电)耦合系统可以简化、解耦,并能够计算耦合参数(如静电力),该系统可以用非耦合模型方便地描述。对于强耦合情况,例如扭转微镜等,由于机电耦合程度很高,非耦合法计算结果误差较大。随着商用有限元软件如ANSYS和边界元软件如Coventor的发展,非耦合模型逐渐被更精确、更复杂的数值计算所取代。

顺序耦合也称为弱耦合或负载矢量耦合,是将不同场的建模、模拟相结合来解决耦合场的问题。分析过程每次只针对某一物理场,将前一个分析结果作为下一个分析过程的边界或者初始条件完成耦合。例如,用顺序耦合法分析机电耦合时,顺序求解静电和结构问题的解,并通过负载矢量(作用在机械结构边界上的静电力)将机电域的相互作用(耦合)联系起来。通过这一步,电场对机械结构的耦合作用表现出来,在得到机械结构的解以后,再将其代入静电场求解过程,实现机械结构与静电场的耦合。即电场会改变机械结构的初始形状,而结构的变形又会影响到电场分布和静电力的大小。经过多次迭代后,两次解的差别收敛在一个允许的区间内,完成耦合求解过程。这种方法的核心问题是收敛与否以及收敛速度,对于电容的下榻效应等突变现象难以求解。

利用顺序耦合的商用软件包括CFD-ACE+,MEMSCAD,ANSYS等。在计算机电耦合过程中,使用有限元法离散化机械结构,使用边界元法离散化电场,对所有未变形的机械结构计算初始电场力,然后利用电场力作为载荷计算结构的变形和位移。结构的形变导致了电场的变化,形成了新的电场力载荷,再利用电场力对第一次变形的结构进行计算。例如,静电驱动扭转微镜与另一个极板构成电容,施加驱动电压后静电力使支承微镜的梁扭转变形,微镜平衡时静电力的扭矩与扭转梁的扭矩相等。在FEM计算时,静电力与扭矩是互相反馈的。初始静电力的大小由微镜的面积、极板距离、驱动电压等因素决定,而扭矩由梁的

尺寸和材料决定，当静电力使微镜扭转后，微镜构成的电容的极板平均间距发生了变化，静电力和所产生的扭矩都发生了变化，因此精确的计算需要多次迭代。

集总参数模型是强耦合模型，具有求解（或收敛）速度快的优点，应用范围非常广，从降阶 MEMS 模型到使用集总换能器的分布式机械系统。第一个强耦合模型是 ANSYS 5.6 版本引入的（EMTGEN 宏），目的是用来克服顺序耦合的缺点。通过把换能器的电容表示为器件单元的自由度的函数来描述静电力和机械力之间的耦合，器件单元通过将静电能转换为机械能存储静电能，反之亦然。单元具有集总参数单元的形式，电压和结构化自由度作为跨变量，电流和力作为通变量。单元的输入包括电容自由度关系，该关系可以从静电场中求解。于是单元可以用任意一点的三个独立的平移自由度来模拟三自由度的耦合，不再需要静电域的网格划分，而是被一组换能单元代替，这些单元关联机械和电域模型，提供静电－结构耦合系统的降阶模型。

强耦合分布式模型是目前解决耦合场最好的方法。在这种方法中，静电域和结构域都用分布式单元建模，通过平衡机电控制方程进行耦合。第一个二维强耦合分布式单元模型是 ANSYS 6.0 引入的，基础是虚功原理和能量守恒。

MEMS 制造过程时间长、成本高，不得不借助于工艺仿真而不是频繁的试验来优化设计，以降低成本，提高效率。尽管目前很多工艺仿真软件，如 TSuprem，Intellisuite，Coventer，AnisE 等，都能够提供硅各向异性刻蚀、压阻传感器灵敏度计算等经常涉及的内容，为实际制造提供预仿真优化，但是，由于目前对工艺机械的理解不够深入、工艺影响因素众多，很多工艺的仿真仍旧与实际有较大差别，例如，三维 DRIE 深刻蚀的精确仿真仍旧比较困难。

MEMS 的器件设计和版图设计主要依赖于集成电路的设计工具，如 Cadence，Ledit，Spice 等。随着 MEMS 专用设计工具的发展，如 Intellisuite，Coventer 等可以提供快速的版图设计，特别是 MEMS 所特有的内容。在工艺方面，这些软件可以提供 MEMS 特有工艺库，例如标准 MEMS 代工厂的工艺模块以及湿法和干法深刻蚀等；在分析方面，它们能够提供更多物理场耦合计算能力，例如可以耦合力、电、磁、光、流体等多种物理化学场；在界面和使用方面向着机械 CAD 的特点发展，即在零件操作和显示等方面提供多角度立体视图，将工艺和网格生成直接相连，提供网格生成工具。

1.3　MEMS 制造

微加工技术是制造 MEMS 的主要手段。微加工技术包括 IC 制造技术、微机械加工技术和特殊微加工技术。IC 制造是“自上而下”的过程，通过多次重复薄膜淀积、光刻转移图形、扩散注入、选择性刻蚀薄膜等基本工艺过程实现复杂的 IC，如图 1－8 中实线表示的过程所示。MEMS 起源于 IC 制造，大量借用了包括光刻、薄膜淀积、注入扩散、干法和湿法刻蚀等在内的传统的 IC 制造技术。因此，MEMS 的制造方法也是“自上而下”的微型化过程，即采用光刻和刻蚀等微加工技术，将大材料制造为小结构和器件，并与电路集成，实现系统微型化。这种途径易于实现批量化和系统集成，借助电子束光刻能够实现几纳米的线宽，可以将器件拓展到 NEMS 领域。另一方面，少量 MEMS 还可以采用单个分子或原子进行组装的“自上而下”（bottom-up）方法，即把具有特定理化性质的功能分子或原子，借助分子、原子间的作用力精细地组成纳米尺度的结构，再由纳米结构与功能单元集成为系统。这种方法目前最常见的是分子自组装，适用面较窄，一般用于 NEMS 和特定生化薄膜的制造。

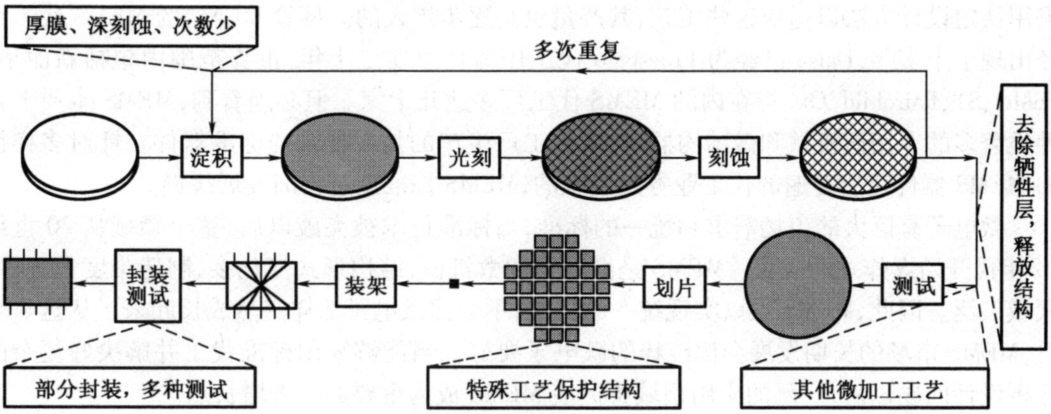

图1-8 IC与MEMS制造基本流程

除IC制造技术以外，MEMS制造还需要大量与IC不同的制造技术，例如牺牲层技术、各向异性刻蚀、反应离子深刻蚀(DRIE)、光刻模铸电镀成型(LIGA)、双面光刻、键合，以及软光刻技术等，这些非IC技术统称为微机械加工技术(以后简称为微加工技术)，如图1-8中虚线表示的过程所示。微加工技术主要是为了解决两个问题，一是传统IC制造不能加工高深宽比和可动结构的问题，二是新材料的制造问题。越来越多的非IC工艺被应用到MEMS制造中，导致MEMS和IC的工艺差别不断加剧。

MEMS制造过程比IC制造过程更加复杂，这是由MEMS的特点决定的。IC器件是静态的二维平面器件，组成元件单一；MEMS中绝大多数器件为三维器件，沿厚度方向的尺寸是决定器件性能的重要参数。另外，MEMS结构在工作过程中往往需要运动，这要求这些结构为悬空结构并对应力控制和可靠性提出了很高的要求。因此，主要的微加工工艺都是为了制造三维或可动结构：表面工艺主要解决悬空的可动结构，体加工工艺的湿法和干法深刻蚀主要制造高深宽比的三维结构，键合解决内腔体加工的问题，LIGA技术可以制造大深宽比的结构。可以说，微加工技术就是为了解决三维和可动结构而发展起来的。

从理论上讲，将电路与微机械集成在同一芯片上可以提高系统的性能、效率和可靠性，并降低制造和封装成本。然而，微机械与IC集成是MEMS发展中最困难的问题之一。这是因为无论是IC还是MEMS器件都非常"脆弱"，并且很多工艺互相影响，如何安排IC及MEMS的工艺顺序是工艺设计中非常重要的问题。多数MEMS的微机械部分和IC部分是分开制造在不同芯片上的，通过引线键合将二者连接起来。因此，尽管MEMS器件可以与电路集成，但是对目前的多数情况，行之有效的方法是在封装级集成IC和MEMS模块，而不是芯片级集成。

微加工技术在逐渐多样化发展的同时，也在逐步向几个工艺平台统一的方向发展，特别是在传统应用领域。例如，MUMPs的最终目标是实现像集成电路一样在设计、制造和测试等各方面实现统一的标准。然而，集成电路是基于结构相同的晶体管互连，通过大量的晶体管及不同组成方式实现不同的电路功能，因此集成电路具有标准的设计、制造和封装技术，设计与制造分离，有独立的设计公司和专门的代工厂。但MEMS包含机械结构的特点决定了其有明显的特异性和多样性，因此MEMS目前尚没有像集成电路那样的通用设计和制造标准，设计和制造还无法分离，这使得MEMS难以重复集成电路的发展历程。迄今为止，大多数 MEMS 生产商都花费了至少十年时间和大量的资金建立专有的制造工艺，并采用特定设计方法以适应这些工艺，其产量也是逐步扩大的。尽管 MCNC 的 MEMS 代工已经出现了十多年，Dalsa 已经为 Freescale 代工压力传感器二十年，世界范围内包括新丽华、TSMC、ST、Fairchild、Oki 等在内的 MEMS 代工厂多达几十家。但必须看到，MEMS 本质上是种类繁多的专用微机械和微结构器件，而代工厂生产的是大批量的标准器件。针对多样性的 MEMS 器件建立普遍的代工业务是困难的，MEMS 标准制造仍旧发展缓慢。

微电子有巨大的市场需求和统一的标准，当标准技术被突破以后，整个领域从 20 世纪 60 年代开始爆炸式的成长。MEMS 是微电子加微机械，结构形式变化多、制造难度大、应用领域广泛。因此，MEMS 难以实现统一的标准，不会像微电子那样突然成长起来。从这点来看，MEMS 市场的长期发展会比纯粹的微电子要好。当能够采用标准代工并解决好复杂的分析设计问题以后，广阔的应用领域将促使 MEMS 成为重要的经济增长点。

1.4 微机电系统与微加工制造技术

近几十年来，微电子科学发展非常迅速，超大规模集成电路（VLSI）、特大规模集成电路（ULSI）等相继问世，集成度几乎每年翻一番。随着集成度的提高，其加工尺寸越来越小，已开始进入亚微米时期。微电子技术的进步，使得手持蜂窝式移动电话，地球低轨道上重仅 10 kg 的卫星，以及能与 20 世纪 70 年代大型计算机相匹敌的个人计算机等都相继成为现实。微电子技术的进步也促进了微机械技术的兴起和发展，微膜、微梁、微齿轮、微凸轮、微弹簧、微沟道、微喷嘴、微锥体、微轴承、微连杆等微型构件相继面世。微机械技术和微电子技术相结合，就形成了一代全新的微机电系统，于是就有了各类微型传感器、微型执行器，如微米尺度的压力传感器、加速度计、陀螺仪、各类阀门、泵、微电机和谐振器等。一般来说，微机电系统是指可以批量制作的，集微型机械、微型传感器、微型执行器以及信号处理和控制电路，直至接口、通信和电源等于一体的微型系统。微机电系统模型可以分成几个独立的功能单元，其输入是各类物理信号，通过传感器转换成电信号，经过量值处理、数据传输等环节后，通过执行器与外界作用或直接通过数据显示单元为观察者所接受。微机电系统的目标在于通过微型化、集成化来探索具有新原理、新功能的元件和系统，开辟一个新技术领域，形成批量化产业。它们可以完成大尺寸机电系统所不能完成的任务，例如：源码端直径为 5 μm 的微型镊子可以夹起一个红细胞；外形尺寸 $l\times b\times h$ 为 7 mm×7 mm×2 mm 的微型泵流量可达250 μm/min；已研制出能开动的 3 mm 大小的汽车和能钻入人体内脏和血管探测并排除故障的微机器人等。微机电系统在军事方面也有巨大的应用前景，例如：开发经济实用的微型制导、导航与控制系统；开发微小型和纳米卫星；开发新型的微型武器等。

微机电系统作为微米纳米科学与技术的一项主要研究内容，其目的在于开发物质潜在的信息和结构潜力，使单位体积物质储存和处理信息的能力实现又一次飞跃，在信息、材料、生物、医疗等方面将导致人类认识和改造世界能力的重大突破，从而给国民经济和军事能力带来深远的影响。因此，受到了美国、日本、俄罗斯和欧洲各国的高度重视，纷纷投巨资加以研究。

目前，美国在这方面的研究处于领先地位，早在 20 世纪 60 年代初期，就用各向异性刻蚀技术研制出第一个压力传感器，20 世纪 70 年代已有部分微机械产品推向了市场，20 世纪 80 年代研制出了首台硅微型静电电机。1982 年，Binnig 和 Rohrer 首先研制成功扫描隧道显微镜(STM),为人类的纳米级乃至原子级水平上研究物质的表面原子、分子的几何结构及与电子行为有关的物理、化学性质开辟了新的途径,因而获得1986年诺贝尔物理学奖。在军用方面的研究也处于领先地位。美国发展微机电系统关键性的研究中心基本上都分布在各个大学,如康奈尔大学、斯坦福大学、加州大学伯克利分校、密执安大学及威斯康星大学等。美国国防部高级研究计划局重视并积极赞助MEMS的国防应用,现已建立了一条MEMS标准工艺线来促进新型装置的迅速开发和小批量生产。

微机电系统研究的最大投资国是日本。日本通产省制订了以工业界为主体的MEMS十年研究计划(1991—2000),由筑波大学、东京大学、东北大学、早稻田大学和富士通研究所等几十个单位参加,总投资250亿日元。计划研制两台微型样机,一台用于医疗,进入人体进行诊断和微型手术;另一台用于工业,对飞机发动机和原子能设备的微小裂纹进行维修。虽然日本在微机电系统技术领域目前还落后于美国,但日本拥有微机电系统开发所需的最先进的制造设备,潜力很大,发展速度很快。

欧洲各国的微机械传感器研究十分活跃,1992年,欧共体为加强对微机械传感器研究工作的支持和领导,正式成立了NEXUS情报机构,挂靠在柏林微结构技术研究所并投巨资对一些关键技术加以研究。

此外,俄罗斯应用力学研究所、荷兰德尔夫特大学等均积极开展精密微机械惯性传感器、微机电系统等的研究。

我国政府也十分重视微机电系统技术的开发、研究及应用。1989年,国家计委先后批准了侧重应用学科的南北两个传感技术国家重点实验室:南方基地设在中国科学院上海冶金研究所,其研究重点之一是微传感器、微结构材料、微机械加工技术及微机电系统研究;北方基地设在中国科学院电子学研究所,侧重研究化学传感器、仿生传感器及灵巧智能传感器等。我国微机电系统研究始于1992年,目前,上海冶金所、长春光机所以及清华大学、东南大学等单位均开展了相应的研究工作,但就总体来说,我国目前尚处于工艺探索阶段。

微型机电系统研究涉及元件和系统的设计、材料、制造、测试、控制、集成、能源,以及它们与宏观世界的连接等方面,研究领域涉及微电子学、微机械学、微动力学、微流体力学、微热力学、微摩擦学、微光学、材料学、物理学、化学和生物等学科。

微小机械按尺度可分为1~10 mm的微小型机械,1 μm~1 mm的微型机械和1 nm~1 μm的纳米机械。一般认为,微小型机械是传统机械简单的缩小,它在工作原理、结构材料和设计理论等方面大体上可以沿袭传统理论。其制作方法大体上也是沿袭传统的加工方法,如超精密加工、电火花加工、激光加工、湿式腐蚀、离子束加工等。

随着机械结构尺寸不断缩小,构件的外载荷和体积等变得次要,而构件间的摩擦力和其他表面力成为影响性能的主要因素。微型机械的力学系统特征和材料特征大致有这样几方面:

(1)力的尺寸效应　在微小尺寸领域,与特征尺寸L的高次方成比例的惯性力、电磁力(I_1^3)等的作用相应减小,而与尺寸的低次方成比例的黏性力、弹性力(L^2)、表面张力(L^1)、静电力(L^0)等的作用相对增大,这也就是MEMS常用静电力致动的理由。

(2)表面效应　随着尺寸的减小,表面积(L^2)与体积(L^3)之比相对增大,因而加速了热传导、化学反应等,表面间的摩擦阻力显著增大。

(3)误差影响　对于微小构件,制造误差与构件尺寸之比相对增大;同时,由于微型机械往往是一次加工成型,一般不进行安装调试和修正,这样,微机构的运动特性受制造误差的影响较大。再加上弹性变形等的影响,使得运动精确度成为微机构研究的关键问题。

(4)材料的尺寸效应　构件尺寸减小,材料内部缺陷减少,材料的机械强度显著增加。微构件的弹性模量、抗拉强度、断裂韧性、疲劳强度以及残余应力等均与大构件不同,而且有些表征材料性能的物理量需要重新定义等。

由此可见,微型机械不是传统机械单纯地在尺寸上的微小变化,微型机械在尺度、构造、材料、制造方法和工作原理等方面都与传统机械截然不同。因而作为微型机械设计基础的微机械学或纳米机械学在学科基础、研究内容和研究方法等方面也将与传统机械学不同。

微型机械一般用硅、金属薄膜、高分子聚合物、陶瓷等材料制作,其制造工艺类似于半导体加工工艺,包括光刻、刻蚀、演积、外延生长、扩散、离子注入、测试、监测及封装等。微米级制造工艺是批制作工艺,可以批量制造,因此成本较低。当微结构尺寸小到纳米量级时,由于已经接近材料的极限尺寸,一般是先由有限个原子构成基本功能元件,再由这类新元件组成更复杂的器件。表征这种纳米功能元件的参量具有显著的量子效应和统计涨落特性,需要研究和发展新效应、新理论、新技术和新材料。纳米级制造包括微米级制造中的一些技术,如离子束光刻等,但也包括了利用材料的本质特性以期获得理想结果而对材料进行原子量级的修改及排列的技术。

1.4.1　集成电路微加工技术的发展

集成电路(ICs)的发展史可以追溯到1947年,起源于Bell实验室,当时Bardeen和Brattain利用半导体材料已经成功地研发出第一个点接触式晶体管。但是,即使是制造一个单独的器件也很困难,所以,这个点接触式晶体管并不是一个可使用的产品。

1951年,当Shockley研究出面接触型晶体管以后,晶体管生产才真正开始进入商业化,并在十年之内就被应用在电话系统、助听器和无线电通信设备中。

在晶体管发明的同时,Texas仪器公司在1952年研制生产出单晶硅,并应用在晶体管中。在此期间,Bell实验室继续研发应用于照相平版技术的几种主要工艺,例如氧化、散射和使用掩模进行刻蚀,都是当今集成电路处理过程的基本工艺。

1958年,当Texas仪器公司的Jack Kilby演示并验证了一台简单的集成电路振荡器以后,该公司就开始了集成电路的研发。由于振荡器的元件是通过焊线连接,所以,Kilby关于线路集成的理论并没有立即付诸应用。稍后,在1958—1959年,Fairchild公司的Jean Hoerni和Robert Noyce发展了薄膜连接的思想。这种想法通过研发出一系列技术来实现,包括N结和P结、氧化硅绝缘,为了与结连接,需要刻蚀出孔、淀积金属薄膜。最后,在1960年,确定了平面照相平版术的主要工艺,开始了集成电路时代。

在1960—1970年期间,集成电路的基本技术已经成熟,MOS、CMOS和双级型CMOS(Bipolar CMOS,Bi CMOS)技术被引入,在此期间,Fairchild半导体公司的Gooden Moore曾设想,未来的集成电路应当是非常复杂的微型化元件。Moore定律这样叙述:同样尺寸芯片中可以承装的集成电路元件的数量每18个月就应当翻倍,该定律至今仍然成立。

在20世纪70年代,集成电路商业化程度越来越高,为了使这种技术有较高的成本效益,批量生产和减小尺寸就是成功的关键。在这个阶段,微传感器也受到更多的关注,并得到了非常广泛的应用。正在开发的一种潮汐波,要求使用高灵敏度的小型压力传感器,所以,该微传感器的商业化生产采用了批量生产。一种硅膜和压电晶体管的制造技术及芯片上的信号处理技术非常迅速地得到发展。一些研究机构和公司不断公布对硅片进行化学蚀刻的各种方法，大大提高了微米膜的生产水平，已经可以实现对整个硅进行蚀刻，并且为压力微传感器的大批量生产开创了新的途径。为了形成至少在一个方向是微米级的机械结构，而同时从所选材料上能够去除整块硅，就形成一种散体微机械加工工艺，简称为微加工技术。

在20世纪80年代，微机械加工技术已经成为微电子处理工序中一种很重要的工具。对大量微米级结构，例如沟、槽、微型梁和桥都必须使用散体微机械加工。尽管早在1975年就报道过硅材料的性质，并作为一种非常合适的基板用于制造传感器演示验证样机，但是，硅材料首次作为机械材料广泛使用，是由 Peterson 从1982年开始的，并证明确实可以采用散体和各向异性蚀刻技术（在一些文献中，有时候将硅材料的各向异性蚀刻技术称为选择蚀刻或者定向蚀刻）对硅材料进行微机械加工。

1982年后，这种蚀刻工艺称为微机械加工技术。此后，许多先进新颖的结构都利用该技术蚀刻在硅材料上。由于这些结构共同用一块集成电路基板，所以，在短时期内，将微机械加工技术制造出的器件称为三维集成电路。在1980—1990年，出现了另外一类微机械加工工艺，即表面微机械加工技术。在这种加工技术中，选择性地蚀刻加工出一层机械结构图案。表面微加工技术最经常使用的是离子束蚀刻方法，与湿蚀刻法完全不同，这种方法可以应用于多层结构中。Sandia 国家实验室开发了最先进的表面微加工方法 SUMMiT V™，称为超平面多层 MEMS 技术，也就是使用14种不同的模板，加工5层多晶硅的表面微加工技术。

图1-9显示11层 SUMMiT V™工艺的截面图，同时给出扫描电子显微镜拍摄的棘齿驱动电动机的平面图在一个加工工段的显微照片。对于由散体微机械加工技术制造的机械结构会具有更好的表面，在许多情况下，利用该技术加工的装置（与其他加工技术相比）都有更好的性能。然而，与散体微加工方法相比，表面微加工技术具有更强的竞争力，原因在于该工艺很容易与集成电路工艺兼容。

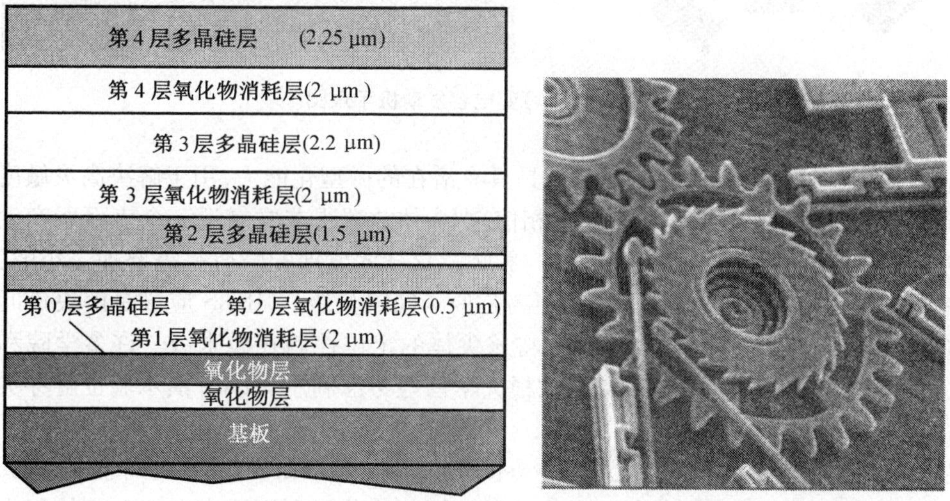

图1-9 SUMMiT V™工艺的截面图（左侧的示意图）和扫描电子显微镜拍摄的棘齿驱动电动机的显微照片（右侧的照片）

（资料源自 Sandia National Laboratories）

1.4.2　微机电系统的发展

微机电系统是利用微加工技术制造出的三维装置，至少包含一个可运动结构以满足某种机械作用，所以，MEMS 装置是由电子和机械两种元件组成的。

集成电路经过二十多年的快速发展，实现了商业化的发展目的。虽然批处理有助于批量生产和降低成本，然而集成电路生产商为降低成本而使用的是另外两种重要方法——增大晶片尺寸和减小临界尺寸。

20 世纪 80 年代首次研发 MEMS 的处理工艺时，MEMS 自身体积已很小。半个世纪以来，大多数传感器和致动器都具有较大体积，而现在利用 MEMS 技术制造微型传感器和微型致动器，因而称之为小型化的解决方法。在 20 世纪 80 年代，MEMS 是一种有意义的技术，制造出许多新颖的科学工具并激发出一些创新思想。

通过在微米级的芯片中植入多个 MEMS 装置，静电致动力可以提高多个数量级。这种惊人发现引起了科学界的极大关注，涌现了大量有关各类静电微发动机的论文，出现了一批研究建议书，进行了大量的演示验证。最吸引科研工作者的一类静电微发动机，就是可变电容发动机（VCM）。图 1－10 是这类发动机具有代表性的结构布局，包括一个带有电极的转子和一些定子电极，电能储存在转子与定子电极所形成的电容器内。

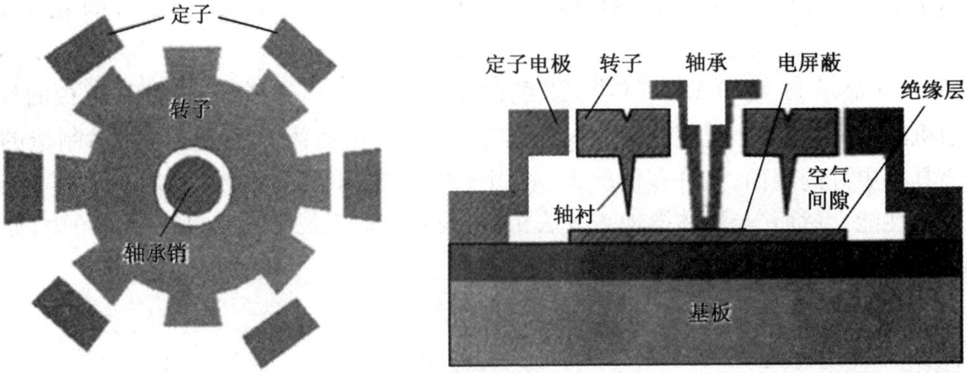

图 1－10　可变电容发动机示意图

最初关注 MEMS 装置的另一个目的是具有潜在的微型化能力，用于解决高灵敏度和高动态范围传感器的问题。许多科学家都相信：把尖体放置得非常靠近一个表面所产生的隧穿电流可能是解决许多应用问题的方法。影响隧穿技术发展的障碍是需要加工小的尖体，并将其定位和保持在一个表面之上，其距离是原子间隔量级。MEMS 应该是解决该问题的正确途径，它可以产生一个小的尖体，并将该尖体的定位控制在微米级。许多学院和研究中心，例如喷气推进实验室（JPL）和密歇根大学已经考虑利用 MEMS 演示验证隧穿尖体传感器。

在 1997 年，洛克威尔科学中心（Rockwell Science Center）研发出一台多传感器模式的隧穿翼尖发动机（TTE），并进行了测试。测试过的倒装片装置利用隧穿电流反馈控制由微加工技术制造的压力膜片的变形。该装置还包括一个以杠杆式结构为基础的压力加速度传感器。通过一些中间试验台，测试出压力膜的强度和机械性质。在进行正式生产之前，利用这些实验测试数据模拟传感器的结构，由此产生的传感器利用反馈致动信号作为其输出，闭环控制翼尖电子的隧穿电流。与开环传感器相比，这种闭环运作模式会提供更好的线性和动态范围。

隧穿翼尖发动机是以测量隧穿电流为基础的，并且可以应用到不同的传感器内，其闭环电路可以使一台坚固结实的传感器具有高灵敏度和非常好的动态范围。将隧穿翼尖发动机设计和制造在两个辅助芯片内，对两个普通的传感器进行演示验证：一个是隧穿压力传感器，另一个是隧穿加速度传感器。为了与隧穿翼尖发动机的 MEMS 工艺合成一体，研发的主要工艺包括形成隧穿翼尖，使用铟钢凸点完成倒装芯片连接，选择化学蚀刻的外角保护以及形成合适的压力膜。

图 1 - 11(a)是一幅扫描电子显微镜拍摄的处理后翼尖的显微照片，图 1 - 11(b)是顶部的芯片，在平面静电电极周围有 4 个隧穿翼尖。底部的芯片(图中没有画出)包含有反向电极，该电极位于两个翼尖装置内的一块薄膜上，并且处在其他两块翼尖装置杠杆结构的低端。

(a) (b)

图 1 - 11 隧穿翼尖传感器模块的照片

(a)微加工处的翼尖(高度约 1 μm)；(b)包含有 4 个翼尖电极的顶部芯片

图 1 - 12 表示倒装式安装工艺的示意图。在这种方法中，两块芯片焊接在一起，其中，底部的芯片包含有微加工出的翼尖和压力膜，另一块包括电极和中间连接板。

在两块芯片焊接期间，使用高度为 5 μm 的铟钢支柱。在该传感器模块中，所有器件都设计为能够承载 20g 和 20 psi(注：1 psi = 6.895 kPa)的压力。

MEMS 与标准的 CMOS 的单片集成工艺，使系统设计师有可能在完成智能控制和系统自动化设计时，直接在芯片上进行信号处理。对于 MEMS 微传感器，单片集成特别重要，因为由传感器处理过的信号有高的输入阻抗，在许多情况下与一个 CMOS 电路进行混合连接是不实际的。

在 20 世纪 80 年代，许多研究人员着手研究开发 CMOS/MEMS，但存在许多没有解决的问题，例如与 CMOS 的封装及工艺兼容性成为难以克服的障碍。一个重要的问题是商业化的 MEMS 只

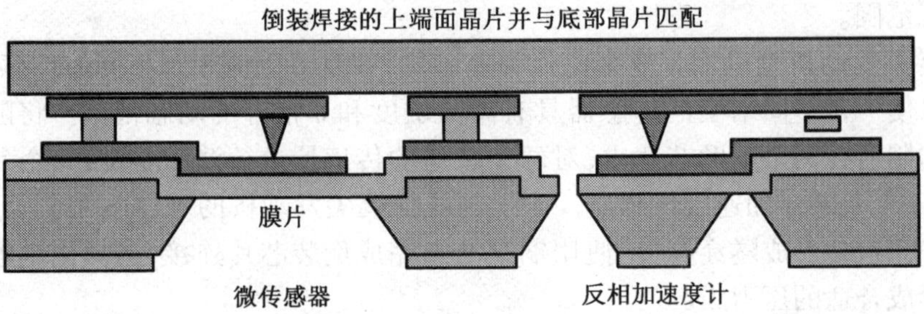

图 1－12　芯片在倒装式焊接期间的截面示意图

受到传感器领域的青睐，导致 MEMS 的生产量远比集成电路少得多。此外，由于担心产生污染，所以，禁止在集成电路生产线上制造 MEMS 器件。例如，在 MEMS 和散体微加工工艺中，经常使用的诸如 ZnO 和 PZT 材料及 KOH 化学物质都会影响标准 CMOS 生产线。

在 20 世纪 80 年代初期，洛克威尔决定在超大规模集成电路（VLSI）生产厂试运行几种 CMOS/MEMS 的制造工艺，实验结果表示在图 1－13 中，这是一块完全采用洛克威尔 VLSI 生产厂干蚀刻处理工艺加工的 CMOS/MEMS 硅加速度计的晶片。该装置是一块具有高加速度和高动态范围的压电加速度计，采用微加工技术制造在整个芯片厚度上。对该器件在200 000g 条件下的耐久性进行了测试，并对芯片进行了所有的信号处理，包括阻抗匹配放大器。器件尺寸为 140 mil × 100 mil（1 mil = 0.001 英寸 = 25.4 μm），厚 400 μm。据知，这是在超大规模集成电路生产厂内制造出的第一个 CMOS/MEMS 晶片。

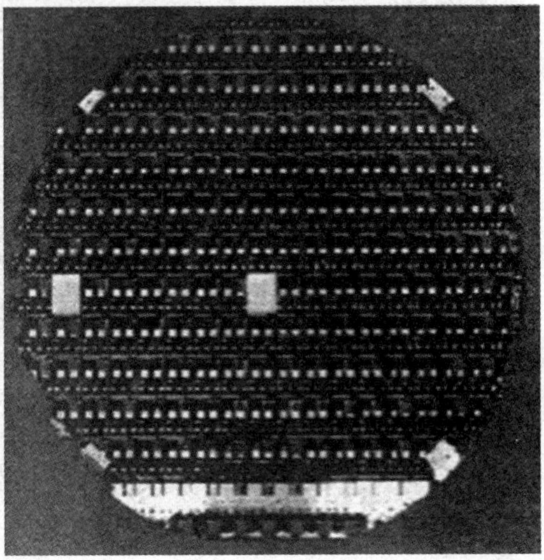

图 1－13　在一个生产厂内加工出的 CMOS/MEMS 微加速度计晶片

尽管利用整体微加工技术制造出的 CMOS/MEMS 已经在一些研究院所演示验证过，但制造工艺还没有达到商业化程度。晶片的初始产量是可以接受的，但是在切片工艺和封装工艺阶段会降低。综合来看，采用表面微加工技术是开发 CMOS/MEMS 的最大选择。

模拟器件有限公司（Analog Devices, Inc.，ADI）已经研发出一种 CMOS/MEMS 工艺，也就是在 CMOS 处理后完成微加工。

Sandia 国家实验室研发了一种方法，在 CMOS 工序开始之前加工 MEMS 结构，称这种独特方法为预先 MEMS 法。在这种方法中，微加工器件制造在晶片表面上（蚀刻出）的一个沟槽中，在完成 MEMS 零件之后，重新使用氧化物材料将沟槽填平，用化学机械抛光（Chemical Mechanic Polishing, CMP）技术将其磨平，再用一种氮化膜密封。此时，晶片已经做好进行 CMOS 处理的准备，图 1－14 显示该技术的截面图。

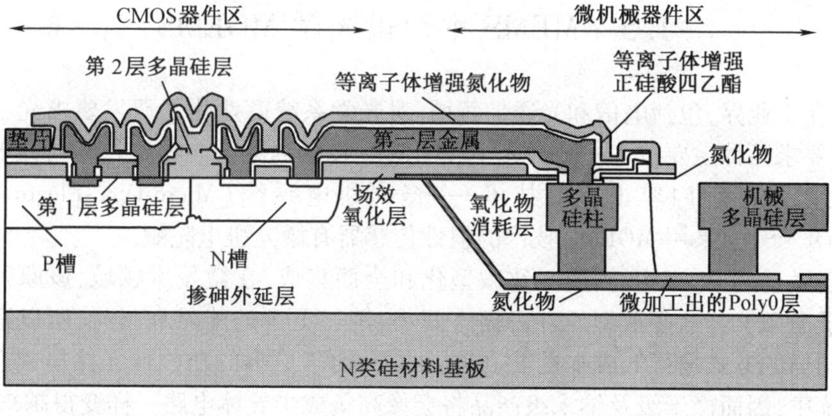

图1-14 制造CMOS/MEMS的预先MEMS集成工艺的截面示意图

（资料源自 Sandia National Lab.）

另外一个利用表面微加工技术生产CMOS/MEMS的成功例子是由ADI生产的加速度计。20世纪80年代末期，表面微加工技术的出现使硅散体微加工技术不再成为主流。除了与CMOS处理工艺更为兼容外，表面微加工技术在尺寸、成本和复杂程度方面都比散体微加工技术具有更大优势和更低的成本，同时使器件有足够好的性能。这种技术特别适合为汽车碰撞感知应用而设计的加速度计。在此期间，ADI公司首先利用表面微加工技术研发了加速度计。该公司将一种特定的BiCMOS工艺与多晶表面微加工工艺相集成，首次将集成加速度计生产商品化。此后，为了应对20世纪90年代越来越严格的汽车安全规则，对表面微加工加速度计（使用或不使用单片线路集成）的需求大大增加。仅ADI公司就售出超过1.2亿个加速度计，很明显，表面微加工技术已经成为一种重要的MEMS技术。当今许多MEMS和MOEMS装置，都是利用表面微加工技术研发出来的。图1-15是一张利用扫描加速度传感器电子显微镜拍摄的ADXL202双轴的照片。该装置在传感器方面有非常广泛的应用，可以满足需要的性能。

图1-15 使用电子扫描显微镜拍摄的ADXL202双轴加速度传感器的显微照片

（资料源自 Analog Devices, Inc.）

1.5 MEMS 中的微光学 MOEMS

最近,在工业界,包括电信和光通信领域,对光学系统商业化的研发要求光电装置微型化,也就是要求两种主要技术——微光学和 MEMS 技术的融合。这些技术与微电子技术相结合,就出现了一种内容丰富的技术——微光机电系统(Micro-Opto-Electro-Mechanical Systems,MOEMS)。采用 MOEMS 技术的惯性传感器有微光机电陀螺。

类似于微系统,MOEMS 利用一致微型化和全面集成,在微技术领域,该原则适用于所有其他电子微系统。这些微型元件占据空间小,消耗更少的能量和材料,所以适合采用与集成电路同样的方式进行低成本批量生产。此外,由于更多的功能性元件集成在微米级或纳米级系统中,因而微米级及纳米级产品将会像高集成半导体电路一样变得越来越重要。

1.5.1 微光学的最新发展

微光学技术起源于 20 世纪 80 年代,当时,人们对光通信的兴趣日益增长,但是,光通信的发展受限于散装光学元件,不能满足系统要求。在 MEMS 发展的同时,由于集成电路加工技术的成功改进,也使微光学技术得到了发展。

许多研究组织,包括林肯实验室,从一开始就把研究重点放在微光学研发制造过程中的处理方法,关键光学系统的理论、设计和封装技术方面。20 世纪 80 年代后期发表的文章介绍了各种与微光学有关的问题,例如面浮雕光栅的衍射分析、利用衍射光学进行波前校正、二元相位光栅、光束组合和多阶二元光学,这些研究都推动了该技术的快速发展。

在 20 世纪 90 年代,工业界和国家实验室致力于在各个方面开发微光学技术。洛克威尔科学中心致力于研发微光学加工工艺,把这些工艺应用于几种工业领域的系统开发,包括硅焦平面系统研发的微透镜、GaAs 高速二元微透镜和薄膜微透镜阵列。微光学技术可以解决一些常规光学不能解决的问题。微光学的优势类似于 MEMS,为光学系统尺寸的微型化提供一个强有力的工具,这是常规光学元件加工不可能达到的。

各种加工技术的发展,包括二元光学和灰度光刻法、低成本复印技术以及改进后的衍射光学设计方法,已经使加工精度、可靠性和微光学元件的质量得到了提高,并且拓宽了微光学器件的设计及制造种类。

微透镜是微光学装置的关键元件,几乎在所有的高级光学系统中都需要它。为了满足光学系统的所有要求,需要同时研发衍射微透镜和折射微透镜。微透镜的两个关键特性是速率和填充因子。微透镜的速率定义为透镜的焦距与直径之比,该比值称为 F 数,并用比值 $F/$数值表示。填充因子应用于微透镜阵列,表示一个阵列如何封装。衍射微透镜阵列的填充因子是 100%,但其速率受到限制,对可见光,限制到 $F/4$,如果是近红外光,可能限制到 $F/2$ 到 $F/1$。为了制造高速率的微透镜,采用高折射率材料,例如 GaAs 是比较理想的。图 1 - 16 给出了使用扫描电子显微镜(SEM)拍摄的 $F/0.3$ 高速微透镜阵列的显微照片,波长 λ 为 10 μm,微透镜直径 120 μm,填充因子 100%。

图 1 - 16 所示的 GaAs 衍射装置是利用反应离子蚀刻技术(RIE)加工的。为充分利用高折射率材料的优势,需要采用干蚀刻工艺。尽管反应离子蚀刻技术似乎对 GaAs 材料可行,但其他一些高折射率材料(例如 InP 采用离子研磨)更为实际,在另一些材料中,采用干蚀刻是不实际的。为了解决这些问题,1990—1992 年,出现过一种加工衍射微透镜的巧妙

技术,这种工艺很简单,即使用为标准蚀刻工艺设计的掩模板,通过镀膜加工衍射微透镜。与蚀刻技术相比,镀膜技术具有一些优势,也就是说,由于镀膜系统使用现场监控设备,可以高精度地控制镀膜厚度。

图 1-16 *F*/0.3,GaAs 衍射微透镜的扫描电子显微照片

虽然在某些特殊情况下,可以制造出高速率衍射微透镜,但实际应用还有问题。在许多应用中,需要在可见光光谱范围内使用微透镜,并要用低折射率,例如玻璃材料制造微透镜。另外,对光线的作用可能发生在材料之外,例如空气中。衍射微透镜的主要优点是本身具有高填充因子以及微米级厚度。衍射微透镜的厚度是一个波长的数量级,其平面性非常适合封装集成和微型化。衍射微透镜的主要缺点是对波长敏感,微透镜只能工作在其设计波长区。

在 20 世纪 90 年代中期,工程技术研究人员认识到,研发折射微透镜代替衍射微透镜会有需求,工程技术研究人员对此种技术研究的兴趣会逐渐增加。折射微透镜可以加工出各种速率,可以具有很大的数值孔径,可以有各种尺寸以适应不同应用,它们的制造技术也比较容易。折射微透镜的优点是对波长不敏感。折射微透镜的发展越来越快,出现了大量的研究论文和报告,微光学引发的潜能技术的应用正在与日俱增。

图 1-17 表示一个大小是 200 μm、*F*/2、采用回流技术和反应离子蚀刻技术制造的微透镜阵列。

折射技术的主要缺点是提高填充因子非常困难,对于如图 1-17 所示的圆形结构,很难实现 100% 封装。在 20 世纪 90 年代后期,许多文

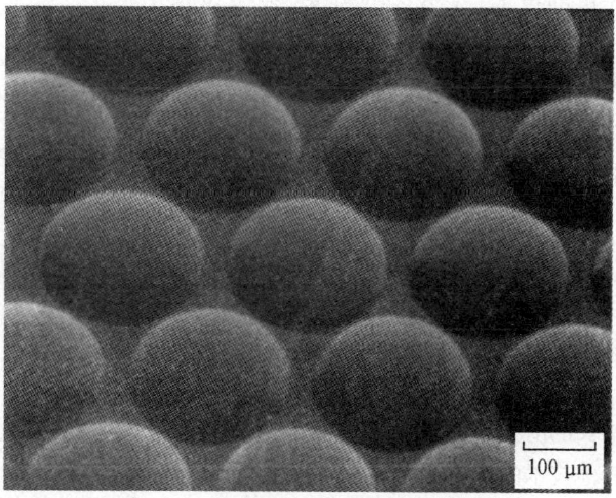

图 1-17 在熔融石英材料上制造的、*F*/2 的折射微透镜阵列的显微照片

献报告都对提高折射微透镜的填充因子提出了建议。

最常见的方法是利用对高能束敏感的(HEPS)灰度掩模板,该方法已经成功地用于提高可见光和红外图像的量子效率。实际上,用该方法制造的微透镜具有100%的填充因子,与像素的尺寸或形状无关,在整个正方形或矩形像素区域内呈球面形状,如图1-18所示。

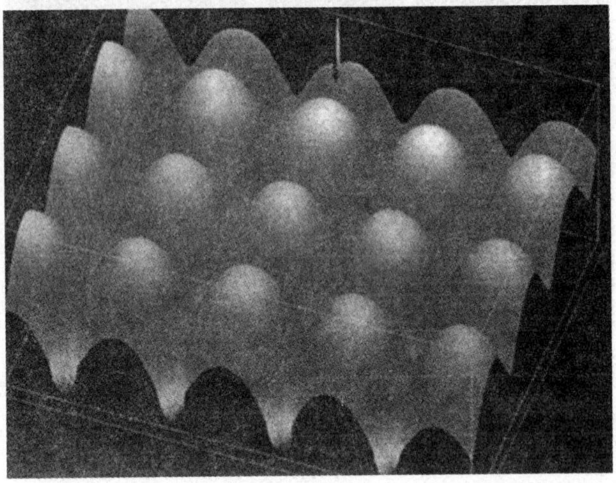

图1-18　填充因子是100%的折射微透镜(透镜直径为60 μm)

微光学装置已经应用在许多不同领域,一种情况是使常规系统微型化,另一种情况是应用微光学元件创造出各种新颖装置。

1.5.2　MEMS中的微光学:MOEMS回顾

MOEMS中所有的三种组成技术都可以进行批处理,而微光学和MEMS,也包括微加工和模压,使得MOEMS非常适于商业化应用,如图1-19所示。

MOEMS技术是20世纪90年代后期形成的新技术。到目前为止,该技术仍然是一种非常先进的技术,在不久的将来,在该技术引导下,将会研发出一大批新颖的微型器件,很有可能使光子学系统有一个根本的变化,使光学网络和电信系统具有新的外形尺寸。

欧洲市场评价小组提供的最新报告表明,MOEMS的市场正在快速增长,年增长率约为1.6,当时预计2007年的市场份额达到40亿美元(图1-20)。我们发现,这是一个正在形成的市场。MOEMS技术正在增长的潜力远比欧洲市场评估小组预计的其他技术的潜力大得多。

目前,已经出现大量的由不同实验研发的非常有前景的MOEMS器件。

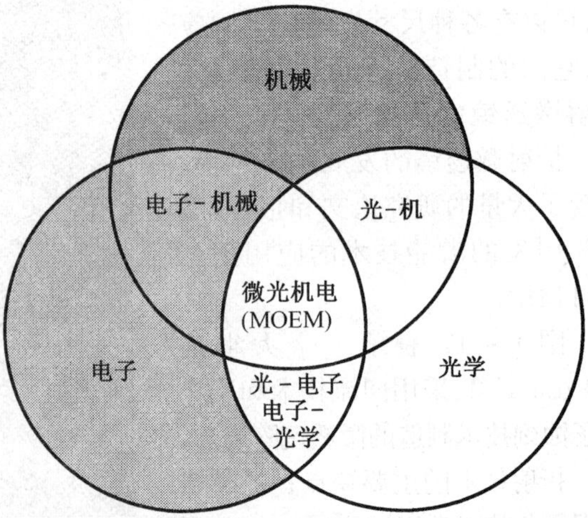

图1-19　MOEMS——微光学和微机械与微电子集成电路之间的相互作用

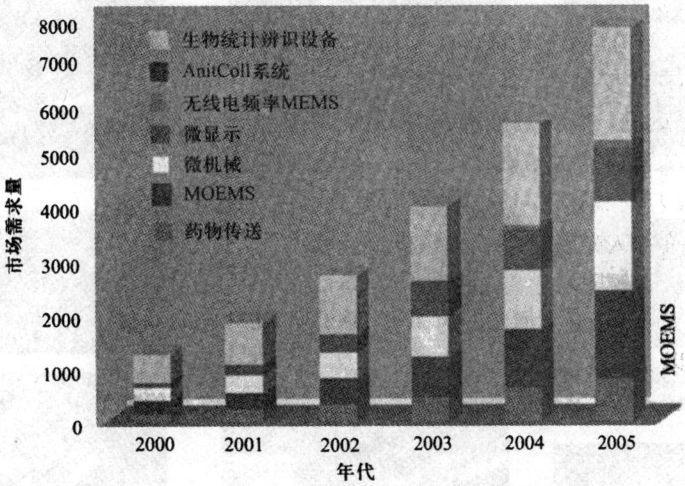

图1－20 临时结果:已经形成的MST产品

1.5.3 微系统:术语和范围

集成电路、微加工和微技术这些术语已在全世界范围内广泛使用。微系统代表一个微电子系统,其中会利用微机械结构,也可能使用一种或多种其他技术,因此,该术语是一个普遍的综合性术语,适用于机械、声学、光学、磁学、热学、化学或生物力学的元件和系统。在美国和其他国家,尤其在欧洲一些国家,所有研发微系统的项目都广泛以缩写 MEMS 代表微电子－机械系统。

随着纳米系统和纳米技术的实现,MEMS 将会在全世界范围内得到应用。从 20 世纪 90 年代至今,微系统和 MEMS 已经广泛用作微型化的代表术语,同时,多数微系统是微传感器和微致动器类已经成为共识,而 MEMS 是当今微技术许多研发项目最合适的候选器件。

微光学－微电子－微机械系统的缩写 MOEMS 称为光学 MEMS(Optical MEMS)最合适,在某些应用中仍然可以找到这种称呼,本书使用缩写 MOEMS。

1.5.4 世界范围内 MEMS 和 MOEMS 的活动

20 世纪 90 年代后半期,全球的研究人员、科学家和投资商对微技术都非常感兴趣。在此期间,美国和欧洲投资微系统的主要原因是非常适合大学、研究所和小企业,并且微技术的发展非常迅速,创造了较多产品,应用在新兴的领域中(如图 1－21 所示)。微技术的市场遍及美国、欧洲和亚洲,但是,特别在欧洲,许多公司还没有充分认识到数十亿美元市场的商业潜力。

20 世纪 90 年代后期,W. Ehrfeld 和 U. Ehrfeld 研究过欧洲出现的微技术公司热后认为,不仅微技术产品可以使投资有更高的利润回报率,而且生产微技术工艺设备和专用材料的工业也同样会有很好的效益。当然,微技术的快速发展已经使微加工工艺、微元件和微系统功能特性的设计和数学建模落后于需求,同等重要的是还缺乏对微尺寸材料特性的了解。

W. Ehrfeld 和 U. Ehrfeld 相信,欧洲微技术的快速发展将使该项研究技术发生令人瞩

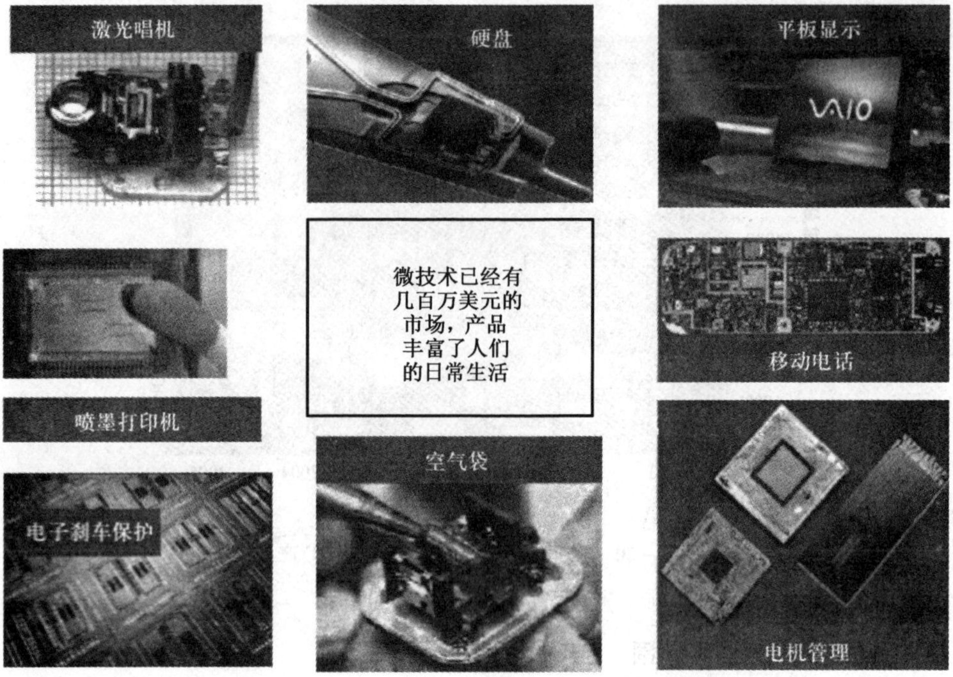

图 1－21　微系统的微技术

目的变化，同时也是一种挑战。欧洲研究人员建议，效仿美国研究生物工艺学的模式，将公立研究所逐个转变为私立公司。采用这种方式，可以有更多机会获得足够的财政支持以满足激烈竞争环境的要求，并形成合适的组织机构。

1.5.5　MEMS 和 MOEMS 的世界市场

最近，MEMS 和 MOEMS 的强劲世界市场主要建立在对系统微型化的高要求上，认为微系统的主要零件与 MEMS 和 MOEMS 有关，公平地说，是 MEMS 和 MOEMS 技术导致装置（微米级的）微型化。在其他技术领域（例如辐射测量化学、生物学领域）也实现了微型化，但它们不需要达到纳米或微米级。

在大约十年的一段时间内，MEMS 与 MOEMS 已在全球被开发出数十亿美元的市场价值，其中包括许多日常用品。在未来许多年内，微技术市场都会保持高增长率。在欧洲国家，微技术产品逐步发展为以人类的基本需求，例如健康、信息、运动以及持续发展为基础。为满足各种应用领域的需求，已经研发出多种生产工艺和材料。为了研发新型元件和系统，开发能够模拟功能特性、生产工艺和进行全面优化的软件的需求正在全世界范围内快速增长，特别是在美国和欧洲。其间，微米级装置广泛应用在信息、汽车和医药技术中。在每一个领域，无论从技术发展还是从利润方面，MEMS 和 MOEMS 都已经成为全球性高竞争行业。

1.6 微惯性器件及微惯性技术的发展

微机电系统和微型制造技术的发展推动了微惯性器件和微惯性测量组合技术的发展，导致新一代陀螺仪和加速度计的产生。包括硅微机械加速度计、硅微机械陀螺仪、石英晶体惯性仪表、微型光纤陀螺仪、微型光波导陀螺仪等。其中，用硅材料制作微惯性器件不仅使传统的惯性器件实现微型化，而且由于硅的微加工技术与集成工艺技术的相容性，可以将惯性器件与处理电路完全集成在一个硅片上，从而能实现真正意义上的机电一体化，这正是目前人们追求的目标，其发展势头也最猛。

1.6.1 硅微惯性器件的主要特点

和传统的惯性器件相比，硅微惯性器件具有以下一些特点。

(1)微型化、集成化　硅微机械惯性仪表都是利用高频振动的原理工作的，并且是通过半导体加工工艺制作的，整个芯片不仅体积小，而且质量轻。可以在一个几毫米的硅基片上完成微惯性机械结构设计、信号处理单元集成以及功能集成，最终实现在一片硅片上制作出成百上千个微机电惯性器件。例如，CSDL 研制的微惯性器件，其边长都小于 1 mm，惯性器件芯片的质量仅为 1.5 mg；由 MMISA 和 ASIC 混合而成的三维 MIMU，体积仅为 2 cm × 2 cm × 0.5 cm，质量仅为 5 g；由 SNL 和 BSAC 研制的三维 MIMU 芯片，其平面尺寸仅为 0.6 cm × 1 cm。

(2)成本低　由于是批量制作，一片 3 英寸或 4 英寸的硅片上可以制作成百上千个微惯性器件，当采用成熟的工艺大批量生产时，成品率很高，器件的成本是微不足道的，这时，微惯性仪表的成本将主要取决于封装、测试和 ASIC。当实现真正意义上的机电一体化时，其成本将会大大降低。

(3)功耗低　微惯性器件体积小、质量轻，有的还工作在真空状态下，其功耗微乎其微。

(4)可靠性好　可靠性的提高来源于三个方面，一是因为没有高速旋转的转子，可视为固态装置，所以工作寿命长、抗冲击，甚至可以承受 100 000g 以上的冲击；二是因为它的体积小、质量轻、成本低，特别适合于采用冗余配置方案，使可靠性得到进一步提高；三是因为集成度高，可将惯性器件和电子线路集成在同一芯片上，减少了干扰，提高了可靠性。

(5)测量范围大　传统的加速度计，由于检测质量较大，不宜测量过高的加速度，而微机械加速度计，其检测质量很小，可以用来进行相关的测量。例如，CSDL 就研制出了 100 000g量程的加速度计，可用来对炮弹的发射过程进行在线检测和研究。陀螺仪是一种测量角速度的仪器，对于一般的转子陀螺仪，由于动量矩较大，测量范围受到力矩器等诸多因素的制约，而微型陀螺仪则可以很容易达到较大的测量范围。

(6)易于数字化和智能化　微惯性仪表可做成频率输出形式，能对输出信号进行全数字处理，消除了因 A/D 或 V/F 变换而引入的误差，同时也便于应用微处理器进行信号处理，可对输出信号进行补偿。

1.6.2 微惯性技术的发展

由于陀螺仪的广阔应用前景，国内外都对微机电陀螺进行了大量的研究，国外从事微机械陀螺的研制与生产起步较早，研制单位也很多。微惯性传感器的研究和生产的主要集中在美国,其研究水平处于世界领先地位。从事微机械惯性仪表研究和生产主要有5家公司(Draper Lab Inc,Rockwell International Corp,Northrop Inc,Analog Device Inc以及Waddan System)和四所院校(MIT,University of California(Berkeley),University of Michigan,University of North Carolina)。国外其他研制振动陀螺的单位主要有:通用电器公司(GEC)和Watson公司(研制压电振动陀螺,其中通用已大量生产用于A-10飞机系统的VYRO压电振动陀螺)。

1977年,美国斯坦福大学首先采用各向异性蚀刻与微光刻技术制成一种开环微型加速度计,并于20世纪80年代初首次投放市场,随后许多公司也纷纷仿效研制,但这些装置性能较差,动态范围小,不能满足军用惯性系统的要求。1985年,在美国军方的资助下,德雷珀实验室(The Charies Stark Draper Laboratory Inc.简称CSDL)开始研制可满足军用惯性系统要求的低成本微惯性器件,并于1988年率先研制出了框架驱动式硅微角振动陀螺仪样品,其平面尺寸为300 μm×600 μm,该样品经过17道工艺流程,在60 Hz带宽其分辨率为1 000 000 °/h。与此同时,加州大学伯克利分校传感器与执行器研究中心(the Berkeley Sensor Actuater Center,简称BSAC)研制出了静电流状驱动谐振器。在此基础上,CSDL与罗克韦尔公司(现在是波音北美公司,简称BNA)合作,于1993年研制出了第二代微机械陀螺仪——音叉式振动陀螺仪(Tunning Fork Vibrating Gyro,简称TFG),或者称之为硅微框状线振动驱动式陀螺仪。后来该陀螺仪性能大大改善,同样在60 Hz带宽下,1996年其分辨率已达120 °/h,经过补偿后偏置稳定性达33 °/h,预期将达1 °/h以下。工艺流程也简化为三道工序,不仅提高了性能,也大大降低了成本。1996年,CSDL又研制出第三种结构形式的陀螺仪——振动轮式陀螺仪(VWG),或称之为硅微型梳状角振动驱动式陀螺仪。VWG和TFG的区别在于VWG采用角振动式流驱动谐振器,而TFG是采用线振动式流驱动谐振器。此外,VWG比TFG更容易实现驱动轴和检测轴谐振频率的一致。

CSDL在发展微机械陀螺仪的同时,也在积极研制硅微扭摆式静电力平衡加速度计,到1996年已发展了量程分别为100 000g、100g、10g和2g的4个系列,动态范围达10^5,基本满足了军用和民用的需要。

日本东北大学1994年研制出采用音叉式线振结构的微陀螺仪。日本村田制作所于1995年9月研制的谐振式微机械陀螺仪用多晶硅为材料,采用表面加工工艺,长800 μm,宽400 μm。采用离子铣削技术改变两种振动的固有频率之差,以提高惯性仪表的灵敏度。测试结果:在小于0.1 Pa压力条件下,激励模态和检测模态的Q值分别为2 800和16 000,输出灵敏度为500 mV/(°/s),等效噪声速率为2 °/s。

瑞士Neuchatel大学的微结构技术研究所于1998年研制成的电磁激励压敏电桥检测方式的陀螺采用音叉结构,两个质量片由4根挠性梁悬浮起来,粘贴在质量片上的4个压敏电阻接成惠斯登电桥来检测惯性仪表效应。测试表明:两个质量片的谐振频率匹配得很好。惯性仪表的灵敏度随尺寸的加大而提高。

德国HSG-IMIT研制的第一台原理样机MARS-RRI采用新的结构设计,将执行器与检测模态解耦,大大消除了两模态间机械和电信号的交链。在10^{-2} mbar(1 bar = 10^5 Pa),转折频率为50 Hz的低通滤波器处理下测定的1σ的噪声等效率和2.5 h的偏置稳定性分别为0.27 °/$\sqrt{h}$,均方根噪声等效分辨率为0.05 °/s,量程为±300 °/s,灵敏度为8 mV/(°/s),美国Draper实验室的微型陀螺漂移优于10 °/h。

除了CSDL,BSAC,BNA和SNL外,在美国,加州理工学院喷气推进实验室(JPL)、罗克韦尔(Rockwell)的 Hughes 研究实验室,以及诺思罗普(Northrop)、利顿(Litton)、森德斯坦德(Sundstrand)、基尔福特(Kearfott)和 AD(Analog Devices)等公司,日本的姬路技术学院、多摩川精机公司、日立公司、东北大学、村田制作所等,瑞士 Neuchatel 大学,英国 New - cast 大学、Durham 大学、荷兰德尔夫特大学,法国 SAGEM 公司,德国的 LITEF 公司、HSG - IMIT、Karlsruhe 原子能研究中心,以及俄罗斯的 Vector Ltd 等都在积极研制微机械陀螺仪或微机械加速度计,并取得了瞩目的成就。其中德国的 HSG - IMIT 开发了一种解耦振荡模式的硅微梳状角振动驱动式陀螺仪(MARS - RR1),其偏置稳定性在 1998 年已达到 65 °/h。

早在 1979 年 Roylance 和 Angell 就开始了微机电压阻式加速度计的研制,所采用的工艺主要为 KOH 腐蚀体硅工艺,单悬臂梁 + 质量块结构,其技术指标:满量程范围为 ±200g -(0.2%/℃ ~0.3%/℃)(即灵敏度对温度的变化值),谐振频率为 2 330 Hz。随后各种结构的阻式加速度计相继出现,并且增加了自检功能和集成 CMOS 电路,测量方向也从单轴逐渐向多轴集成测量发展。现在商业化的压阻式加速度计主要用于军用点火装置、航空航天的飞行导航、作战时碰撞弹药和点火控制、飞行动力测量、弹药运输振动监控、安全系统位移检测、机器人过程控制、汽车力学研究、汽车停车控制、汽车刹车控制、汽车碰撞测试、前侧撞气囊系统、冲撞检测仪器、工业震动仪器、机床监控、地球物理监测、运动控制、计算机外围设备、医院病人的活动监控,其测量范围从 ±1g 到 ±1 000g,精度从 0.1% ~2%。

德雷珀试验室 1990 年研制的整块式硅加速度计采用扭杆支承平板的结构,平板的尺寸为 300 μm × 600 μm × 3 μm。试验质量袋子位于平板的一端,由蒸镀金属制成。在垂直于平面的加速度作用下,平板倾斜。传感器是平板与基片之间形成的一对差动电容,它们由 100 kHz载波信号激励,从极板输出的电流经过放大和相敏检波作为反馈信号加给力矩器电容极板,产生静电力,使得平板的转角回到零位。力矩器电容极板的平衡电压是加速度的闭环度量。样机经过分度头试验,零偏稳定性为 260 μg,标度因数为 7.3 V/(ms^{-2}),其重复性为 480 × 10^{-6}。

美国利顿公司、德国利铁夫公司、瑞士 Nuchatel 大学,以及日本日立公司和东北大学采用体加工方法,分别研制成功微克级高精度微机电加速度计。传感器为玻璃 - 硅 - 玻璃或硅 - 硅 - 硅"三明治"结构。利顿公司的芯片尺寸为 8.3 mm × 5.5 mm × 1.3 mm,挠性梁的厚度 5 μm,双边电容气隙 7.5 μm。检测电路采用交流电容电桥和闭环静电力再平衡回路。试验结果表明,零偏稳定性小于 250 μg,标度因数稳定性优于 1 000 × 10^{-6}。利铁夫公司的摆片采用四次双面掩蔽,在 KOH 溶液中控制时间刻蚀硅片制造而成,其面积为 6 mm × 6 mm。电子线路采用脉冲调宽数字输出,闭环控制方案,量程为 ±10g,标度因数稳定性 300 × 10^{-6},零偏稳定性 250 μg。这种微机械加速度计已经于 1995 年与 I2FOG 组合成 IMU,用于车辆导航。Nuchatel 大学的目标是用于空间飞行器,因此,它的量程为 ±0.1g,分辨率在 1 Hz 时小于 1 μg,摆片尺寸为 4 mm × 4 mm × 0.37 mm,悬梁厚度 11.5 μm,长度 4 mm,宽度 1 mm,电容电极间隙 7 μm,电路采用自平衡开关电容电桥。采用这种电容平衡桥,其输出电压正比于摆片的偏移。0 ~1 Hz 带宽的电容分辨率为 0.04 pF,这样可以保证在 ±0.1g 量程条件下,检测 μg 级的加速度。

德国 Karlsruhe 微结构技术研究所 1993 年在 Karlsruhe 原子能研究中心,加工了一种高精度加速度计。后来在 1995 年又增加了温度补偿电极。悬梁厚 10 μm,电容电极间隙 4 μm,零加速度时的电容量为 2 × 5 pF。该加速度计采用交流电容电桥测量法。试验结果:量程 ±1g,标度因数 2.7 V/(ms^{-2}),频带 400 Hz,分辨率 1 μg/Hz,动态范围 110 dB。

美国加利福尼亚理工学院的JPL实验室研制了一种基于隧道电流的小型高灵敏度宽频带加速度计。这是一种双元件硅微机械加速度计，芯片外形尺寸13 mm×13 mm，试验质量为50~260 mg，由硅弹簧片支承，高频梁厚4 μm，长0.7 mm，宽带悬梁在反馈静电力控制下，紧随试验质量运动，反馈回路频带大于10 kHz，加速度计的信号由反馈回路导出。试验结果表明，在低频段，标度因数近似为105 V/(ms^{-2})，在600 Hz时，标度因数下降为1 300 V/(ms^{-2})。测量噪声电平为410 Hz，标度因数为10~7g/Hz，在400 Hz时，为$6\times10^{-7}g$/Hz，70 dB动态范围内，线性度优于1%。

另外，多轴单片集成加速度检测仍然是微机电加速度计研究的热点，自从Takao和Lemkin分别于1997年提出了采用体硅工艺和表面工艺的三轴集成检测方法以来，在单片三轴集成方面国外陆续做了不少的研究。加州大学伯克利分校传感器与执行器研究中心(BSAC)在1989年研制成功静电梳状驱动谐振器后，推出了双自由度加速度计；美国AD公司也已先后研制成功了ADXL250，ADXL210，ADXL213，ADXL202等双轴加速度计，并得到大量使用。

在多轴集成微机电陀螺方面，国外也很重视。在研制成功微机械陀螺仪和微机械加速度计的基础上，CSDL于1994年首次推出了由3只微机械陀螺仪和3只微机械加速度计组成的微惯性测量组合。他们的做法是将6只惯性传感器安装在立方体的3个正交平面上，构成微机械惯性敏感器组合(Micro Mechanical Inertial Sensors Assembly，简称MMISA)，其中每个传感器都拥有自己的专用集成电路(Application Specific Integrated Circuits，简称ASIC)，产生相应的输出，然后送给微处理器进行数据处理。

BSAC在1989年首次研制成静电梳驱动谐振器后，也相继推出了单自由度和双自由度的硅微机械陀螺仪和加速度计，并与桑地亚国家实验室(Sandia National Lab，简称SNL)合作，于1998年采用桑地亚的模块化、单片微机电系统工艺(the Sandia Modular, MONOLITHIC, Micro-Electro-Mechanical Systems Technology，简称M^3EMS)首次将陀螺仪、加速度计及相关的电路集成在同一芯片上，构成了单片的三维MIMU，实现了真正的机电一体化。

美国JPL和Hughes研究室分别研究用隧道电流检测取代电容检测，以提高检测灵敏度，已研制出高灵敏度的硅微机械加速度计，正在研制高灵敏度的隧道电流式微机械陀螺仪，有望能开发出1 °/h的MIMU。

德雷珀试验室1994年研制成微机电惯性测量组合，它由6个传感器组成，包括3个微机械陀螺仪和3个微机械加速度计，配置在立方体的3个正交平面上。陀螺零偏稳定性为10 °/h，加速度计零偏稳定性为250 μg。整个微惯性测量组合的尺寸为2 cm×2 cm×0.5 cm，质量约5 g，功率小于1 W。1998年，美国桑地压国家实验室(SNL)及BSAC将一个敏感x，y平面角速度运动的二维微陀螺和一个敏感垂直轴向，即z方向角速度的一维微陀螺及三维加速度计和相应的测试回路完全集成在一块芯片上，芯片边长1 cm。

ADI公司最新推出系列微惯性测量单元IMU，包括ADIS16350，ADIS16354，ADIS16355，ADIS16364，ADIS16365，ADIS16400以及ADIS16405等，并且得到了业界的广泛关注和好评。ADIS163XX系列集成了三轴MEMS加速度计、三轴MEMS陀螺仪，三轴MEMS地磁，三轴陀螺仪的温度，并且有的新型号还输出压力参数。

表 1-1 不同级别陀螺的参数要求表

参数	速率级	战术级	惯性级
标度因数精度/%	0.1 ~ 1	0.001 ~ 0.1	<0.001
零偏漂移/(°/h)	10 ~ 1 000	0.01 ~ 10	<0.01
角度随机游走系数/($°/\sqrt{Hz}$)	>0.5	0.5 ~ 0.001	<0.001
满量程范围/(°/s)	50 ~ 1 000	>500	>400
带宽/Hz	>70	~100	~100
1 ms 内承受最大冲击/(ms^{-2})	10^3	$10^3 \sim 10^4$	10^3

国内从事微机械陀螺和加速度计研制与生产的单位有复旦大学、清华大学、信息产业部十三所、北京大学微电子所、中国科学院、上海冶金所、信息产业部第四十九所、哈尔滨工业大学、中北大学等十多家单位，在一些关键的技术指标上，样机所达到的程度与国外的同类产品有不少差距。表 1-2 为国内外微机械陀螺的性能指标比较。

表 1-2 国内外部分微机械陀螺的性能指标

单位	测量范围	分辨率	灵敏度	线性度	时间漂移
复旦大学			0.22 μV(rad/s)		
清华大学	±400 °/s	≤0.1 °/s	1.9 mV/(°/s)		
BEI	±5 ~ ±1 000 °/s	≤0.004 °/s	2.5 ~ 50 mV/(°/s)	0.05%满量程	时间漂移 0.05 °/s
QRS-14	1 000 °/s 以内可调	0.004 °/s	0.1 V/(°/s)	5%	
GYRO-2	1 000 °/s 以内可调	0.004 °/s	0.1 V/(°/s)	5%	
VG941-3	500 °/s	0.03 °/s		0.3%	
十三所	±200 °/s	0.05 °/s			

国内外研制的微机电加速度计样机所达到的指标见表 1-3 和表 1-4。

表 1-3 国内部分单位研制的加速度传感器性能指标

单位	量程	灵敏度	线性度	分辨率	零偏稳定性	其他
北大	$-1 \sim +1g$	3 V/(ms^{-2})	99.779%	1 mg		抗冲击 5 000g
清华	$\pm 30g$	>0.4 V/(ms^{-2})	—	—	2×10^{-4} mg	噪声 $2\times10^{-4}(ms^{-2})\cdot(Hz)^{-1/2}$
中国科学院上海冶金所	$\pm 1g$	—	0.1%	—	—	横向灵敏度 0.1%
	$\pm 0.1g$	—	0.05%	—	—	—
	$\pm 0.01g$	—	0.3%	—	—	—
信息产业部十三所	$>75g$	0.1 V/(ms^{-2})	—	1 mg	—	工作带宽 50 Hz
中国科学院上海冶金所	$\pm 1g$	412 mV/(ms^{-2})	小于 0.4%	—	—	—

表 1-4 国外部分单位研制的加速度传感器性能指标

单位	量程	灵敏度	线性度	分辨率	其他
Kitler	$-1\sim+1g$	$10\ V/(ms^{-2})$	±0.2%	0.3 mg	抗冲击 2 000g
	$\pm10g$	$1\ V/(ms^{-2})$	±0.2%	1.5 mg	
Endevco	$40g$	$50\ mV/(ms^{-2})$	—	1 mg	频率响应为 10 Hz
EG&G IC SENSORS	$\pm2g$	$1.75/3\ mV/(ms^{-2})$	±0.2 ~ ±1%	—	横向灵敏度 ±1 ~ ±3%
	$\pm10g$	$1.5/3\ mV/(ms^{-2})$	±0.2 ~ ±1%	—	横向灵敏度 ±1 ~ ±3%

对照以上两表可以看出，在高端器件上，国内的样机水平尚未达到国外商业化产品所达到的技术指标，但差距不是很大。与国外低端产品比较，在某些性能上已经超过国外产品，但国外产品已实现批量生产，产品的价格（尤其是低端产品）已经降到较低的水平，其封装技术也已经完善，具有相应的检测和标定手段。而国内的研究，基本上集中在敏感部件上，对形成产品所必需的封装技术没有进行深入研究。这样就难以形成在价格和可靠性上具有竞争力的产品。

这里介绍几种最新的微光机电陀螺仪产品。

1. VG091A 光纤陀螺仪

- 品牌——Fizoptika
- 型号——VG091A
- 种类——角度
- 材料——混合物
- 材料物理性质——半导体
- 材料晶体结构——其他
- 制作工艺——集成
- 输出信号——模拟型

VG091A 光纤陀螺仪是目前世界上最新，体积和质量最小的光纤陀螺仪，陀螺仪直接测量物体的转动角速度，输出一个和角速度成正比的模拟电压信号，使用简单方便。

技术参数：

- 质量——30 g
- 尺寸——dia24 mm × 50 mm
- 功耗——0.5 W
- 零偏稳定性——0.01 °/s
- 比例系数——7 mV/(°/s)
- 比例系数稳定性——0.1 %
- 随机游走——0.1 $°/\sqrt{h}$
- 测量范围——300 °/s
- 带宽——0 ~ 1 000 Hz
- 工作温度—— −30 ℃ ~ +70 ℃
- 存储温度—— −55 ℃ ~ +85 ℃

- 振动——6g（RMS），20～2 000 Hz
- 冲击——90g，1 ms

2. VG035P(D)光纤陀螺仪

- 品牌——Fizoptika
- 型号——VG035P
- 种类——角度
- 材料——混合物
- 材料物理性质——半导体
- 制作工艺——集成
- 输出信号——模拟型

光纤陀螺仪 VG035P 是一款精确的角速度传感器，陀螺仪不受磁场和温度变化的影响。光纤陀螺仪 VG035PD 带 RS232 数字输出模式。

技术参数：

- 质量——250 g
- 尺寸——ϕ130 mm×30 mm
- 功耗——1 W
- 电源——+5 V
- 启动时间——0.1 s(模拟输出)、1 s(数字输出)

性能参数：

- 比例系数+20 mV/(°/s)
- 比例系数稳定性——3%
- 带宽——0～450 Hz
- 测量范围——±100

环境要求：

- 工作温度——30 ℃～ +70 ℃
- 储存温度——55 ℃～+85 ℃
- 振动——2g，20～500 Hz
- 冲击——40g

3. VG071P 光纤陀螺仪

- 品牌——Fizoptika
- 型号——VC071P
- 种类——角度
- 材料——混合物
- 材料物理性质——半导体
- 材料晶体结构——其他
- 制作工艺——集成
- 输出信号——模拟型

VG071P 光纤陀螺仪是基于 VG941－3AM，利用现代材料和最新技术制造，具有较轻的质量，差分输出能很好地匹配 ADC，工作温度从－55 ℃～+60 ℃。

技术参数:

- 质量——40 g
- 尺寸——60 mm×35 mm×27 mm
- 功耗——0.5 W
- 零偏稳定性——0.005 °/s
- 比例系数——4.4 mV/(°/s)
- 比例系数稳定性——0.1%
- 随机游走——0.002 °/s×$\sqrt{Hz}$
- 测量范围——350 °/s
- 带宽——0～1 000 Hz
- 工作温度——-55 ℃～+60 ℃
- 存储温度——-60 ℃～+85 ℃
- 振动——6g(RMS), 20～500 Hz
- 冲击——90g, 1 ms

4. 三轴 MEMS 陀螺仪模块 STIM202

挪威 SENSONOR 公司微机械三轴 MEMS 陀螺 STIM202,是已知精度最高的 MEMS 陀螺,性能优于光纤陀螺 VG949P。如图 1-22 所示为 STM210,它有 5 种不同的采样频率和带宽设置,输出可以选择为角速度或角增量,能够连续自校正。为了实现高精度的测量每个输入轴都在出厂前进行了漂移、灵敏度和温度误差的标定和补偿。采用 32 位的 ARM 微控制器可以方便地设置采样频率和单位以及滤波带宽和通信参数及协议。对于高级用户可以采用服务模式,在这种模式下用户可以实时地修改内存中各项参数设置,这种模式还可以执行单轴测量和诊断功能。

(39mm×45mm×22mm)

图 1-22　SENSONOR 公司三轴 MEMS 陀螺仪 STIM210

STIM202 具有全温度范围极小漂移、低噪音、低功耗、低 G-灵敏度、尺寸小、质量轻、易于安装、坚固耐用、可靠性高、成本低廉等几乎所有性能优势。此产品在直流 5 V 电源下运行并且通过“即插即用”的高级 RS422 接口进行通信。

特点:

- 微型封装
- 卓越的抗震动和抗冲击性能
- 出色的环境稳定性
- 1,2 或 3 轴陀螺
- “即插即用”高级 RS422 接口 24 位分辨率
- 单结晶硅技术
- 低零偏漂移、低噪音

应用领域:

导弹制导、飞行器航姿系统、图像稳定、数码摄像回转仪、天线稳定、惯性测量单元(IMU)、平台稳定、汽车电子稳定系统(ESP)、GPS 辅助导航、石油矿井钻探等多种应用领域。

性能参数:

- 功能参数——最小值、标准、最大值、单位、备注
- 量程范围——±400 °/s
- 输出——24 bit RS422
- 零偏稳定性——0.5 °/h
- 随机游走——0.2 °/(s/$\sqrt{h}$)
- 质量——55 g
- 工作温度——-40 ℃ ~ +85 ℃
- 电源——4.5,5,5.5 V
- 工作电流——200 mA
- 启动时间——10 s
- 存储温度——-50 ℃ ~ +90 ℃
- 动态过载——5 000 °/s
- 机械冲击——1 500*g*
- 零偏精度——-250 ~ +250 °/h
- 比例因子精度——±0.2%
- 零偏温度精度——±0 °/h
- 灵敏度精度——±1%
- 带宽——262 Hz
- 非线性——200 r/min
- G 灵敏度——18 °/h/(ms^{-2})
- RS422 比特率——921 600 bit/s
- 输入电阻——120 Ω
- 输入电阻——125 Ω

1.6.3 我国微惯性系统的产品

我国在这方面的研制工作最近几年发展很快,目前的研究力量主要集中在清华大学、东南大学、北京大学、北京理工大学、南京理工大学、西北工业大学等少数高等院校和中科院上海冶金所、原电子部十三所、四十九所等少数科研院所里。在我国 MIMU 已经作为微米/纳米技术预研的需求,MIMU 中的微惯性仪表为主攻方面,重点突破微惯性仪表在材料、工艺、设计等方面的关键,并立项进行预研攻关。目前已有不少关键技术取得突破,已经推出一些中低精度的微机械惯性仪表样品。下面介绍几种微惯性系统的产品。

(1)三维盲区推估模块

三维盲区推估模块是一种供步行人员使用的微型电子装置,如图 1-23 所示,能提供用户相对于某一初始点的位置。三维盲区推估(DR)数据和外部 GPS 数据由内部卡尔曼滤波器进行信息融合,当有 GPS 数据时盲区推估传感器会连续进行自动校准,两个数据源混合或

图 1-23 三维盲区推估模块

复合实时位置并输出数据。位置误差与时间无关，主要取决于所经过的距离，水平精度 2.0%，方位角精度 1°，气压计垂直精度 1.5 m。

型号为 DRM4000；航向精度为 1°；数据接口为 RS232；电流功耗为 15 mA。

外形尺寸(mm)：L51 × W51 × H13

(2)微型 9 轴航姿模块(图 1 - 24)

Mio - X 微小型航姿模块由 9 自由度运动传感器和一个姿态和航向计算处理器组成，旨在通过精密采样和卡尔曼滤波器计算，输出实时的姿态、航向和经过优化校正的传感器数据。Mio - X模块具有宽的工作电压(3.3 ~ 5.5 V)和低功耗(典型电流值 26 mA)，这是特别为对体积、功耗有苛刻要求的应用需求开发的。同时可以提供精密校准传感器零点、灵敏度、垂直轴灵敏度、交错轴误差和温度漂移的高精度版本，适应批量集成。

图 1 - 24 微型 9 轴航姿模块

(3)微型 GPS 辅助航姿系统(图 1 - 25)

Xsens 公司新推出 MTi - G 是一款集成 GPS 信号的微惯性测量系统，通过内部微处理器的处理，输出姿态和航向信息。内部处理器功耗低，通过实时卡尔曼滤波来提供准确的位置和速度信息。同时也提供无漂移的 GPS 增强型的三维定位信息，以及校核过的三维加速度、三维角速度、三维地磁场、静态压力信息。对于导航，车辆和其他物体的控制，MTi - G是一款性能优越的测量单元，主要应用无人机、汽车、机器人、医疗、运动检测等领域。

微型 GPS 辅助航姿系统的型号为 MTi - G；航向精度小于 1°；姿态精度动态小于 2°，静态小于 0.3°；辅助导航为 GPS 辅助；外形尺寸(mm)为 L58 × W58 × H22。

(4)AHRS 惯性测量系统(图 1 - 26)

IMU620 是一款高可靠，抗强震动固态惯性测量单元，有三个震动环陀螺仪和三个内部阻尼的加速度传感器安装在每个垂直空间轴上，每个器件出厂时校准工作温度范围。传感器的融合算法与外部的卡尔曼滤波器，以提供动态滚动和俯仰角的最佳特性。该 IMU620 具有一个高性能的震动隔离机制，在震动和冲击的条件下提供出色的可靠性。IMU620 可以接受外部电子罗盘提供优化的航向角，GPS 辅助版本也可以要求提供。

图 1 - 25 微型 GPS 辅助航姿系统

图 1 - 26 AHRS 惯性测量系统

AHRS 惯性测量系统的型号为 MTi - G；航向精度小于 1°；姿态精度小于 0.3°；无辅助

导航;外形尺寸(mm)为 L74 × W60 × H56。

过去的几十年中,对于采用 MEMS 器件的导航与制导系统的应用越来越偏向于多传感器组合的方式。通过将多种类型的传感器进行优化配置,实现性能互补,最终使系统的精度和可靠性得到很大提高。导航与制导信息的处理方法也从单个特定传感器的信息处理向多传感器信息融合的方向发展。在组合导航系统中,常用的传感器主要有惯导系统(INS)、全球卫星定位系统(GNSS)、天文导航系统(CNS)、Doppler 导航系统,以及地形匹配中用到的无线电高度表和气压高度表、景象匹配中用到的 CCD 相机、合成孔径雷达(SAR)及地磁导航中用到的磁强计等。这些传感器及其子系统在精度、可靠性、使用范围等方面各有优缺点,应对这些传感器及其子系统进行优化整合,实现有效的管理、控制、决策、故障诊断、故障隔离及系统重构,提高整个导航或制导系统的综合性能。国内外针对 MIMU、GPS 和磁强计开展的组合系统研究主要包括 MIMU/GPS、MIMU/磁强计及 MIMU/GPS/磁强计组合系统,后面两个偏重于作为航姿系统的研究应用。

1.7 微惯性系统的应用

微机电系统的关键技术是研制微机电惯性仪表,用于微惯性测量、稳定以及导航,主要应用于军事领域。高可靠性、小体积和抗恶劣环境的能力使其广泛用于战术导弹、炮弹的惯性导航系统,另一个主要应用领域是汽车领域。卫星组合导航是一种重要的导航方式,但这种方式只能间隔地得到位置的信息,而且地面建筑物、山脉和隧道更助长了这种间隔,所以很需要一种辅助导航系统来提供间隔内的位置信息而这种成本较低的新型惯性仪表使导航系统能够比较经济地应用于汽车工业,零位误差可通过地图或 GPS 的信号校准。低成本使得它将越来越广泛地应用于一些较复杂的电器中,例如,在高级摄像机内的机械平台,也可用来移动 CCD 图像,以达到补偿目的。玩具、游戏机和体育设施将是这种廉价的角速率测量装置的又一个巨大的市场,如图 1 – 27 所示。

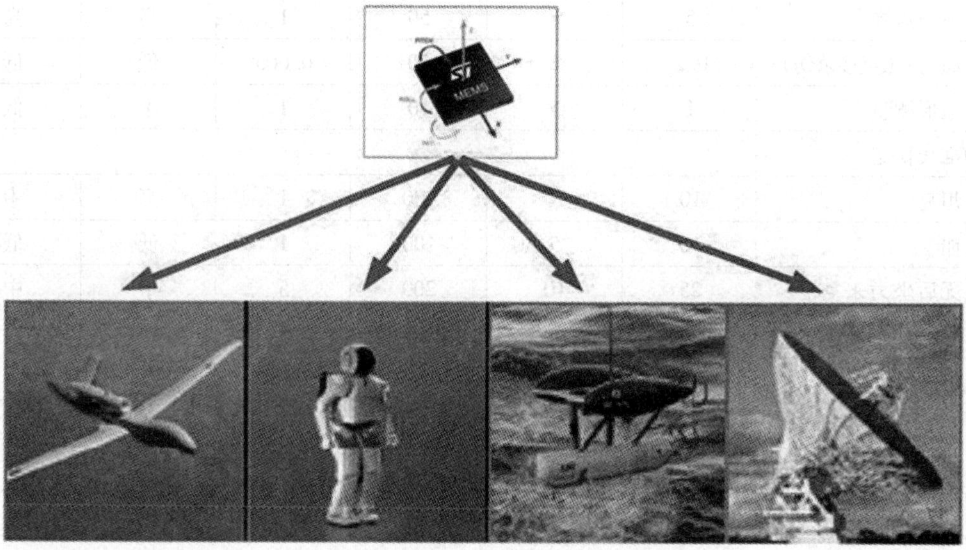

图 1 – 27 微惯性测量单元的广泛应用

在汽车和消费电子产品市场上，为了使得产品驱动安全、舒适和经久耐用，现在正大量需求低成本的陀螺仪。由于微机械陀螺仪具有批量生产、体积小、集成信号处理电路的可行性和多轴集成的优点，使微机械陀螺仪成为了最佳的选择。最近研究表明，2003 年，仅在汽车行业微机械陀螺仪的市场份额就达到大约 5 亿美元，如表 1－5 所示。

表 1－5　加速度计、陀螺市场分析

应用	稳定性 /(°/h)	加速度 /G's	最大速率 /(°/s)	标度因子精度 1%	潜在发展	市场可能性
GPS/INS						
军事飞机	1	6	100	0.005	高	中
商用飞机	5	2	50	0.05	低	中
短距离火箭	5	100	300	0.005	中	中
远距离火箭	0.5	20	100	0.05	中	低
巡航火箭	1	20	100	0.05	高	中
下投军需品	5	10	100	0.05	高	高
载人车辆	1	70	100	0.005	中	低
汽车自动绘图	10	2	50	1	低	高
相机稳定						
监视	10	<2	20	1	低	高
勘测	10	<2	20	1	中	低
商业(Hollywood)	10	<2	20	1	低	低
个人便携摄像机	100	<2	20	5	低	高
激光稳定器						
灵巧炸弹	5	6	50	1	高	高
高功率(直接杀伤)	0.2	2	10	0.005	低	低
地形测量	1	5	10	1	中	低
枪和准线稳定						
坦克	10	10	100	1	高	中
船	10	5	100	1	低	低
无后坐力来复枪	25	10	200	5	中	中
座位稳定	100	5	50	5	中	高
飞机						
小型自动驾驶仪	5	5	50	0.1	低	高
陀螺罗盘	1	5	50	0.5	低	高
姿态(人工水平)	5	5	50	0.5	低	高

微惯性测量单元 MIMU,利用微惯性测量元件(MEMS 加速度计、MEMS 陀螺仪、微磁强计)测量载体相对于惯性空间的运动参数,在给定运动初始条件下,经转换、处理后可输出载体的姿态和航向等信息。它具有体积小、低成本、低功耗、完全自主、不受干扰、输出信息量大、输出信息实时性强等特点。

MIMU 的开发应用主要在如下几个方面。

(1)航空航天:无人飞行器或者无人直升机的控制、稳定以及导航;空中摄影设备的稳定,传感器应用于自动操控。

(2)海洋:远程操作车(ROV)和水下自动设备(AUV)的控制和稳定;稳定单元主要用于诸如声音定位(USBL)、回声等测量设备,也用于水下勘测和绘图。

(3)机器人:机器人的控制和稳定。

(4)汽车:汽车和摩托车等车辆的动态性能分析(线加速度、角速度以及纵倾横滚和方位角)。

(5)工业:如可应用于钻井以及管道检测工具的惯性测量单位(IMU)。

(6)动画:真人全身运动姿态数据的采集并利用计算机生成(CG)动画,应用于电影和游戏产业。

(7)生物力学:作为运动学(三轴加速度计和陀螺仪)和定向(角度)上的测量单元并应用于体育、人体工程学、康复和其他领域的科研工作。

(8)训练和模仿:对全身运动信息的适时采集和事后的检查,并应用于运动员、战士、消防员、警察和急救队员的训练。

(9)虚拟现实以及增强现实:在虚拟环境中应用于头部跟踪器或者 HMD(头盔显示器)的跟踪。集成惯性传感器和照相机,可应用于文物维护等需要 6 自由度的运动跟踪。

1.7.1 应用于汽车工程

1. 概述

一百多年以来,汽车一直被认为是机械零部件的组合,直到最近一二十年,才认为汽车是带有一些电子控制的机械装置。随着电子技术、测控技术和计算机技术日新月异的发展,汽车电子产品含量越来越高,分别提出了“ASV”和“SSC”的概念。

所谓 ASV,是 Advanced Safety Vehicle 的简称,即先进安全车。ASV 的驾驶是借助于车上的各种传感器、电脑和其他一些电子装置来实现的。开发 ASV 的目的是最大限度地避免事故的发生和减少伤害的程度。ASV 技术内容包含以下四个方面:

- 安全预防技术
- 事故避免技术
- 损伤减少技术
- 碰撞后乘员伤害减轻与防护技术

所采取的技术手段将涉及自动导航系统、速度控制系统、防滑控制系统、碰撞自动检测系统、驾驶员操作记录系统、乘员保护系统、碰撞识别系统等。在这些系统中,将大量用到惯性器件。由于汽车生产批量大,要求这些系统的成本低、尺寸小、可靠性好,而硅微陀螺仪和加速度计正具有这几方面的优势,因此大有用武之地。

SSC 是 Safety Security Communication 的缩写,即“安全 - 防盗 - 通信概念车”。SSC 的安全功能包括防撞预警系统、自适应巡航控制、正面和侧面安全气囊等;防盗功能包括无钥匙开门、无钥匙点火、闯入传感器、车内物体移动监测器等;通信功能包括自动导航系统、免提车载移动电话、路边-车辆双向通信系统等。在这些系统中,也将大量用到微惯性器件,有的则是微惯性测量系统与 GPS(Global Positioning System,即全球定位系统)等的组合使用。

近年来,美国有关人士指出,硅微机械技术有可能成为下一个“硅谷”,由此形成的世界市场规模估计为每年 80 亿美元,其中惯性仪表代表了大约一半的总市场,而且这一半的市场主要将由汽车工业的需求所支配。表 1-6 列举了汽车功能对惯性仪表的要求。

表 1-6 汽车功能对惯性仪表的要求

控 制	诊 断	导 航
防滑检测器 防抱死系统 有源支承 安全气囊 四轮/全部轮子操纵	支承系统 发动机特性曲线 刹车系统 事故记录文件	组合式公路系统传感器 GPS/惯性组合 防撞构件

2. 安全气囊

安全气囊是提高汽车行驶安全性的重要部件,是一种辅助的约束装置。当行驶中的汽车发生碰撞时,汽车的速度会发生剧烈的变化,通过对前撞、侧撞或后撞加速度信息的检测,当确认已发生碰撞,系统立即张开,以便更多地降低乘员在各向碰撞时所产生的加速度值,以及由此带来的伤害。

3. 防滑控制系统

随着汽车行驶速度的提高,以及道路行车密度的增大,对于汽车行驶安全性能的要求也越来越高,汽车的防滑控制系统就是在这种要求下产生和发展的,目前,防滑控制系统已经成为汽车向电子化发展的一个重要方面。

汽车防滑控制系统包括制动防抱死系统和驱动防滑转系统或牵扯引力控制系统。制动防抱死系统简称为 ABS(Anti-lock Braking System),是在制动过程中防止车轮被制动抱死,避免车轮在路面上进行纯粹滑移的安全系统。它是基于汽车轮胎与路面之间的附着性能随滑移率而变化的原理,从防止制动过程中车轮“抱死”的机理出发,避免汽车后轮侧滑和前轮丧失转动能力,从而达到提高汽车行驶稳定性、操纵性和制动安全性的目的。

随着对汽车性能要求的不断提高,防滑控制系统的功能进一步得到完善和扩展,不仅能够在制动过程中防止车轮发生抱死,而且能够在驱动过程中(特别在起步、加速、转弯等过程中)防止驱动车轮发生滑转,使汽车在驱动过程中提高稳定性、转向操纵能力和加速性能等。驱动过程中防止驱动车轮发生滑转的控制系统被称为驱动防滑转系统(Acceleration Slip Regulation),简称 ASR。由于驱动防滑转系统是通过调节驱动车轮的牵扯引力实现驱动车轮滑转控制的,因此,也被称为牵扯引力控制系统(Traction Control System),简称 TCS。

通过调查发现,ABS 能减少 15% ~20% 的严重撞车事故,因此是一种最为有效的主动安全装置。而目前,ABS 的装车率正在以直线速度增长,各汽车厂家都在把 ABS 作为汽车的促销手段。ASR 的工作特点与 ABS 基本相同,它能在汽车加速时产生与 ABS 相应的效果,ABS 和 ASR 共同构成了汽车的行驶安全系统。ABS 按产品结构可分为两大类,采用惯性轮速传感器控制的机械式 ABS,和由电脑及轮速传感器控制的电子式 ABS。

4. 自动导航系统

汽车自动导航系统的市场近年来有迅猛发展,其中,GPS 卫星导航定位技术将发挥主要作用。在实际应用中,GPS 系统常与速率陀螺相结合,前者提供位置信息,后者提供航向和转弯速率信息。领导轿车导航系统发展潮流的国家有美国、日本、德国等。

MIMU 可用于地面导航。目前虽然 GPS 可以实现精确定位,但需要有 4 颗或 4 颗以上卫星才能准确定位。在丛林、山谷或城市中,这些条件有时得不到满足,因此,GPS 定位尚有一定局限性。

MIMU 由于其漂移率较大尚不能单独、长期地进行精确导航。为克服上述困难,可将 GPS 与微惯性测量组合结合使用。用 GPS 对微惯性测量组合校准,GPS 无法精确定位的地区,采用微惯性测量组合作辅助导航。作为近期目标,要求微惯性测量组合在 GPS 校准之后,2 ~4 h 内仍可用它进行准确的导航。

微惯性测量装置使车辆在高楼等阻塞 GPS 信号时继续保持预定的行车路线,克服了“都市峡谷”的影响。通过电子地图技术,车辆的位置可实时显示在便携计算机屏幕上。

1.7.2 应用于军事上的战术武器

硅微机械陀螺仪和硅微机械加速度计,作为新一代的惯性器件,其在军事领域有着广阔的应用前景。美国 GSDL 的 Barbour 等提出,惯性器件在未来的发展方向为:

(1)高精度惯性仪器以静电陀螺、液浮陀螺为主,零偏稳定性优于 0.001 5 °/h,标度因数稳定性优于 10 r/min,其中激光陀螺可达 0.1 r/min;

(2)中等精度惯性仪器将主要采用光纤陀螺仪,其精度从 0.001 5 °/h ~10 °/h,标度因数稳定性约为 100 r/min;

(3)低精度惯性仪器采用石英或硅微机械振动陀螺、加速度计,精度从 10 °/h ~1 °/h,标度因数稳定性约为 1 000 r/min。

可见,硅微惯性器件将在战术导弹、灵巧弹药等中低精度场合得到用武之地。由于硅微惯性器件的尺寸微小,许多武器装备将因此而大大改善性能。此外,许多新型的袖珍武器,如灵巧蒙皮、昆虫平台、微机器人电子失能系统、分布式战场传感器网络等也将相继问世,这些微型武器将会彻底改变未来战场的面貌。

采用微机械加工技术已研制成加速度传感器和陀螺等惯性测量器件,其性能正在不断提高。军事上对惯性测量元件要求很苛刻,从而促进了 MEMS 陀螺的加速发展。硅微陀螺仪和硅微加速度计属中低精度范畴,可应用于近程导弹,在民品应用方面将有广阔的市场。近几年,部分产品可进入应用阶段。硅微惯性器件在军事上的应用范围归纳为以下三个方面。

(1)作为传统惯性器件的替代品,包括精度、可靠性和体积在内的许多性能都将得到提高,而价格降低。例如,应用于自动驾驶仪、短程导弹、鱼雷引信、低成本姿态航向参考系统等领域。

(2)实现新的功能和新的应用,如小型制导弹药、制导炸弹、智能炮弹、智能引信、单兵作战系统、无人驾驶飞机等。

(3)利用惯性测量组合进行精确制导,例如,应用于联合攻击弹药(JDAM)、风偏修正弹药弹箱(WCMD)、联合防区外攻击系统(JSOW)。

硅微惯性器件在军事上的应用领域主要集中在以下几方面。

1. 弹的安全保险与引爆装置

弹药在储运过程中要求安全保险,在战斗中又能可靠引爆,不能出现“哑弹”。哑弹战时会延误战机,而战后哑弹的排除既费时、费钱,又十分危险。在大规模战争中,投弹量可达天文数字,如果哑弹仅占1% ~2%,其数量也是相当可观的,因此,确保各类弹可靠引爆是国防科技中一个非常重要的课题。

硅微加速度传感器应用于弹的引爆,可大幅度提高引爆的可靠性及储存的安全性。据称,其引爆可靠性比传统方法可提高5~10倍,使战场上哑弹数量降低一个数量级。由于硅微加速度传感器质量轻、体积小、可靠性高,因而,即使在小型炸弹或炮弹上也可使用,使武器系统更加安全可靠。

美国利用硅微加速度传感器代替弹药的安全保险、引爆装置的研究计划已经启动。AD公司生产的硅微加速度传感器由于具有自检、自校功能,并且可靠性好,被首先应用于带推力装置的飞弹上,此项试验工作已于1996年开始。这类硅微加速度传感器安全保险,引爆装置在装备部队之前需作大量试验,以考察其安全性和可靠性。加速度传感器引爆装置还将在多用途弹上试验。该安全保险、引爆装置如果用来装备部队,其需求量将相当可观。

2. 常规兵器的智能化改造

当前武器库中,绝大多数炮弹或炸弹尚未采用制导,故命中率较低,将硅微惯性测量器件用于常规弹上进行惯性制导与控制,可大大提高命中率。若硅微惯性制导器件与全球定位系统(GPS)结合使用,便可精确定位,以代替十分昂贵的自动寻的系统或目标指示器,从而可比较准确地击中目标。研究表明,从30 km外攻击20 m×30 m目标时,对于非制导炮弹,弹着点散直径为250 m。若要求击中概率达90%,则需用364发炮弹。若改用惯性制导,则弹着点散布直径64 m。如击中概率维持不变,则只需发射30发炮弹,弹药消耗降低了10倍。提高命中率在战斗中具有重要意义,还可大大减轻后勤负担和军火的消耗,提高部队作战的机动性和战斗力,减少自身的伤亡。对于先遣部队,只需少量弹药使可迅速摧毁敌方目标,提高杀伤力,还能在后勤供应受阻情况下提高部队的支撑能力。

硅微惯性器件具有体积小、质量轻、结构强度高等特点。据报道,硅微惯性制导弹可以经受住火炮发射时30 000g的加速度,也能经受住反坦克弹发射时100 000g的加速度,因而可以用在榴弹炮、迫击炮或火箭上。从技术上看,硅微惯性制导方案是完全可行的,因此,制导用的硅微惯性测量器件需求量非常大。例如,美国国防部有关部门推算,在和平时期,每年大约使用25~50万只硅微惯性测量器件来逐步改造现有的非制导弹药。

实战表明,来自中、高空且采用精确制导弹药的空中打击是改进生存率和增大目标覆盖的最有效的方式。但采用标准的战术子母弹(TMD)时,为保证投放精度,必须采取低空投放。为有助于从较远的防区外距离上实施精确的中/高空投放,美国空军于1994年启动了一项称为“风力修正子母弹”(WCMD)的计划。

所谓WCMD,就是将惯性制导组件和气动控制组件加到标准的TMD上,目的是克服风力影响,消除发射误差和弹道误差,提高中/高空武器的投放精度。WCMD包括惯性测量装置、风力评估和补偿软件,以及可转动的尾翼叶片,并可从飞机上获得GPS数据。当载机从10 000 m以上高空投放武器时,武器制导精度可达26 m,这个精度对投放子母弹药是足够了。据报道,美军在攻击阿富汗塔利班部队时首次投放了这种WCMD新型制导子母弹。这次伊拉克战争中，为了在恶劣气象条件下提高武器投放精度，B-52战略轰炸机首次携带WCMD出击。在战争后期，美国空军又首次使用了一种装有370根金属穿透杆，专门用来攻击没有防护的软目标的新炸弹，这种炸弹中也装有WCMD。携带这种炸弹的轰炸机除B-52外，还有F-16和F-15E战斗机。

3. 中、近程战术导弹的高 g 值侵彻控制

为了杀伤运动中的装甲车辆，摧毁深埋地下的重型工事，以及破坏机场跑道等，过去通常需要攻击飞机采用“幼畜”导弹或激光制导炸弹进行逐个追击或多次出击，这将大大增加飞机在敌人防空火力面前暴露的机会。为此，美军方从20世纪70年代即开始研制小型的、空投或炮射的、终端带制导的子弹药。现在，第一代智能式自导引弹药已列入军方的采购清单中。

海湾战争中，为了对付伊拉克转入地下的重要军事设施，美军方提出研制具有钻地攻击能力导弹的要求。一种称为“小型智能炸弹”(SSB)的计划就是要开发一种负担得起115 kg级带制导的弹药，它可穿透1.63 m加固混凝土层，并摧毁85%的900 kg级目标区。用轻型炸弹穿透硬目标的关键是采用具有极高身长、直径比的弹体。另外，为了寻找深埋目标，还要依靠高精度制导系统执行精确而紧急的行动。这种制导系统不仅可使SSB到达目标点，还能控制弹体旋转，使其以接近垂直于地面的角度(20°容差)和零攻角(1°容差)攻击目标，从而能将动能效果发挥到极致，引起目标区大面积坍塌。如果把现有武器库中的炸弹和导弹都装上这种装置，则攻击深埋地下坚固目标的能力估计会比现在提高3倍以上。在这种技术中，制导系统中的一个抗高过载加速度计是一项关键技术。在伊拉克战争中，B-52轰炸机利用其隐身特性和载弹能力，投放了多枚重型钻地导弹。

在美国大力发展新型精确制导武器的进程中，北约的其他盟国则正在缓慢地填补他们在精确制导武器的间隙。欧洲空军正在逐渐增加它们的短程和远程精确制导武器能力，但在中程武器和攻击可重新定位目标的能力方面还有很大差距。在波黑战争中，恶劣气象条件下精确投放空、地导弹仅仅是由美军完成的，所有的欧洲北约部队都要求能够看到目标，但是低云往往会阻止他们的攻击。而在伊拉克战争中，英国空军首次使用了新型精确制导武器，其中主要有“风暴之影”防区外导弹、“幼畜”空地导弹和附带损伤小的制导炸弹。

目前，世界上大约有22个国家拥有弹道导弹，其中7个国家拥有生产能力。但在世界军火交易中的大部分导弹是改进型的俄罗斯R217“飞毛腿”，它们基本上是20世纪60年代到20世纪70年代的技术。近年来，俄罗斯也在积极发展新型远程弹道导弹和带光学寻的头的精确制导导弹。其中，前者对惯性技术提出了新要求；后者虽然可昼夜攻击目标，但尚不能攻击移动目标。

4. MEMS智能定向与定深引信

目前，国外弹药所用引信主要有固定延时引信、可调延时引信、硬目标灵巧引信。硬目标灵巧引信采用加速度计识别两种不同的目标介质，加速度计检测和计算空穴及硬目标层数。多作用硬目标引信必须在目标介质之间进行更快、更精确的识别，并能探测出厚度的变化，对该引信的要求包括计算到16个空穴和硬目标层，计算总的路程长度达到78 m。TME公司为引信设计的最新一代电子部件具有随1000 000g 碰击力的能力，并能在起爆瞬间立即将武器自身所处的实际深度或层数发送出去。

美国海军海面武器研究中心参加了美国国防部MEMS计划中的“武器安全、保险和引爆的MEMS传感器及其应用”的研究，其目的是探索MEMS技术在下一代鱼雷引信安全系

统中的应用。我国从20世纪90年代中期就开始了微机电系统技术在引信中的应用研究，并提出了微加速度传感器作为一种可以广泛用于引信安全系统的微器件，可用于弹体在侵彻目标时，侵彻深度的确定和穿透介质层数的探测。

5. 姿态控制稳定平台

飞机、导弹、坦克、舰船等军事设备上，典型的稳定平台系统需要加速度传感器和陀螺各3只。硅微加速度传感器和陀螺由于其许多优点可以在平台系统使用。据 Gabriel 等人认为，常规的惯性测量元件质量为1 587 g、尺寸为15 cm×8 cm×5 cm，功耗35 W，价格达3万美元。硅微惯性测量单元集成了加速度计和陀螺，其质量降低了150倍，体积缩小了300倍，成本降低了60倍，并且抗过载能力提高了约3个数量级。不难看出，硅微惯性测量单元在平台上具有相当大的竞争力。

硅微陀螺还可用于航空航天电子设备、自动驾驶仪、坦克转塔、跟踪天线和弹射座椅上。目前，硅微陀螺虽然在可靠性和技术成熟程度上比不上硅微加速度传感器，但是在实验室已能提供性能相当好的样品，因而在近期内应用硅微惯性测量元件的平台无疑将被提到日程上来。

6. 鱼雷、反坦克导弹的定向

当采用由 GPS 改进的惯性制导封装件后，可赋予导弹以打击运动目标的能力。美三军均有这类武器的研制计划，其中的低成本自主攻击系统（LO2CAAS）是空军的一项计划。“卢卡斯”（LOCAAS）是美空军正在开发的一种新型导弹，它代表了终端制导弹药的一个新方向，即成为一种小型的、可在空中巡逻的、自动驾驶的武器。LOCAAS 主要被用来探测和摧毁移动的战场目标，如“飞毛腿”导弹发射架、移动式防空系统和装甲车辆等，它们通常要由飞机来发展和攻击，一架作战飞机可携带16套。LOCAAS 采用激光雷达寻的器件作为制导，到达目标区的中段制导采用 GPS/INS 系统。每套 LOCAAS 在地面上的搜索范围为25平方海里。

随着微机械惯性器件性能的不断改进，例如，目前微机械陀螺仪的偏置稳定性已可做到10 °/h 以下，微机械加速度计的分辨率在1 mg 以下，采用隧道电流式微加速度计和隧道电流式微陀螺仪组成的 MIMU，其性能可以进一步改进。利用这些微惯性器件及其组合测量系统可广泛应用于制导炮弹、灵巧炸弹、战术导弹、鱼雷、水雷等的制导与稳定系统中，还可用于武器的保险、引信和点火中。

1.7.3 应用于小型、微型和纳米卫星

卫星的种类繁多，有用作科学实验的、物理探测的、气象观测的、实用通信的、电视转播的等，既可民用，又可军用。在20世纪80年代以前，人们为了追求卫星性能的完善，也为了推动强有力的运载火箭的发展，使卫星的体积和质量愈来愈大，其结果是发射成本越来越高。随着科学技术的进步，特别是微米/纳米技术的兴起，可使那些曾经安装在大型航天器上的零部件的体积和质量大大缩小，使其安装到非常小的卫星上成为可能。于是，就有了小型、微型和纳米卫星的概念。

小型卫星是指能用小型运载火箭发射的常规设计的航天器，其质量范围约为10～500 kg；微型卫星在所有的系统和分系统中全部体现微型制造技术成果，并能执行卫星应有的功能，质量约为0.1～10 kg；纳米卫星是依靠一种分布式的体系结构完成自身功能，并将尺度减至最小可能的微型卫星，质量范围约小于0.1 kg。

随着卫星尺寸、质量的小型化发展，现有的卫星用惯性姿态与控制装置已不能满足要求，必须由尺寸更小，质量更小的微惯性器件取而代之。纳米卫星更是在硅基片上堆砌各种专用集成微型仪器（Application Specific Integrated Microinstruments，简称 ASIM）的芯片卫星，在这些芯片上，集成了制导、导航、控制、姿态控制、热控制、推进、能源和通信等航天器系统，是一种新概念、新模式的卫星，要求惯性器件的集成度更高、性能更好。

1.7.4 微惯性技术在消费电子产品运动检测中的应用

从 MEMS 陀螺仪的应用方向来看，陀螺仪能够测量沿一个轴或几个轴运动的角速度，可与 MEMS 加速度计形成优势互补。如果组合使用加速度计和陀螺仪这两种传感器，设计者就能更好地跟踪并捕捉三维空间的完整运动，为最终用户提供现场感更强的用户使用体验、精确的导航系统以及其他功能。要准确地描述线性直线运动和旋转运动有转弯变化的运动需要设计者同时用到陀螺仪和加速度计，有的单纯使用陀螺仪的方案可用于需要高分辨率和快速反应的旋转检测，有的单纯使用加速度计的方案可用于有固定的重力参考坐标系、存在线性或倾斜运动，但旋转运动被限制在一定范围内的应用。同时处理直线运动和旋转运动时，就需要使用加速度和陀螺仪计的方案。此外，为让设计和制作的陀螺仪具有较高的加速度和较低的机械噪声，或为校正加速度计的旋转误差，一些厂商会使用磁力计来完成传统上用陀螺仪实现的传感功能，以完成相应定位。这表明混合的陀螺仪、加速度计或磁感应计结合的方案正成为 MEMS 陀螺仪技术应用的趋势。若只使用传统的加速度计，用户得到的要么是反应敏捷，但噪声较大的输出，要么是反应慢但较纯净的输出。如将加速度计与陀螺仪相结合，就能得到既纯净又反应敏捷的输出。加速度计是惯性导航和惯性制导系统的基本测量元件之一。加速度计本质上是一个振荡系统，安装于运动载体的内部，可以用来测量载体的运动加速度。利用已知的 GPS 测量初始速度，对加速度积分就可知道载体的速度和位置等信息，因此加速度计的性能和精度直接影响导航和制导系统的精度。室外导航有 GPS，用于在室外能够搜索到足够卫星情况下的导航，室内有加速度计，用于测量加速度并结合 GPS 所提供的初始速度就可以计算出现有的速度运动的距离。此外，有的陀螺仪可用于测量设备的转弯或坡度变化大小。

1. 运动数字化

加速度传感器和陀螺仪的集合已经使生活用具（例如手机）在满足价格、尺寸、坚固性和电池使用寿命长的目标的同时，还增加了运动功能。因为消费电子产品公司在不断寻求下一代具有新异功能的产品，所以为了在竞争者中脱颖而出，这些电子产品公司不断地把运动加载到游戏、移动手持电子设备、数码相机、电视远程控制、医学、运动和健身设备中。

微机电系统技术的进步使得我们可以生产出大量的传感器，这些传感器使得我们把运动功能革命性地用到电子设备中，并且这些传感器能发挥出它们各自互补性的性能。这些设备包括惯性传感器，如陀螺仪、加速度传感器、罗盘传感器、照相机、还有 GPS 接收器。运动处理方法一般都把多个传感器连接起来，并通过多个传感数据进行信息融合来达到最优化的性能。

这里讨论了常见传感器的应用和如何以互补的方式有效地连接这些传感器，及可帮助设计者设计出先进的电子设备的九轴方向运动的参考设计模板。

2. 市场对运动处理方法的需要

运动已经成为一些设备必需的功能，如在任天堂 Wii 中（Nintendo Wii，是任天堂推出的第 5 个家用电视游戏机)，运动用来控制游戏比赛；在手机中，运动用来显示方向，用来玩游戏、还可以作为人机接口功能。

这些运动处理功能已经在各种电子设备中越来越普及，如便携式医疗设备正在用于监视病人病情和远程医疗康复；数码相机结合了位置和方向传感器，通过显示目标是在哪个方向拍摄的和相机镜头面朝的方向来增加视觉信息；远程控制结合了运动处理方法可以提供菜单导航和更多连接 web 的方法，及数字电视的新内容；运动设备添加了运动性能来跟踪使用者的运动来达到训练和社交礼仪训练的目的。因为运动处理技术正在变得更小、更便宜且更高的能量效率，所以它的应用前景是无限的。

3. 运动的加速度传感器

加速度传感器用来感知线性加速度和倾角。线性加速度有两种形式，即重力加速度和运动加速度。

现在的加速度传感器普遍都集成了 X,Y,Z 方向的三个轴来感知 X,Y,Z 方向上的位移和 6 到 14 位的模数转换器。对于日常消费器件，满刻度量程一般在正负 $1g$ 到正负 $8g$ 之间，供电电流从低能耗启动模式下的 10 μA(交流 10 Hz 刷新频率)到全功率下的 400 μA(交流 200 Hz 刷新频率)之间。因为电流传感器较低的供电电流，所以它们常用在当有运动被感知时来启动一个设备。现在有十几家生产这类传感器的制造商，包括 STMicroelectronics，Analog Devices 和 Freescale 等。加速度计一般用在游戏中感知倾斜角和运动，还有用在手机或其他手持设备中来作垂直或者水平方向上的显示和识别，还有用在探测脚步的计程器。

4. 陀螺仪传感器的使用

因为加速度传感器不能区分运动加速度和重力加速度，所以在测量倾角时需要对运动加速度进行过滤。但是，过滤会使得传感器的响应变得缓慢。这就是为何我们把加速度计和陀螺仪结合在一起使用来提供更精确、更灵敏的感知的原因。譬如，为了达到高灵敏度的单机游戏体验，任天堂在它的遥控器中增添了加速度传感器，在它的遥控器体验增强器软件狗中添加了陀螺仪。

如图 1 - 28 所示，加速度传感器的其他缺点是不能感知方向，当显示屏上有参考轴线时，利用加速度传感器可以很好地显示俯仰和横滚的角度，如图 1 - 29 所示。但是当屏幕显示中轴(Z 轴)的方向垂直于重力加速度方向时，将无法利用轴线来判断方向，所以自动显示必须利用其他传感器，如陀螺仪或罗盘来确定方向。

如图 1 - 30 所示，ITG - 3200 三轴数字陀螺仪，是世界上最早的一个在单个硅片上集成的三轴旋转陀螺仪。直到现在，满足基于运动的游戏和 3D 电视远程菜单导航控制的市场需求已经停止，因为缺少便宜的陀螺仪和高昂的成本费用。而 ITG - 3200 因其新异的系统整合和数字输出设计(这种设计可以减少超过 60% 耗电量和 50% 的体积)满足了这一市场需求。

不像加速度计，陀螺仪不受重力加速度的影响，但是只对旋转运动作出反应。因此，它们可以和加速度计以互补方式实现运动加速度矢量的分解，可以把加速度分解成单独部分，即重力加速度、线性运动加速度、旋转运动加速度。装置转动时，加速度矢量从 X 轴转向 Y 轴，然后又转回来。但是，对图像的分析可知，除了我们要求的输出外(水平方向、竖直方向以及它们间的倾斜方向外)，还有在运动开始和停止时产生的信号峰，而且在装置相对不动的情况下还有噪音信号产生。水平和竖直的信号是由重力加速度矢量引起，峰值是由

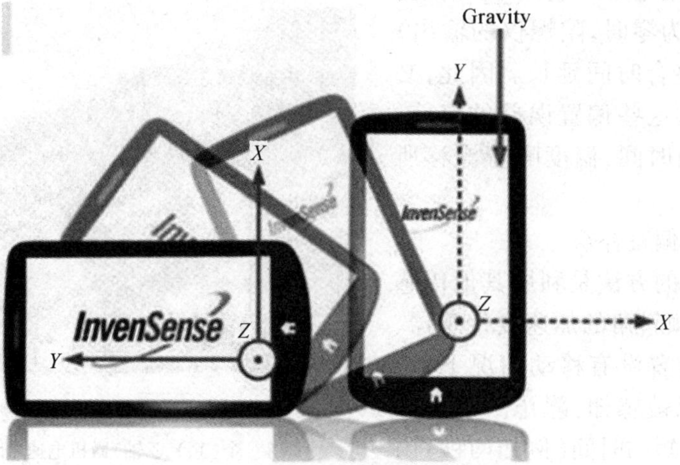

图1-28 加速度传感器可以用来感知方向

（手持设备从垂直于地面旋转到平行于地面过程中，重力加速度的方向从 *Y* 方向转到了 *X* 方向）

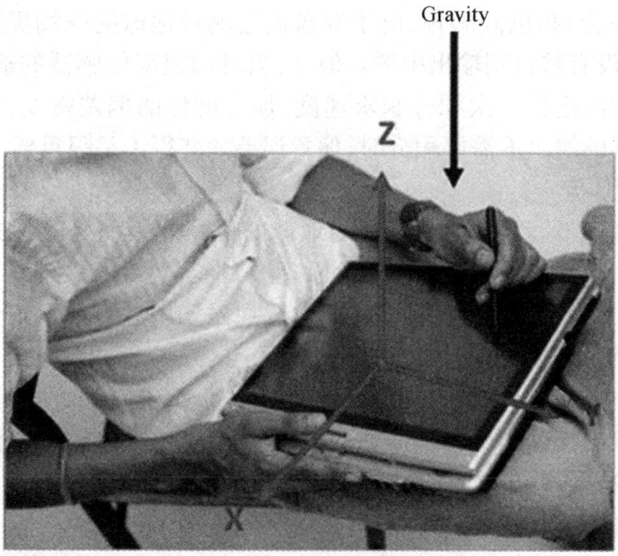

图1-29 只用加速度传感器

（因为 *X*，*Y* 方向上的重力加速度几乎为零，水平和竖直方向上的功能将失效，所以需要其他的传感器如陀螺仪或罗盘来感知方向）

运动传感器响应线性加速度引起，而这种线性加速度又是由在手机停止或开始运动时速度的改变所引起的。这些附加的、不需要的由平移产生的信号可以用简单的低通滤波器过滤掉。但是，在有效地移除峰值信号的同时，也会带来不灵敏的输出，因为低通滤波会延长输出时间。

5. 陀螺仪的局限

陀螺仪输出的速度是旋转速度，为了得到角度的相对改变，可把多个传感器集合在一起作为一个传感器输出。陀螺仪的偏置误差(即在旋转为零时,陀螺仪的输出)会使陀螺仪间整合时间延长。因此,必须做出一些补偿这些偏置误差的措施,这些偏向误差由时间、温度噪音漂移所引起。

6. 陀螺仪的偏置补偿

一般的补偿的方法是利用其他传感器补偿,譬如测倾斜角的加速度传感器、测角罗盘。在装置没有移动情况下,偏置上的改变可以被感知,静止未动可以从陀螺仪的相对短的时间(例如两秒)内的输出峰的偏移中观察到。如果峰-峰值信号低于预期给定的值,就可以得出装置是静止的,这个时间内的陀螺仪的输出均值就是新的偏移设定值。

图1-30 ITG-3200三轴数字陀螺仪

(具有三个(X,Y,Z轴)微机电速度陀螺仪,以4 mm×4 mm×0.9 mm的QFN封装)

7. 其他传感器中的偏置误差

值得注意的是加速度传感器和罗盘传感器也有偏置漂移,但是加速度传感器通过重力加速度直接(没有整合)提供倾斜角,电子罗盘通过测量地球的磁场提供所指的方向,在这些传感器中偏差是没有整合到输出中的。但是,当对加速度传感器的输出进行二次积分来求位移时,或者对输出进行一次积分来求速度,加速度计的偏差将变得非常重要。一般情况下,只有当传感器的输出不需要积分时,偏置误差才变得不是很重要。

8. 磁场罗盘传感器

磁场传感器(也叫罗盘传感器)是利用地球的磁场北极作为参考来确定方向的装置。制造磁场传感器需要很多技术,包括霍尔原理、各向异性磁阻材料(AMR)、高磁阻材料(GMR)。它们都有一个共同特点,即把它们放置在磁场中它们的物理性质将发生变化,这些变化使得我们可利用电子方面的技术来测量给定的磁场。

磁场传感器的功能是可以通过参考地磁北极来给出绝对的方向信息。与磁场传感器相比,陀螺仪可以给出精确的旋转角度。此外,磁场传感器只能用来确定Z轴或者偏移角度的信息,而陀螺仪可以给出X,Y,Z三个方向上的信息。

9. 磁场传感器的局限

磁场传感器不仅仅只对地球磁场作出响应,同时也能感应干扰信号,如射频(RF)信号(由手机、汽车发动机产生),还有由磁铁产生的磁场,如电视机、话筒、手机、耳机内的磁铁。磁场传感器能感知到周围的磁场噪音,而陀螺仪不能。所以,经常将陀螺仪和罗盘结合起来使用,陀螺仪给出快速运动物体的朝向信息,而过滤输出后的磁场传感器提供长时间静止的物体的朝向的信息。

此外,室内的地磁场常被建筑内含铁的物体所扭曲,如地板、墙柱,因此,用磁场传感器测量室内方向时,需要一种运算方法对上面所列举物体干扰进行补偿。然而在许多情况下一定地点的磁场可以看做是不变的常量,所以磁场传感器可以来确定大概的方向,即使不能给出确切的方向角度。此外,因为磁场传感器对上面所提到的干扰信号会作出反应,所以它的输出经常需要通过低通滤波器把高频噪音干扰信号过滤掉。所以陀螺仪经常和磁场传感器一起使用,陀螺仪为较快的运动提供朝向角度,过滤输出的磁场传感器把经延时后的信号用作偏向和方向补偿。此外,因为地球磁场不是严格平行于地球表面,地磁场角度随着地理位置的不同而改变,所以加速度传感器和磁场传感器可一起使用来提供倾斜角度补偿。

10. 完全的九维运动处理系统

基于运动的设计的心脏是加速度传感器、陀螺仪、磁场传感器间的融合。为了方便连接基于运动系统的设计应包含三轴陀螺仪、三轴加速度计、三轴电子罗盘,并且可以提供九维的参考样板(如图 1-31 所示)。完全的九维运动处理系统提供了原理图和工作底片档以便设计支持基于 USB 充电锂电池和微程序控制器的快速编程,还有射频蓝牙的模块。运行在 8 位的 Atmel AVR XMEGA 微控制上,最优化了此板使之支持传感器的连接,这样可以说明任何组合中陀螺仪、加速度计和罗盘各自的功能。这种参考设计,结合了先进的运动处理技术,在非常小的电池驱动的形式中,射频性能使得设计者能够快速地设计出能够运动的系统而不必了解太多的运动理论。这个模块可以设计得非常小,可以嵌入在现在的电路板中,这样很快就能实现测试运动的功能,如图 1-32 所示。

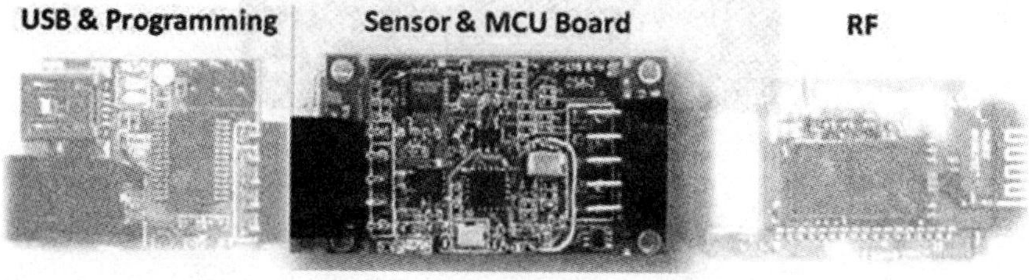

图 1-31 九维的参考模板 1

图 1-32 九维参考模板 2(图中红线框内)
(已经用到二维 RF 鼠标中,是一种戴在手上用的"手套"鼠标)

11. 全球定位系统

还有一个确定朝向和位置的仪器,就是全球定位系统(GPS),它是基于卫星计时信息来精确计算位置的仪器。GPS 利用光线与至少四颗卫星联系。因此,在室内或者与卫星间有障碍物遮挡视线的城市,或者在存在多径(电波传播信道中的多径传输现象所引起的干涉延时效应。在实际的无线电波传播信道中,包括所有波段,常有许多时延不同的传输路径。各条传播路径会随时间变化,参与干涉的各分量场之间的相互关系也就随时间而变化,由此引起合成波场的随机变化,从而形成总的接收场的衰落)情况下,GPS 都不能很好的工作。

为了增强 GPS 的信号,可以把陀螺仪和罗盘结合在一起来提供朝向信息,而加速度传感器可以用来测量速度和距离,这可以用在车载和徒步旅行的导航器件中使用,如图 1 -33 所示。

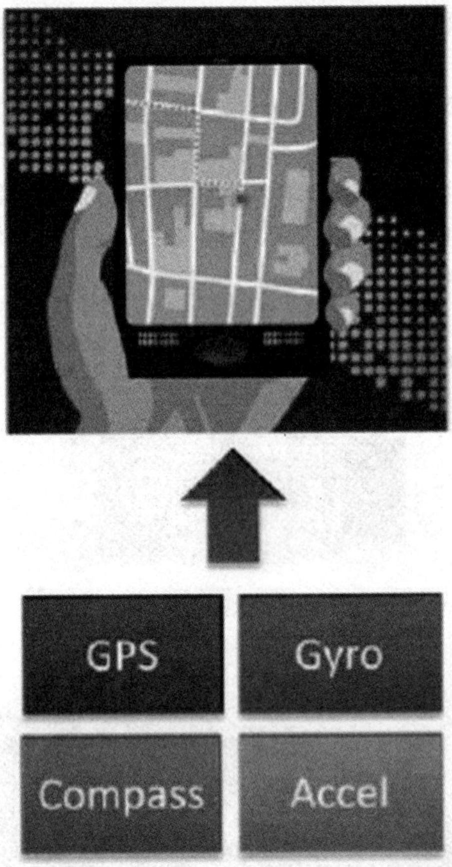

图 1 -33　利用 GPS、陀螺仪、加速度计、罗盘的慢步导航仪

12. 图像传感器

图像传感器或者照相机可以用来跟踪运动,就像人的眼睛跟踪运动物体一样。例如,在 Wii 遥控器中,手持遥控器中有一个与传感棒上红外二极管连在一起的照相机,这样可感知用户与屏幕的相对位置。

图像传感受到一些因素所限,如周围光线(图像传感在光线过强和过弱的环境中使用不是很好)、更新频率(典型的更新频率在 15 ~60 Hz)及视角(它们只能够跟踪视场范围内的运动)。如果结合其他传感器一起使用,这些问题都可克服,比如,跟陀螺仪、加速度传感器一起使用可增加图像传感器输出信息。

13. 三轴微惯性器件辅助 iPhone 4S 定位

三轴陀螺仪,是一个近两年才出现在我们视野里的一种新型的手机技术,它首次进入人们的视野是在2010年iPhone 4发布的时候。众所周知,iPhone 4,iPhone 4S,iPad 2,the New iPad等明星产品都带有陀螺仪,而我们的Android阵营当然也不会示弱,各大厂商推出的旗舰Android手机都是带有陀螺仪的,例如我们所熟悉的四核旗舰One X,Galaxy S3,Optimus 4X HD等,配备陀螺仪也是将来手机的一个趋势,接下来一起来看看陀螺仪有什么特别之处吧。陀螺仪英文名是Gyroscope,定义是一种用于测量角度以及维持方向的设备,原理是基于角动量守恒原理。陀螺仪最主要的作用在于它可以测量角速度。陀螺仪和我们最常见的重力感应有什么区别呢?重力感应是通过感应重力正交两个方向的分力大小,来判断水平方向,而陀螺仪则是一个立体的方向。也因为特性上有所不同,陀螺仪的应用看起来会比重力感应的更广。陀螺仪对一般用户来说最容易接触到的用途估计就是可以用在各种大型游戏上了,用陀螺仪操作起射击游戏来,可要比用触屏更加得心应手很多。当然,除了游戏,陀螺仪还可以配合其他设备配合GPS定位,像Google的街景就有利用到陀螺仪配合定位。

图1-34 定位手机

下面我们就来利用Android手机介绍一下陀螺仪的一些应用。iPhone 4和iPhone 4S我们都知道是带有陀螺仪功能的,但是有些Android厂家没有明确指出产品是否带有陀螺仪,那如何检测你的Android手机有没有陀螺仪呢?GyroRotate这个软件就可以帮到你。只要在Android手机上安装这个应用,直接运行就可以看得到效果。视频中我们使用的是"移动刀"MT917,这款产品是带有陀螺仪的。视频中我们可以看到,当我们移动手机的时候,无论是哪个方向摆动,该软件的立方体都会有相应的转动。这是一个测试Android手机是否具有陀螺仪的简单方法。接下来我们看看Google的官方应用——Google Sky Map,运行这个软件以后,可以看到通过摆动手机,整个画面都会跟着旋转,就像我们真的在"仰望星空"一般。以后看星星不用挑好天气了,在家就可以,还有中文解释呢。最后我们来看看游戏迷们最关注的射击游戏,测试使用的手机是Google Galaxy Nexus,游戏是Gameloft的超级大作《现代战争3》,利用三轴陀螺仪玩第一人称射击游戏的感觉是相当不错的,比利用触屏去转换视觉要好上很多。

14. 玩具直升机中的微陀螺仪

直升机的主桨高速转动的时候,会给机身一个反作用力,使机身朝反方向转动,这是常识。所以直升机的尾巴不固定是没法飞的。航模直升机是利用尾舵机改变尾桨的迎角,进而改变尾桨的推力,平衡主桨带给机身的这个反作用力,保持机身不转。一般使用陀螺仪用来感受直升机尾巴的偏移,在遥控没有发出指令的情况下,比如风吹的,如果尾巴的方向偏了,陀螺仪会感受到这个偏移,自动发出指令给尾舵机,修正尾巴的方向,保证机身始终朝一个方向。这种陀螺仪就是常说的锁尾陀螺仪。更高端的陀螺仪,内置的是两个甚至三个加速度计,不仅可以感受尾巴的偏移,还可以感受机身的横滚、俯仰,让直升机的机身在没有收到遥控信号的情况下自动保持当前高度,稳定悬停,不会前后左右乱跑,如图1-35所示。

图 1－35　微陀螺仪在玩具直升机中

消费层次上的 MEMS 速度陀螺仪和加速度传感器已经发展到可以很容易地整合到消费电子产品中的阶段。所以，运动处理方法将成为下一代消费电子产品必需的功能，允许原始制造商（OEMs）通过为装置连接和控制，提供新的可扩展性，能改变产品的性能。

为了设计出可运动的系统，我们必须对多种运动传感器以及它们的工作原理有所了解。除了加速度传感器和陀螺仪，还涉及其他的一些感知运动的传感器，如罗盘传感器、图像传感器和 GPS。

上面介绍了参考设计的多种微惯性传感器的应用，开发者可以利用这些参考设计开发便携、无线连接并加载了运动的电子设备。随着时间推移，这些传感器将会变得越来越成熟，开发成本也将会下降。这里详细考虑了可以帮助工程师找到最优化的运动处理方法，从而使这些传感器快速地应用到电子设备中。

第 2 章　微惯性系统基本工作原理

2.1　微惯性器件的动力学基础

2.1.1　哥氏加速度和陀螺力矩

微惯性器件是利用微机械加工技术研制的敏感加速度和角速度的器件，包括微加速度计和微陀螺仪。在研究它的机理之前，有必要回顾和补充一些有关的力学基础知识。

1. 哥氏加速度

在研究刚体内质点的复合运动时，如牵连运动为旋转运动，则刚体内质点的加速度与牵连运动为平移运动的情况相比，除了有相对加速度和牵连加速度之外，还有一项附加加速度，称为哥氏加速度。在研究质点或刚体的复合运动时，必须有两个坐标系，一个为固定坐标系，一个为动坐标系。现在研究动坐标系为旋转运动时的复合运动。图 2－1 中，$IXYZ$ 为固定坐标系，$oxyz$ 为动坐标系，r_o 为质点 P_1 在 $oxyz$ 坐标系中的位置向量，$\boldsymbol{r}_i$ 为同一质点 P_1 在 $IXYZ$ 坐标系中的位置向量，$\boldsymbol{\omega}$ 为动坐标系 $oxyz$ 相对固定坐标系 $IXYZ$ 的旋转角速度向量。当考虑相对运动时，假设动坐标系的角速度 $\boldsymbol{\omega}=0$，在时间间隔 Δt 内，质点在动坐标系 $oxyz$ 内由 P_1 到 P'，$\boldsymbol{P_1P'}$ 为质点的相对位移。当考虑牵连运动时，可假设质点 P_1 在动坐标系中的位置不变，在时间间隔 Δt 内，质点由 P_1 到 P''，$\boldsymbol{P_1P''}$ 为质点的牵连位移。

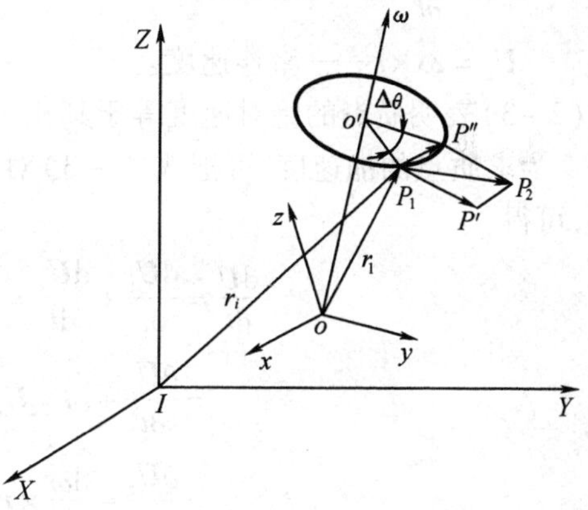

图 2－1　质点的复合运动

此时动坐标系 $oxyz$ 相对固定坐标系 $IXYZ$ 转过的角位移为 $\Delta\theta=\omega\Delta t$。质点的绝对位移为 $\boldsymbol{P_1P_2}=\boldsymbol{P_1P'}+\boldsymbol{P_1P''}$。当 $\Delta\theta$ 很小时，由图 2－1 可得近似关系式：

$$|\boldsymbol{P_1P''}|=(o'P_1)\Delta\theta=\boldsymbol{r}_o\sin(\boldsymbol{\omega}\cdot\boldsymbol{r}_o)\Delta\theta=\boldsymbol{\omega}\boldsymbol{r}_o\sin(\boldsymbol{\omega}\cdot\boldsymbol{r}_o)\Delta t=|(\boldsymbol{\omega}\times\boldsymbol{r}_o)\Delta t|$$

如令 $\boldsymbol{P_1P_2}=\Delta r_i$，$\boldsymbol{P_1P'}=\Delta r_o$，则有

$$\Delta r_i=\Delta r_o+(\boldsymbol{\omega}\times\boldsymbol{r}_o)\Delta t$$

当 $\Delta t\to 0$ 时，可得

$$\frac{\mathrm{d}r_i}{\mathrm{d}t}=\frac{\mathrm{d}r_o}{\mathrm{d}t}+\boldsymbol{\omega}\times\boldsymbol{r}_o \tag{2-1}$$

如果动坐标系的原点 o 与固定坐标系的原点 I 相重合，则有 $r_i=r_o$，并令它们都等于 r。为区别 r 相对不同坐标系的变化率，用 $\frac{\mathrm{d}r}{\mathrm{d}t}$ 表示对固定坐标系的变化率，即绝对变化率；用 $\frac{\partial r}{\partial t}$ 表示对动坐标系的变化率，即相对变化率，由此式(2－1)可写为

$$\frac{\mathrm{d}\boldsymbol{r}}{\mathrm{d}t}=\frac{\partial \boldsymbol{r}}{\partial t}+\boldsymbol{\omega}\times\boldsymbol{r} \tag{2-2}$$

式(2－1)称为哥氏方程,也叫哥氏转动坐标定理,可叙述如下:在固定坐标系中,某一向量函数对时间的变化率(绝对变化率)等于同一向量在动坐标系中对时间的变化率(相对变化率)与动坐标系对固定坐标系的旋转角度向量和该向量本身的向量积进行向量相加。

应当指出,在研究牵连运动为旋转运动的复合运动中,哥氏方程是一个重要的辅助公式。式(2－2)中的 $\boldsymbol{r}$ 为一位置向量,我们可以用其他任一向量,如速度向量 $\boldsymbol{U}$、角动量向量 $\boldsymbol{H}$ 等,来代替向量 $\boldsymbol{r}$,这时式(2－2)的关系仍然是正确的。由于 $\boldsymbol{r}$ 是质点 P_1 的矢径,因此,式(2－2)实际上就是质点 P_1 的绝对速度的表达式,可表示为

$$\boldsymbol{U}=\boldsymbol{U}_{\mathrm{r}}+\boldsymbol{U}_{\mathrm{e}} \tag{2-3}$$

式中 $\boldsymbol{U}=\frac{\mathrm{d}\boldsymbol{r}}{\mathrm{d}t}$——绝对速度;

$\boldsymbol{U}_{\mathrm{r}}=\frac{\partial \boldsymbol{r}}{\partial t}$——相对速度;

$\boldsymbol{U}_{\mathrm{e}}=\boldsymbol{\omega}\times\boldsymbol{r}$——牵连速度。

式(2－3)表明质点的绝对速度等于其相对速度与牵连速度的向量和。

为求质点的加速度,可把式(2－3)对时间求导,考虑到 $\boldsymbol{U}_{\mathrm{e}}=\boldsymbol{\omega}\times\boldsymbol{r}$,并继续利用哥氏方程,可得

$$\begin{aligned}\frac{\mathrm{d}\boldsymbol{U}}{\mathrm{d}t}&=\frac{\mathrm{d}\boldsymbol{U}_{\mathrm{t}}}{\mathrm{d}t}+\frac{\mathrm{d}\boldsymbol{U}_{\mathrm{e}}}{\mathrm{d}t}=\frac{\partial \boldsymbol{U}_{\mathrm{r}}}{\partial t}+\boldsymbol{\omega}\times\boldsymbol{U}_{\mathrm{r}}+\frac{\mathrm{d}}{\mathrm{d}t}(\boldsymbol{\omega}\times\boldsymbol{r})\\&=\frac{\partial \boldsymbol{U}_{\mathrm{r}}}{\partial t}+\boldsymbol{\omega}\times\boldsymbol{U}_{\mathrm{r}}+\frac{\mathrm{d}\boldsymbol{\omega}}{\mathrm{d}t}\times\boldsymbol{r}+\boldsymbol{\omega}\times\boldsymbol{u}_{\mathrm{r}}+\boldsymbol{\omega}\times(\boldsymbol{\omega}\times\boldsymbol{r})\\&=\frac{\partial \boldsymbol{U}_{\mathrm{r}}}{\partial t}+\frac{\mathrm{d}\omega}{\mathrm{d}t}\times\boldsymbol{r}+\boldsymbol{\omega}\times(\boldsymbol{\omega}\times\boldsymbol{r})+2\boldsymbol{\omega}\times\boldsymbol{U}_{\mathrm{r}}\end{aligned} \tag{2-4}$$

式中 $\frac{\mathrm{d}\boldsymbol{U}}{\mathrm{d}t}=\boldsymbol{a}$——绝对加速度;

$\frac{\partial \boldsymbol{U}_{\mathrm{r}}}{\partial t}=\boldsymbol{a}_{\mathrm{r}}$——相对加速度;

$\frac{\mathrm{d}\boldsymbol{\omega}}{\mathrm{d}t}\times\boldsymbol{r}=\boldsymbol{a}_{\mathrm{er}}$——牵连切向加速度;

$\boldsymbol{\omega}\times(\boldsymbol{\omega}\times\boldsymbol{r})=\boldsymbol{a}_{\mathrm{en}}$——牵连向心加速度;

$2\boldsymbol{\omega}\times\boldsymbol{U}_{\mathrm{r}}=\boldsymbol{a}_{\mathrm{k}}$——哥氏加速度。

考虑到牵连加速度 $\boldsymbol{a}_{\mathrm{t}}=\boldsymbol{a}_{\mathrm{er}}+\boldsymbol{a}_{\mathrm{cn}}$,式(2－4)可写为

$$\boldsymbol{a}=\boldsymbol{a}_{\mathrm{r}}+\boldsymbol{a}_{\mathrm{e}}+\boldsymbol{a}_{\mathrm{k}} \tag{2-5}$$

式(2－5)称为哥氏定理,可简述如下:当牵连运动为转动时,质点的绝对加速度等于它的相对加速度、牵连加速度与哥氏加速度的向量和。

应当特别注意,哥氏加速度的表达式为

$$\boldsymbol{a}_{\mathrm{k}}=2\boldsymbol{\omega}\times\boldsymbol{U}_{\mathrm{r}} \tag{2-6}$$

哥氏加速度的大小 $\boldsymbol{a}=2\boldsymbol{\omega v}_{\mathrm{r}}\sin(\boldsymbol{\omega},\boldsymbol{U}_{\mathrm{r}})$,方向垂直于牵连角速度 $\boldsymbol{\omega}$ 与相对速度 $\boldsymbol{U}_{\mathrm{r}}$ 所组成的平面,如图 2－2 所示,使 $\boldsymbol{\omega}$ 沿最短途径握向 $\boldsymbol{U}_{\mathrm{r}}$ 的右手旋进主向,即为 $\boldsymbol{a}_{\mathrm{k}}$ 的方向。由式(2－6)容易看出,当相对速度 $\boldsymbol{U}_{\mathrm{r}}$ 与牵连角度 $\boldsymbol{\omega}$ 相平行时,$\boldsymbol{a}_{\mathrm{k}}=0$。

2. 陀螺力矩

哥氏加速度是研究微机械陀螺仪产生陀螺力矩的基础,陀螺力矩是陀螺仪的主要特性之一。当绕驱动轴作高频振动的微机械陀螺仪产生敏感角速度时,其检测质量内各质点的哥氏加速度会对输出轴形成哥氏惯性力矩,这种哥氏惯性力矩即为陀螺力矩。陀螺力矩的方向与哥氏加速度的方向相反,陀螺力矩作用于支承检测质量的框架上。由于哥氏加速度和陀螺力矩的存在,在理想情况下,陀螺仪输出轴的输出信号将正比于敏感轴输入信号,这就是微机械陀螺仪敏感角速度的基本原理。

图2-3所示为硅微框架驱动式陀螺仪的结构原理图。在该结构中有两个框架,即内框架和外框架,相互正交的内、外框架轴均为一对扁平状的挠性枢轴,它们绕自身轴向具有低的抗扭刚度,但有较高的抗弯刚度。检测质量固定在内框架上,在外框架两侧对称设置一对驱动电极,在内框架两侧对称设置一对敏感电极,该四个电极相对仪表壳体的位置是固定的。由于是用微机械模式加工工艺制作,整个仪表尺寸均为微米数量级。

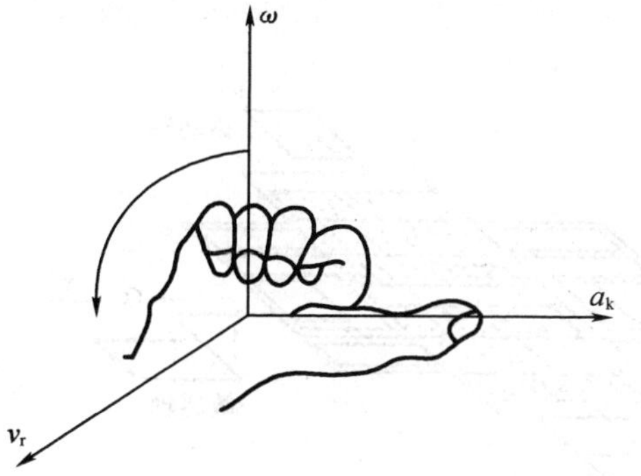

图2-2 哥氏加速度的方向

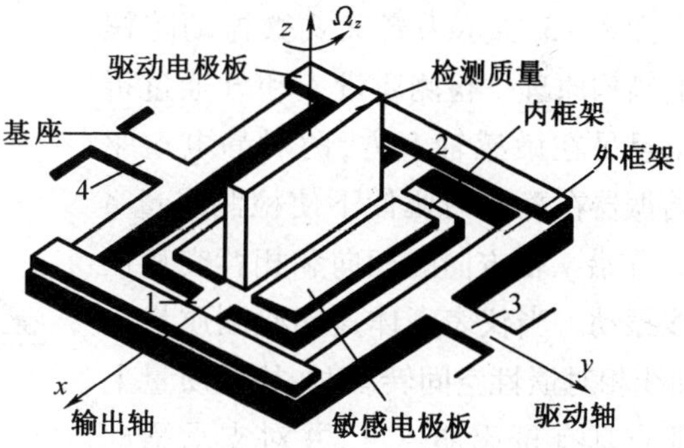

图2-3 硅微框架驱动式陀螺仪结构原理图

在静电力驱动下,仪表外框连同内框和检测质量一起作高频微幅角振动。设角振动波形为正弦波,振幅为 θ_0,角频率为 ω_n,则振动角位移为

$$\theta = \theta_0 \sin\omega_n t \tag{2-7}$$

显然,θ 角很小,则检测质量上各质点的振动都可视为线振动。在检测质量块上取任一质点 P,它在坐标系 $oxyz$ 中的坐标为(x_i, y_i, z_i),如图2-4所示。则其振动线速度为

$$\begin{cases} v_{ix} = \dot{\theta}_{2y} z_i \\ v_{iy} = 0 \\ v_{iz} = -\dot{\theta}_{2y} x_i \end{cases} \tag{2-8}$$

当仪表壳体绕输入轴以角速度 Ω_z 相对惯性空间转动时,质点 P 将具有哥氏加速度,其大小为

$$a_{ki} = 2\Omega_z v_{ix} = 2\Omega_z \dot{\theta}_{zy} z_i \tag{2-9}$$

方向沿 y 轴正向。

设质点 P 的质量为 m_i,则该质点产生的哥氏

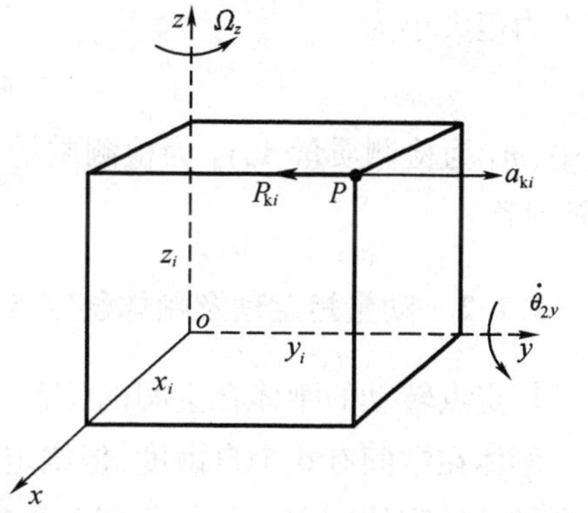

图2-4 质点的振动

惯性力大小为

$$F_{ki} = m_i a_{ki} = 2m_i \Omega_z \dot{\theta}_{2y} z_i \tag{2-10}$$

方向沿 y 轴负向。

这一哥氏惯性力形成的绕输出轴的哥氏惯性力矩大小为

$$M_{ki} = F_{ki} z_i = 2m_i \Omega_z \dot{\theta}_{2y} z_i^2 \tag{2-11}$$

当有角速度输入时,内框架组合件上各质点均会出现哥氏效应。整个内框架组合件的总哥氏惯性力矩为所有振动质点哥氏惯性力矩之和,即

$$\begin{aligned} M_G &= \sum M_{ki} = \sum 2m_i \Omega_z \dot{\theta}_{2y} z_i^2 \\ &= \Omega_z \dot{\theta}_{2y} \sum m_i \cdot 2z_i^2 \Omega_z \dot{\theta}_{2y} \sum m_i [(y_i^2 + z_i^2) + (z_i^2 + x_i^2) - (x_i^2 + y_i^2)] \\ &= \Omega_z \dot{\theta}_{2y} (I_{1x} + I_{1y} - I_{1z}) \\ &= I_1 \dot{\theta}_{2y} \Omega_z \end{aligned} \tag{2-12}$$

式中,$I_1 = I_{1x} + I_{1y} - I_{1z}$,为陀螺仪检测质量的等效转动惯量。

图 2-5 所示为音叉式微振动陀螺仪的结构原理。检测质量 A 和 B 通过折叠梁悬吊在敏感轴上方,两对静电枢驱动谐振器在静电力驱使下使检测质量 A 和 B 作沿 y 轴方向的相向和相背交替往复线振动。当仪表壳体连同检测质量绕 x 轴线相对惯性空间转动时,检测质量上各质点具有哥氏加速度,并对支承梁产生哥氏惯性力矩。设某一瞬间,检测质量 A 的线振动速度为 $\boldsymbol{v}_A$,仪表壳体转速为 Ω,则产生的哥氏加速度数值为

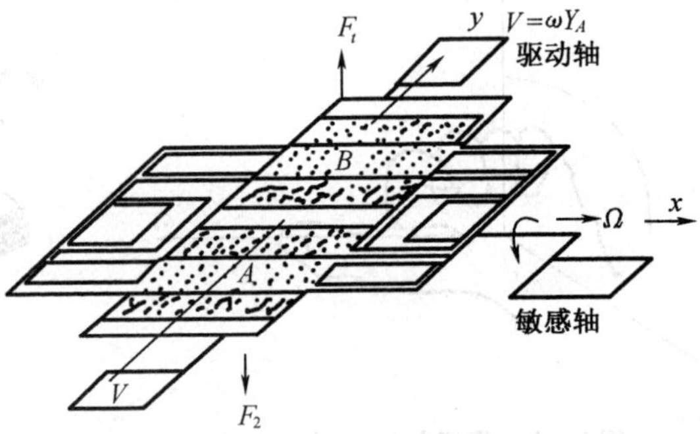

图 2-5　音叉陀螺结构简图

$$a_k = 2\Omega_x v_A \tag{2-13}$$

将检测质量 A 和 B 看成是集中质量,且均为 m_A,则哥氏惯性力大小为

$$F_k = m_A a_k = 2m_A \Omega_x v_A \tag{2-14}$$

陀螺力矩大小为

$$M_G = 4m_A y_A \Omega_x v_A \tag{2-15}$$

式中,m_A 为检测质量 A,y_A 为检测质量 A 中心到 x 轴的距离(检测质量 B 和检测质量 A 相对 x 轴对称)。

2.1.2　动量矩定理及刚体绕定点转动的欧拉动力学方程

1. 定点转动的刚体在空间的位置

刚体在空间有 6 个自由度,但绕定点转动的刚体在空间只有 3 个自由度。也就是说,绕定点转动的刚体在空间的位置有 3 个独立的参数可以完全确定,这 3 个独立参数通常称为欧拉角。设 $OXYZ$ 为固定坐标系,$Oxyz$ 为与刚体固连的活动坐标系,在起始时 $OXYZ$ 与 $Oxyz$

相重合，如图 2-6 所示。以后 $Oxyz$ 坐标系绕 OZ 轴转过 α 角，而到达 $Ox_1y_1z_1$ 位置，再将动坐标系绕 Oy_1 轴正向转过 θ 角，到达 $Ox_2y_2z_2$ 位置，最后将动坐标系绕 Ox_2 轴的正向转过 φ 角，而到达 $Oxyz$。α,θ,φ 为所选的三个欧拉角，在研究陀螺仪的运动时，只要确定陀螺仪主轴 Ox 在空间的位置，因此只需要 α 和 θ 这两个欧拉角就可以完全确定陀螺仪主轴 Ox 在空间的位置。

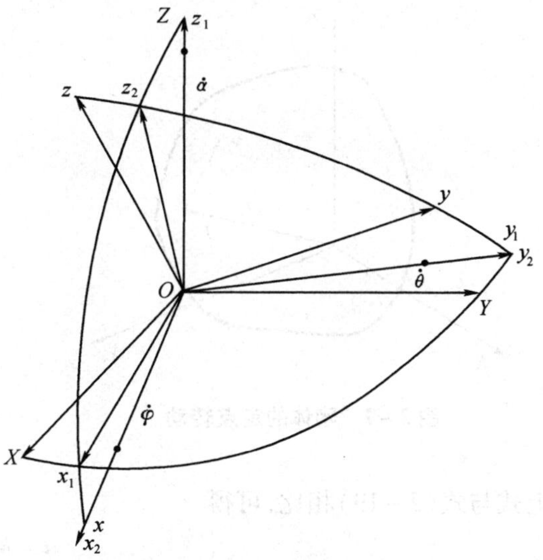

图 2-6　欧拉角

2. 动量矩定理

动量矩定理或角动量定理是研究陀螺仪基本特性的理论基础，在研究刚体绕定点转动时，刚体内所有各质点的动量对于惯性空间某一点力矩的总和称为刚体绕定点的角动量。在图 2-7 中所示为一能绕惯性空间某一定点 O 转动的任意刚体，图中 $OXYZ$ 为惯性坐标系。设刚体内任一质点 j 具有质量 m_i 和线速度 U_i，从 O 点到质点 j 的矢径为 $\boldsymbol{r}_j$。由此可解算得刚体相对于 O 点的角动量为

$$\boldsymbol{H} = \sum \boldsymbol{r}_j \times m_j U_j \tag{2-16}$$

为了确定角动量向量随时间的变化规律，对式(2-16)求导数得

$$\frac{\mathrm{d}\boldsymbol{H}}{\mathrm{d}t} = \sum m_j\left(\frac{\mathrm{d}r_j}{\mathrm{d}t} \times U_j\right) + \sum \left(\boldsymbol{r}_j \times m_j \frac{\mathrm{d}U_j}{\mathrm{d}t}\right) \tag{2-17}$$

由于 $\dfrac{\mathrm{d}r_j}{\mathrm{d}t} \times U_j = U_j \times U_j = 0$，$\dfrac{\mathrm{d}U_j}{\mathrm{d}t} = a_j$ 为质点 j 的加速度。根据牛顿第二定律 $\boldsymbol{F}_j = m_j\boldsymbol{a}_j$，式(2-17)可以写为

$$\frac{\mathrm{d}\boldsymbol{H}}{\mathrm{d}t} = \sum \boldsymbol{r}_j \times \boldsymbol{F}_j \tag{2-18}$$

上式的右边是作用在刚体上所有外力相对于 O 点的主矩，若用 M 表示，则式(2-18)可写为

$$\frac{\mathrm{d}\boldsymbol{H}}{\mathrm{d}t} = \boldsymbol{M} \tag{2-19}$$

式(2-19)就是刚体对惯性坐标系的角动量定理，可叙述如下：刚体对某一定点的角动量对时间的导数等于作用在刚体上所有外力对同一点的主矩。

若把角动量向量 $\boldsymbol{H}$ 看作是由 O 点到 A 点的矢径，如图 2-8 所示，显然，$\dfrac{\mathrm{d}\boldsymbol{H}}{\mathrm{d}t}$ 就表示该矢径端点的瞬时速度 u，即有

$$\frac{\mathrm{d}\boldsymbol{H}}{\mathrm{d}t} = \boldsymbol{u} \tag{2-20}$$

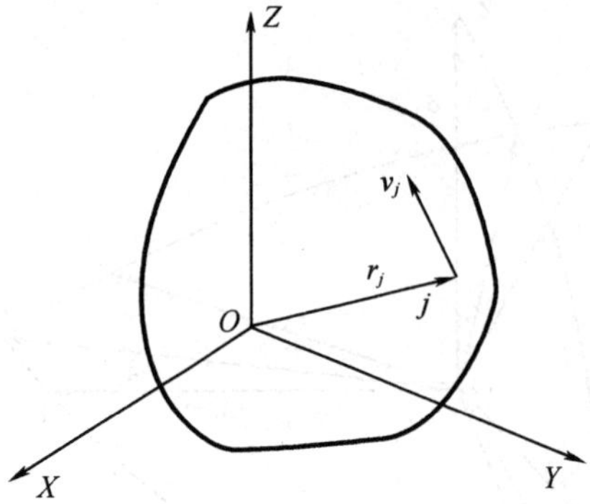

图 2-7 刚体的定点转动

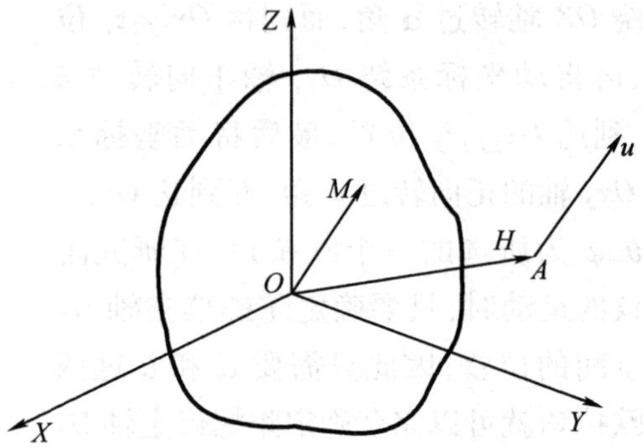

图 2-8 动量矩矢端的速度

将上式与式(2-19)相比,可得

$$\boldsymbol{u}=\boldsymbol{M} \tag{2-21}$$

式(2-21)是角动量定理的另一表示形式,称为莱查定理,可叙述如下:刚体对某一定点的角动量向量的矢端速度向量,与作用在刚体上所有外力对同一点的矩向量相比,大小相等,方向相同。

3. 刚体绕定点转动的欧拉动力学方程式

欧拉动力学方程式是建立陀螺仪运动方程的理论基础。在研究刚体绕定点转动时,令动坐标系 $Oxyz$ 与刚体固连,且 Ox,Oy 和 Oz 三根坐标轴与刚体的三根惯性主轴相重合。在图 2-9 中,设与刚体固连的动坐标系以瞬时角速度 $\boldsymbol{\omega}$ 相对惯性坐标系 $OXYZ$ 作定点转动,而且 $\boldsymbol{\omega}$ 在惯性空间的瞬时位置随时间不断改变。取动坐标系各坐标轴的单位向量分别为 $\boldsymbol{i},\boldsymbol{j},\boldsymbol{k}$,则瞬时角速度 $\boldsymbol{\omega}$ 在动坐标系中可表示为

$$\boldsymbol{\omega}=\omega_x\boldsymbol{i}+\omega_y\boldsymbol{j}+\omega_x\boldsymbol{k} \tag{2-22}$$

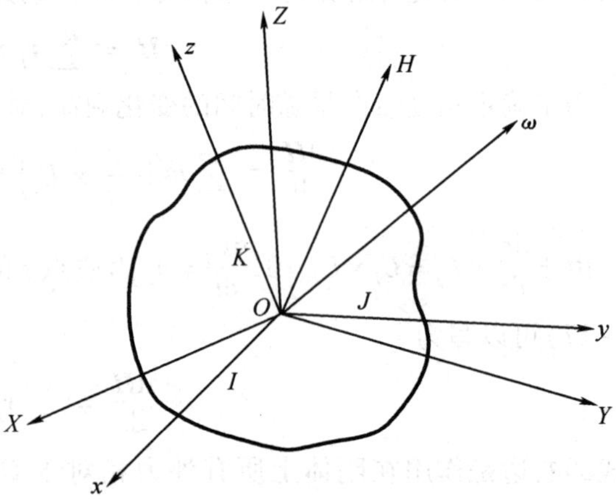

图 2-9 定点转动刚体的角动量向量

式中,ω_x,ω_y 和 ω_z 分别是 ω 在 Ox,Oy 和 Oz 三根坐标轴上的投影。又设刚体对定点 O 的角动量为 $\boldsymbol{H}$,则 $\boldsymbol{H}$ 的表达式可写为

$$\boldsymbol{H}=J_x\omega_x\boldsymbol{i}+J_y\omega_y\boldsymbol{j}+J_z\omega_z\boldsymbol{k}=H_z\boldsymbol{i}+H_y\boldsymbol{j}+H_z\boldsymbol{k} \tag{2-23}$$

式中,J_x,J_y 和 J_z 分别是刚体绕 Ox,Oy 和 Oz 三根惯性主轴的转动惯量;H_x,H_y,H_z 分别是 $\boldsymbol{H}$ 在 Ox,Oy,Oz 三根坐标轴上的投影。

由此可知,当刚体运动时,即动坐标系 $Oxyz$ 运动时,角动量向量 $\boldsymbol{H}$ 相对动坐标系 $Oxyz$ 仍在不断变化。因此,在应用角动量定理时,就要考虑到角动量向量 $\boldsymbol{H}$ 在固定坐标系(惯性坐标系)中的变化和在动坐标系中的变化之间的关系,即要用到哥氏方程,为此,我们把式(2-2)中的向量 $\boldsymbol{r}$ 用向量 $\boldsymbol{H}$ 来代替,即可得到

$$\frac{\mathrm{d}\boldsymbol{H}}{\mathrm{d}t}=\frac{\partial \boldsymbol{H}}{\partial t}+\boldsymbol{\omega}\times\boldsymbol{H} \tag{2-24}$$

上述关系式可以从速度的合成定理加以理解。$\boldsymbol{H}$ 的绝对导数$\frac{\mathrm{d}\boldsymbol{H}}{\mathrm{d}t}$可看成是 $\boldsymbol{H}$ 矢端的绝对速度,$\boldsymbol{H}$ 的相对导数$\partial H/\partial t$ 可看成是 H 矢端的相对速度,而 $\boldsymbol{\omega}\times\boldsymbol{H}$ 可看成是动坐标系上与 $\boldsymbol{H}$ 矢端相重合的那个点的速度,即可看成是 $\boldsymbol{H}$ 矢端牵连速度。这样,式(2-24)就表明了 $\boldsymbol{H}$ 矢端的绝对速度等于其相对速度与牵连速度的向量和。

刚体定点转动的欧拉动力学方程式,实际上是角动量定理在动坐标系中的表达。将式(2-24)代入式(2-19)得

$$\frac{\partial \boldsymbol{H}}{\partial t}+\boldsymbol{\omega}\times\boldsymbol{H}=\boldsymbol{M} \tag{2-25}$$

上式就是刚体定点转动的欧拉动力学方程的向量式,它表明,刚体对定点的角动量 $\boldsymbol{H}$ 矢端的相对速度与牵连速度的向量和,等于对该定点作用于刚体的外力矩向量 $\boldsymbol{M}$。

通常,在研究刚体的运动时,一般不采用式(2-25)的向量形式,而是采用沿动坐标系 $Oxyz$ 各坐标轴的投影形式。$\partial \boldsymbol{H}/\partial t$ 是表示 $\boldsymbol{H}$ 在动坐标系中随时间的变化率,我们可以在动坐标系 $Oxyz$ 中,对式(2-23)求导数,考虑到 $\boldsymbol{i},\boldsymbol{j},\boldsymbol{k}$ 为动坐标系各坐标轴 Ox,Oy,Oz 的单位矢量,可得到

$$\frac{\partial \boldsymbol{H}}{\partial t}=\frac{\mathrm{d}\boldsymbol{H}_x}{\mathrm{d}t}\boldsymbol{i}+\frac{\mathrm{d}\boldsymbol{H}_y}{\mathrm{d}t}\boldsymbol{j}+\frac{\mathrm{d}\boldsymbol{H}_z}{\mathrm{d}t}\boldsymbol{k} \tag{2-26}$$

$\boldsymbol{\omega}$ 及 $\boldsymbol{H}$ 在动坐标系各轴中的投影中的投影形式已分别为式(2-22)和式(2-23)所示,两者的向量积为

$$\boldsymbol{\omega}\times\boldsymbol{H}=(\omega_y H_z-\omega_z H_y)\boldsymbol{i}+(\omega_z H_x-\omega_x H_z)\boldsymbol{j}+(\omega_x H_y-\omega_y H_x)\boldsymbol{k} \tag{2-27}$$

另外,外力矩 $\boldsymbol{M}$ 在动坐标系中可表示为

$$\boldsymbol{M}=M_x\boldsymbol{i}+M_y\boldsymbol{j}+M_z\boldsymbol{k} \tag{2-28}$$

式中,M_x,M_y 和 M_z 分别是 $\boldsymbol{M}$ 在 Ox,Oy 和 Oz 三根坐标轴上的投影。

将式(2-26)、式(2-27)及式(2-28)代入式(2-25),并写成沿 Ox,Oy,Oz 各轴的分量形式

$$\left.\begin{aligned}\frac{\mathrm{d}H_x}{\mathrm{d}t}+\omega_y H_z-\omega_z H_y=M_x\\ \frac{\mathrm{d}H_y}{\mathrm{d}t}+\omega_z H_x-\omega_x H_z=M_y\\ \frac{\mathrm{d}H_z}{\mathrm{d}t}+\omega_x H_y-\omega_y H_x=M_z\end{aligned}\right\} \tag{2-29}$$

这便是刚体定点转动的欧拉动力学方程式。当动坐标系的三根坐标轴 Ox,Oy 和 Oz 与刚体的三根惯性主轴相重合时,由式(2-23)可知

$$\left.\begin{aligned}H_x=J_x\omega_x\\ H_y=J_y\omega_y\\ H_z=J_z\omega_z\end{aligned}\right\} \tag{2-30}$$

把上式代入式(2-29),并经整理后,则刚体定点转动的欧拉动力学方程式可写成如下形式:

$$\left.\begin{aligned} J_x \frac{d\omega_x}{dt} + (J_z - J_y)\omega_y\omega_z = M_z \\ J_y \frac{d\omega_y}{dt} + (J_x - J_z)\omega_z\omega_x = M_y \\ J_z \frac{d\omega_z}{dt} + (J_y - J_x)\omega_x\omega_y = M_z \end{aligned}\right\} \tag{2-31}$$

式(2－31)表明,对定点转动的刚体,在外力矩 M_x,M_y 和 M_z 作用下,刚体在沿 Ox,Oy 和 Oz 各轴产生角加速度的同时,还产生哥氏加速度。从达朗贝尔原理出发,$J_x\frac{d\omega_x}{dt}$,$J_y\frac{d\omega_y}{dt}$和 $J_z\frac{d\omega_z}{dt}$(或 $J_x\dot{\omega}_z$,$J_y\dot{\omega}_y$ 和 $J_z\dot{\omega}_z$)为角加速度惯性力矩项,而$(J_z-J_y)\omega_y\omega_z$,$(J_x-J_z)\omega_z\omega_x$ 和 $(J_y-J_x)\omega_x\omega_y$各项则为哥氏加速度惯性力矩项。

2.1.3 常用坐标系及坐标系之间的转换

在运动学中,研究运动物体通常先要选取坐标系,才能将其所处的位置及速度确定。牛顿力学理论作为惯性导航的灵魂和根本,讨论一个物体相对于另一个物体运动,确定其位置时必须要用到与这两物体相关联的参考坐标系。在研究惯性导航时,参考坐标系应选取为惯性坐标系。导航系统中常用的一些坐标系具体定义如下。

1. 惯性坐标系 $O_eX_iY_iZ_i$(i 系)

取地球中心为坐标系的原点,O_eZ_i 与地球自转轴重合,另两轴分布在赤道平面内,其中 O_eX_i 在赤道面内与地轴垂直,O_eY_i 符合右手法则。三个轴指向空间固定的方向,它作为解算参考系,地球以一定的角速度绕其转动。

2. 地球坐标系 $O_eX_eY_eZ_e$(e 系)

固定在地球中,跟随着地球一起转动。原点位于地心,X_e 和 Y_e 分别指向格林尼治经度和东经 90°方向。

3. 地理坐标系 $OX_tY_tZ_t$(t 系)

原点 O 处在载体的中心,OX_t 轴沿载体所在地水平面指东,OY_t 轴沿载体所在地的子午线方向指北,OZ_t 沿载体所在地的垂线方向指天。原点处在地球中的位置通常用经纬度来确定。各坐标轴的取向可以有不同的定义,不影响导航解算结果的正确性。

4. 导航坐标系 $OX_nY_nZ_n$(n 系)

根据导航的需求选择其为基准系,导航系和地理系存在着对应关系:若选择其三轴向与地理系相互重合在一起时,把此时的系统称为指北方位系统。若二者 X 轴和 Y 轴之间存在夹角时 α 时,称为自由方位系统或者游动自由方位系统。

5. 平台坐标系 $OX_pY_pZ_p$(p 系)

在平台惯导系统中,平台系代表实际机械平台的坐标系。在捷联系统中,平台坐标系代表“数学平台”,最为理想的情况是将平台系选取为与导航系重合。

6. 载体坐标系 $OX_bY_bZ_b$(b 系)

将原点 O 取在载体质量中心,OX_b 轴和 OY_b 轴在当地水平面内,前者指向横轴右侧,后者沿纵轴向前方,OZ_b 与载体垂直指向上方。坐标系固定于载体之上并随着载体一起运动。

各坐标系的位置关系表示在图 2－10 中,选择的坐标系不同,导航的实现方法就不一样,通常将地理系作为导航系,但是这时系统不适用极地导航的情况。捷联矩阵描述了载体系与地理系之间的相互关系。在不用极地导航时采用地理系是最方便的,在本文中选用地理系作为导航系。

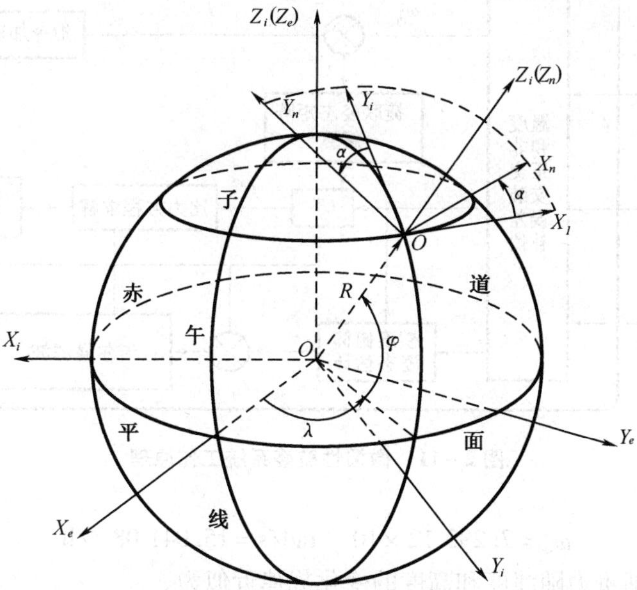

图 2-10 坐标系关系图

R—地球半径,单位:米;λ—地球经度,单位:度;φ—地球纬度,单位:度

2.2 微惯性航姿系统的工作原理

微惯性航姿系统是一种捷联式航向姿态测量系统,是基于捷联式的惯性导航系统,陀螺仪和加速度计直接固连在运载体上,精确测量载体的旋转运动角速率和线运动加速度信息,然后送至运载体计算机中进行实时的姿态矩阵解算,通过姿态矩阵把惯性导航系统中加速度计测量到的运载体沿载体纵、横轴的加速度信息,转换到导航用的运动参考坐标系轴向,然后再进行导航解算;并从捷联矩阵的有关元素中提取机体的姿态角。

其工作原理如图 2-11 所示。它利用加速度计和磁强计计算姿态角,通过 Kalman 滤波来校正陀螺的漂移,由陀螺保证载体具有动态加速度时的稳定性,这样既可以提高系统的精度,又可增强系统的鲁棒性。本系统可以有两种工作方式:第一种工作方式为陀螺定姿的工作方式,不采用磁强计的信息完全由微惯性系统自主地确定载体的姿态,利用陀螺输出的角速率结合姿态更新算法解算姿态角,本章 2.4 节将详细介绍该算法;第二种工作方式为组合定姿的方式,采用陀螺、加速度计和磁强计组合通过 Kalman 滤波确定载体的姿态信息,依靠重力向量和地磁向量为参考信息,有效地修正了陀螺积分后的角度漂移,明显提高了航姿系统的精度。

本文选用的地球模型为旋转椭球体,其中长半周 $R_e = 6\ 378.137$ km,短半轴长为 $R_p = 6\ 356.752$ km,椭圆度 $f = 1/298.257$,λ,L 分别表示当地的地理经度和纬度,h 为高度。

根据国际天文学会(IAU)提供的数据,地球自转角速率为

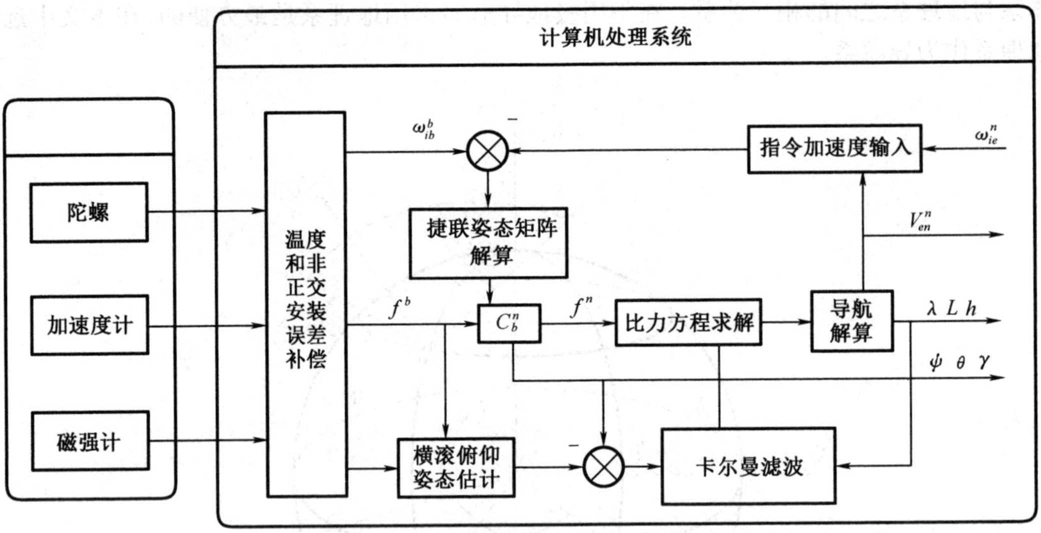

图 2－11　微惯性航姿系统工作原理

$$\omega_{ie}=7.292\ 12\times10^{-5}\ \text{rad/s}=15.041\ 08\ °/\text{h}$$

重力加速度,即重力随纬度和高度的变化规律近似为

$$g=g_0+0.051\ 799\sin L-0.941\ 14e-0.06h \tag{2-32}$$

其中,$g_0=9.780\ 326\ 771\ 4\ \text{m/s}^2$,为椭球体赤道表面上重力加速度值。

地球表面一点的曲率半径:设 R_M 为载体所在的子午圈的曲率半径,R_N 为载体所在的卯酉圈的曲率半径,R_M、R_N 与纬度 L 的关系为

$$\begin{aligned}R_M&=R_e(1-2f+3f\sin^2L)\\R_N&=R_e(1+f\sin^2L)\end{aligned} \tag{2-33}$$

2.3　姿态角的定义和更新

由于微惯性航姿系统属于捷联导航系统,它的陀螺仪和加速度计都是沿载体坐标系安装的,而解算微惯性航姿系统的位置和速度信息时需要知道沿地理坐标系(导航坐标系)的比力信息,因此需要建立载体坐标系到地理坐标系的转换关系(捷联矩阵),也就是要解算载体的姿态和航向,从而求得捷联矩阵。

2.3.1　姿态角的定义

载体在空间中的航向和姿态可以用载体坐标系相对于地理坐标系的运动来表示,运动角称为载体的姿态角。本文用航向角 ψ,俯仰角 θ 和横滚角 γ 作为载体的姿态角。

航向角 ψ:载体纵轴在水平面上的投影与地球子午线之间的夹角,数值以地理北向为起点,顺时针方向为正,定义域为[0°～360°]。载体的纵轴在水平面上的投影与地磁子午线之间的夹角称为磁航向角,用 ψ_M 来表示。

俯仰角 θ:载体的纵向轴和当地水平面之间的夹角,向上为正,向下为负,定义域为

[$-90° \sim 90°$]。

横滚角 γ：载体的横向轴与当地水平面之间的夹角，右倾为正，左倾为负，定义域为[$-180° \sim 180°$]。

2.3.2 姿态矩阵及姿态角的真值

载体坐标系 $OX_bY_bZ_b$ 到地理坐标系（导航坐标系）$OX_tY_tZ_t$ 的相对关系，这种关系用捷联矩阵 $\boldsymbol{C}$ 来表示，称为方向余弦矩阵（或捷联矩阵、姿态矩阵）。由于它是两个正交坐标系之间的变换矩阵，因此 $\boldsymbol{C}^{-1}=\boldsymbol{C}^{\mathrm{T}}$ 成立。具体地，如果用 $\boldsymbol{C}_t^b$ 表示向量由 t 系向 b 系投影的变换矩阵，用 $\boldsymbol{C}_b^t$ 表示向量由 b 系向 t 系投影的变换矩阵，那么

$$\boldsymbol{C}_b^t=(\boldsymbol{C}_t^b)^{-1}=(\boldsymbol{C}_t^b)^{\mathrm{T}} \qquad (2-34)$$

除非特别注明，本文中提到方向余弦矩阵一般指 $\boldsymbol{C}_t^b$。选用当地水平坐标系（又称地理坐标系，导航坐标系；具体选用“东－北－天”坐标系）作为参考坐标系。由于微惯性航姿系统所测的航向是用地磁场作为参考的，因此这里的“北”是指磁北，真北只需加上当地地磁偏角修正即可获得。

姿态矩阵可以用载体坐标系相对导航坐标系的三次转动角确定，如图 2－12 所示。

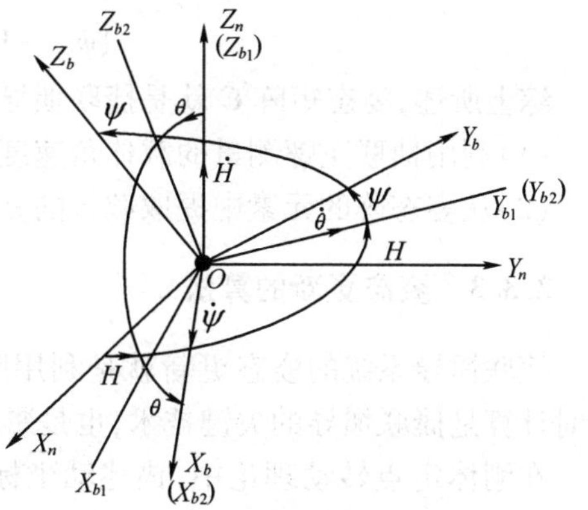

图 2－12　载体坐标系与导航坐标系的关系

方向余弦矩阵表达式为

$$\boldsymbol{C}_n^b=\boldsymbol{C}_\gamma\cdot\boldsymbol{C}_\theta\cdot\boldsymbol{C}_\psi$$

$$=\begin{bmatrix}\cos\psi\cos\theta & \sin\psi\cos\theta & -\sin\theta\\ \cos\psi\sin\theta\sin\gamma-\sin H\cos\psi & \cos\psi\cos\gamma+\sin\psi\sin\gamma\sin\theta & \sin\gamma\cos\theta\\ \cos\psi\sin\theta\cos\gamma+\sin\psi\sin\gamma & \sin\psi\sin\theta\cos\gamma-\cos\psi\sin\gamma & \cos\theta\cos\gamma\end{bmatrix} \qquad (2-35)$$

可以表示为

$$\boldsymbol{C}_t^b=\begin{bmatrix}C_{11} & C_{12} & C_{13}\\ C_{21} & C_{22} & C_{23}\\ C_{31} & C_{32} & C_{33}\end{bmatrix} \qquad (2-36)$$

则有

$$\begin{cases}\psi_{主}=\arctan\left(\dfrac{C_{12}}{C_{11}}\right)\\ \theta_{主}=\arcsin(-C_{13})\\ \gamma_{主}=\arctan\left(\dfrac{C_{23}}{C_{33}}\right)\end{cases} \qquad (2-37)$$

由于俯仰角 θ 的定义在[$-90° \sim 90°$]区间，因此，和反正弦主值一致，不存在多值问题。横滚角 γ 的定义在[$-180° \sim 180°$]区间，航向角 ψ 定义在[$0° \sim 360°$]区间，都存在多值问题。丁是，θ,γ,ψ 的真值可表示为

$$\theta=\theta_{主}$$

$$
\gamma=\begin{cases}\gamma_{主} & C_{33}\geqslant 0\\ \gamma_{主}+180^\circ & \\ & C_{33}<0\begin{cases}\gamma_{主}\leqslant 0\\ \gamma_{主}\geqslant 0\end{cases}\\ \gamma_{主}-180^\circ & \end{cases} \tag{2-38}
$$

$$
\psi=\begin{cases}\psi_{主} & \\ & C_{11}\geqslant 0\begin{cases}\psi_{主}\geqslant 0\\ \psi_{主}<0\end{cases}\\ \psi_{主}+180^\circ & \\ \psi_{主}-180^\circ & C_{11}<0\end{cases}
$$

综上所述,姿态矩阵 $\boldsymbol{C}$ 就是捷联惯导系统中的“数学平台”(捷联矩阵),主要功能是:

(1)利用捷联陀螺测量的载体角速度计算姿态矩阵;

(2)从姿态阵的元素中提取载体的姿态信息。

2.3.3 姿态更新的算法

捷联惯导系统的姿态更新就是利用陀螺测量的载体角速度实时计算姿态矩阵。姿态实时计算是捷联惯导的关键技术,也是影响捷联惯导系统算法精度的重要因素。

在刚体定点转动理论中,描述动坐标系相对参考坐标系方位关系的方法有欧拉角法、方向余弦法和四元数法,此外还有等效旋转矢量法。由于在工程实际中常用四元数法和旋转矢量法,本章只重点介绍四元数法。

1. 欧拉角法

欧拉角法又称三参数法,是欧拉在 1776 年提出来的。载体坐标系与地理坐标系的关系可以看成是由地理坐标系经由图 2-13 的转动关系转换到载体坐标系。

$$
OX_tY_tZ_t\xrightarrow[OX_t]{\dot{\psi}}OX_{b1}Y_{b1}Z_{b1}\xrightarrow[OX_{b1}]{\dot{\theta}}OX_{b2}Y_{b2}Z_{b2}\xrightarrow[OX_{b2}]{\dot{\gamma}}OX_bY_bZ_b
$$

图 2-13 从地理系到载体系的转换关系图

其方向余弦的表达式为式(2-35)。用 $\boldsymbol{\omega}_{tb}^{b}$ 表示载体坐标系相对地理坐标系的角速度矢量在载体坐标系轴向分量构成的列矩阵,从图 2-13 可以得到欧拉角的微分方程为

$$
\begin{pmatrix}\dot{\gamma}\\ \dot{\theta}\\ \dot{\psi}\end{pmatrix}=\frac{1}{\cos\theta}\begin{pmatrix}-\sin\gamma\sin\theta & \cos\theta & -\cos\gamma\sin\theta\\ \cos\gamma\cos\theta & 0 & \sin\gamma\cos\theta\\ \sin\gamma & 0 & \cos\gamma\end{pmatrix}\begin{pmatrix}\omega_{tbx}^{b}\\ \omega_{tby}^{b}\\ \omega_{tbz}^{b}\end{pmatrix} \tag{2-39}
$$

其中,ω_{tbx}^{b},ω_{tby}^{b},ω_{tbz}^{b}三个角速度分量可认为是已知量。因此求解这个微分方程式可以直接得到载体的航向角 ψ 和姿态角 θ 和 γ。用此方法得到的姿态矩阵永远是正交的,从而使得到的姿态矩阵不需要正交化处理。但是,在方程式中存在三角函数,给实时计算带来困难,且当 θ 为 90 °时,方程出现奇点,因此,用欧拉角微分方程确定姿态角的方法不能用于全姿态导航。

2. 方向余弦法

方向余弦法实质上就是直接求解姿态矩阵微分方程。

方向余弦法又称九参数法，是用矢量的方向余弦来表示姿态矩阵的方法。方向余弦矩阵的微分方程式 $\dot{C}=C\boldsymbol{\Omega}$ 成立，可写为

$$\dot{C}_b^t = C_b^t\boldsymbol{\Omega} \tag{2-40}$$

式中 $\boldsymbol{\Omega}=\begin{bmatrix}0 & -\omega_{tb}^z & \omega_{tb}^y\\ \omega_{tb}^z & 0 & -\omega_{tb}^x\\ -\omega_{tb}^y & \omega_{tb}^x & 0\end{bmatrix}$ 为载体坐标系相对于地理坐标系旋转角速度 ω 的斜对称矩阵表达式，可以得到微分方程为

$$\dot{C}_t^b = C_t^b\Omega_{ib}^b - \Omega_{it}^t C_b^t \tag{2-41}$$

上式就是“数学平台”模拟地理坐标系时，矩阵微分方程的表达式。采用方向余弦法求解姿态角避免了欧拉方程退化现象，可以全姿态工作。但同时要解 9 个一阶微分方程式，计算量很大，上机计算不容易实现。

3. 四元数法

四元数的数学概念是 1843 年由哈密尔顿首先提出的，它是代数学中的内容之一。近年来，随着控制理论、陀螺技术、计算机技术，特别是捷联式惯性导航的发展，为了更简单地描述刚体的角运动，设计控制系统，采用了四元数这个数学工具，用来弥补三个欧拉参数在设计现代控制系统时的不足。

引入姿态四元数向量 $\boldsymbol{q}=(q_0,q)^{\mathrm{T}}$，且满足限制条件 $\boldsymbol{q}^{\mathrm{T}}\cdot\boldsymbol{q}=q_0^2+q^{\mathrm{T}}\cdot q=1$。其中，上标 T 表示四元数的共轭；$q_0=\cos\dfrac{\mu}{2}$，$\boldsymbol{q}=\boldsymbol{i}q_1+\boldsymbol{j}q_2+\boldsymbol{k}q_3=\boldsymbol{\zeta}\sin\dfrac{\mu}{2}$ 为矢量。单位矢量 $\boldsymbol{\zeta}$ 方向为旋转轴，μ 为旋转角。这样一个单位四元数即可表示姿态，即载体坐标系与地理坐标系（导航坐标系）之间的变换关系。

根据向量 $\boldsymbol{r}$ 的旋转变换

$$r^t=\boldsymbol{q}\otimes r^b\otimes\boldsymbol{q}^{-1} \tag{2-42}$$

式中，符号$\otimes$表示四元数的乘法。

根据四元数乘法法则，姿态矩阵可以用四元数表示为

$$\boldsymbol{C}_b^t(\boldsymbol{q})=\begin{bmatrix}q_0^2+q_1^2-q_2^2-q_3^2 & 2(q_1q_2-q_0q_3) & 2(q_1q_3+q_0q_2)\\ 2(q_1q_2+q_0q_3) & q_0^2-q_1^2+q_2^2-q_3^2 & 2(q_2q_3-q_0q_1)\\ 2(q_1q_3-q_0q_2) & 2(q_2q_3+q_0q_1) & q_0^2-q_1^2-q_2^2+q_3^2\end{bmatrix} \tag{2-43}$$

四元数向量满足微分方程：$\dot{\boldsymbol{q}}=\dfrac{1}{2}\boldsymbol{q}\otimes\boldsymbol{\omega}$，即

$$\dot{\boldsymbol{q}}=\frac{1}{2}\begin{bmatrix}0 & -\omega_{tbx}^b & -\omega_{tby}^b & -\omega_{tbz}^b\\ \omega_{tbx}^b & 0 & \omega_{tbz}^b & -\omega_{tby}^b\\ \omega_{tby}^b & -\omega_{tbz}^b & 0 & \omega_{tbx}^b\\ \omega_{tbz}^b & \omega_{tby}^b & -\omega_{tbx}^b & 0\end{bmatrix}\begin{bmatrix}q_0\\ q_1\\ q_2\\ q_3\end{bmatrix} \tag{2-44}$$

注 式中 $\boldsymbol{\omega}=\begin{bmatrix}0\\ \omega\end{bmatrix}$，$\omega$ 为载体坐标系（b 系）相对于地理坐标系（t 系）的转动角速度在载体坐标系中的投影。

在短时间运动的低速载体上，地球表观运动角速度$[\omega_x^b \quad \omega_y^b \quad \omega_z^b]'$可以忽略不计。因此：

$$\begin{bmatrix}\boldsymbol{\omega}_{tbx}^b\\ \boldsymbol{\omega}_{tby}^b\\ \boldsymbol{\omega}_{tbz}^b\end{bmatrix}\approx\begin{bmatrix}\boldsymbol{\omega}_{ibx}^b\\ \boldsymbol{\omega}_{iby}^b\\ \boldsymbol{\omega}_{ibz}^b\end{bmatrix}$$

即安装在载体上的三只速率陀螺输出$\boldsymbol{\omega}_{ib}^b$可作为相对角速度矢量$\boldsymbol{\omega}$的直接测量。四阶龙格－库塔法求解微分方程

$$\begin{aligned}
K_1&=\frac{h}{2}M[\omega_b(t)]\cdot q(t)\\
K_2&=\frac{h}{2}M\left[\omega_b\left(t+\frac{h}{2}\right)\right]\cdot\left[q(t)+\frac{K_1}{2}\right]\\
K_3&=\frac{h}{2}M\left[\omega_b\left(t+\frac{h}{2}\right)\right]\cdot\left[q(t)+\frac{K_2}{2}\right]\\
K_4&=\frac{h}{2}M[\omega_b(t+h)]\cdot[q(t)+K_3]\\
q(t+h)&=q(t)+\frac{h}{6}(K_1+2K_2+2K_3+K_4)
\end{aligned}\tag{2-45}$$

式中，h为积分步长，即四元数更新步长。

表征旋转的四元数应该是规范四元数，即$\|q\|=1$，但是由于计算误差等因素，计算过程中四元数会逐渐失去规范化特性，因此若干次更新后，必须对四元数作规范化处理，即

$$\hat{q}=\frac{q_0+q_1\boldsymbol{i}+q_2\boldsymbol{j}+q_3\boldsymbol{k}}{\sqrt{q_0^2+q_1^2+q_2^2+q_3^2}}\tag{2-46}$$

按式(2－46)，由四元数求得姿态矩阵$\boldsymbol{C}_t^b$，从而求解航向角和姿态角。

四元数法需要求解四个微分方程，求解过程中只进行加减和乘除运算，计算量较小；求解结果的正交化处理也比较简单(只需要作归一化)；可全姿态工作，是目前工程上常用的方法。

4. 等效旋转矢量法

等效旋转矢量法也是建立在刚体矢量旋转思想基础上的，与四元数的不同在于：在姿态更新周期内，四元数法计算姿态四元数，而旋转矢量法先计算姿态变化四元数，再计算姿态四元数。等效旋转矢量法分两步来完成：

(1)旋转矢量的计算，旋转矢量描述了载体姿态的变化；

(2)四元数的更新，四元数描述了载体相对参考坐标系的实时方位。

旋转矢量法可采用多子样算法实现对不可交换误差作有效补偿，算法关系简单，易于操作，并且通过对系数的优化处理使算法漂移在相同子样算法中达到最小，因此特别适用于角机动频繁激烈或存在严重角振动的载体的姿态更新。同时，旋转矢量法的计算量较四元数法大约增加了30%。

2.4 捷联惯性导航系统的工作原理

捷联惯导系统就是将惯性敏感元件(陀螺仪与加速度计)直接"捆绑"在载体上,实现导航功能的系统。在捷联惯导系统中,用计算机来完成导航平台的功能,以数学平台代替了平台惯导系统中的物理平台。

捷联系统没有平台系统复杂的框架结构和框架跟踪陀螺的伺服系统,因而大大简化了系统结构,相对于平台式系统具有许多优点:

(1)整个系统的体积和成本大大降低;

(2)惯性仪表便于安装、维护和更换;

(3)能够提供更多的导航和制导信息;

(4)惯性仪表便于采用余度配置,提高系统性能和可靠性。

捷联式惯导系统的最大特点是没有实体平台,即将陀螺仪和加速度计直接安装在运动载体上,其原理是在计算机中实时地计算姿态矩阵,通过姿态矩阵把导航加速度计测量的载体沿机体坐标系轴向的加速度信息变换到导航坐标系,然后进行导航计算。同时,从姿态矩阵的元素中提取姿态和航向信息。捷联惯导系统原理的方框图如图 2-14 所示。

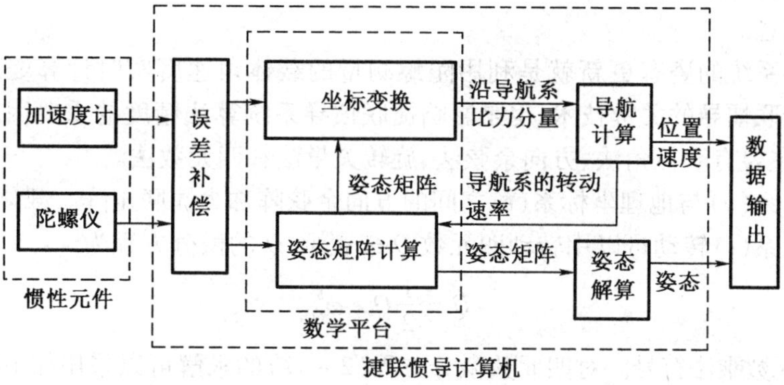

图 2-14 捷联惯导系统原理方框图

角速率陀螺仪和加速度计沿载体系三轴方向安装。因为是固连在载体上的,所以测得的都是载体坐标系下的物理量。陀螺仪输出的是载体相对惯性空间转动的角速率在载体系中的投影;加速度计测量的是载体相对惯性空间的加速度在载体系中的投影,也称为比力。而对于捷联式惯导系统,导航计算要在导航坐标系中完成,因此,首先要将载体系中的比力值转化为导航系中的物理量,即实现由载体坐标系到导航坐标系的坐标转换。这一转换是由捷联矩阵完成的。

2.4.1 捷联惯性导航系统的初始对准

初始对准就是估计出载体坐标系相对于地理坐标系的姿态角的失准角,对失准角的估计稳定后就可以对载体姿态矩阵进行校正,求出捷联式导航系统的初始姿态矩阵。捷联式惯性导航系统初始对准过程分为粗对准和精对准。

粗对准时,由已知的当地经度 λ 和纬度 L 可知重力加速度 g 和地球自转角速度 ω_{ie} 在地理坐标系的分量。用加速度计输出值和陀螺输出值计算出的是姿态矩阵的近似值。粗对准主要由加速度计和陀螺输出得到初始姿态矩阵,为精对准作准备。

捷联式惯性导航系统的精对准就是在粗对准建立的姿态矩阵基础上不断实时更新姿态矩阵,使导航计算机解算的坐标系近似真实的地理坐标系,希望时间短、精度高。精对准的最后结束精度就是导航系统开始工作的精度。精对准需要设计基本对准方案,利用状态估计器进行状态估计。卡尔曼滤波器是比较成熟的状态估计器,但是卡尔曼滤波要求线性系统模型和高斯分布的噪声。而实际上一些车辆、舰船等载体上的捷联式惯性导航系统需要处理粗对准之后的大失准角和非线性模型。因此应采用一种新的滤波技术,可以处理非线性、非高斯问题,能够将初始姿态误差角从随机误差和各种干扰中估计出来。

初始对准的要求包括精度和快速两个方面。为了满足精度要求,希望惯性敏感器具有尽可能高的精度和稳定性,并希望系统能对外界干扰不敏感,即整个系统的鲁棒性要好。为提高捷联系统的精度,还希望初始对准能对陀螺漂移、加速度计零位误差以及它们的标度系数进行测定和补偿。要使系统具有较好的抗干扰能力,还应采用滤波技术,将有用信息和干扰信息加以分离。

2.4.2 捷联姿态矩阵的更新

由陀螺测量的角速度计算得到的姿态矩阵主要功能是从姿态阵的元素中可以提取载体的姿态角信息。

捷联惯导系统的姿态更新就是利用陀螺测量的载体角速度实时计算姿态矩阵。姿态实时计算是捷联惯导的关键技术,也是影响捷联惯导系统算法精度的重要因素。在姿态更新的方法中,主要有欧拉角法、方向余弦法、旋转矢量法和四元数法。

载体坐标系(b)与地理坐标系(t)之间的方向余弦阵称为捷联矩阵。载体坐标系(b)相对于地理坐标系(t)转动可以用转动四元数 Q 来表示,Q 的微分方程为

$$\dot{Q}=\frac{1}{2}Q*\omega_{tb}^{b} \tag{2-47}$$

式中,$*$ 为四元数乘法符号。对四元数微分方程(2-47)的求解可以采用如下的四阶龙格-库塔法:

$$\begin{aligned}
&Q(t+h)=Q(t)+\frac{h}{6}(k_1+2k_2+2k_3+k_4)\\
&k_1=\frac{1}{2}[\omega_{tb}^{b}(t)]*Q(t)\\
&k_2=\frac{1}{2}\left[\omega_{tb}^{b}\left(t+\frac{h}{2}\right)\right]*\left[Q(t)+\frac{k_1}{2}\cdot h\right]\\
&k_3=\frac{1}{2}\left[\omega_{tb}^{b}\left(t+\frac{h}{2}\right)\right]*\left[Q(t)+\frac{k_2}{2}\cdot h\right]\\
&k_4=\frac{1}{2}[\omega_{tb}^{b}(t+h)]*[Q(t)+h\cdot k_3]
\end{aligned} \tag{2-48}$$

当采用四元数 Q 来表示转动时,若起始时刻四元数 Q_0 取为单位四元数,则根据转动的四元数变换定理可知,Q 应恒为单位四元数,即应满足下面的约束方程:

$$q_0^2+q_1^2+q_2^2+q_3^2=1$$

但由于计算误差的存在,破坏了上面的约束条件,从而使得归一化条件不再存在,因此

必须对 Q 进行归一化。采用下式实现四元数的最佳归一化：

$$Q=\frac{q_0+q_1 i_b+q_2 j_b+q_3 k_b}{\sqrt{q_0^2+q_1^2+q_2^2+q_3^2}} \tag{2-49}$$

捷联矩阵和四元数的关系为

$$C_t^b=\begin{bmatrix} q_0^2+q_1^2-q_2^2-q_3^2 & 2(q_1q_2-q_0q_3) & 2(q_1q_3+q_0q_2) \\ 2(q_1q_2+q_0q_3) & q_0^2-q_1^2+q_2^2-q_3^2 & 2(q_2q_3-q_0q_1) \\ 2(q_1q_3-q_0q_2) & 2(q_2q_3+q_0q_1) & q_0^2-q_1^2-q_2^2+q_3^2 \end{bmatrix} \tag{2-50}$$

捷联矩阵与载体航向角 H、纵摇角 ψ 和横摇角 θ 的关系如式(2-35)，对式(2-47)所示的微分方程实时求解，便可以得到 q_0,q_1,q_2,q_3 的值，代入式(2-50)便可以得到捷联矩阵 C_b^t，再根据(2-51)式便可以得到舰体的航向角 H、纵摇角 ψ 和横摇角 θ。当定义纵摇角 ψ 的定义域为$(-90°,90°)$，横摇角 θ 的定义域为$(-180°,180°)$，航向角 H 的定义域为$(0°,360°)$的时候，可以确定 H,ψ,θ 的主值。

$$\psi=\sin^{-1}(C_{32});\ \theta=\tan^{-1}\left(\frac{-C_{31}}{C_{33}}\right);\ H=\tan^{-1}\left(\frac{-C_{12}}{C_{22}}\right) \tag{2-51}$$

2.4.3 速度更新

由于捷联式惯导系统中，加速度计测量得到的比力是沿载体坐标系，在实际计算中需将比力 f^b 转换到导航坐标系上，得到 f^n，进行积分得到速度。

2.4.4 位置更新

前面介绍了捷联矩阵的概念和推导方法，同样，实现从地球坐标系到导航坐标系变换的矩阵称为位置矩阵，位置矩阵的推导也可以通过坐标系的旋转来实现，由位置矩阵可以确定飞行器的位置，所以要知道飞行器的实时位置，就要实时地求出位置矩阵。

在捷联计算中，姿态矩阵的即时修正多用四阶龙格-库塔法，而位置和速度的即时修正多用一阶欧拉法。

2.4.5 捷联系统的误差源

捷联惯导系统的误差源可分为以下四类。

1. 数学模型的近似性引起的误差

当捷联系统的数学模型建立得不够精确时会引起系统误差。数学模型的选取应达到其近似性可以忽略的程度，否则就应探讨更精确的数学模型。对于中等精度的捷联惯导系统，采用一般的数学模型是足够精确的，即由于数学模型的近似性所造成的系统误差可以忽略不计。

2. 惯性敏感元件的误差

惯性敏感元件（包括陀螺和加速度计）由于原理、加工与装配工艺的不完善均可造成敏感元件的输出误差，从而导致系统的误差。由于惯性敏感元件的误差比较难以控制，通常这项误差约占系统误差的90%左右。

3. 计算机的算法误差

对于捷联惯导系统，当加速度计与陀螺的输出采集至计算机中以后，其他的工作全由计算机承担。包括捷联矩阵即时修正的算法误差在内,所有的捷联计算都存在着算法误差,从而导致系统的误差。由于算法误差很大程度上可由程序设计者控制,通常将这一项误差限制在系统误差的10%左右。

4. 初始对准误差

系统初始对准误差是由惯性敏感元件的误差以及初始对准过程中的算法误差等所造成。一旦出现初始对准误差,它将在系统中传播,因此对初始对准误差应严加限制。

2.5 GPS定位原理

在对MEMS/GPS组合导航系统进行设计时需要引入GPS的定位信息,并将GPS的定位数据与MEMS IMU的导航解算数据相融合,利用GPS的定位结果对MEMS IMU进行辅助,本节将详细讨论GPS的定位原理。

2.5.1 GPS卫星参考系(WGS-84)

在GPS中,卫星的位置是作为已知的参数,即卫星广播星历和精密星历向用户发送的。GPS卫星的位置计算,目前采用的是世界大地坐标系WGS-84。WGS-84是一个地固坐标系,它的三个坐标轴指向与国际时间局(BIH)与1984年定义的地球参考系完全一致,只是坐标原点略有偏离。WGS-84是目前最高精度水平的全球大地测量参考系统。

2.5.2 GPS定位原理

GPS系统的定位过程可描述为围绕地球运转的人造卫星连续向地球表面发射经过编码调制的连续波无线电信号,信号中含有卫星信号准确的发射时间,以及不同的时间卫星在空间的准确位置(由卫星运动的星历参数和历书参数描述);卫星导航接收机接收卫星发出的无线电信号,测量信号的到达时间,计算卫星和用户之间的距离,然后用用导航算法(最小二乘法或滤波估计方法)解算得到用户的位置。

GPS系统是由美国国防部设计的卫星无线电导航系统。GPS系统是一个扩频CDMA(码分多址)系统,系统信号通过传播双通道RHCP(右手极化)调制信号,其两个通道信号载波中频分别处于L1(1.2 GHz)和L2(1.6 GHz)。因为在L1和L2波段受大气层吸收的影响很小,而且扩频信号的设计使其具有很高的抗干扰能力,所以GPS系统具有全天候工作的能力。信号到达地球表面时,信号功率很小,一般在160 dBW左右,系统工作原理是基于视线自通方式。卫星空间站通常包括24颗卫星,平均分布在与赤道夹角为55°的6个轨道面上。卫星运行在离地面20 000千米的近地环球轨道上,通常周期小于12个小时。为了保证在地球表面上任何时候、任何地点的GPS用户能同时观测到4颗卫星,卫星系统要求最少同时有21颗卫星正常工作。目前,空间站已经包括有27颗卫星,通常地面用户在非遮挡的情况下能同时观测到7颗以上的卫星。

GPS以距离作为基本的观测量,采用多星、高轨、测距的模式,通过对四颗卫星同时进行测量距离,解算出接收机的位置。

如图2-15,在载体上的接收机,同时测定至4颗卫星的距离,方法是测量卫星发射电波至接收机接收到电波的时间差τ,乘以光速c,求得距离为

$$\rho' = c\tau' = c(t_r - t_s) + c\Delta t_r \tag{2-52}$$

图 2-15 GPS 定位示意图

即

$$\rho = c\tau = c(t_r - t_s) \tag{2-53}$$

式中，t_r 为接收机的时刻，t_s 为卫星发射电波的时刻。

GPS 统一采用原子钟系统，由于卫星钟和接收机时钟与 GPS 原子钟不同步，存在时钟差。设它们分别为 Δt_s 和 Δt_r，实际测得的时间差包含有时钟差的影响，因此实际测得的时间为

$$\tau' = (t_r + \Delta t_r) - (t_s + \Delta t_s) \tag{2-54}$$

实际的卫星时钟差由 GPS 地面检测系统测定，并且通过导航电文提供给用户，所以认为是已知的，因此已经考虑了卫星时钟差影响在内的实际测得的距离应为

$$\rho' = c\tau' = c(t_r - t_s) + c\Delta t_r = \rho + c\Delta t_r \tag{2-55}$$

因为实际得到的距离观测值 ρ' 中包含了接收机时钟差引起的误差，并不是地面接收机到卫星的真正距离 ρ，所以一般将用户得到的距离测量值称为伪距测量值。

一般得到用户到卫星的真正距离 ρ 的基本几何原理为三球交会原理。如果用户到卫星 S_1 的真实距离为 R_1，那么用户的位置必定在以 S_1 为球心，R 为半径的球面 C_1 上；同样，若用户到卫星 S_2 的真实距离 R_2，那么，用户的位置也必定在以 S_2 为球心，R_2 为半径的另一球 C_2 上，用户的位置既在球 C_1 上，又在球 C_2 上，那它必定处在 C_1 和 C_2 这两球面的交线 L_1 上。类似地，如果再有一个以卫星为 S_3 球心，R_3 为半径的球 C_3，那用户的位置也必定在 C_2 和 C_3 这两个球面的交线 L_2 上。用户的位置既在 L_1 上，又在公交线 L_2 上，它必定在交线 L_1 和 L_2 的交点上。

一般的用户很难得到足够精度的接收机时钟差，因此可以把它作为一个未知参数，连同用户的位置坐标，总共四个未知数，在四个联立方程中一起解出。参照前面的三球交会原理及空间点距离公式有

$$\rho' = \sqrt{(X - X_j)^2 + (Y - Y_j)^2 + (Z - Z_j)^2} + c\Delta t_r \tag{2-56}$$

式中，X_j, Y_j, Z_j，表示第 j 颗卫星在地球坐标系中的直角坐标，它们可以利用卫星发送的导航电文中给出的卫星位置信息计算得到，所以可以认为是已知量。而 X, Y, Z 为用户的接收机在同一坐标系中的位置坐标，Δt_r 都是未知量。要联立四个方程解四个未知量，须对四个卫星进行同步观测，获得四个伪距观测值 $\rho_j (j = 1, 2, 3, 4)$。通过解方程组就可以得到用户的位置 (X, Y, Z) 和时钟差 Δt_r。

第3章　微惯性器件的功能材料及加工制造技术

微电子和MEMS技术有着很大的联系。在MEMS所用材料中，硅材料发挥着重要的作用，主要原因除了硅材料含量丰富，具有优良的机械性能和电性能外，作为微电子工业的主要材料，硅在微电子加工中有现成的工艺。除了硅材料外，本章还将介绍硅的化合物、砷化镓、陶瓷、形状记忆合金、各种压电材料、磁致伸缩材料、铁流变体材料和电流变体材料，以及一种新型材料——铁流的工作原理和主要应用。

3.1　硅材料的物理性能

3.1.1　硅

硅是地球上储量丰富的一种元素，也是MEMS用得最广泛的材料之一，主要原因如下：

(1)硅具有优良的机械性能，其力学性能稳定，具有钢般的杨氏模量，铝般的密度和热导率；

(2)熔点高，达到1 400 ℃，是铝的2倍；热膨胀系数较低，仅为钢的1/8、铝的1/10；

(3)无机械延迟，是理想的传感器和执行器的候选材料；

(4)硅片表面光洁，易于加工，工艺成熟。

1. 单晶硅

硅材料多制成单晶硅芯棒，单晶硅芯棒的主要拉制方法如下：

(1)直拉法(Czochralski Method，CZ)：利用石英砂在坩埚中熔化直接提炼生成单晶硅芯棒。CZ法设备简单，易于生成大直径硅芯棒，电阻率均匀，但会损耗坩埚。

(2)磁控拉晶法(Magnetic-field Czochralski Method，MCZ)：在CZ法的坩埚中通入磁场，使其与流动的导电熔体产生洛仑兹力，以抑制热对流，从而改善所生长的单晶硅的质量。MCZ的特点是单晶硅的均匀性好，生长速度快，氧含量可控。

(3)悬浮区熔法(Float Zone Method，FZ)：通过移动悬浮状态的熔区生产单晶硅。FZ法可获得高纯度单晶硅，但拉制大直径硅芯棒时较困难，设备复杂。

经拉制后形成的芯棒，用精密金刚石切成所需的薄片，再经化学研磨抛光即形成成品晶片。目前标准晶片尺寸主要有：直径为100 mm(4英寸)，厚度为0.5 mm；直径为150 mm(6英寸)，厚度为0.75 mm；直径为200 mm(8英寸)，厚度为1 mm；直径300 mm(12英寸)，厚度为0.75 mm。

单晶硅是MEMS用作衬底的主要材料，其性能见表3-1。

表3-1 单晶硅的主要性质

性 质	数值或特征
原子量	28.09
密度/(g/cm^3)	2.328
熔点/℃	1 420
热导率/[W/(cm·℃)]	1.5
介电常数	11.9
晶体结构	金刚石型
晶格常数/Å	5.430 95

2. 晶体结构

根据Bravais空间点阵学说,晶体内部的几何结构可以抽象为由一些几何点所构成。这些点在空间周期性地无限分布,其总体称为点阵。这些点也称为节点,代表结构中相同的位置。如果晶体是由相同的一种原子组成的,则节点可以表示原子本身的位置;当晶体中含有数种原子时,这数种原子构成基本的结构单元(称为基元),则节点代表基元重心。空间点阵学说概括了晶体结构的周期性,晶体中所有的基元都是等同的。整个晶体的几何结构可以看成由基元沿空间三个不同方向,各按一定的距离,周期性地平移而构成。每一平移距离称为周期。通过点阵中的节点,可以作许多平行的直线和平行的晶面族,由此构成的结构称为晶格。在晶格中,反映晶格周期性的最小单元称为原胞。节点的总体称为Bravais点阵或Bravais格子。这种格子的特点是每点周围的情况都一样。如果晶体由完全相同的一种原子构成,则这种原子所组成的网格就是Bravais格子,和节点所组成的结构相同;如果晶体的基元中包含两种或两种以上的原子,则每个基元中,相应的同种原子各自构成和节点相同的网格。不过,这些网格相对有位移,形成复式格子。Bravais点阵的所有原子间的距离等于a,该距离也称为点阵周期或基矢。Bravais点阵可以表示为

$$\Gamma(l+l_1a+l_2a+l_3a)$$

式中,l_1,l_2,l_3为整数,一个重复单元(Bravais点阵周期)中任一处l的物质性质,同另一个重复单元相应处的物理性质相同。晶体学中,属于立方晶系的Bravais原胞有简单立方、体心立方和面心立方。立方晶系的三个基矢长度相等,并且相互垂直。图3-1所示为面心立方体,图中原胞上的点为节点,即原子。

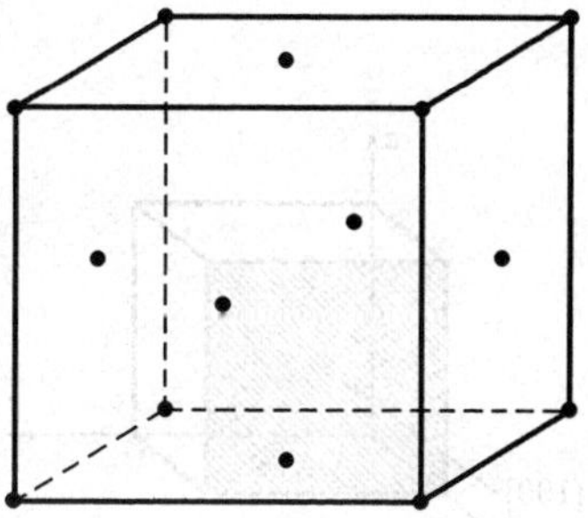

图3-1 面心立方体

硅晶胞可以看成是两个面心立方体的晶胞沿其对角线位移1/4长度嵌套而成的,如图3-2所示。从图中可以看出,硅晶体比普通面心立方体多了4个附加原子,形成金刚石型的立方体晶体。因此,一个硅晶体有18个原子,其中8个原子在定角上,6个原子在面心上,4个原于在内部。

中心硅原子和每个顶角上的硅原子共价两个电子,形成共价键结合,如图3-3所示,最临近原子的距离为0.235 nm。

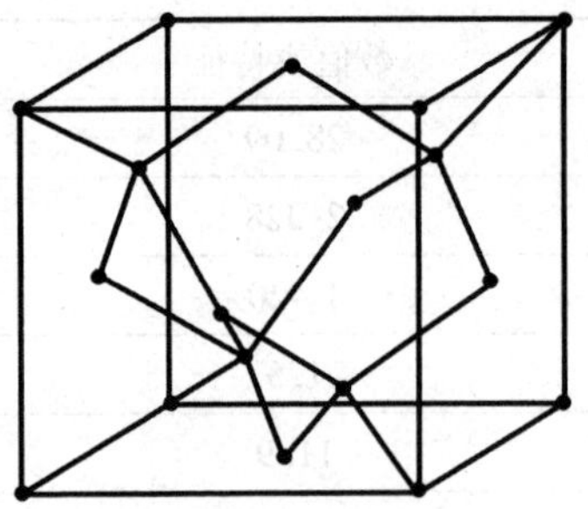

图 3-2　硅晶胞

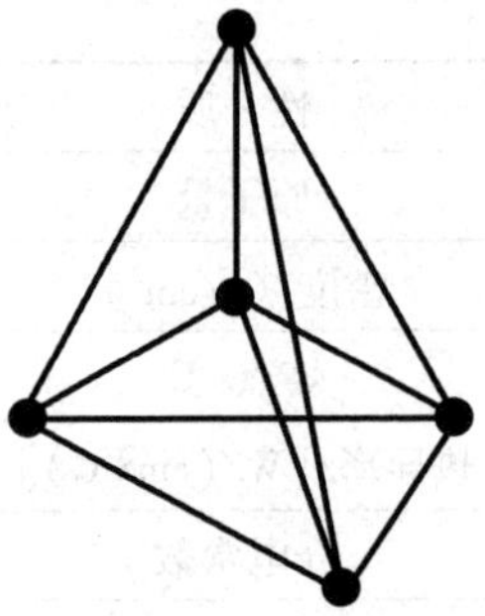

图 3-3　硅原子共价键结合

3. 弥勒指数

针对硅晶体中原子不对称分布、晶体内材料特性不均匀问题，可选用弥勒指数以指定硅晶体的特定方向和平面。图 3-4 表示不同的晶面。虽然(100)、(010)、(001)三个面处于不同的方向，但它们的原子排列是一样的，晶体结构在这三种面上是对称的，因此将其称为晶面族，用符号{100}表示。同样在硅晶体中，还存在原子排列相同的 6 个{110}和 4 个{111}。除了晶面外，还需要了解晶体的晶向。晶向是垂直于晶面的法线方向，图 3-5 表示不同的晶向，[100]为(100)晶面的晶向，[110]为(110)晶面的晶向，[111]为(111)晶面的晶向。(100)为所有与[100]等效的方向族，(110)为所有与[110]等效的方向族，(111)为所有与[111]等效的方向族。

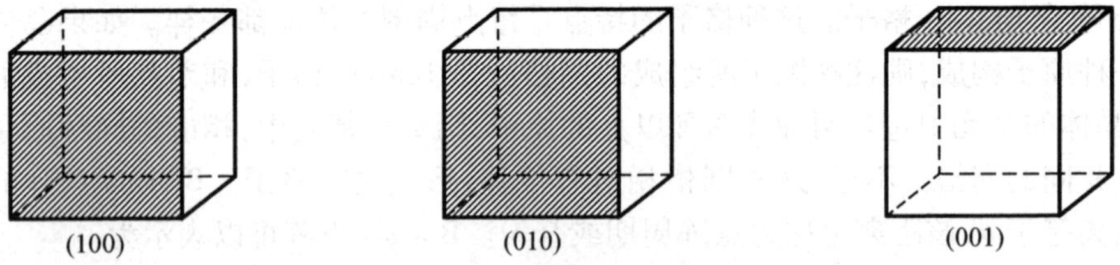

图 3-4　硅晶体的主要晶面

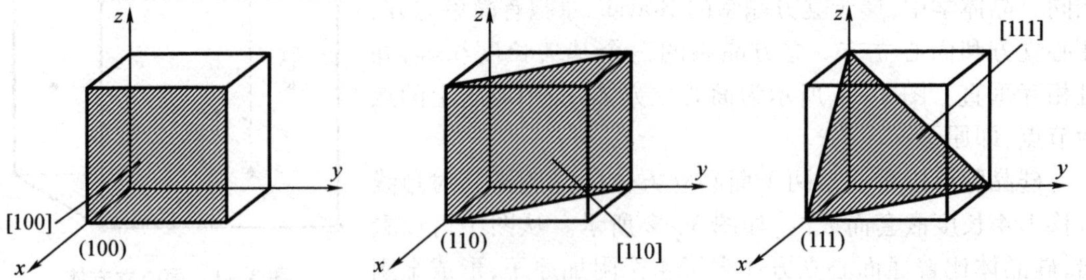

图 3-5　硅的晶向

由于硅的立方体结构在不同晶面上的原子排列密度不同，因此其腐蚀、扩散速度也存在差异。表 3-2 为不同晶面的原子密度和腐蚀速度比较。

表 3-2 不同晶面的原子密度和腐蚀速度

晶面	原子面密度	腐蚀速度
(100)	2.00	最快
(110)	2.83	快
(111)	2.89	最慢

在 MEMS 工艺中,硅常被用作衬底材料,因此硅的加工与晶面取向有关,晶片供应商一般要提供晶片是按哪个方向切割的。

4. 机械特性

单晶硅具有良好的机械、物理性能,滞后、蠕变几乎为零,性能稳定。硅晶体的晶格缺陷少,经微细加工后易于获得平整的表面,因此虽然单晶硅的理论断裂强度不及钢,但其实测强度比钢大。单晶硅具有良好的加工特性和电学特性,其提纯、结晶等工艺已经成熟,且易将 MEMS 加工同微电子工艺兼容。单晶硅具有压电、电磁、热敏等多种效应,可用于加工微传感器和微执行器。因此,硅成为 MEMS 的主要材料。表 3-3 为硅的机械特性。

表 3-3 硅的机械特性

名 称	数 据
密度/(g/cm^3)	2.33
屈服强度/MPa	7 000
弯曲强度/MPa	70 ~ 200
杨氏模量/GPa	<100>:129.5 <110>:168 <111>:186.5
剪切模量/GPa	<100>:79 <110>:61.7 <111>:57.5
泊松比	0.18
热膨胀系数/($\times 10^{-6}$/℃)	2.33
热导率/[W/(cm·℃)]	1.57

3.1.2 硅化合物

硅化合物主要包括多晶硅、二氧化硅(SiO_2)、碳化硅(SiC)、和氮化硅(Si_3N_4)等,均是 MEMS 的常用材料。

1. 多晶硅

多晶硅(Polycrystalline Silicon)是纯度达半导体体级的呈多晶状的硅材料,根据形态可以分为棒状及颗粒状的多晶硅,是 MEMS 表面加工的主要材料,可利用化学气相法将多晶硅沉积(CVD)在硅的衬底上。多晶硅掺杂后可以降低电阻率,因此被作为导体和控制开关,是微电阻和实现欧姆接触的良好材料。多晶硅具有随机取向,因此在热和结构分析时,可以认为是各向同性。表 3-4 是多晶硅的机械特性。

表 3-4 多晶硅的机械特性

名 称	数 据
杨氏模量/GPa	160
泊松比	0.23
热膨胀系数/($\times 10^{-6}$/℃)	2.8

2. 二氧化硅

鉴于二氧化硅高的电阻率和强的抗腐蚀能力，在 MEMS 中二氧化硅主要应用在以下方面：

(1)作为电的绝缘体；

(2)作为表面加工的牺牲层；

(3)作为硅刻蚀的掩膜层。

表 3-5 为二氧化硅的性能表。

表 3-5 二氧化硅的性能表

名 称	数 据
密度/(g/cm^3)	2.27
电阻率($\Omega\cdot cm$)	$>10^{16}$
相对介电常数	3.9
熔点/℃	1 700
热导率/[W/cm·℃]	0.014
热膨胀系数/($\times 10^{-6}$/℃)	0.5

3. 碳化硅

碳化硅在高温下的结构尺寸很稳定，有较强的抗氧化能力，因此在 MEMS 加工中，常在器件表面沉积一层碳化硅以防止被高温破坏或氧化。表 3-6 为碳化硅的机械性能表。

表 3-6 碳化硅的机械性能表

名 称	数 据
密度/(g/cm^3)	3.2
屈服强度/GPa	21
杨氏模量/GPa	700
热导率/[W/cm·℃]	3.5
热膨胀系数/($\times 10^{-6}$/℃)	3.3
熔点/℃	2 300

4. 氮化硅

氮化硅具有超强的抗氧化和抗腐蚀能力，MEMS 加工中可作为深层刻蚀的掩膜，可用作水分子的阻挡层，防止水及其他流体进入衬底；也可用作离子注入掩膜。表 3-7 为氮化硅的机械性能表。

表 3-7 氮化硅的机械性能表

名 称	数 据
密度/(g/cm^3)	3.1
屈服强度/GPa	14
杨氏模量/GPa	385
热导率/[W/cm·℃]	0.19
热膨胀系数/($\times 10^{-6}$/℃)	0.8
熔点/℃	1 930

5. 砷化镓

砷化镓(GaAs)是一种由等量的砷原子和镓原子组成的半导体化合物，其晶体结构更复杂，比硅更难处理。由于砷化镓具有较高的电子迁移率，使其成为制造电子和声子器件衬底的优质材料。砷化镓在高温下具有优异的尺寸稳定性，可作为良好的导体材料。但是，砷化镓的屈服强度低，因此，MEMS 很少用砷化镓作衬底材料，而且砷化镓的价格昂贵。表 3-8 为砷化镓的机械性能表。

表 3-8 砷化镓的机械性能表

名 称	数 据
密度/(g/cm^3)	5.32
介电常数	13.1
屈服强度/GPa	2.7
杨氏模量/GPa	75
热导率/[W/cm·℃]	0.5
热膨胀系数/($\times 10^{-6}$/℃)	6.86
熔点/℃	1 238

6. 陶瓷

MEMS 陶瓷材料又称为精细陶瓷材料，即通过控制化学合成物质的比例以及精密成型烧结，加工成适合 MEMS 需要的精密陶瓷。依据陶瓷的功能划分有结构陶瓷、功能陶瓷和工具陶瓷。

区别于传统陶瓷材料，精密陶瓷材料主要有如下特点：

(1)化学稳定性好，抗腐蚀，抗氧化；

(2)熔点高，密度小；

(3)强度高，刚度高，硬度高，耐磨损；

(4)韧性小，塑性小，变形能力差，易发生脆性变形；

(5)成型加工能力差。

陶瓷在 MEMS 中主要用于微传感器、微执行器、基板和封装材料。下面主要介绍压电陶瓷。

微传感器和微执行器所用的材料为压电陶瓷。压电陶瓷具有正压电效应和逆压电效应。

正压电效应:对压电陶瓷施加作用力,陶瓷发生极化而在两端面间生成电势差。

逆电压效应:若将压电陶瓷放入电场中,则其将发生弹性变形,也称为电致伸缩效应。

利用正压电效应可以制作压力、加速度微传感器,其具有优良的频率特性和可集成性。电致伸缩效应可以用来制作微泵等微执行器,其作用力大,频带宽,响应快。图3-6为美国华盛顿大学设计的压电制动微型泵。覆盖在圆形泵腔顶部的硅膜直径为6 mm,厚度为500 μm;圆形压电片直径为5 mm,厚度为190 μm;驱动电压为170 V,频率为3 000 Hz,最大流量可达1 000 μL/min。通过给压电片加上驱动电压,压电片上下振动,带动硅膜也上下振动,从而实现微泵的制动功能。

压电陶瓷易于生产,成本低,不受形状限制,并且具有耐热、耐潮和稳定的化学性能,因而被MEMS广泛应用。常用的电压陶瓷具有钛酸钡BT、钴钛酸铅PZT、偏铌酸铅PN、铌酸铅钡锂PBLN、改性钛酸铅PT等。

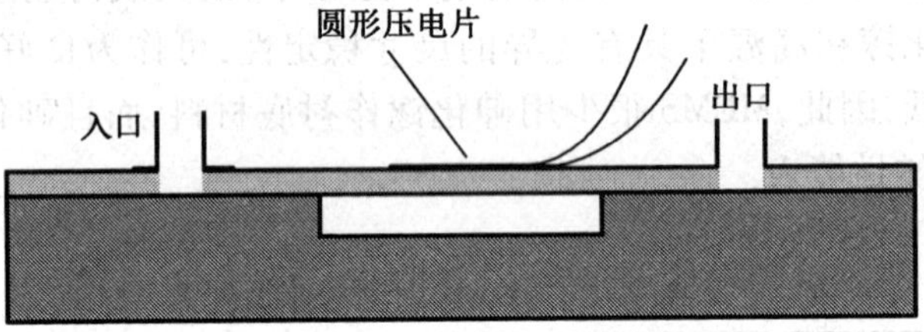

图3-6　压电致动微型泵

3.2　微机电系统加工技术基础

MEMS的常用材料为硅、锗及其他金属。MEMS制造工艺是常规集成电路工艺和微机械加工独有的特殊工艺结合,以大部分常规工艺为基础,同时形成了一套独有的制作技术。这些特殊工艺一般称为MEMS微细加工技术,主要包括:

(1)微电子加工制造的平面加工工艺和体硅加工工艺,具体包括光刻、腐蚀、淀积、键合等技术;

(2)超精密机械加工艺术,如各种放电加工、精密研磨加工、电子束加工等;

(3)LIGA技术和准分子激光等工艺及分子操纵技术。

在应用这些工艺时应取长补短,相互结合。本章将从以上三个方面来介绍微机电系统的加工。

3.2.1　微电子加工工艺

MEMS加工起源于微电子加工技术,而且到目前为止,微电子加工技术仍然是MEMS加工的主要方法,因此,本章将微电子加工工艺作为重点介绍部分。

1. 光刻

光刻(Optical Lighography)源于希腊词“Ligho”和“Graphein”,意思为在石板上写字。光刻是利用光通过掩膜板上的图形窗口,照射衬底上的敏感薄膜,在衬底上形成所需图像的一种方法。通过光刻工艺,可以将掩膜上的图像“复制”到衬底上,实现需要的微小图形加工。

光刻是微电子加工的一种非常重要的技术，占到整个微电子加工的三分之一，也是衡量微电子加工技术的一项重要指标。每一代集成电路的出现，总是以线宽作为主要的技术指标，而线宽的获得与光刻技术联系很紧密。

光刻工艺主要包括以下步骤：掩膜（Masks）制备、基片（Susceptor）前处理、上胶、前烘、曝光（Printing）、显影、后烘、刻蚀（Etching）、去胶。

（1）掩膜制备：当光照射到膜板上时，区分图形区和非图形区对光的不同吸收和透射能力。掩膜制造工艺主要分为版图设计、掩膜原版制造、主掩膜加工和工作掩膜加工。

首先设计 CAD 版图，在计算机控制下经过电子束曝光机直接制作主掩膜，或通过计算机控制图形发生器制版。

（2）基片前处理：主要是去除基片表面颗粒和有机物、离子、金属杂质。用 HF 化学液去除基片表面的氧化层，用强酸清洗金属离子，用乙醇清洗去除有机物。

（3）上胶：在基片上涂光刻胶。光刻胶是一种光敏有机物，经过光照后，材料发生变化，实现与基片之间的腐蚀选择，形成同掩膜相同的图形结构功能。

光刻胶分正胶和负胶。通过显影改变其溶解性，将感光部分保留下来，得到同掩膜一致的图形，这种胶称为正胶；反之，处于阴影的部分易溶解，得到同掩膜相反的图形，称为负胶。正胶比负胶更能显示图形边界，因此，正胶可以获得更高的分辨率。

上胶要求胶均匀，胶同基片的黏附性能要好，为了增加黏附性，可以在基片和光刻胶之间填充黏附促进剂。

（4）前烘：使光刻胶膜干燥，增加胶同基片间的黏附力和耐磨性，以保证光刻胶曝光时化学反应的充分性。

（5）曝光：将掩膜放于光源和光刻胶之间，通过光束照射掩膜，在受光照部分，发生化学反应，改变光刻胶的性质。

目前光源主要有光学光、极系外线、X 射线、电子束、离子束。而曝光方式主要有接触式、接近式和投影式。

曝光的关键是准确定位、曝光强度和曝光时间。

（6）显影：在经过曝光的基片上，溶入显影液中，基片得到同掩膜相同（正胶）或相反（负胶）的图形。

影响显影的效果主要是前烘温度与时间、曝光时间、显影液浓度和光刻胶厚度。

（7）后烘：增加胶膜同基片之间的黏附力，固化光刻胶。

（8）刻蚀：以烘后的光刻胶作为掩膜层，对基片实行干法或湿法刻蚀，从而得到期望的图形。

（9）去胶：用干法或湿法的腐蚀方法去掉光刻胶。

图 3－7 为典型光刻工艺流程。

2. 淀积

淀积也称沉淀。在 MEMS 基片上淀积（Deposition）薄膜是 MEMS 工艺中一种非常普遍和必要的方法。薄膜包括有机物和无机物、大量金属（如铝、金、银、铜等）、形状记忆合金材料 NiTi 以及压电材料 ZnO 等。

淀积分为化学气相淀积（Chemical Vapor Deposition，CVD）和物理气相淀积（Physical Vapor Deposition，PVD）。CVD 是利用一种或数种物质的气体，以某种方法激活，在衬底表面

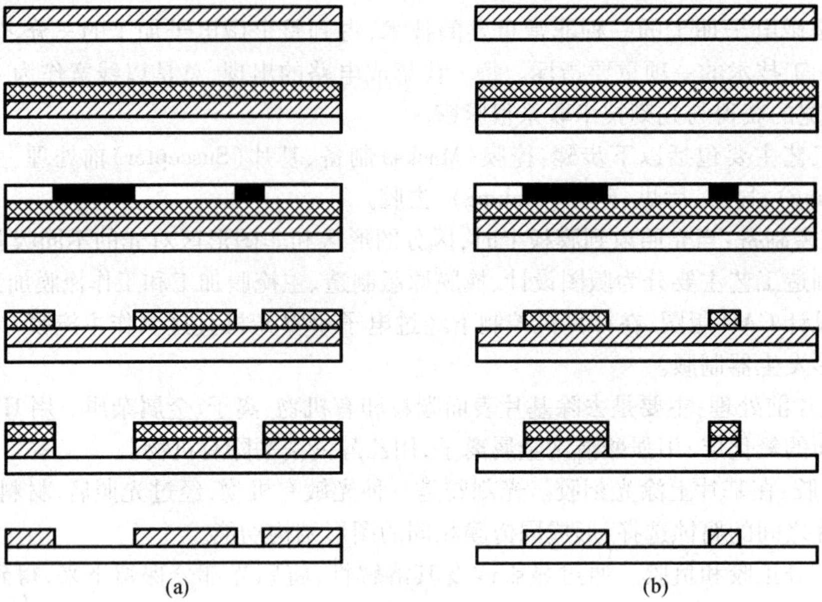

图 3-7　典型光刻工艺

(a)正胶;(b)负胶

发生化学反应,淀积出所需固体薄膜的技术。PVD 是通过能量或动量时被淀积的原子逸出,落到衬底上而沉积成所需薄膜的技术。下面分别介绍这两种技术。

(1)化学气相淀积

目前 CVD 主要有常压化学气相淀积(APCVD)、低压化学气相淀积(LPCVD)、等离子化学气相淀积(PCVD)等方法。APCVD 在常压中完成薄膜淀积,温度要求较低,结构紧凑,产生速度高,但台阶覆盖性和膜表面均匀性差,主要用于淀积掺或不掺杂 SiO_2。LPCVD 的特点是淀积在低气压条件下进行,单批装片量大,有利于降低生产成本,厚度均匀,可获得保形台阶覆盖,主要用于多晶硅与氮化硅的淀积。PCVD 通过射频辉光放电和化学反应相结合的方式完成淀积工作,可以降低温度,主要用于钝化的氮化硅和二氧化硅淀积。

下面介绍三种常用 MEMS 薄膜的淀积化学反应。

①SiO_2淀积。SiO_2淀积由 500℃以下的硅烷、掺杂物和氧的反应实现。

$$SiH_4 + O_2 \longrightarrow SiO_2 + 2H_2$$

②SiN_4淀积。

常压下:
$$3SiH_4 + 4NH_3 \longrightarrow Si_3N_4 + 12H_2$$

低压下:
$$3SiCl_2H_2 + 4NH_3 \longrightarrow Si_3N_4 + 6HCl + 6H_2$$

③多晶硅。多晶硅的淀积是热解过程,即高温分解。

$$SiH_4 \longrightarrow Si + 2H_2$$

(2)物理气相淀积

PVD 可分为蒸发、溅射(Sputter)、离子束外延(Ion Beam Epitaxy)和分子束外延(Molecular Beam Epitaxy)等方法。

①真空蒸发法。在真空蒸发中,首先给基片加热清洗,消除杂质;其次,将蒸发材料放

于坩埚中，利用热源或电子束等加热，蒸发材料；最后，蒸发出来的大量原子到达基片，沉淀成薄膜。该方法常用于蒸发铅或铝合金材料以形成铅膜。

②溅射法。溅射过程是在真空室中，用高电压使气体电离形成等离子体，将待溅射物质制成靶，置于阴极，等离子体中的正离子以高能量轰击靶面，使待溅射物质离开靶面，淀积到阳极的基片上形成薄膜。

3. 腐蚀

腐蚀(Etching)是用物理或化学方法对原有材料需要去除的部分进行去除。腐蚀可以完成 MEMS 中各种微结构的几何形状。按腐蚀方法分，可以有两种腐蚀方法：物理腐蚀(干法腐蚀或等离子腐蚀)和化学腐蚀。

(1)物理腐蚀

在物理腐蚀中，利用放电时产生的高能惰性气体离子对材料进行物理袭击，即气体放电把能量提供给轰击粒子，轰击粒子以高速运动同基片相撞，能量通过弹性碰撞传递给基片原子。当能量超过基片原子结合能时，基片原子被撞出，实现腐蚀的目的。腐蚀速度与轰击粒子的能量、密度和入射角有关。物理腐蚀的主要步骤如下：

①腐蚀性气体粒子的产生；

②粒子轰击基片；

③基片表面腐蚀；

④腐蚀反应物清理。

(2)化学腐蚀

化学腐蚀是将腐蚀材料先氧化，再进行化学反应，使其生成一种或多种氧化物进行溶解。根据腐蚀效果可以分为各个同性腐蚀(Isotropic Etching)和各向异性腐蚀(Anisotropic Etching)。各向同性腐蚀对硅材料没有明显的选择，各向晶向腐蚀速度相同。各向异性腐蚀表现在不同晶向中的腐蚀速度不同，图 3-8 为各向同性和各向异性的腐蚀示意图。

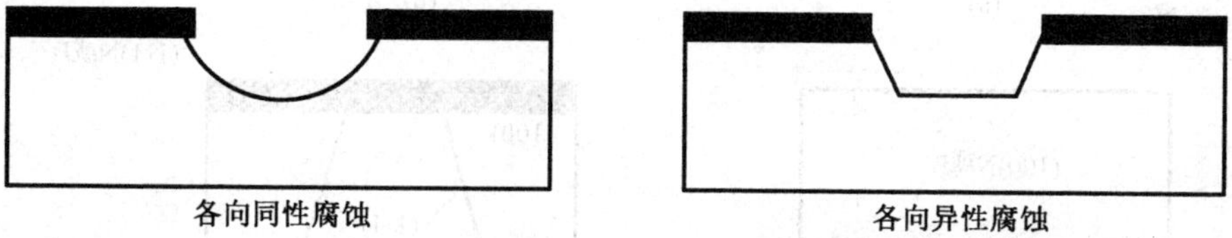

图 3-8 各向同性和各向异性的腐蚀

单晶体、多晶体和无定型硅在 NHA($HF-HNO_3$ 和 CH_3COOH，NHA)腐蚀系统中表现为各向同性腐蚀。图 3-8 所示的各向异性腐蚀中，纵向的腐蚀速度大于横向的腐蚀速度。

化学腐蚀设备便宜，较物理腐蚀快，但溶液会导致腐蚀表面质量差。

(3)自停止腐蚀

硅体自停止腐蚀是 MEMS 加工中的关键技术，它利用晶格不同取向的硅和掺杂浓度，使硅在不同腐蚀液中表现出不同的腐蚀性能。目前主要存在以下两种自停止腐蚀技术。

①重掺杂自停止腐蚀技术。当掺杂浓度超过阈值后，KOH 对硅的腐蚀速度很小，而轻掺杂硅同重掺杂硅的腐蚀速度相差百倍，因此，用硅重掺杂硼作为自停止腐蚀材料。图 3-9 为自停止腐蚀工艺。

当腐蚀到 P + 时,腐蚀自动停滞,最后硅膜厚度完全由重掺杂 P + 层的厚度决定,完成自停止腐蚀工艺。

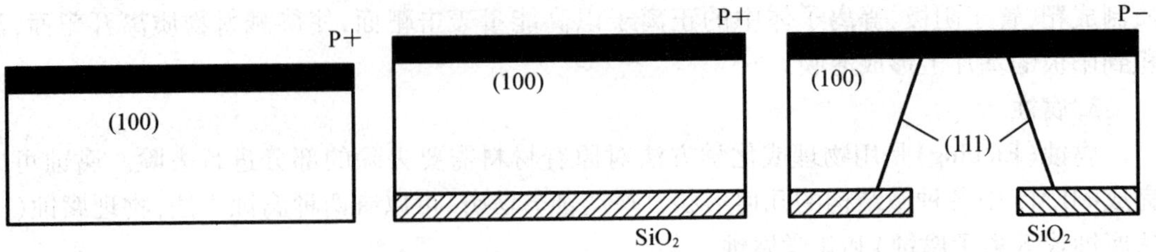

图 3 - 9　自停止腐蚀工艺

②(111)面自停止腐蚀技术。硅(100)面和(111)面在 KOH 中腐蚀液中的腐蚀速度相差达 100 ~ 400 倍。因此可以利用(111)面作为停止腐蚀的晶面。而在(100)面上生长(111)面是无法做到的,因此需要用到键合(Bonding)技术(有关键合技术将在下节介绍)。图 3 - 10 为(111)面自停止腐蚀技术工艺。

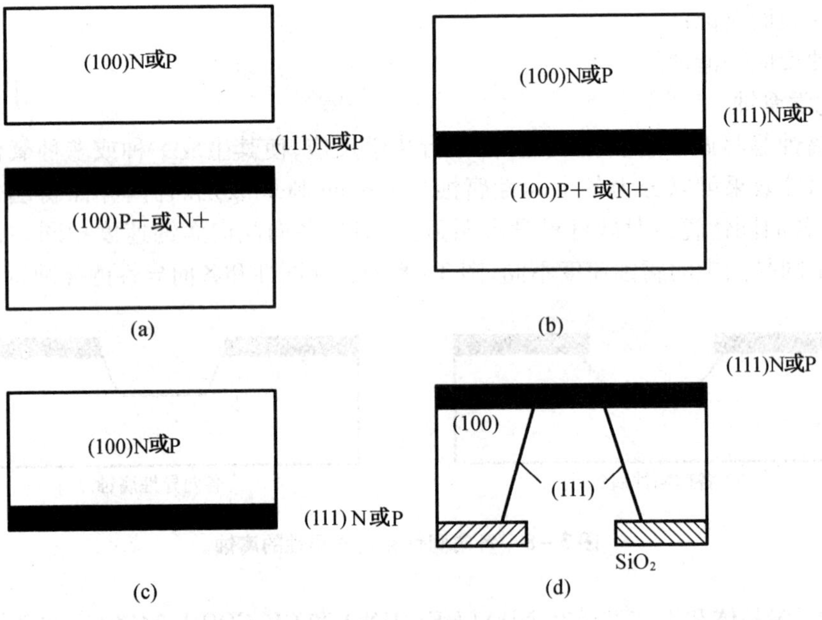

图 3 - 10　(111)面自停止腐蚀技术工艺

4. 键合

在 MEMS 制造中,键合技术是重要的工艺之一,包括阳极键合技术、硅 - 硅基片直接键合技术等。下面简单介绍各种键合方法。

(1)阳极键合技术

阳极键合又称为静电键合,其具有键合温度低、工艺兼容性好、键合强度高、稳定性好和键合设备简单等特点,广泛应用于硅 - 硅基片键合、非硅材料 - 硅材料键合和金属、陶瓷等之间的相互键合。

阳极键合原理为:在强电场作用下,两个被键合表面紧密贴在一起;在一定温度下,通过氧-硅化学键的作用,将被键合材料牢固地结合在一起。

阳极键合技术在SOI(Silicon On Insulate)结构中得到了充分应用;在MEMS中,如微泵、微阀、压力传感器、微封等技术中,都得到了广泛应用。

(2)硅-硅基片直接键合

硅-硅基片直接键合又称为熔融键合,将抛光后的两个硅基片紧密结合在一起,通过施加机械压力或加热,以形成稳定的键。图3-11为硅-硅基片直接键合示意图。

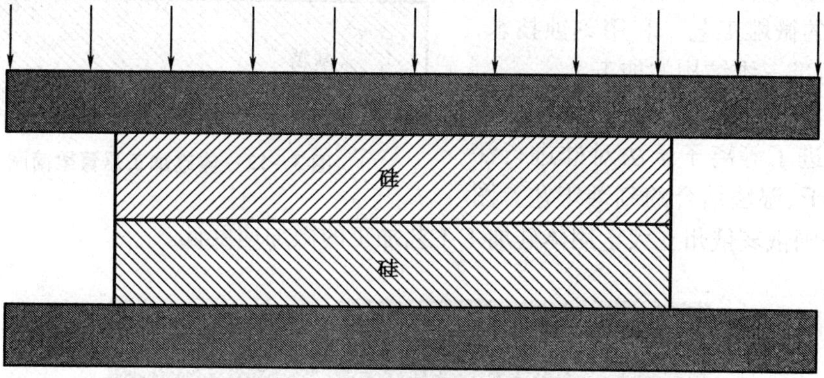

图3-11 硅-硅基片直接键合

硅-硅基片直接键合的主要步骤为:硅片清洗、烘干、加压、退火。

硅-硅基片直接键合不需要任何黏结物,不引进任何其他材料,不会诱发内应力,不需要外加压电场,工艺简单。但要实现高强度键合,必须施加高的键合温度,一般键合温度达1 000 ℃~1 200 ℃。如此高的键合温度,很难和硅的其他工艺相兼容,因此限制了该方法的应用。

(3)金-硅共晶键合

金-硅共晶键合是利用硅与金形成共晶(金-硅"焊锡")。金与硅的共熔温度为363 ℃,其键合过程为低温键合。

金膜厚度对键合影响很大。若金膜太薄,则没有足够共晶熔体覆盖整个键合界面,无法实现完全键合;若金膜太厚,则成本高,内应力大。

虽然金-硅共晶键合不发生金渗入硅过程,但由于硅、金的热膨胀系数不同,在冷却后,形成一定的内应力,该内应力在MEMS器件中会不断释放,影响器件性能。

5. 外延

在单晶硅或CaAs表面上生长出一层新单晶的技术称为外延(Epitaxy),新生成的单晶取向取决于衬底表面,有衬底表面向外延伸称为"外延"。当衬底与新生长层为同质时,为同质外延;当衬底与新生长层为异质时,为异质外延。

外延生长层中的杂质浓度可以通过控制反应气流中的杂质含量调节,而不依赖于衬底中的杂质种类掺杂水平。目前外延主要有以下两种方法:

(1)四氧化硅氢还原法:反应中氯化氢被气流带走,硅原子在衬底表面扩散、滑动、游移,最后沉积在衬底表面。

$$SiCl_4 + 2H_2 = Si + 4HCl$$

(2)硅烷热分解法:硅烷在较低温度下热分解,分解出的硅原子沉积在衬底表面。

$$SiH_4 = Si + 2H_2$$

6. 体硅加工

体硅加工工艺是一种通过腐蚀技术有选择性地除去部分硅基片以形成微机械结构的工艺。应用化学腐蚀来对硅片进行微机械加工,常用的有各向同性腐蚀和各向异性腐蚀两种。该工艺类似我国《核舟记》中所描述的在水果核上雕刻小船、小人、诗歌等的微雕工艺。利用刻蚀技术,可对硅进行准三维结构的加工。

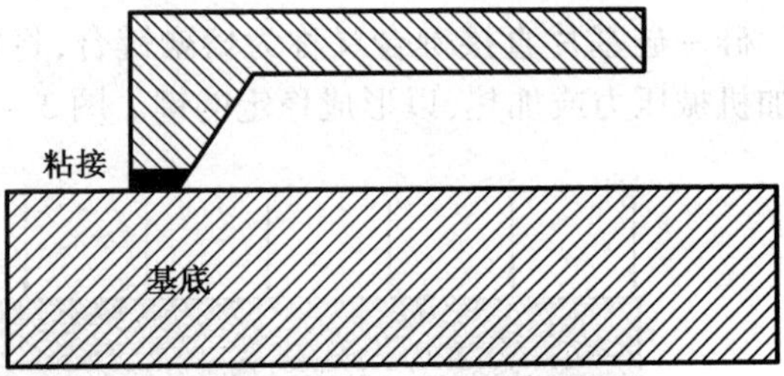

图 3-12　体硅加工悬臂梁简图

图 3-12 为体硅加工悬臂梁简图。近年来,引进了等离子干法对硅进行深腐蚀,形成干、湿法结合的刻蚀工艺。图 3-13 为美国俄亥俄州立大学用体硅加工工艺加工的微加速度计。

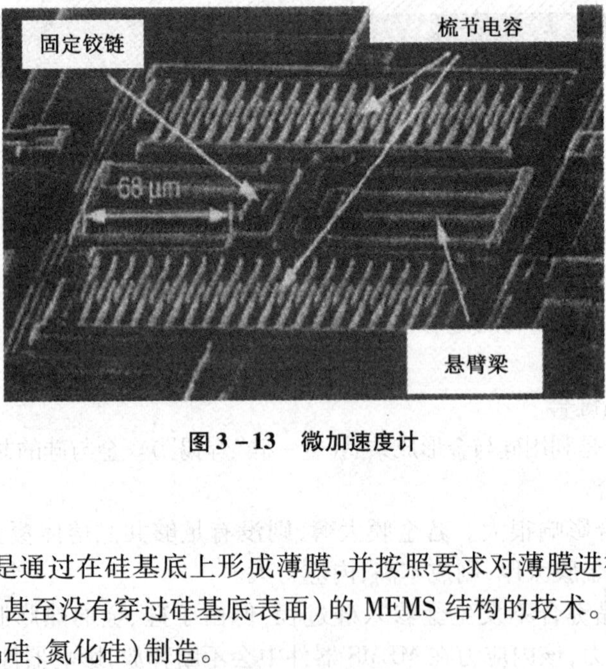

图 3-13　微加速度计

7. 平面加工

平面加工工艺是通过在硅基底上形成薄膜,并按照要求对薄膜进行加工,得到完全建立在硅基底表面上(甚至没有穿过硅基底表面)的 MEMS 结构的技术。典型的 MEMS 结构由薄膜材料(如多晶硅、氮化硅)制造。

图 3-14 是一般平面加工工艺的流程。平面加工工艺的第一步:首先在硅基底上沉淀一层牺牲层材料(例如沉积磷硅玻璃 PSG 层),目的是为形成结构层的后续工艺提供一种临时支撑。牺牲层厚度为 1 ~2 μm,也可以更厚一些,沉积后,牺牲层材料经刻蚀形成所要求的形状。穿过整个牺牲层材料刻蚀的孔道,可提供结构支撑点,防止在工艺后期结构层漂移。第二步:沉积与刻蚀结构层材料的薄膜层。多晶硅是常用的结构层材料,刻蚀结构层,浸入湿腐蚀剂使牺牲层被腐蚀掉,留下结构层形成空腔结构,即得到表面 MEMS 结构件。

当然,这是理想结果,然而在实际的工艺中,由于黏附力的存在,当牺牲层被腐蚀掉后,多晶硅薄层粘在衬底上,形成图 3-15 所示黏附塌陷的结果。

英国 Leuven 大学的 W. Merlijn van Spengen 在加工微梁组时遇到的黏附问题如图 3-16 所

示，Mastrangelo C. H. 和 Hsu C. H. 所遇到的黏附问题见图 3－17。从图中可以看出，微梁已经粘在基座上了。

实质上，在微器件的漂洗工艺中，黏附塌陷问题已经成为首要考虑的问题，加拿大 Toronto 大学的 A. Hariri 将黏附分为工作黏附（In-use Stiction）和工艺（非工作）黏附（Release Stiction）。图 3－18 为非工作黏附（Release Stiction），即器件加工时就出现黏附问题。而工作黏附是器件在工作中出现的黏附，如微开关、DMD、微夹子、微齿轮等。Clint Morrow 认为，在微接触范围内，如何准确分析真实接触面积和分离力，对微/纳器件的设计和性能具有决定性影响。

平面加工工艺的主要优点是具有与常规集成电路工艺的兼容性，利用集成电路薄膜沉积和成型工艺就可制作 MEMS 结构。

美国 Analog Devices 公司利用硅平面加工工艺研制了一种压容式微加速度计。电容板的刻蚀深度为 2 μm。该公司将微传感器（机械部分）和集成电路（信号放大器、信号处理和自校正电路等）集成在 3 mm × 3 mm 的范围，在一块 10 cm 的硅片上制造了上百个微加速度计。

当然，硅并不是能胜任各种需要的最好材料，对一些特定应用而言，如微型驱动结构，采用的理想材料为镍铁合金。图 3－19 为 Sandia 国家实验室研制的微驱动机构。图 3－20 为日本东京大学用表面加工技术加工的微驱动机构。

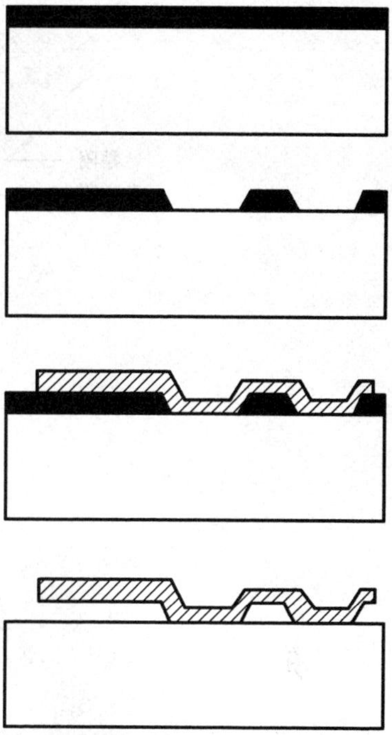

图 3－14 平面加工工艺流程

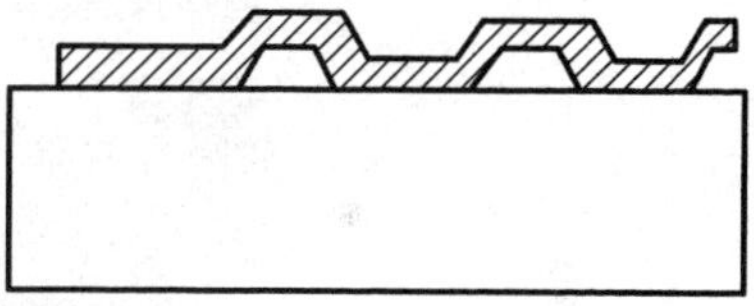

图 3－15 黏附引起的塌陷

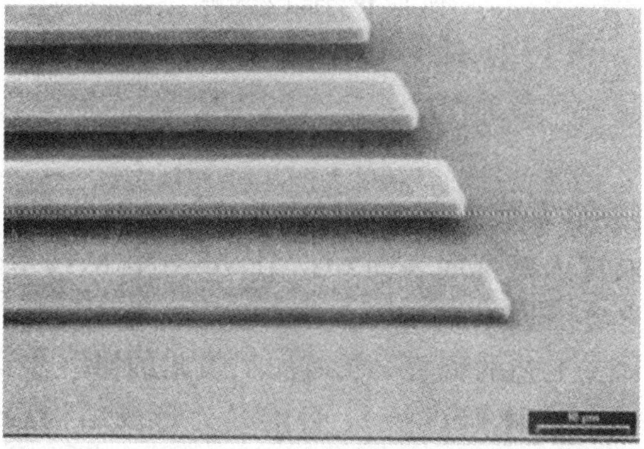

图 3－16 微梁组部分黏附塌陷

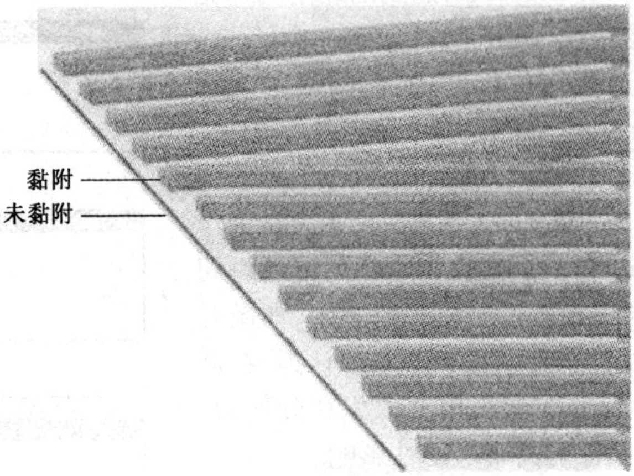

图 3-17　黏附塌陷结果

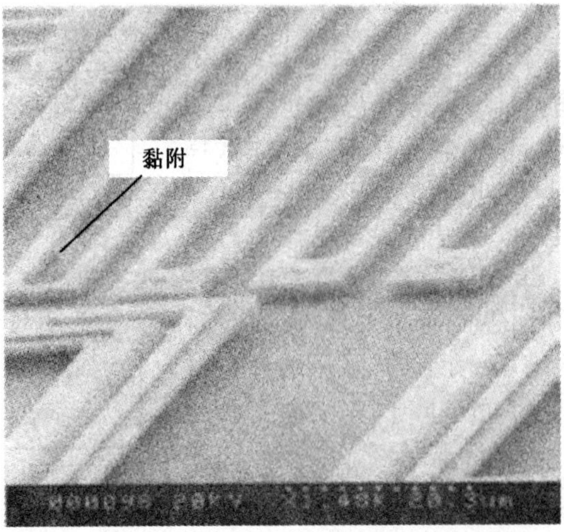

图 3-18　非工作黏附

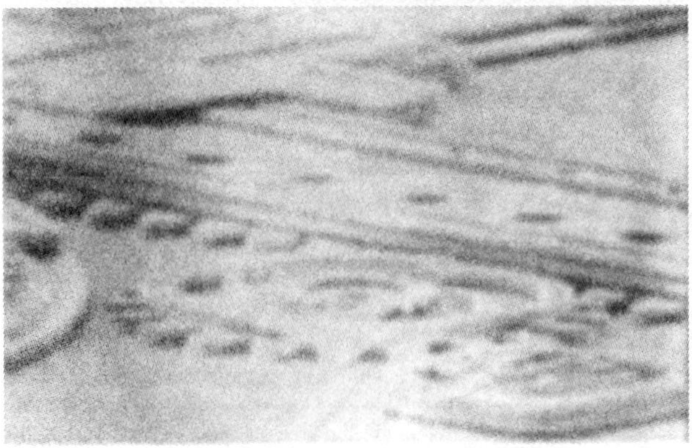

图 3-19　微驱动机构(国家实验室)

8. LIGA 技术

LIGA 是德文的制版术(Lithographie)、电铸成型(Galvanoformung)和注塑(Abformung)三个词的缩写。如图 3 - 21 所示,LIGA 工艺在 20 世纪 80 年代由德国的 Karlsruhe 研究中心在制造微喷嘴时研制出来。LIGA 技术的开创者 Wolfgang Ehrfeld 称:“LIGA 技术可以制作厚度超过其长宽尺寸的各种微型构件。”LIGA 技术主要包括以下三个工艺过程。

(1)深层同步辐射 X 射线光刻:利用同步辐射 X 射线透过掩膜对固定于金属基底上的厚度可高达几百微米的 X 射线抗蚀剂层进行曝光,然后将其显影制成初级模板。由于被曝光过的抗蚀剂将被显影除去,因此该模板即为掩膜覆盖下的曝光部分的抗蚀剂层,它具有与掩膜图形相同的平面几何图形。

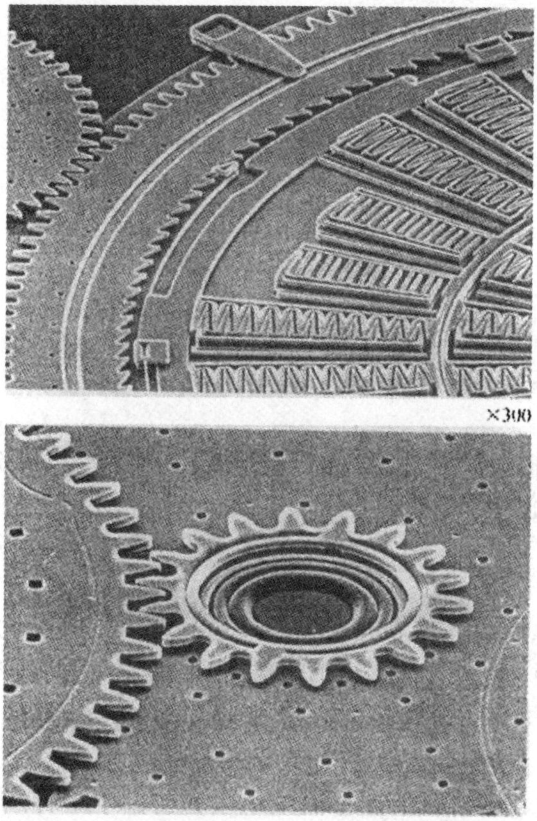

图 3 - 20　表面加工的微驱动机构(日本东京大学)

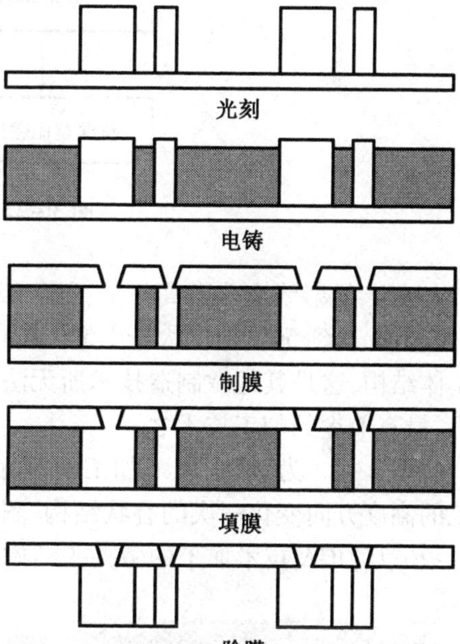

图 3 - 21　LIGA 技术

(2)电铸成型:在初级模板(抗蚀剂结构)膜腔底面上利用电镀形成一层镍或其他金属层,形成金属基底作为阴极,所要成型的微结构金属的供应材料(如镍、铜、银)作为阳极,进行电铸,直到电铸形成的结构刚好把抗蚀剂模板的型腔填满。而后将它们整个浸入剥离溶剂中,对抗蚀剂形成的初级模板进行腐蚀剥离,剩下的金属结构即为所需求的微结构构件。

(3)注塑成型:将电铸制成的金属微结构作为二级模板,将塑性材料注入模板的膜腔中,形成微结构塑性件,再从金属膜中提出。也可以用形成的塑性件作为模板再进行电铸,利用 LIGA 技术可以进行三维 MEMS 结构的批量生产。

图 3 - 22 为 LIGA 技术的工艺流程。

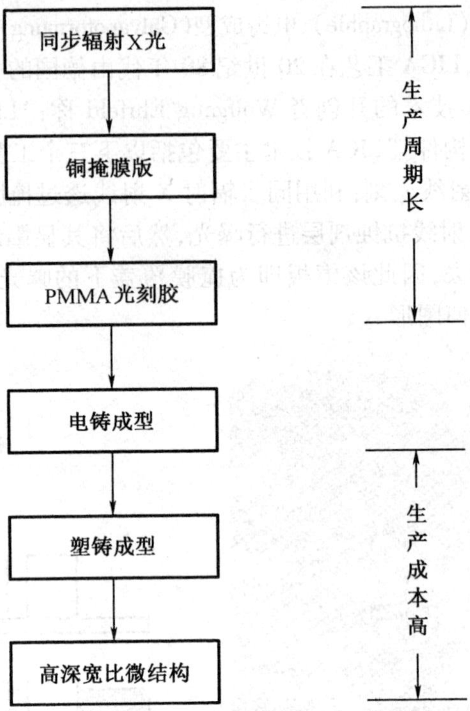

图 3-22　LIGA 技术的工艺流程

由于 X 射线有非常高的平行度、极强的辐射强度、连续的光谱，使 LIGA 技术能够制造出高宽比达到 500、厚度大于 1 500 mm、结构侧壁光滑且平行度偏差在亚微米范围内的三维立体结构，这是其他微制造技术所无法实现的。LIGA 技术被视为纳米制造技术中最有生命力、最有前途的加工技术之一。

图 3-23 为 LIGA 技术加工的 50 μm 宽、1 500 μm 高的线圈；图 3-24 为 LIGA 技术加工的高度方向变化三次的叠状结构，图 3-25 为 LIGA 技术加工的直径不等的微井阵列；图 3-26 为 LIGA 技术加工的微夹头结构。

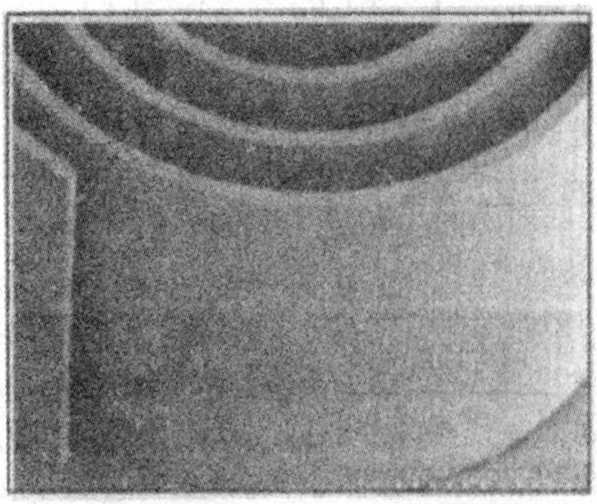

图 3-23　50 μm 宽、1 500 μm 高的线圈

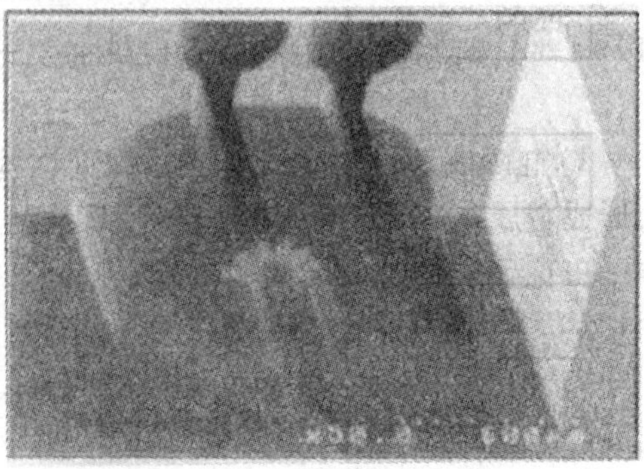

图 3-24　高度方向变化三次的叠状结构

图 3－25　直径不等的微井阵列

图 3－26　微夹头结构

与其他微细节加工方法相比，LIGA 技术具有如下特点：

(1)可制造较大高宽比的结构；

(2)取材广泛，可以是金属、陶瓷、聚合物、玻璃等；

(3)可制作任意截面形状的图形结构，加工精度高；

(4)可重复复制，符合工业上大批量的生产要求。

图 3－27 为 IMTEK 用 LIGA 技术加工的微驱动器，由静电力驱动；图 3－28 为 LIGA 技术加工的一些器件，由齿轮、工具、电机等。

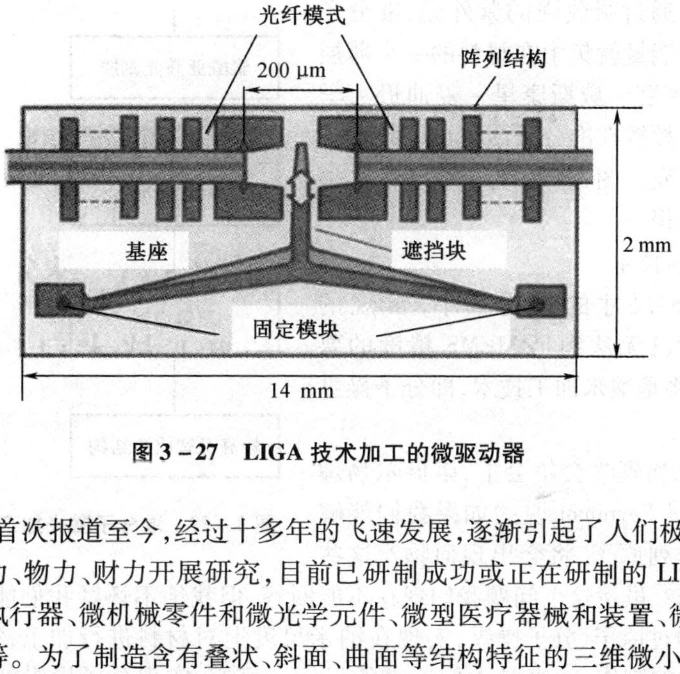

图 3－27　LIGA 技术加工的微驱动器

LIGA 技术从首次报道至今，经过十多年的飞速发展，逐渐引起了人们极大的关注，发达国家纷纷投入人力、物力、财力开展研究，目前已研制成功或正在研制的 LIGA 产品有微传感器、微电机、微执行器、微机械零件和微光学元件、微型医疗器械和装置、微流体元件纳米尺度元件及系统等。为了制造含有叠状、斜面、曲面等结构特征的三维微小元器件，通常采用多掩膜套刻、光刻时在线规律性移动掩膜版，以及背面倾斜光刻等措施来实现。

使用 SU－8 负型胶代替 PMMA 正胶作光敏材料，以减少曝光时间和提高加工效率，是 LIGA 技术新的发展动向。

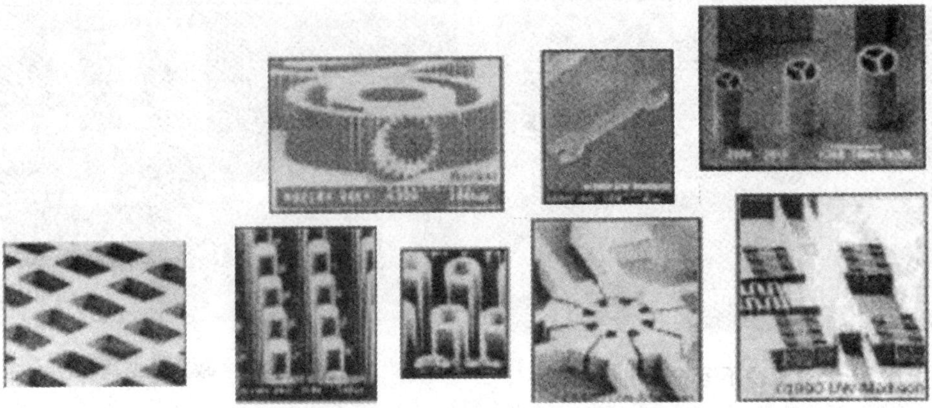

图3－28　LIGA 技术加工的一些器件

9. 准分子激光工艺

鉴于 LIGA 技术设备昂贵、生产周期长等局限性，德国又研制出准分子激光加工技术（准 LIGA）。准分子激光器输出波长处于电磁波谱紫外区域的射线。由于几乎所有物质都吸收紫外光，因此准分子激光与材料之间存在有效的耦合效应。通过吸收强的紫外光，准分子激光辐射的整个能量就集中在材料的一个薄层内，形成高能量密度。威斯康星－麦迪逊大学的 Henfy Guckcl 教授在准分子激光加工技术方面进行了大量研究。图 3－29 为准分子激光加工技术的工艺流程。

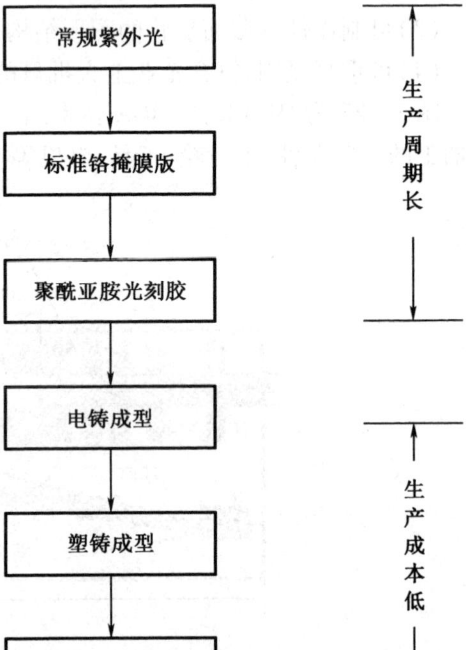

图3－29　准分子激光加工技术的工艺流程

10. 分子操纵技术

随着 MEMS 尺寸的日趋减小，常规的 MEMS 加工技术已无法满足 MEMS 精度的要求，取而代之的将是纳米加工技术，即分子操纵技术。

1959 年美国物理学会年会上，诺贝尔物理奖获得者 Richard Feynman 说："如果我们能够按自己的意愿排列原子，将会出现何物？这些物质的性质如何？虽然这个问题我们现在不能回答，但我绝不怀疑我们能在如此小的尺寸上操纵原子。"通过原子、分子操纵，实现在纳米尺度上对材料进行加工，完成单原子、单分子和单电子器件的制作，一直是人们追求的目标。目前，实现分子操纵技术的设备主要有扫描隧道显微镜（Scan Tunneling Microscope，STM）、原子力显微镜（Atomic Force Microscope，AFM）和光镊子（Optical Tweezers）。

（1）STM

STM 主要应用隧道电流的变化检测表面的微小变化，STA 的最初发明主要是用于观察物质表面,随着STM的进一步研究,人们发现STM可进行单原子操纵。由于针尖同试样面之间的距离很小,因此,在偏置电压作用下,针尖和试样面之间将产生强大电场($10^9 \sim 10^{10}$ V/m)。试样面上的吸附原子在强电场作用下,经过蒸发被移动或提取,在试样面上留下空穴,从而实现单原子的移动和操纵。同样,吸附在针尖上的原子也可在强电场作用下,经过蒸发而沉积到试样面上,完成单原子的放置。利用STM操纵原子(分子)是目前原子(分子)操纵最成熟的技术。图3-30所示为日本通产省产业技术研究所利用STM实现原子、分子操纵技术的示意图。图3-31所示为Xe原子操纵过程示意图。

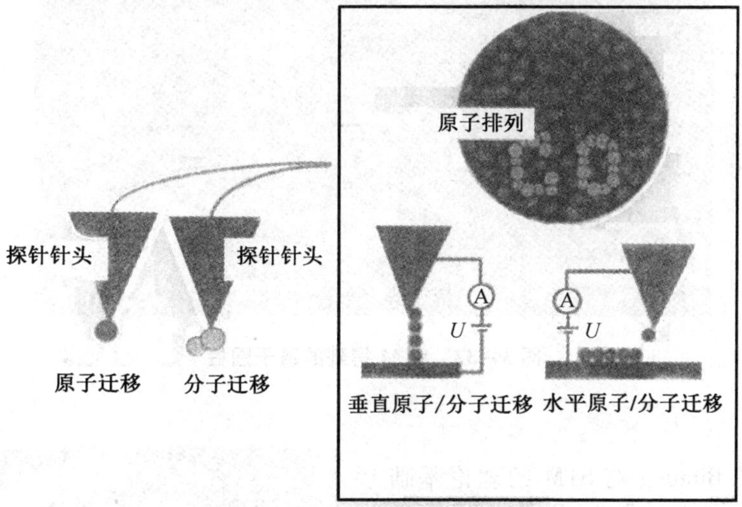

图3-30 STM实现原子、分子操作

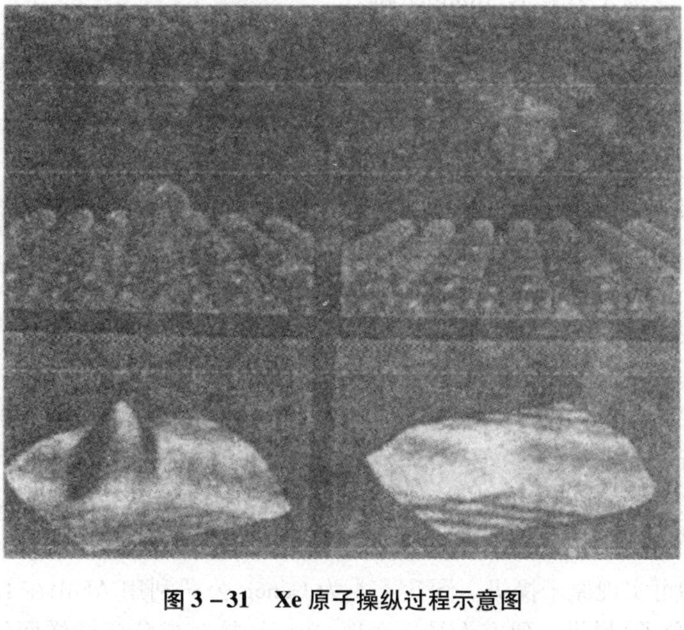

图3-31 Xe原子操纵过程示意图

1993 年 Eigler 实验室在超高真空和液氦温度下用电子束将 0.005 单层铁原子蒸发到清洁的铜(111)表面,然后用 STM 将 48 个吸附的铁原子在这个表面上移动形成量子空心围栏,半径为 7.13 nm。虽然这个铁原子之间的距离为 0.95 nm,但这个围栏却能将包围的表面态电子禁锢在其内。图 3-32 为 STM 得到的量子围栏图像,图中可以清晰地看到构成量子围栏的 48 个铁原子。Eigler 的实验成果在《Science》和《Nature》上多次出现,在国际上引起了很大轰动。图 3-33 是 Eigler 实验组通过操纵 CO 分子组成的人形结构。

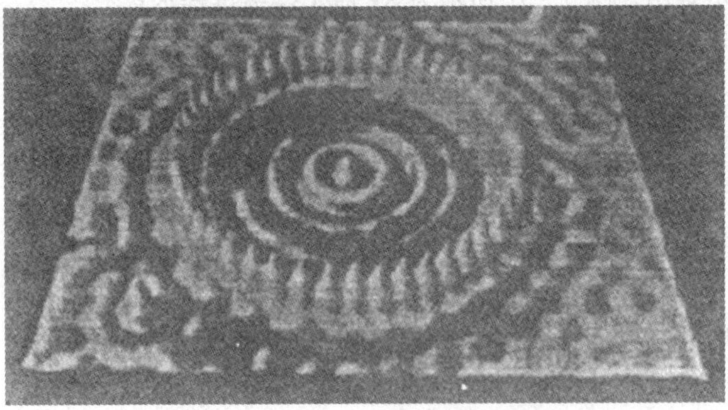

图 3-32　STM 得到的量子围栏

(2) AFM

1985 年,G. Binning 在 STM 的理论基础上又发明了 AFM,将观察对象由导体、半导体扩展到绝缘体。Ivan Amato 将 AFM 比作"纳米世界的选拍照相机"。为了表彰 G. Binning 和 H. Rohrer 的突出贡献,1986 年授予了他们诺贝尔物理奖。

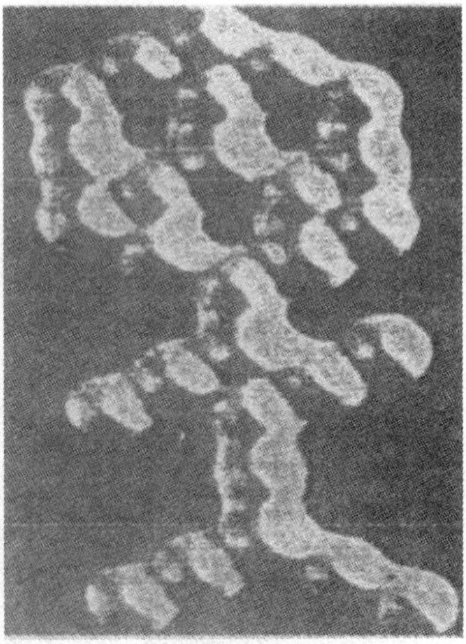

图 3-33　分子人(Eigler 实验室)

由于 AFM 是基于原子间力的理论,因此,被测试样面由导体和半导体扩展到绝缘体领域,其横向分辨率可达 0.01 nm。目前根据探针针尖同试样面的间距接触情况不同,将 AFM 的接触形式分为接触型(Contact, C 型)、非接触型(Non-Contact, NC 型)、间歇接触型(Intermittent-Contact, IC 型),间歇接触型 IC-AFM 兼有 C-AFM 和 NC-AFM 的特点,已成为 AFM 研究的新热点。

通过控制针尖同试样面之间的距离,当针尖和试样面之间的原子间力大于试样面原子之间的键合力时,即可实现原子操纵。图 3-34 为 Canon 公司利用 AFM 在 LB 膜上刻写的商标,实现了原子(分子)操纵。研究人员还发现,在探针接触或分离试样面的某些位置,探针存在"突跳"现象,即针尖猛然跳向试样面或跳回初始位置。"突跳"现象严重影响着 AFM 的检测性能,同时又是 AFM 实现原子操纵的关键,是 AFM 亟待解决的问题。

(3)光镊子

光镊子的基本原理是利用光学梯度力形成的光阱操纵分子。光照射到物体表面时,光子的部分能量转移给物体,形成光压。通过适当设计光场分布,可将光场俘获在一定位置,此种光场称为光阱。通过移动光束,可实现迁移分子。由于该技术在微观领域实现了宏观镊子功能,因此被称为光镊子技术。美籍华裔科学家朱棣文因研究出用激光冷却捕捉原子的方法,而获得了1997年的诺贝尔物理奖。

Stimmer利用激光照射真空中悬挂的旋转镜片,测量出光压。当波长为1 μm、强度为10 mW的光照射在1 μm^2的镜片上时,光压为60 N/m^2,相当于60 pN的力。光镊子的最大特点是非接触性与非破坏性,因此主要用于活细胞和有机体的移动、排列和旋转。图3-35为瑞典Umea大学用光镊子将直径为3 μm的小球组成字母E和F。

图3-34 AFM刻写的商标Canon公司

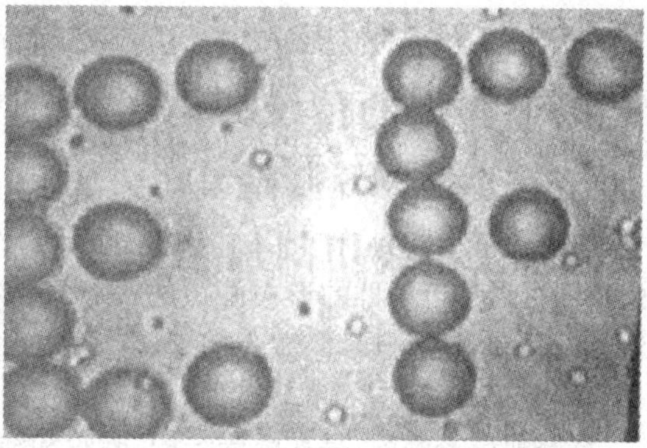

图3-35 光镊子操纵(瑞典Umea大学)

虽然目前MEMS的加工与分子操纵还存在一定的距离,但随着MEMS技术的发展,必将涉及分子操纵技术。

基于原子(分子)操纵的原理,分子操纵技术已深深渗入到微电子技术、信息科学、计算机科学、生物技术、基因工程、生命科学、表面技术和纳米技术等各种尖端科学领域中。

分子操纵在信息技术的应用一直是人们关注的问题,STM正是IBM公司的科学家发明的,随着科技的进步,对芯片的计算功能和存储功能的要求越来越高,如何提高芯片的性能成为信息技术追求的目标。分子操纵技术的产生可谓是信息技术发展的一项催化剂,必然会带动信息产业更大的发展。STM技术可以加工更小尺寸的器件,器件的工作频率也更快,能耗也更低。如果在1 cm^2的Si表面用原子存储信息,可存储10^{15} bit的信息,是目前所用的1.44 MB软盘的7亿倍。

量子计算机是近年来发展起来的一门新兴学科,其原理是利用量子效应操纵单原子、分子或光子,使单原子、分子和光子成为信息载体。量子计算机的运算速度是目前奔腾处理器的几万倍,而且能耗极低,仅是固体开关电路的万分之一。

11. 封装

微电子封装工艺经过多年的发展,虽然还存在一些问题,但总体上已经比较成熟。MEMS封装工艺可以借鉴微电子封装工艺,但与微电子封装仍存在区别。MEMS封装中面临的问题是MEMS的核心元件都是敏感机械元件,对于感应单元,需要同外界环境接触,以便可以感应出外界各类信号,最终结果是转变成电信号。对于执行单元,则是执行元件的接口问题,即如何将执行任务传输给外界。所有这些,均是对 MEMS 设计师提出的新问题。对于 MEMS 产品,封装成本将占到总成本的 80%,且封装通常是导致大多数 MEMS 失败的原因。前文讨论的黏附塌陷问题在封装中也是必须解决的问题。

针对 MEMS 封装,设计师需要考虑以下因素:

(1)制造、封装所需成本;

(2)封装同外界环境的关系;

(3)封装可靠性;

(4)非工作黏附对封装的影响;

(5)尽量减少引线和接点。

3.2.2 精密加工和特种加工

除了以上介绍的传统微电子加工工艺和新型 LIGA、分子操纵技术外,传统精密加工和特种加工在 MEMS 制造中也具有很重要的地位,如精磨、精车、电子束加工、离子束加工、电火花加工、线切割加工、超声波加工等。

1. 精密加工

精密加工精度为 $10^{-4} \sim 10^{-5}$ mm,即所谓的亚微米加工,材料的加工去除是在金属的晶格内,即材料是以子群的形式去掉的,因而需要临界加工能量密度比普通加工大几个数量级。下面介绍精磨、研磨、激光加工、电子束加工、离子束加工。

(1)精磨

精磨即精密磨削,是在磨床结构、砂轮和磨削工艺改进提高的基础上发展而来的,主要用来加工硬质材料。精磨采用金刚石对砂轮紧密修整,使砂轮表面颗粒形成梳状大量微刀,提高微切削刃的等高度,可均匀磨削 MEMS 微小结构表面,获得高加工精度和表面质量。磨削过程中,锐利的磨粒逐渐钝化,可对表面抛光,从而使表面粗糙度均方根值(RMS)可达 0.01 μm。

(2)研磨

研磨是在工件表面和研具间加入由磨料和研磨液组成的研磨剂,在一定压力下使磨具和工件做相对运动,大量细微粒均匀地从工件表面切除掉一层极薄的材料,研磨主要加工 MEMS 器件表面、外圆、球面等。研磨可获得的尺寸精度为 1 ~ 3 mm,表面粗糙度 RMS = 0.01 ~ 0.04 μm。

磨料主要是氧化铝和碳化硅,磨液主要是黏度较大的油酸,后者对于工件有一定的氧化作用,可加速研磨过程。磨具采用铜、青铜、硬木等软材料,可起到磨削剔除的作用。

(3)激光加工

激光加工时利用聚焦的激光束所具有的高能量密度转化为热能,从而对材料进行切割、焊接、打孔等。

由于激光能量密度高,可以加工所有材料,如金属、石英、陶瓷、金刚石等。激光加工速度快,效率高,热影响区小,易于实现自动化;为非接触式加工,无机械变形,没有工具损耗。

(4)电子束加工

电子束加工是在真空条件下用电流加热阴极发射电子束,经过聚焦、加速后,具有高能量密度的电子束以极高的速度冲击到工作表面的极小面积上。电子束能量的动能转变为工件表面的热能，在百万分之一秒的时间内使加工点处的温度上升到几千度，在热能还未传导扩散的瞬间使材料熔化、气化，实现去料加工的目的。

电子束加工面极小，为非接触加工，工件不受机械力作用，残余应力和变形极小，加工材料范围广。通过电磁控制的电子束位置和强度等参数，可实现加工过程自动化。电子束加工在真空中进行，污染小。

(5)离子束加工

离子束加工原理类似电子加工原理，在真空条件下，把氩气、氦气、氖气等惰性气体通过离子源产生离子束，经过加速、聚焦后打到工作表面，进行蚀除加工。由于离子的质量比电子质量大千万倍，在同样的电场中加速较慢，速度较低，而一旦被加速到较高速度时，离子束比电子束具有更大的能量。当离子束投射到工件表面时，大部分离子束以撞击的形式接触工件表面，将工件材料表面上的原子打出来，而其余离子则可能钻入材料表面，形成离子注射。

离子加工易于控制精度，加工污染小，应力、变形小，但其应用范围小。

2. 特种加工

同传统机械加工相比，特种加工主要具有以下特点：不是依靠机械能，而是利用电能、化学能、声能、光能实现高能量密度的加工；工具硬度可能低于被加工材料的硬度；加工过程中，工具和工件之间的机械切削力很小或没有。

本节主要介绍电火花加工、线切割加工、电解加工、电铸加工和超声波加工。

(1)电火花加工

电火花加工是在工具电极和工件之间发生脉冲性的电火花放电时，局部产生的高温将金属蚀除的加工方法。由于利用脉冲放电，因而也称为电脉冲加工，在日本称为放电加工，在欧美则称为电蚀加工。

图3-36为电火花加工的原理。在工件和工具之间施加脉冲电压时，两极间产生很强的电场。由于工具和工件间凹凸不平，使间隙中的电场强度分布不均匀，在两处最凸的地方电场最大。工作液中原来不导电的粒子在电场作用下迅速聚集，使电场分布不均匀。当场强增大到10^7 V/mm时，产生场致电子发射。阴极逸出的电子在电场作用下向阳极迅速运动，撞击介质中的分子和中性原子，产生雪崩撞击电离，使带电离子的数目急剧增多，导致局部介质击穿，在最接近凸点间形成微小导电通道，为火花放电。带电粒子的高速碰撞及对两极的轰击产生大量热能，将脉冲电源提供的电能转化为热能，使放电区温度急速升

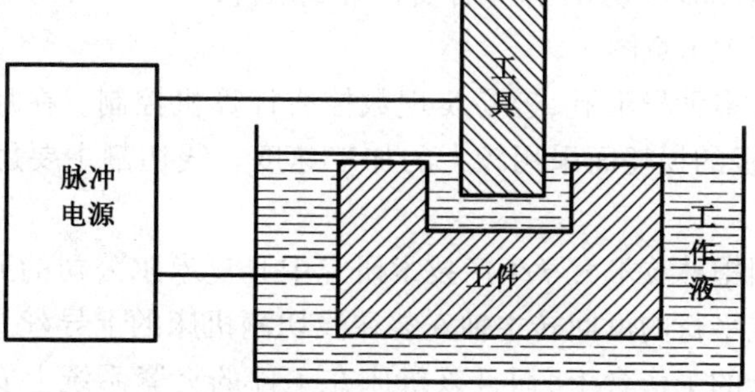

图3-36 电火花加工的原理

高，两极材料迅速熔化、气化。图 3－37 为微细电火花加工与 LIGA 组合加工的实例。

图 3－37　电火花加工与 LIGA 组合加工

在电火花加工中，对工件精度影响较大的是“二次放电”，即在已加工表面上，由于电蚀产物及其他杂质的介入而产生非正常的再次放电，从而使加工表面损伤或形状发生畸变，如图 3－38 所示。导致尖角变钝的原因主要是尖锐部分更容易蚀除而成圆角。

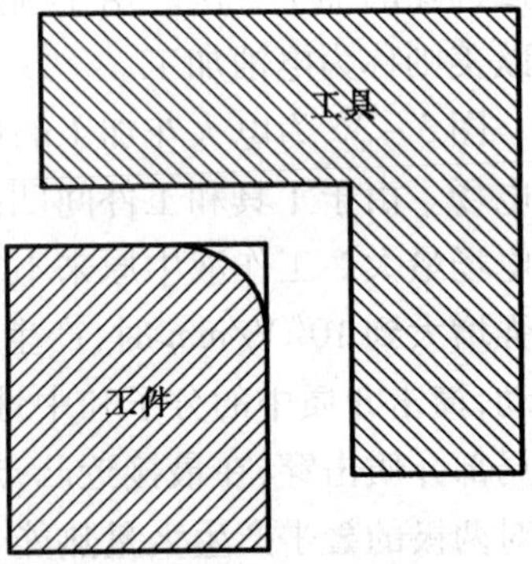

图 3－38　“二次放电”产生直角畸变

(2)线切割加工

线切割加工的原理和电火花加工相同，都是基于火花放电蚀除金属，但线切割不像电火花加工那样，靠成型的工具电极将形状尺寸复制在工件上，而是用移动的工具线电极穿过工件上的孔，使载有工件的 $X-Y$ 正交工作台按预定的轨迹运动，即可切割出所需要的轮廓形状。图 3－39 为线切割加工示意图。

线切割可以加工多种异形孔，容易实现数控或计算机控制。在加工过程中，电极不断行走，可以不考虑电极的损耗而采用较大的加工速度。线切割主要用水基(肥皂水或去离子水)作为工作液。

图 3－40 为德国柏林技术大学生产技术研究中心夏米尔公司的五轴线切割加工中心。其原理是将一个轴线平行的可回转主轴安装在线切割机床的上导丝头上，将一个微线电极磨削装置安装在机床的工作台上，而且该机床在工件的夹紧系统上安装了回转装置，以便加工多种形状表面。该加工中心能实现微线切割、微腔加工、微线电极磨削、微电火花钻削

和铣削等多种微电火花加工。

微细电火花线切割加工发展到今天，研究人员在追求加工微细极限的同时，也注重与MEMS加工领域相结合，并取得许多进展。

微电火花和微线切割技术以其独特的技术优势，在MEMS加工中占有重要位置，呈现出广阔的应用前景。

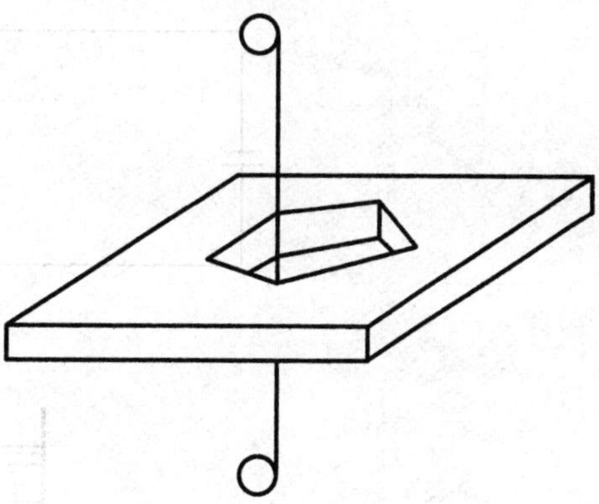

图3－39 线切割加工示意图

（3）电解加工

电解加工是利用金属电解液中的“电化学阳极溶液”将工件加工成型，图3－41为电解加工示意图。

电解加工时，工件接电源正极，工具接电源负极。加工不受工作材料影响，可加工各种金属。该方法效率高，是电火花加工的5～10倍；无机械残余应力、变形、杂质；表面没有加工毛刺。图3－42为电解加工的不锈钢微悬臂梁、孔阵和铜微凸台等复杂微结构。

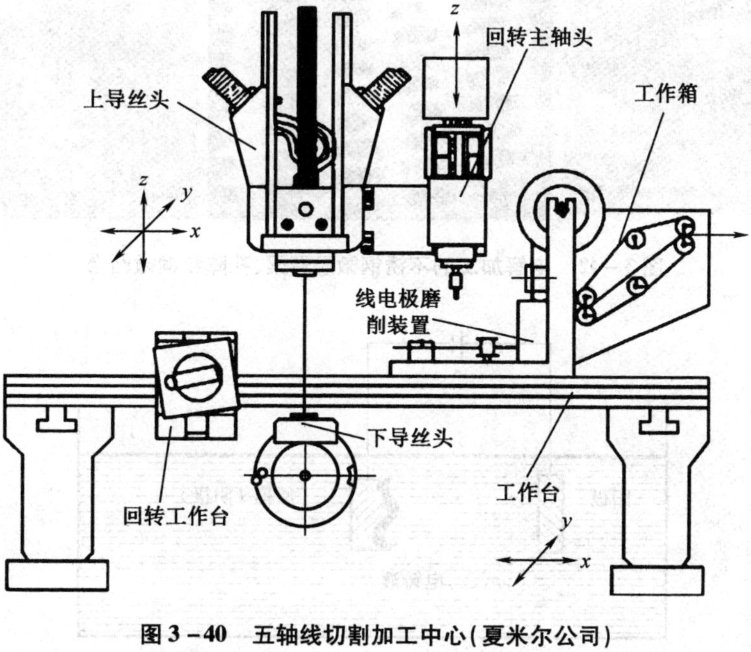

图3－40 五轴线切割加工中心（夏米尔公司）

（4）电铸加工

电铸加工的原理如图3－43所示。导电原模作阴极，电铸材料作阳极；加电后，电铸液中的金属离子在阴极还原成金属，并沉淀于阴极原模表面上。阳极金属原子交出电子而溶于电解液中，使电解液中的金属离子浓度不变。当阴极原模上的电铸层逐渐加厚到预期的厚度时，从电铸液中取出并与原模分离，得到同原模凹凸相反的电铸件。

电铸加工能准确、精密地复制出复杂型面和细微纹络，能获得尺寸精度高的复制品，可复制多层结构，还可将金属、非金属拼镀成一个整体。

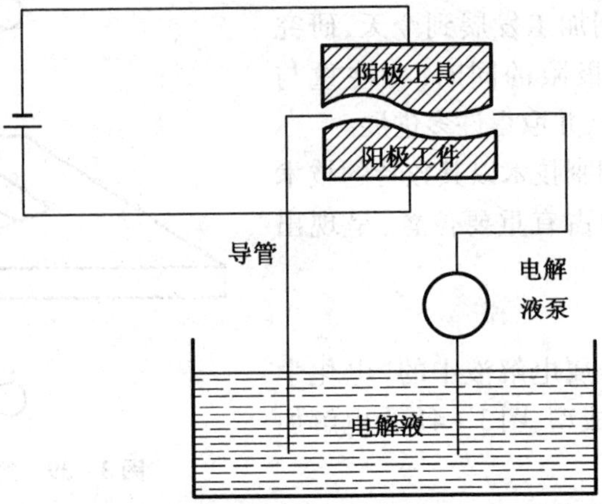

图 3-41　电解加工示意图

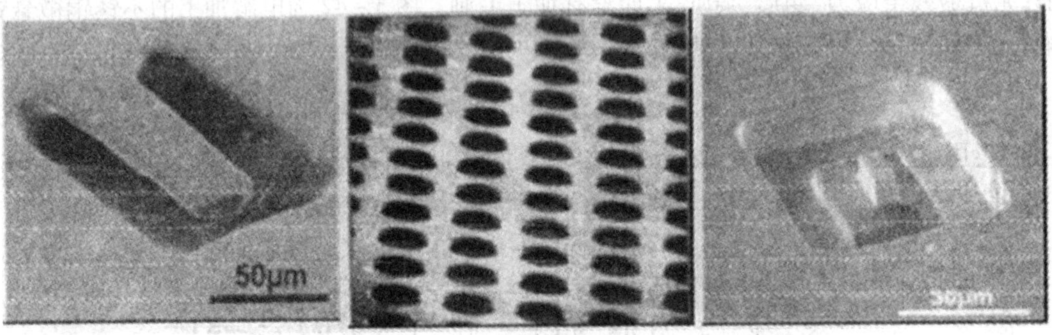

图 3-42　电解加工的不锈钢微悬臂梁、孔阵和铜微凸台

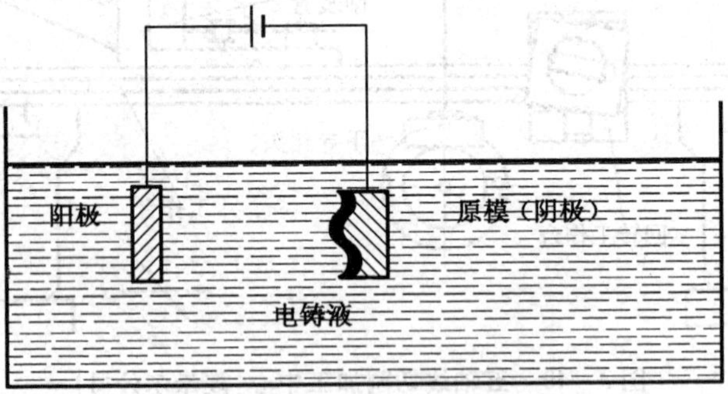

图 3-43　电铸加工的原理图

(5)超声波加工

图 3-44 为超声波加工的原理。超声波换能器将超声波发生器所产生的高频电振荡转换成高频机械振动,并借助变幅杆将振幅放大,驱动工具端面作超声波振动。工具和工件之间有悬浮液,其中的磨料颗粒在工具端面的推动下,以很大的速度和加速度不断冲击、抛磨工件表面,将加工区的材料粉碎成微粒而冲刷掉。

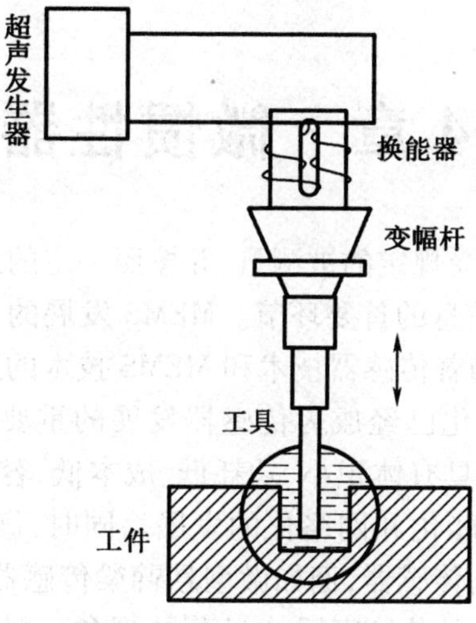

图 3-44 超声波加工的原理

超声波加工可以加工各种复杂的型孔、型腔和成型面。加工中工具对工件的宏观作用力小，热影响小，无残余应力。该方法适合加工石英、半导体材料。

第4章 微惯性器件

传感器(sensor)是指能感受规定的被测量,并按照一定的规律将其转换成可用信号(主要是电信号)的器件,是获得信息的首要环节。MEMS 发展的早期,其研究和服务对象主要是以硅为主的微型传感器。随着传感器技术和 MEMS 技术的发展,利用 MEMS 技术实现传感器的微型化、智能化和网络化已经成为传感器发展的重要方向。由于 MEMS 本身的特点,利用 MEMS 制造的传感器具有体积小、功耗低、成本低、容易与处理电路集成等优点,极大地促进了传感器微型化、智能化和网络化的发展。同时,微型化能够利用宏观尺度下所没有的敏感机理实现高性能的传感器,例如微型悬臂梁传感器和隧道传感器所依赖的表面应力和隧道效应,都是只有进入微尺度后才显著的现象。微型化的这些优点不仅使基于 MEMS 的微型传感器占据了传感器市场的主要地位,而且传感器也是 MEMS 产品和研究最重要的方向。

在 MEMS 技术制造的微型传感器中,硅微传感器占据着主流地位。这是因为:硅具有极其优良的机械性能,理想的线弹性,无蠕变、无滞后,能够实现高性能的传感器;硅的敏感机理多样,可以实现压阻、电容、谐振、隧道效应等多种机理的敏感器件,与其他材料集成还可以实现压电器件等。由于集成电路主要采用硅制造,因此硅微型传感器易与 IC 集成,从而降低成本、提高性能、实现智能化。另外,硅微传感器能够在一个芯片上实现多种不同的传感器或传感器阵列,硅微加工技术和集成电路制造技术也为传感器制造提供了多种选择,工艺开发比较完善。

本章在介绍传感器敏感机理的基础上,重点介绍 MEMS 机械量传感器的敏感原理、分析设计和制造技术。

4.1 微传感器的敏感机理

传感器通常由换能元件、敏感元件和处理电路组成。传感器之所以能够将被测信号转换为电信号,是由于敏感元件的作用。根据敏感元件的敏感原理,传感器可以分为压阻、电容、谐振、隧道、压电等几类;根据输入信号的能量,传感器可分为机械(力学)、热、电、磁辐射和化学等几类。例如压阻式压力传感器包括承载被测压力的硅膜片和膜片表面的压阻,硅膜片充当换能元件,在被测压力的作用下发生变形,产生应力和应变;敏感器件压阻将应变的变化转换为阻值的变化,通过电路测量电阻的变化实现对压力的测量。

4.1.1 压阻式传感器

半导体(或其他材料)器件在外力的作用下电阻值发生改变的现象称为压阻效应。当电阻施加有外力时,电阻的形状和电阻率都会发生变化,引起电阻值的变化,通过测量电阻值的变化可以实现对外力的测量。金属压阻一般为折线形细金属线,常用的是铜镍合金。将折线金属压阻固定在薄膜上,然后将薄膜按照一定的方向粘贴在被测量物体表面,可以测量该物体特定方向的应力。

半导体压阻的研究和应用开始于 1954 年 Smith 发现硅和锗的压阻效应，目前压阻效应是 MEMS 传感器中应用最多的敏感方式之一。常用的半导体压阻是硅或者多晶硅，通过扩散或者注入在特定的区域掺杂出需要的电阻率和电阻值。压阻一般为折线形结构，并通过绝缘层或者反偏 pn 结与衬底进行绝缘，如图 4-1 所示。硅压阻器件的优点是：制造简单、敏感压阻可以直接制造在换能元件上，不需要键合等异种材料的结合；硅具有比较大的压阻系数，容易获得较大的灵敏度；压阻容易实现与电路的集成，并且后续测量电路比较简单；压阻尺寸很小，容易测量应力等与位置有关的参量，并且压阻都位于表面层，是应力最大的位置。

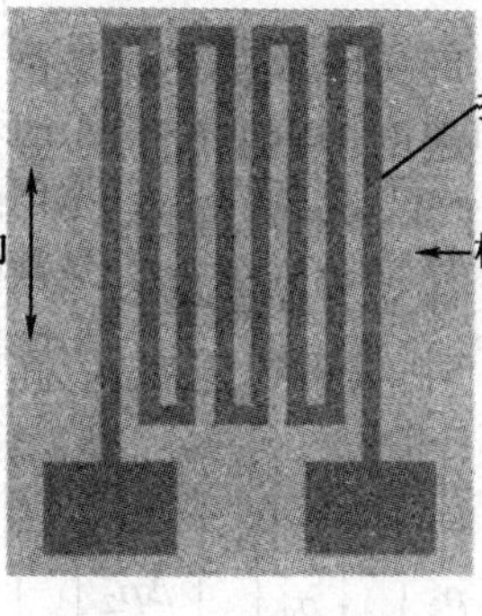

图 4-1 压阻示意图

1. 压阻效应

导体内部的电场强度 E、电流密度 J 和电导率 σ 满足欧姆定律 $J=\sigma E$，或者表示为电阻率 ρ 的关系 $E=\rho J$。对于金属材料，电导率和电阻率一般是各项同性的，而对于晶体材料，它们一般是各向异性的。因此欧姆定律可以表示为矩阵形式

$$\begin{bmatrix} J_1 \\ J_2 \\ J_3 \end{bmatrix} = \begin{bmatrix} \sigma_{11} & \sigma_{12} & \sigma_{13} \\ \sigma_{21} & \sigma_{22} & \sigma_{23} \\ \sigma_{31} & \sigma_{32} & \sigma_{33} \end{bmatrix} \begin{bmatrix} E_1 \\ E_2 \\ E_3 \end{bmatrix} \quad 或 \quad \begin{bmatrix} E_1 \\ E_2 \\ E_3 \end{bmatrix} = \begin{bmatrix} \rho_{11} & \rho_{12} & \rho_{13} \\ \rho_{21} & \rho_{22} & \rho_{23} \\ \rho_{31} & \rho_{32} & \rho_{33} \end{bmatrix} \begin{bmatrix} J_1 \\ J_2 \\ J_3 \end{bmatrix} \tag{4-1}$$

其中，下标 1,2,3 分别表示三个坐标轴方向。对于晶体，即使晶格本身缺乏足够的对称性，电导率张量也是关于对角线对称的，即 $\sigma_{ij}=\sigma_{ji}$。

电阻值 R 可以表示为电阻长度 L、电阻率 ρ 和截面积 S 的关系式 $R=\rho L/S$。当电阻截面为规则圆形时，对电阻求导可得

$$\frac{\mathrm{d}R}{R}=\frac{\mathrm{d}\rho}{\rho}+\frac{\mathrm{d}l}{l}-\frac{\mathrm{d}S}{S}$$

定义直径的相对变化量 ε_D 与长度的相对变化量 ε_L 之比为泊松比 μ，即 $\mu=-\varepsilon_D/\varepsilon_L=-(\mathrm{d}D/D)/(\mathrm{d}L/L)$。考虑到面积与直径之间的关系，有 $\mathrm{d}S/S=2\mathrm{d}D/D$。于是电阻的相对变化可以表示为

$$\mathrm{d}R/R=\varepsilon_L(1+2\mu)+\mathrm{d}\rho/\rho$$

定义应变系数 K 为单位应变引起的电阻的相对变化量，则

$$K=\frac{\mathrm{d}R/R}{\varepsilon_L} \tag{4-2}$$

于是有

$$K=1+2\mu+\frac{\mathrm{d}\rho/\rho}{\varepsilon_L} \tag{4-3}$$

从式(4-3)可见，K 包含两部分，变形引起的增量 $1+2\mu$ 和电阻率的相对变化量引起的增量 $(\mathrm{d}\rho/\rho)/\varepsilon_L$。由于金属的电阻率可以表示为电子密度 n、电荷 q 和多数载流子(电子)的迁移率 μ 的函数 $\rho=1/(nq\mu)$，这些参数一般与应力无关，因此金属的电阻率不随应力而变化，电阻的变化是形状变化引起的。由于泊松比小于 0.5，从式(4-3)可知金属的最大应变系数为 2。金属的压阻效应是各向同性的，应变系数很小，因此在不适合对信噪比要求较高或

者低应变测量的场合。

2. 单晶硅的压阻效应

与金属的压阻效应主要是由形状变化所引起的不同，半导体的压阻效应主要是材料电阻率的变化引起的，几何尺寸的变化贡献很小。半导体压阻效应的理论涉及半导体能带理论，超出了本书的范围，因此本书只讨论压阻系数的影响因素和压阻传感器的设计。

单晶硅等立方晶系材料的电阻率是各向同性的，即 $\rho_1=\rho_2=\rho_3=\rho_0$，$\rho_4=\rho_5=\rho_6=0$。当硅作用有应力时，硅的电阻率变为各向异性，可以表示为原电阻率与应力引起的电阻率变化之和

$$\begin{bmatrix}\rho_1\\\rho_2\\\rho_3\\\rho_4\\\rho_5\\\rho_6\end{bmatrix}=\begin{bmatrix}\rho_0\\\rho_0\\\rho_0\\0\\0\\0\end{bmatrix}+\begin{bmatrix}\Delta\rho_1\\\Delta\rho_2\\\Delta\rho_3\\\Delta\rho_4\\\Delta\rho_5\\\Delta\rho_6\end{bmatrix}=\begin{bmatrix}\rho_0\\\rho_0\\\rho_0\\0\\0\\0\end{bmatrix}+\rho_0\begin{bmatrix}\pi_{11}&\pi_{12}&\pi_{13}&\pi_{14}&\pi_{15}&\pi_{16}\\\pi_{21}&\pi_{22}&\pi_{23}&\pi_{24}&\pi_{25}&\pi_{26}\\\pi_{31}&\pi_{32}&\pi_{33}&\pi_{34}&\pi_{35}&\pi_{36}\\\pi_{41}&\pi_{42}&\pi_{43}&\pi_{44}&\pi_{45}&\pi_{46}\\\pi_{51}&\pi_{52}&\pi_{53}&\pi_{54}&\pi_{55}&\pi_{56}\\\pi_{61}&\pi_{62}&\pi_{63}&\pi_{64}&\pi_{65}&\pi_{66}\end{bmatrix}\begin{bmatrix}T_1\\T_2\\T_3\\T_4\\T_5\\T_6\end{bmatrix}\tag{4-4}$$

其中 $\boldsymbol{T}$ 是应力张量，$\boldsymbol{\pi}$ 为压阻系数矩阵，表示单位应力引起的电阻率的相对变化值（单位 Pa^{-1}）。尽管压阻系数矩阵包含 36 个分量，但是晶体结构的对称性使矩阵的某些分量相等，减少了独立变量的数量。实际上对于立方晶体结构的硅和锗，非零分量只有 π_{11}，π_{12} 和 π_{44}，于是电阻率的相对变化量 d_i 为

$$\begin{bmatrix}d_1\\d_2\\d_3\\d_4\\d_5\\d_6\end{bmatrix}=\frac{1}{\rho_0}\begin{bmatrix}\Delta\rho_1\\\Delta\rho_2\\\Delta\rho_3\\\Delta\rho_4\\\Delta\rho_5\\\Delta\rho_6\end{bmatrix}=\begin{bmatrix}\pi_{11}&\pi_{12}&\pi_{12}&0&0&0\\\pi_{12}&\pi_{22}&\pi_{12}&0&0&0\\\pi_{12}&\pi_{12}&\pi_{11}&0&0&0\\0&0&0&\pi_{44}&0&0\\0&0&0&0&\pi_{44}&0\\0&0&0&0&0&\pi_{44}\end{bmatrix}\begin{bmatrix}T_1\\T_2\\T_3\\T_4\\T_5\\T_6\end{bmatrix}\tag{4-5}$$

硅的压阻效应一般比金属的压阻效应大两个数量级以上，p 型和 n 型硅的应变系数分别达到了 175 和 −135。硅的压阻特性从根本上说是由于应力的作用使晶格结构发生了扭曲，三维空间上的电子导带和价带间的带隙大小随之发生变化，造成硅的电导率发生了相应变化，由于正应力和剪切应力的作用不同，不同方向上的应力大小也不同，在三维空间内，有些方向的带隙是减小的，而有些方向的带隙是增大的，所以某些方向的电导率是增大的，某些方向是减小的。这也解释了为什么硅的压阻特性是各向异性的。

硅的压阻系数取决于晶向、掺杂类型、掺杂浓度和温度等因素，因此与制造工艺有关。相同的晶向和掺杂浓度，p 型硅和 n 型硅的压阻系数不同，表 4−1 为 p 型和 n 型硅的压阻系数，p 型 π_{44} 最大，n 型硅的 π_{12} 最大。不同的晶向具有不同的压阻系数，图 4−2 所示为 p 型和 n 型(100)及(111)晶面上的压阻系数随着方向变化的曲线。

表 4−1　单晶硅的压阻系数

	π_{11}	π_{12}	π_{44}
p 型硅(7.8 Ω·cm)	6.6	−1.1	138.1
n 型硅(11.7 Ω·cm)	−102.2	53.4	−13.6

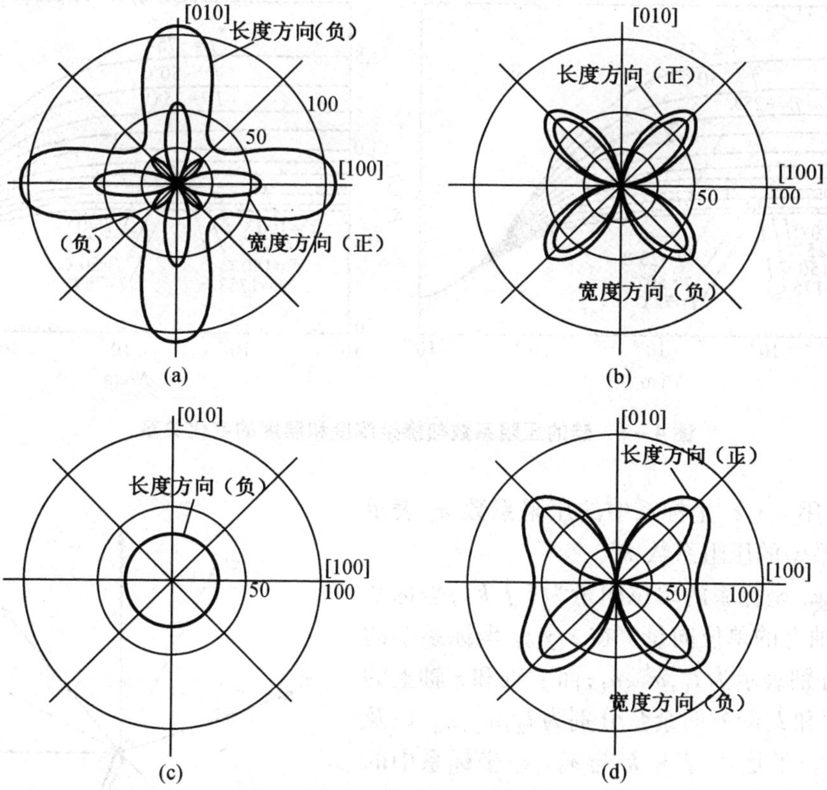

图 4－2　p 型和 n 型电阻的压阻系统随方向的变化关系

(a)n 型(100)；(b)p 型(100)；(c)n 型(111)；(d)p 型(111)

从图 4－2 可知，压阻系数随着方向的变化而变化，因此不同方向的压阻具有不同的压阻系数，从而导致测量灵敏度的变化。

掺杂浓度和温度对压阻系数也有较大的影响。在掺杂浓度较低时(例如 $10^{15}/cm^3$ 左右)，单晶硅的压阻系数基本不随掺杂浓度的变化而变化；当掺杂浓度提高时，压阻系数随着掺杂浓度的提高而减小。当掺杂浓度超过 $10^{19}/cm^3$ 时，压阻系数下降很快。因此，压阻的掺杂浓度不应过高，以免压阻系数降低太多。单晶硅的压阻系数强烈地依赖于温度，在低掺杂浓度下(n 型或 p 型)，掺杂浓度小于($10^{18}/cm^3$)，π_{11} 和 π_{22} 的温度系数大约为 0.25%/℃；随着掺杂浓度的提高，压阻的温度系数下降，当掺杂浓度达到 $8\times10^{19}/cm^3$ 时，温度系数下降到 0.1%/℃。因此掺杂浓度的选择需要在灵敏度和灵敏度的温度系数之间作出折中。不同掺杂浓度的压阻系数用归一化参数表示为室温下弱掺杂浓度的关系

$$\pi(N,T)=P(N,T)\pi_{\mathrm{ref}} \tag{4-6}$$

图 4－3 所示为 p 型硅和 n 型硅的 $P(N,T)$ 随着掺杂浓度和温度的变化关系。

表 4－1 给出的 p 型和 n 型硅的压阻系数是硅的晶向坐标轴系中的压阻系数，而使用时压阻的方向可能沿着任意方向，因此需要将任意方向的压阻系数用晶格坐标轴系的压阻系数表示出来。图 4－4 中 $x_1y_1z_1$ 表示晶格自然坐标系，即硅晶体的[100]、[010]和[001]三个晶向为轴的坐标系，$x'y'z'$ 表示 $x_1y_1z_1$ 坐标系经过三次旋转后得到的坐标系。首先将 $x_1y_1z_1$ 围绕 x_1 轴旋转到 $x_1y'z'$，再将 $x_1y'z'$ 围绕 y' 旋转到 $x'y'z_1'$，最后围绕 z_1' 旋转后达到

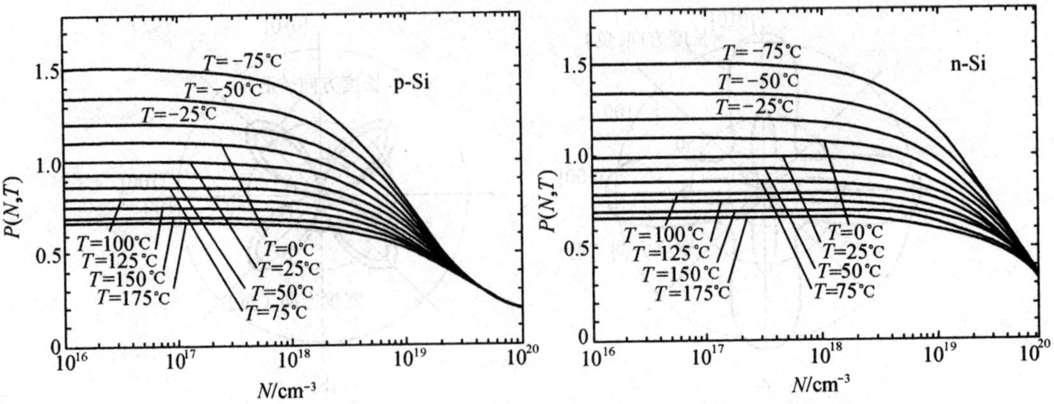

图 4－3　硅的压阻系数随掺杂浓度和温度的变化关系

$x'y'z'$。下面用 $x_1y_1z_1$ 坐标系中的压阻系数 π_i 表示 $x'y'z'$坐标系中的压阻系数 π'_i。

设 $x_1y_1z_1$ 坐标系的单位向量为 $\boldsymbol{i},\boldsymbol{j},\boldsymbol{k}$,;坐标系 $x'y'z'$中 x'轴上的单位向量 $\boldsymbol{i}'$在 $x_1y_1z_1$ 坐标系中的方向余弦分别表示为 l_1,m_1,n_1;而 y'轴和 z'轴上的单位向量$\boldsymbol{j}'$和$\boldsymbol{k}'$的方向余弦分别为 l_2,m_2,n_2,以及 l_3,m_3 和 n_3。于是 $\boldsymbol{i}',\boldsymbol{j}'$和 $\boldsymbol{k}'$与 $x_1y_1z_1$ 坐标系中的单位向量 $\boldsymbol{i},\boldsymbol{j},\boldsymbol{k}$,之间的关系为

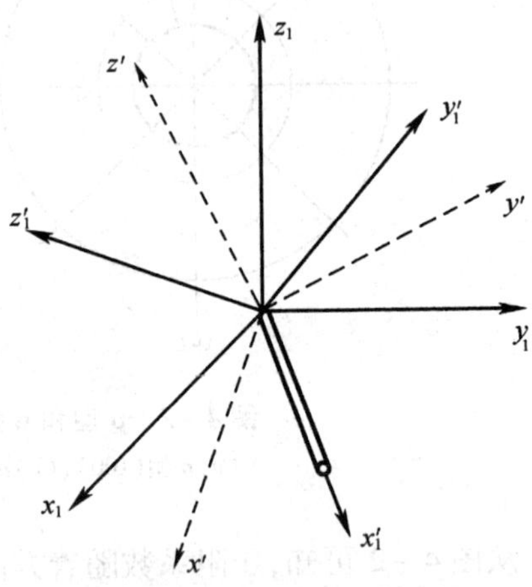

图 4－4　坐标系变换及条形电阻方向

$$\begin{bmatrix}\boldsymbol{i}'\\\boldsymbol{j}'\\\boldsymbol{k}'\end{bmatrix}=\begin{bmatrix}l_1&m_1&n_1\\l_2&m_2&n_2\\l_3&m_3&n_3\end{bmatrix}\begin{bmatrix}\boldsymbol{i}\\\boldsymbol{j}\\\boldsymbol{k}\end{bmatrix}$$

或

$$\begin{bmatrix}\boldsymbol{i}\\\boldsymbol{j}\\\boldsymbol{k}\end{bmatrix}=\begin{bmatrix}l_1&l_2&l_3\\m_1&m_2&m_3\\n_1&n_2&n_3\end{bmatrix}\begin{bmatrix}\boldsymbol{i}'\\\boldsymbol{j}'\\\boldsymbol{k}'\end{bmatrix}$$

新坐标系中电阻率二阶张量 ρ'_{ij}可以用方向余弦和旧坐标中的电阻率张量 ρ_{ij} 表示,即

$$\begin{bmatrix}\rho'_{11}&\rho'_{12}&\rho'_{13}\\\rho'_{21}&\rho'_{22}&\rho'_{23}\\\rho'_{31}&\rho'_{32}&\rho'_{33}\end{bmatrix}=\begin{bmatrix}l_1&m_1&n_1\\l_2&m_2&n_2\\l_3&m_3&n_3\end{bmatrix}\begin{bmatrix}\rho_{11}&\rho_{12}&\rho_{13}\\\rho_{21}&\rho_{22}&\rho_{23}\\\rho_{31}&\rho_{32}&\rho_{33}\end{bmatrix}\begin{bmatrix}l_1&l_2&l_3\\m_1&m_2&m_3\\n_1&n_2&n_3\end{bmatrix}$$

简化并整理,有

$$\begin{bmatrix}\rho'_1\\\rho'_2\\\rho'_3\\\rho'_4\\\rho'_5\\\rho'_6\end{bmatrix}=\begin{bmatrix}l_1^2&m_1^2&n_1^2&2m_1n_1&2n_1l_1&2l_1m_1\\l_2^2&m_2^2&n_2^2&2m_2n_2&2n_2l_2&2l_2m_2\\l_3^2&m_3^2&n_3^2&2m_3n_3&2n_3l_3&2l_3m_3\\l_2l_3&m_2m_3&n_2n_3&m_2n_3+m_3n_2&n_2l_3+n_3l_2&m_2l_3+m_3l_2\\l_3l_1&m_3m_1&n_3n_1&m_2n_1+m_1n_3&n_3l_1+n_1l_3&m_3l_1+m_1l_3\\l_1l_2&m_1m_2&n_1n_2&m_1n_2+m_2n_1&n_1l_2+n_2l_1&m_1l_2+m_2l_1\end{bmatrix}\begin{bmatrix}\rho_1\\\rho_2\\\rho_3\\\rho_4\\\rho_5\\\rho_6\end{bmatrix}$$

记上式中 6×6 矩阵为 $\boldsymbol{x}$,于是有 $\boldsymbol{\rho}'=\boldsymbol{x}\boldsymbol{\rho}$。同样,对于其他应力变量和电阻率变化量,也

有 $T' = xT, d' = xd$ 成立。根据定义，$d' = \pi' T'$，将 d' 和 T' 用旧坐标系中的变换表示 $xd = \pi' xT$，即 $d = x^{-1}\pi xT$，将该式与 $d = \pi T$（见式(4-5)）比较，有

$$\pi = x^{-1}\pi' x \quad 或 \quad \pi' = x\pi x^{-1}$$

容易知道

$$x^{-1} = \begin{bmatrix} l_1^2 & m_1^2 & n_1^2 & 2l_2l_3 & 2l_3l_1 & 2l_1l_2 \\ l_2^2 & m_2^2 & n_2^2 & 2m_2n_3 & 2m_3m_1 & 2m_1m_2 \\ l_3^2 & m_3^2 & n_3^2 & 2n_2n_3 & 2n_3n_1 & 2n_1n_2 \\ m_1n_1 & m_2n_2 & m_3n_3 & m_2n_3+m_3n_2 & m_3n_1+m_1n_3 & m_1n_2+m_2n_1 \\ n_1l_1 & n_2l_2 & n_3l_3 & n_2l_3+n_3l_2 & n_3l_1+n_1l_3 & n_1l_2+n_2l_1 \\ l_1m_1 & l_2m_2 & l_3m_3 & m_2l_3+m_3l_2 & m_3l_1+m_1l_3 & m_1l_2+m_2l_1 \end{bmatrix} \tag{4-7}$$

如果将压阻的长度方向作为新坐标系的坐标轴方向，根据式(4-7)可以得到常用压阻系数的表达式

$$\begin{aligned} \pi_l &= \pi'_{11} = \pi_{11} - 2(\pi_{11} - \pi_{12} - \pi_{44})(l_1^2m_1^2 + l_1^2n_1^2 + n_1^2m_1^2) \\ \pi_t &= \pi'_{12} = \pi_{12} + (\pi_{11} - \pi_{12} - \pi_{44})(l_1^2l_2^2 + m_1^2m_2^2 + n_1^2n_2^2) \\ \pi_s &= \pi'_{16} = (\pi_{11} - \pi_{12} - \pi_{44})(l_1^3l_2 + m_1^3m_2 + n_1^3n_2) \end{aligned} \tag{4-8}$$

表4-2给出了用晶格坐标中的压阻系数表示的常用晶向的长度方向和横向方向的压阻系数。

表4-2　常用方向的压阻系数

长度方向	π_l	横向方向	π_t
(1,0,0)	π_{11}	(0,1,0)	π_{12}
(0,0,1)	π_{11}	(1,1,0)	π_{12}
(1,1,1)	$(\pi_{11}+2\pi_{12}+2\pi_{44})/3$	(1,-1,0)	$(\pi_{11}+\pi_{12}-\pi_{44})/2$
(1,1,0)	$(\pi_{11}+\pi_{12}+\pi_{44})/2$	(1,1,1)	$(\pi_{11}+2\pi_{12}-\pi_{44})/3$
(1,1,0)	$(\pi_{11}+\pi_{12}+\pi_{44})/2$	(0,0,1)	π_{12}
(1,1,0)	$(\pi_{11}+\pi_{12}+\pi_{44})/2$	(1,-1,0)	$(\pi_{11}+\pi_{12}-\pi_{44})/2$

由于压阻系数的各向异性，不同方向的应力对压阻有不同的影响。在(100)硅片上，当坐标系沿着 $x' = [110]$ 和 $y' = [110]$ 的方向时，与 x' 夹角为 ϕ 的条形压阻的变化为

$$\frac{\Delta R}{R} = \left[\left(\frac{\pi_{11}+\pi_{12}+\pi_{44}}{2}\right)\sigma_{11} + \left(\frac{\pi_{11}+\pi_{12}-\pi_{44}}{2}\right)\sigma_{22}\right]\cos^2\phi + \left[\left(\frac{\pi_{11}+\pi_{12}-\pi_{44}}{2}\right)\sigma_{11} + \left(\frac{\pi_{11}+\pi_{12}+\pi_{44}}{2}\right)\sigma_{22}\right]\sin^2\phi + \pi_{12}\sigma_{33} + (\pi_{11}-\pi_{12})\sigma_{12}\sin2\phi$$

可以看出，在(100)硅片上只有正应力 $\sigma_{11}, \sigma_{22}, \sigma_{33}$ 和面内剪应力 σ_{12} 对电阻变化有贡献，而在(111)硅片上，所有6个应力分量均对电阻变化有贡献。

通常半导体压阻测量结构多为薄膜或者梁结构，只有平面应力存在，即 $T_3 = T_4 = T_5 = 0$。压阻是利用注入或刻蚀在膜片等结构表面形成的扁平长线结构，当不考虑垂直方向的电场并忽略流经侧壁的电流时，根据欧姆定律式(4-1)，矩形电阻的阻值为 $R_0 = \rho_0 L/S$。当有应力作

用并且只考虑电阻率变化的影响时，压阻阻值变为 $R=\rho'_{11}L/S$。根据式(4－4)，电阻的相对变化量为

$$\frac{\Delta R}{R_0}=\frac{\rho'_{11}-\rho_0}{\rho_0}=\pi'_{11}T'_1+\pi'_{12}T'_2+\pi'_{16}T'_6=\pi_l T_l+\pi_t T_t+\pi_s T_s \qquad (4-9)$$

其中，π_l 和 σ_l，π_t 和 σ_t，π_s 和 σ_s 分别表示压阻平行方向、垂直方向以及切向的压阻系数和应力。当压阻不存在切应力分量 T_6 时，式(4－9)简化为平行应力 σ_l 和垂直应力 σ_t 的关系

$$\frac{\mathrm{d}R}{R}=\frac{\mathrm{d}\rho}{\rho}=\pi_l\sigma_l+\pi_t\sigma_t \qquad (4-10)$$

这两个压阻系数依赖于压阻的方向和硅的晶向。

通常压力传感器使用的压阻为 p 型电阻，在 p 型衬底上外延 n 型区，再在 n 型区注入 p 型压阻作为测量器件，通过反偏 pn 结将 p 型压阻与衬底隔离。随着温度的提高，pn 结漏电流增加，因此依靠反偏 pn 结绝缘的压阻只能工作在 125 ℃以下。随着汽车、航空航天等领域对高温传感器的要求，近年来出现了基于 SOI 的压阻传感器，即压阻通过直接刻蚀 SOI 器件层实现，利用埋层二氧化硅作为压阻与衬底的绝缘层。这种传感器可以在 300 ℃的温度下工作。

3. 多晶硅的压阻效应

多晶硅是采用 LPCVD 在 600 ℃左右(575 ℃～625 ℃)淀积并高温退火制备的。由于多晶硅可以淀积在硅、玻璃、二氧化硅或者氮化硅薄膜上，在 MEMS 中经常利用表面微加工技术制造多晶硅微机械结构，因而有着广泛的应用。

多晶硅是由单晶硅的小颗粒组成，颗粒间有薄的晶界，不同方向的多晶硅在晶界上相遇，使晶界成为无定形的薄层。边界处两个晶向相遇时产生悬挂键，当多晶硅被掺杂时，掺杂原子占据了这些位置，表现为电学稳定性，形成了势垒。这些势垒类似于肖特基势垒，即热电子发射或者隧道效应可以穿透。这些晶界对电性能和机械性能都产生了非常大的影响，使多晶硅表现出与单晶硅完全不同的特性。多晶硅的总阻抗包括晶粒和晶粒边界的阻抗。在晶粒内部，阻抗与单晶硅基本类似，随着温度的增加，迁移率下降，电阻率上升。在晶粒的边界层上，由于电荷捕获形成了一个耗尽层，阻挡载流子运动。当温度升高时，更多的电荷载流子克服晶粒边界开始迁移，导致电阻率降低。当多晶硅中掺杂硼或磷时，晶粒的影响如图 4－5 所示，多晶硅的晶粒有任意晶向和柱状晶向两种，因此其特性差别也非常大。而晶粒的种类取决于淀积的工艺参数，不同的设备具有不同的淀积参数。

多晶硅的压阻系数远大于金属，但是却比单晶硅低很多。晶粒的结构决定了多晶硅的压阻系数，影响因素包括单个晶粒的晶向和晶粒的边界。多晶硅晶粒的压阻可以用每一个晶粒的平均值表示，在有些多晶硅的结构中晶粒有一定的方向性，晶向的方向很少；而有些多晶硅却是任意方向。晶向的多少从一个方面决定了多晶硅的压阻系数。晶粒的边界由于具有绝缘体的特性，对压阻系数也会产生影响。

多晶硅的压阻系数随着淀积温度和掺杂浓度的变化而变化。温度系数也随着掺杂浓度的变化而变化，在 $4\times10^5/\mathrm{cm}^2$ 硼掺杂时，温度系数在 －60 ℃～160 ℃范围内基本为零。从图 4－5 中可以看出，多晶硅的压阻系数比单晶硅小得多，但是多晶硅的一个好处是可以直接淀积在绝缘的二氧化硅衬底上，通过刻蚀形成压阻，避免了单晶硅掺杂中绝缘隔离的反 pn 结，从而可以应用在高温的环境下。

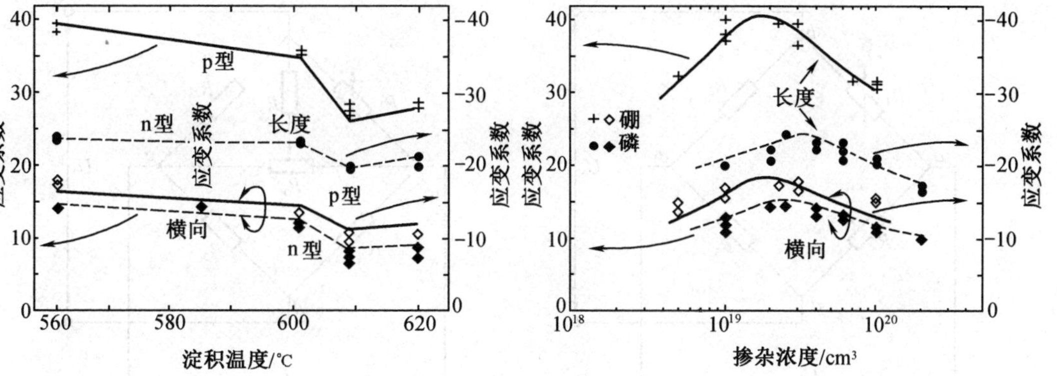

图4-5 多晶硅的应变系数

4. MOSFET 的压阻效应

MOS 场效应晶体管(MOSFET)在沟道区也存在压阻效应。MOSFET 按照导电机制分类可以分为 NMOSFET 和 PMOSFET,分别以电子和空穴为主要的导电机制。以 NMOSFET 为例,其源漏电流与各极电压之间的关系满足萨方程。线性区和饱和区的萨方程为分别为

$$I_D = \mu C_{OX}\frac{W}{L}\left(V'_{GS} - V_T - \frac{V_{DS}}{2}\right)V_{DS},\quad I_D = \mu C_{OX}\frac{W}{L}\frac{(V_{GS} - V_T)^2}{2} \tag{4-11}$$

其中,C_{OX}为硼电容,V_T 为阈值电压,W/L 为沟道区的宽长比,V_{GS}为栅源电压,V_{DS}为源漏电压。由于在应力作用下阈值电压的变化非常小,对电流变化的影响可以忽略。因此 I_D 的相对变化为

$$\frac{\Delta I_D}{I_D} \cong \frac{\Delta\mu}{\mu} - 2\frac{\Delta V_T}{V_T}\left(\frac{V_T}{V_{GS} - V_T}\right) \cong \frac{\Delta\mu}{\mu} \tag{4-12}$$

在应力的作用下,MOSFET 的漏极电流会随之改变。从根本上讲,在源漏电压一定的条件下,沟道电阻阻值发生变化,从而使得电流发生变化,可以表示为

$$I_D + \Delta I_D = I_D\left(1 + \frac{\Delta I_D}{I_D}\right) = I_D\left(1 + \frac{\Delta\mu}{\mu}\right) = I_D\left(1 - \frac{\Delta R}{R}\right) \tag{4-13}$$

5. 压阻传感器

通常半导体压阻是利用注入或刻蚀在膜片等结构表面制造的扁平长线结构。由于压阻的变化量与应变成正比,因此压阻一般布置在柔性结构表面上,以获得更大的变形。通常硅的最大应变大约为 10^{-4},最大应力约 10^7 Pa,因此压阻的最大相对变化量约为 1%。由于长度、宽度和剪切方向的压阻系数与初始压阻系数和旋转后的角度有关,而 n 型和 p 型硅的初始压阻系数矩阵不同,因此 n 型和 p 型硅长度方向的最大压阻系数出现的方向不同。室温下的最大压阻系数为 p 型 $\pi_{l\langle111\rangle} = 93.5 \times 10^{-11}\ \text{Pa}^{-1}$,$\pi_{l\langle100\rangle} = 70 \times 10^{-11}\ \text{Pa}^{-1}$,n 型 $\pi_{l\langle100\rangle} = -102.2 \times 10^{-11}\ \text{Pa}^{-1}$。

由于压阻阻值的变化很小,需要电桥等电路测量电阻的微小相对变化。如图 4-6 所示的惠斯通电桥的输出为

$$U_o = \frac{U_i}{4}\left(\frac{\Delta R_1}{R_1} - \frac{\Delta R_2}{R_2} + \frac{\Delta R_3}{R_3} - \frac{\Delta R_4}{R_4}\right) \tag{4-14}$$

当 $R_1/R_2 = R_4/R_3$ 时,电桥牌平衡状态,输出电压 $U_o = 0$,在测量以前,需要使电桥处于

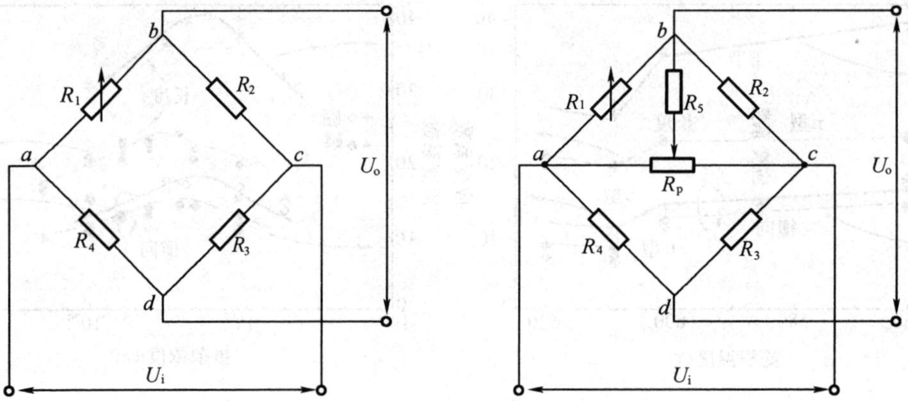

图 4-6　惠斯通电桥结构

平衡状态。由于制造误差、材料的不均匀性等原因,即使采用集成电路工艺制造的4个电阻也难以完全满足电桥的平衡条件,因此需要采用调零电阻。调节可变电阻 R_P,最终可以使 $R'_1/R'_2=R_4/R_3$(R'_1和 R'_2分别表示 R_1 和 R_2 并联 R_P 的部分电阻后的并联电阻,R_5 是用来减小调节范围的限流电阻),使电桥达到平衡。

考虑到零应力(或零应变)时输出电压通常不为零,记这个零点输出为 U_{offset},式(4-14)变为

$$U_o = U_{\text{offset}} + \frac{U_i}{4}\left(\frac{\Delta R_1}{R_1} - \frac{\Delta R_2}{R_2} + \frac{\Delta R_3}{R_3} - \frac{\Delta R_4}{R_4}\right) \tag{4-15}$$

采用电桥测量的优点是阻抗较低,允许后续电路离电桥较远,而不会产生寄生电容。

4.1.2　电容式传感器

电容是 MEMS 传感器中使用最为广泛的测量方式之一。电容传感器的基本原理是测量物理(位移)或化学量(组分)对电容大小或电场产生的影响。凡是可以间接转化为这些量的被测量,都可以使用电容进行检测,例如压力、加速度、角速度、流量、湿度等。MEMS 技术适合制造电容结构,并且电容传感器具有灵敏度高、直流特性稳定、漂移小、功耗低、温度系数小等优点;其主要缺点是一般电容较小,输入阻抗很大,寄生电容复杂,对环境电磁干扰较为敏感,检测处理电路困难。

1. 平板电容

最简单的电容传感器结构是平板电容,如图 4-7(a)所示,其电容为

$$C = \frac{\varepsilon_0 \varepsilon_r A}{g} \tag{4-16}$$

其中,ε_0 和 ε_r 分别是空气的介电常数和介质的相对介电常数,A 和 g 分别是平板电容的面积和间距。式(4-16)忽略了边缘效应,适合于极板尺寸远大于极板间距的情况;当极板间距增大到和极板尺寸相近时,由于边缘效应的影响,极板外部和背面都会分布电场,使实际电容大于计算结果。由于电容值是介电常数 ε_r、变极板面积 A 和极板间距 g 的函数,能够改变这三者中任意一个的变量都可以用电容进行测量,因此电容传感器可以分为可变面积、可变间距和可变介质三种。

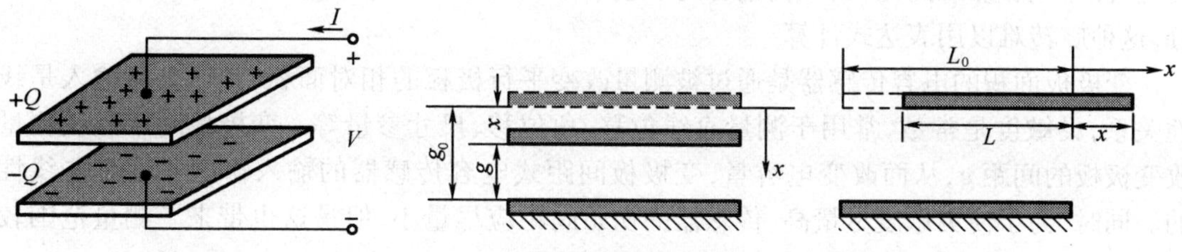

(a) (b) (c)

图4-7 电容传感器的结构和敏感方式

通过电容的$I-V$关系可以得到

$$I=\frac{\mathrm{d}Q}{\mathrm{d}t}=\frac{\mathrm{d}(CV)}{\mathrm{d}t}=C\frac{\mathrm{d}V}{\mathrm{d}t}+V\frac{\mathrm{d}C}{\mathrm{d}t} \tag{4-17}$$

可见改变电容的电流可以通过电(改变电压)和机械的方式,后者通过微机械结构改变电容值。因此,当被测量改变微机械电容的参数时,通过测量电容的变化可以实现对被测量的测量。电容的变化可以由ε_r,A和g这三个参数的变化引起,在力学量传感器中ε_r一般为常数,因此根据式(4-16),电容的变化量表示为

$$\mathrm{d}C=\varepsilon\frac{\mathrm{d}C}{\mathrm{d}A}\frac{1}{g}-\varepsilon\frac{A}{g^2}\frac{\mathrm{d}C}{\mathrm{d}g} \tag{4-18}$$

其中,$\varepsilon=\varepsilon_0\varepsilon_r$。常用的改变电容的方法是保持极板的重叠面积不变而改变极板间距,如图4-7(b)所示。根据式(4-16)和式(4-18),电容$C(x)=\varepsilon A/(g_0-x)$随着间距的变化关系为

$$\frac{\mathrm{d}C(x)}{\mathrm{d}x}=\frac{\varepsilon A}{(g_0-x)^2} \tag{4-19}$$

从式(4-19)可见,电容随极板间距的变化不是线性关系,因此在作为传感器使用时需要进行修正。电容间距越小,电容越大,对间距变化的灵敏度越高。由于存在着下拉效应,极板的最大可移动距离只有极板初始间距的1/3。为了解决极板位移小、输出非线性的问题,常采用反馈信号控制保持极板位置不变,而反馈电压信号正比于非反馈时的极板间距,通过测量反馈电压检测电容。由于电容值很小,对测量电路的输入阻抗要求很高,加上寄生电容等因素的影响,使信号处理难度很大。

另一种改变电容的方法是保持极板间距不变而改变极板重叠面积的平行运动,如图4-7(c)所示。此时电容可以表示为$C(x)=\varepsilon W(L_0-x)/g_0$,于是

$$\frac{\mathrm{d}C(x)}{\mathrm{d}x}=-\frac{\varepsilon W}{g_0} \tag{4-20}$$

可见电容与位移成正比。位移的最大量受到重叠长度的限制,而不是像垂直移动时受下拉效应的限制。由于电容随着位移的变化为常数,平行移动可以得到恒定的灵敏度。实际上,平行移动很少应用于平板电容,而更多地应用于梳状叉指电容。梳状叉指电容器的叉指是细长形的,必须考虑边缘效应的影响,致使计算非常复杂,并且严格地讲电容的变化量不再是位移的线性关系。

极板旋转运动也可以实现电容的变化。平板电容的极板间距是处处相等的,当一个极板围绕转动轴转动时,极板间距发生了变化,极板间的区域变成了楔型。电容随着角度的

变化可以用表达式计算。当叉指电容的一组叉指相对于另一组旋转时,会出现不重合的部分,这种旋转难以用表达式计算。

变极板面积的电容传感器是通过被测量改变平行极板的相对面积,其输出与输入是线性关系,灵敏度是常数,常用于测量直线位移、角位移、尺寸参量等。变极板间距是被测量改变极板的间距 g,从而改变电容量,变极板间距式电容传感器的输入输出关系是非线性的。同时,为了使灵敏度尽量高,传感器的初始间距应尽量小,但是这也带来了测量范围较小的缺点。

电容测量可以使用三极板或者多极板结构形成差动输出。中间极板和上下两个极板分别组成电容 C_1 和 C_2,中间极板可以改变电容的间距,测量电容的差动变化,能够消除温度、湿度等共模误差的影响。根据电路的不同,可以测量(C_1-C_2)、(C_1/C_2)或$(C_1-C_2)/(C_1+C_2)$,多极板组成的梳状叉指电容是 MEMS 电容测量中经常使用的电容方式,这种方式能够增加电容量,提高测量精度。

2. 梳状叉指电容

将三极板电容进一步增加就发展成梳状叉指电容,如图 4-8(a)所示。梳状叉指电容包括两组相互平行的梳齿状电极,与衬底平行放置,一组梳齿为固定电极,另一组为可动电极。常用的相对运动方式包括平行运动和旋转运动。平行运动是指可动电极沿着电极长度方向平行运动(纵向运动)或者沿着与长度垂直的方向平行运动(横向运动),旋转运动是指可动电极围绕某一轴相对固定电极旋转。显然纵向运动时电容与位移呈线性关系,而横向运动和旋转运动时电容与位移为非线性关系。梳状叉指结构细长、间距较小的特点决定了纵向运动具有较大的可动范围,而横向运动和旋转时可动范围较小。使用梳状叉指电极时首选的运动方式为平行运动。

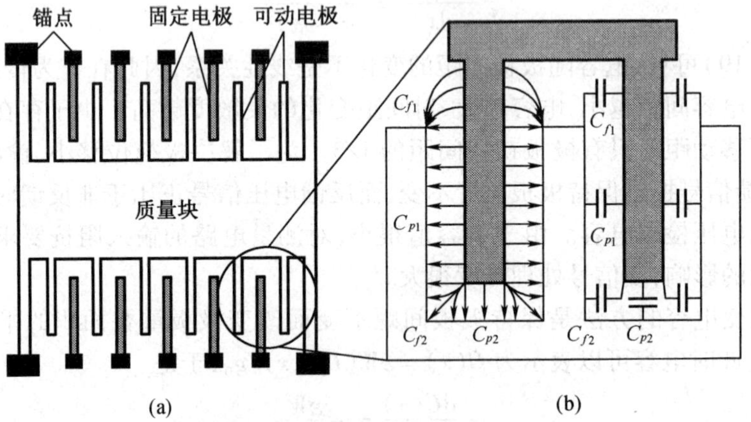

图 4-8　梳状叉指电容

(a)梳状叉指电容结构;(b)电容示意图

通常两组电极分别并联在一起,因此总电容是所有相邻梳齿之间电容之和。如图 4-8(b)所示,两个梳齿之间的电容 C 包括 4 部分:两个梳齿侧壁之间形成的平板电容 C_{p1}、一个梳齿末端与另一个梳齿末端之间的平板电容 C_{p2}、梳齿外部的边缘电场对应的边缘电容 C_{f1} 以及梳齿内部边缘电场形成的边缘电容 C_{f2}。因此所有叉指电极形成的电容 C_n 为

$$C_n = nC = n(C_{p1} + C_{p2} + C_{f1} + C_2) \tag{4-21}$$

一般情况下叉指的重叠长度远远大于叉指的宽度，因此顶端之间的电容 C_{p2} 与 C_{p1} 相比经常被忽略。即使如此，电容 C 的计算也是非常复杂的，这是由于平板电容 C_{p1} 也存在向外的边缘电场，而对于边缘电场难以得到一个简洁的理论表达式。在要求较高的情况下需要使用数值计算或者有限元方法；在要求不高的情况下，可以忽略边缘电场。然而一般情况下叉指的厚度都很小，边缘电场非常显著，忽略边缘电场会造成很大的误差。

4.1.3　压电式传感器

压电效应是材料中机械能和电能相互转换的一种现象。在电场作用下，电介质中带有不同电性的电荷间会产生相对位移，使电介质内产生电偶极子，在材料内产生双极现象，称之为极化。在某些介电物质中，除了可以由电场产生极化以外，还可以由机械作用产生极化现象。当这些介电物质沿着一定方向受到外力作用时，内部产生极化现象，在介电物质的两端表面上出现电性相反的等量束缚电荷，电荷的面密度正比于外力；当外力撤销后，材料恢复到不带电的状态。这种由外力产生极化电荷的效应称为正压电效应，这是压电传感器的基本原理，如图 4－9 所示。在电压作用下材料产生机械变形的现象称为逆压电效应，逆压电效应是压电驱动的基本原理。压电效应的必要条件是晶体结构是非对称的，并且多数为离子键连接。Si 和 Ge 都是对称结构的立方晶体，并且是共价键连接，因此都不具有压电效应。

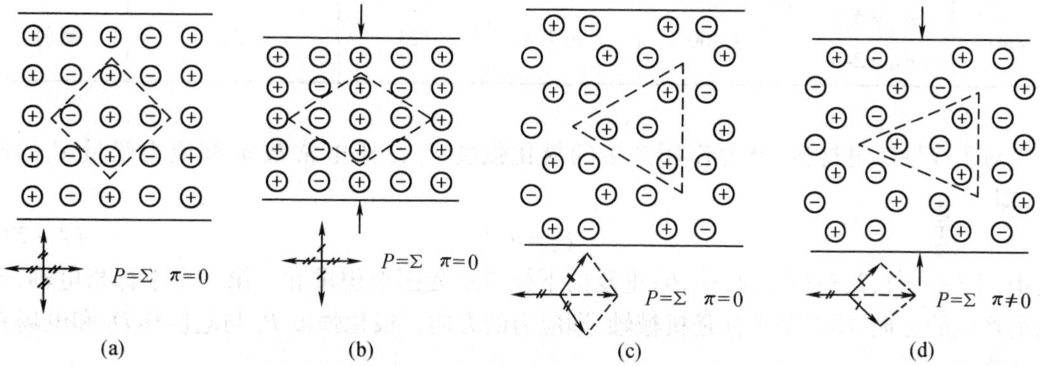

图 4－9　压电效应示意图

具有压电效应的物质称为压电材料，包括压电晶体、压电半导体、压电陶瓷，以及聚合物和复合压电材料等四类。压电陶瓷是一种具有电畴结构的多晶压电材料。电畴是分子自发形成的具有一定极化方向的区域。在极化以前，内部各电畴的自发极化方向无规则排列，极化效应互相抵消，因此大量电畴的总电矩为零。即极化强度为零，材料不具有压电效应，表现为各向同性。当在一定温度下对材料施加外电场进行极化后，强电场使电畴规则排列，晶体结构变化各向异性。去除极化电场后，电畴基本保持不变，留下了很强的剩余极化。当有机械应力作用时，应力改变了正负电荷的相对位置，使电偶极子的中心不重合，出现电位移和压电效应。

MEMS 领域常用的压电陶瓷包括锆钛酸铅（PZT），ZnO，AlN 等，其中 PZT 具有较高的压电系数和居里点（300 ℃以上）。有些半导体晶体同时具有压电效应，如 ZnS，CaS，GaAs 等，既可利用压电特性制造传感器，又可利用半导体特性制造电子器件。某些合成高分子聚合物薄膜经延展拉伸和电场极化后具压电效应，这类薄膜称为高分子压电薄膜。常用的包括聚偏氟乙烯（PVDF）、聚氟乙烯（PVF）、聚二氟乙烯（PVF2）、聚氯乙烯（PVC）等。这些材料柔软，不易破碎，可以大量生产和制成较大的面积。表4－3所示为常用压电材料的性能参数。

表4－3　常用压电材料的性能参数

材料	压电系数	相对介电常数	密度 /(g/cm³)	弹性模量 /GPa	声阻抗 (/10⁶kg·m⁻²·s⁻¹)	薄膜形式
石英	$d_{33}=2.31$	4.5	2.65	107	15	无
PVDF	$d_{31}=23$ $d_{33}=-33$	12	1.78	3	2.7	旋涂
铌酸锂	$d_{31}=-4$ $d_{33}=23$	28	4.6	245	34	无
铌酸钡	$d_{31}=78$ $d_{33}=190$	1 700	5.7	—	30	无
PZT	$d_{31}=-171$ $d_{33}=370$	1 700	7.7	53	30	旋涂、溅射
ZnO	$d_{31}=5.2$ $d_{33}=246$	1 400	5.7	123	33	溅射

对于线性压电材料，外力作用产生的极化强度 P_i 是压电常数 d_{ij} 和应力张量 T_{ij} 的函数，即

$$P_i = d_{ij}T_j \tag{4-22}$$

其中，下标 $i=1,2,3$；$j=1,2,\cdots,6$；重复的下标表示爱因斯坦求和。第一个下标指电轴，即电荷产生的方向，第二个下标是机械轴，即应力的方向。极化强度 P_i 与电位移 D_i 和电场 E_i 的关系为

$$D_i = \varepsilon_i E_i + P_i \tag{4-23}$$

压电方程描述力学作用和电学作用以及它们的相互关系。对于不同的边界条件和不同的变量，压电方程有不同的形式。当边界条件为机械自由和电学短路时，选应力张量 T 和电场 E 作为自变量，应变张量 S 和电位移 D 作为因变量，得到第一类压电方程

$$\begin{aligned} S_i &= s_{ji}T_j + d_{ij}E_j \\ D_i &= d_{ij}T_j + \varepsilon_{ij}E_j \end{aligned} \tag{4-24}$$

第二类压电方程为

$$\begin{aligned} T_i &= C_{ij}S_j - e_{ij}E_j \\ D_i &= e_{ji}S_j + \varepsilon_{ij}E_j \end{aligned} \tag{4-25}$$

其中，张量 T,S,D 和 E 分别表示应力、应变、电位移和电场强度；矩阵 $\boldsymbol{C},\boldsymbol{s}_{ij},\boldsymbol{e},\boldsymbol{d}$ 和 $\boldsymbol{\varepsilon}$ 分别表示弹性刚度系数、柔性系数、压电应力系数、压电应变系数，以及介电常数；$i=1,2,\cdots,6$；$j=1,2,\cdots,6$。

多数在 MEMS 领域使用的压电材料在与极化轴(一般选为 z 轴或 x_3)垂直的方向上为各向同性,属于 6 mm 点群对称晶体,弹性刚度和柔性系数只有 5 个独立分量,压电系数有 3 个独立分量,介电常数有 2 个独立分量,即

$$\boldsymbol{s}_{ij}=\begin{bmatrix} s_{11} & s_{12} & s_{13} & 0 & 0 & 0\\ s_{12} & s_{11} & s_{13} & 0 & 0 & 0\\ s_{13} & s_{13} & s_{33} & 0 & 0 & 0\\ 0 & 0 & 0 & s_{44} & 0 & 0\\ 0 & 0 & 0 & 0 & s_{44} & 0\\ 0 & 0 & 0 & 0 & 0 & s_{66} \end{bmatrix}\quad \boldsymbol{d}=\begin{bmatrix} 0 & 0 & d_{31}\\ 0 & 0 & d_{31}\\ 0 & 0 & d_{33}\\ 0 & d_{15} & 0\\ d_{15} & 0 & 0\\ 0 & 0 & 0 \end{bmatrix}\quad \boldsymbol{\varepsilon}=\begin{bmatrix} \varepsilon_{11} & 0 & 0\\ 0 & \varepsilon_{11} & 0\\ 0 & 0 & \varepsilon_{33} \end{bmatrix} \tag{4-26}$$

其中 $s_{66}=2(s_{11}-s_{12})$。于是第二类压电方程为

$$\begin{bmatrix} T_1\\ T_2\\ T_3\\ T_4\\ T_5\\ T_6 \end{bmatrix}=\begin{bmatrix} C_{11} & C_{12} & C_{13} & 0 & 0 & 0\\ C_{12} & C_{11} & C_{13} & 0 & 0 & 0\\ C_{13} & C_{13} & C_{33} & 0 & 0 & 0\\ 0 & 0 & 0 & C_{44} & 0 & 0\\ 0 & 0 & 0 & 0 & C_{55} & 0\\ 0 & 0 & 0 & 0 & 0 & C_{66} \end{bmatrix}\begin{bmatrix} S_1\\ S_2\\ S_3\\ S_4\\ S_5\\ S_6 \end{bmatrix}+\begin{bmatrix} 0 & 0 & e_{31}\\ 0 & 0 & e_{31}\\ 0 & 0 & e_{33}\\ 0 & e_{15} & 0\\ e_{15} & 0 & 0\\ 0 & 0 & 0 \end{bmatrix}\begin{bmatrix} E_1\\ E_2\\ E_3 \end{bmatrix} \tag{4-27}$$

$$\begin{bmatrix} D_1\\ D_2\\ D_3 \end{bmatrix}=\begin{bmatrix} 0 & 0 & 0 & 0 & e_{15} & 0\\ 0 & 0 & 0 & e_{15} & 0 & 0\\ e_{31} & e_{31} & e_{33} & 0 & 0 & 0 \end{bmatrix}\begin{bmatrix} S_1\\ S_2\\ S_3\\ S_4\\ S_5\\ S_6 \end{bmatrix}+\begin{bmatrix} \varepsilon_{11} & 0 & 0\\ 0 & \varepsilon_{11} & 0\\ 0 & 0 & \varepsilon_{33} \end{bmatrix}\begin{bmatrix} E_1\\ E_2\\ E_3 \end{bmatrix} \tag{4-28}$$

图 4-10 所示为常用的压电结构示意图。MEMS 中使用的薄膜压电材料非常薄,电极一般覆盖在压电薄膜的上下表面,于是电轴是 X_3 方向,电荷通过厚度方向积累在上下主平面上;机械轴可以是 X_1,X_2 或 X_3 的任一方向。压电材料是各向异性的,当施加压力或是电压的方向不同时,会得到不同的结果。压电结构还可以多层堆叠,增加输出,但是制造难度较大。

利用正压电效应的器件可以工作在电荷模式或电压模式。电荷模式是指在应力较小且两电极短路的情况下,应力产生的电位移 D 与应力成正比;电压模式是指在应力很小且两电极开路的情况下,应力通过压电效应产生的开路电压 V 与应力成正比。从式(4-22)和式(4-23)可以得到电荷模式如下:

$$D_I=P_i=d_{ij}T_j \tag{4-29}$$

对于图 4-10 所示的极化方向垂直于结构主平面的情况,电荷模式的电位移式(4-19)简化为

$$D=d_{3j}T_j \tag{4-30}$$

电压模式的输出为

$$V=e_{3j}T_jt \tag{4-31}$$

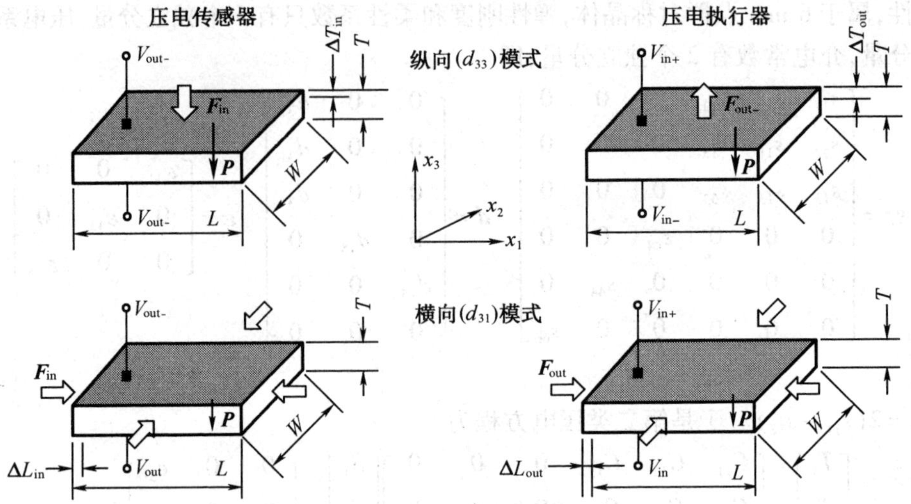

图 4－10 压电结构

其中 t 是压电结构的厚度。在电压的作用下,压电结构长 l、宽 w、厚度 t 的变化分别为

$$\Delta l = ld_{31}V/t, \quad \Delta w = wd_{32}V/t, \quad \Delta t = wd_{33}V/t \tag{4-32}$$

压电传感器在外力作用时,在两个电极表面聚集极性相反的等量电荷,相当于一个以压电材料为电介质的电容,因此可以把压电式传感器等效成与电容并联的电荷源。压电传感器的内阻很高,输出信号微弱,一般要求测量电路先接入高输入阻抗的前置放大器,把传感器的高阻抗输出变换为低阻抗输出,防止电荷迅速泄漏并对微弱信号进行放大,然后再接入一般放大电路。由于压电传感器可以等效为电压源和电荷源,与之匹配的测量电路的前置放大器也有电压型和电荷型。当放大器的开环增益足够大时,电荷放大器的输出电压只与传感器的电荷量及反馈电容有关,无须考虑导线的电容,这为远距离测试提供了方便,目前使用得较多。电压放大器的输出电压与寄生电容有关,目前已不多用。

压电材料不适合静态测量,这是由于产生的电荷只有在无泄漏的情况下才能保存,要求测量电路具有无穷大的输入阻抗。因为压电材料通常为介电材料,电极会透过它们而放电,漏电速率与材料的介电系数、内电阻及外电路的输入阻抗有关,不容易保持电荷。

4.1.4 谐振式传感器

谐振式传感器通过被测量调制谐振器的谐振频率、幅值或者相位进行测量。谐振式传感器一般由谐振器和传递部件组成,后者将被测量传递到谐振器上。有些谐振式传感器只有谐振器,被测量直接作用在谐振器上,这类传感器也称为结构型传感器,其性能依赖于谐振器的材料、形状、尺寸和环境阻尼等,因此弹性好,缺陷少的单晶硅是谐振器的首选材料。

谐振传感器的优点是数字量输出,信号处理简单,可以直接输入给数字信号处理电路而不需要进行数模转换,从而降低成本、消除 AD 转换引起的误差,并适合长距离传输信号。谐振式传感器具有大的动态范围,其上限仅取决于测量时间的长短,增加测量时间可以增加动态范围。当谐振器的品质因数 Q 很高时,谐振式传感器灵敏度高、重复性好、滞后小。

1. 谐振结构

谐振器一般是机械结构，其形式多种多样，例如梁、膜片、圆盘、圆环、X 形和 H 形结构等。每种结构都有可能存在几种振动模式，例如伸缩、扭转、长度、横向等振动模式，而每种振动模式都会存在高阶振动模式，从一阶(基频)到高次泛音。由于结构的分布质量，理论上每种结构都存在无穷多的振动模式。作为传感器使用时，一般只设计一种模式作为主要的工作模式，以实现较高的 Q 值。

常用的双端固支梁在没有外载荷情况下的谐振频率为

$$\omega_n(0)=2\pi n_i\frac{h}{l^2}\sqrt{\frac{\bar{E}}{\rho}} \tag{4-33}$$

其中，$\bar{E}$ 为梁的显性弹性模量，对于宽度远大于厚度的双端固支梁，$\bar{E}=E/(1-v^2)$，h 为梁的厚度，l 为梁的长度，ρ 为梁的密度，n_i 为本构频率常数，前五阶本构频率的该常数为 1.028，2.834，5.555，9.182，13.72。当双端固支梁受到轴向力作用时，可以用瑞利能量法近似求得谐振频率

$$\omega(F)=\omega_n(0)\sqrt{1+\gamma_n\frac{F}{Ewh}(1-v^2)(l/h)^2} \tag{4-34}$$

其中，$\omega_n(0)$ 由式(4-33)给出，γ_n 是只依赖于振动模式的常数，对于前五阶振动模式，$\gamma_n=$ 0.294 9，0.145 3，0.081 2，0.051 6，0.035 5。当 $\gamma^2Fl^2<12\bar{E}I$ 时，式(4-34)的相对计算误差小于 0.5%。需要注意的是式(4-34)只适合小振幅线性范围。

2. 谐振器的激励和检测

由于振动过程存在着能量损耗，需要外界激励保持谐振器的稳定振动。实现激励的方法是将谐振器作为器件组成振荡电路，使振荡电路工作在谐振器的固有频率上。振荡电路提供的能量是电能，为了使谐振器振动，需要换能器将电能转换为机械能；而测量时为了能够将谐振器振动信号提取出来，需要换能器将机械能转换为电能。提取的信号用作正反馈对谐振器进行激励，以保持稳定的振动。由于硅不具有压电性，需要单独的谐振激励和振动器件才能形成硅谐振器，因此硅谐振式传感器利用硅结构作为换能器，检测和激励还需要借助其他的测量方法。激励振动的方法有多种，包括静电、电磁、压电、电热、光热等；同样，利用电容、压电、电磁、压阻等可以对振动信号进行检测。尽管激励和检测的方法很多，考虑到实现的简单程度，一般激励和检测方法是固定组合使用的，很少任意组合。常用的方法包括静电激励静电检测、电磁激励静电检测、电热激励压阻检测等。

静电激励和电容检测是 MEMS 谐振传感器最常用的方法。利用平板电容和梳状叉指电容都可以实现激励和检测，例如平板电容激励可由电容极板间的静电引力实现，使极板改变位置产生振动，引起电容变化。平板电容驱动谐振容易实现，但是由于极板间距很小，并且非真空情况下压膜阻尼很大，谐振器的 Q 值较低。从激励噪声中分离测量信号比较困难，因此激励电压一般都比较低，同时下拉电压也决定了激励的幅度有限。由于杂散电容的大小几乎和测量电容相同，一般需要集成信号处理电路以降低杂散电容的影响。然而集成信号处理电路难度较大，因此需要利用其他的方法。例如，利用高频测量信号来分离激励和测量信号的频率，再将高频测量信号解调；利用电阻和直流电压产生不需要交流激励的自激振荡；利用复杂的电路和屏蔽技术降低寄生电容的影响；利用闭环反馈脉冲技术等。

电磁激励和检测也被用于谐振传感器中，当电流流过磁场中的通路时会产生洛伦兹力，驱动结构振动。结构振动时切割磁力线，在结构上的导体内产生感应电动势，从而可以

利用该电动势进行测量。压电驱动和检测是谐振传感器中另一种常用的方法,可以由一个压电元件实现激励和检测的功能,处理电路比较简单;但是压电材料与硅器件的集成制造难度较大。电热激励和检测是一种简单的谐振产生和测量方法,只需要加热电阻就可以实现,制造和使用都很简单。但是加热会产生一定的热量,引起传感器的误差和温漂,因此需要克服"电热效应"对传感器性能的不良影响。

反映谐振传感器性能最重要的指标是品质因数(Q 值),基于 MEMS 的谐振器的 Q 值一般能达到几万,高于传统的谐振式传感器,测量时扫描频率的间隔(分辨率)应达到 0.1 Hz 量级。由于 MEMS 传感器利用复合谐振微敏感结构,尺寸受到空间的限制,激振和拾振元件间距小,激励和检测回路之间由电耦合引起的"同频干扰"会影响传感器性能,必须采取适当的措施加以抑制。

4.1.5 隧穿效应

电子的隧道(隧穿)效应是一种量子力学现象,利用量子力学波函数描述的隧穿效应,电子可以穿透两个相邻导体之间由间距形成的禁带。当两个导体靠得非常近(约小于 1 nm)并施加有偏置电压(如 100 mV)时,即使没有直接连接,电子也会通过隧穿效应穿过二者的间隙,形成隧穿电流。在传统物理学中,电子没有获得足够的能量是不能穿透势垒的,但是在量子力学中,电子通过波函数 $\varphi(z)$ 描述,满足薛定谔方程。图 4-11 为一个典型的波函数在一个小偏置电压 V(远小于势垒高度的 ϕ 与电荷量 q 的比值 ϕ/q)的作用下穿透隧道间隙的示意图。

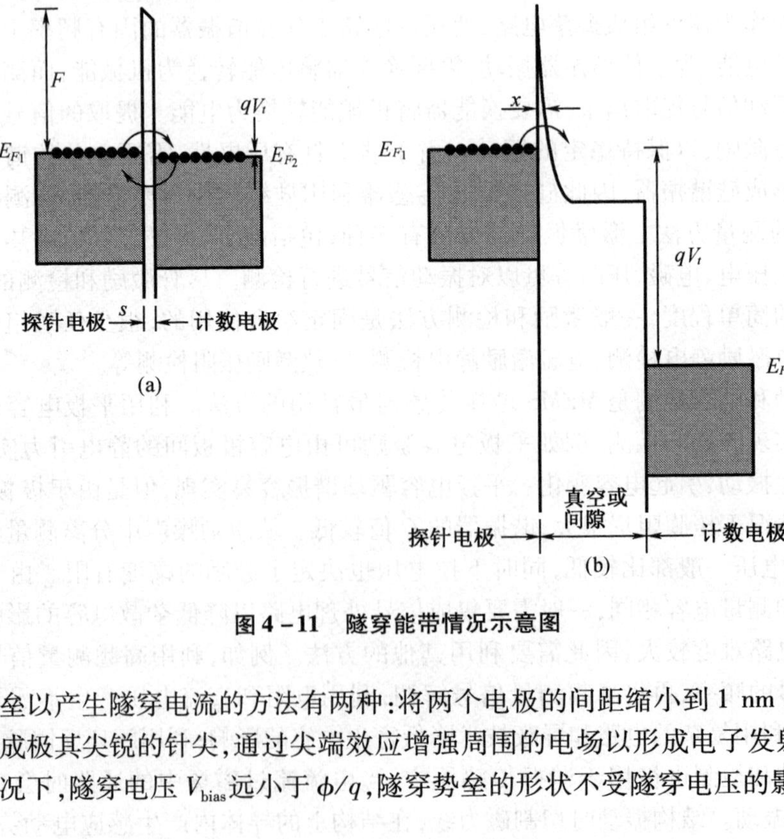

图 4-11 隧穿能带情况示意图

降低势垒以产生隧穿电流的方法有两种:将两个电极的间距缩小到 1 nm 以下,或者将一个电极形成极其尖锐的针尖,通过尖端效应增强周围的电场以形成电子发射(场发射)。在第一种情况下,隧穿电压 V_{bias} 远小于 ϕ/q,隧穿势垒的形状不受隧穿电压的影响。因此电子可以从任意一个电极隧穿到另一个电极，即从电学的角度看这两个电极是没有差别的，如图4－11(a)所示。在任意位置 z 观测到电子的概率密度为 $\varphi^H \cdot \varphi(z)$。隧穿电流 I_t 可以表示为

$$I_t \propto V_{\text{bias}} \mathrm{e}^{-a\sqrt{\phi s}} \tag{4-35}$$

其中，V_{bias} 是导体间的偏置电压，a 是隧穿常数，等于 $1.025((0.1\ \text{nm})^{-1}\text{eV}^{-0.5})$，$s$ 是导体间隙，ϕ 是隧穿势垒的有效高度或者有效功函数。对于1 nm左右的间距和100 mV的偏置电压，隧穿电流一般在1 nA左右。因此，通过测量隧穿电流可以测量导体间距，任何能够改变导体间距的量都可以利用隧穿效应进行测量，例如加速度等。

第二种情况中，隧穿电压远远大于 ϕ/q，势垒的形状被锋利的尖端形状和所施加的电压改变。因此即使尖锐的电极与另一个电极之间的距离很大(1 μm)，电子仍旧能够从尖端电极发射产生隧穿。但是从能带图可以看出，电子不能从对面电极隧穿到尖锐电极，因为对面电极周围的电场没有增强，如图4－11(b)所示。另外，对面电极的费米能级低于尖锐电极导带的下沿，因此对面电极没有空带可以接收电子。

对于这两种情况，隧穿电流随着电极间距的变化 $|\Delta I_s/\Delta s|/I_t$ 是不同的。例如两个金电极在空气中的势垒约为0.1 eV，对于小间距、低隧穿电压的情况，隧穿电流的变化约为0.032/nm，而对于场发射则为 2.04×10^{-5}/nm。可以看出，小间距低电压的情况中隧穿电流对间距的依赖程度远远大于场发射的情况。因此小间距低电压更适合作为传感器使用，可以获得更高的灵敏度。隧穿传感器主要用于加速度测量，其突出优点是具有极高的位置灵敏度和位移分辨率($10^{-5}\ \text{nm}/\sqrt{\text{Hz}}$)。

由于产生隧穿电流的间距很小，隧穿传感器一般需要反馈控制，对电路要求较高。首先，需要根据隧穿电流大小反馈控制两个电极间距，例如采用静电力控制，以保持电极间距处于能够产生隧穿效应的范围内，即隧穿电流控制处理电路的反馈控制电压，维持电极的间距。其次，隧穿电流与电极间隙之间是强烈的非线性关系，传感器的动态范围很小，因此必须采用反馈控制以降低非线性产生的影响，避免电极的相互接触，扩大传感器的动态范围。隧穿传感器的针尖与电极间距极小，能够实现极高的灵敏度，但是制造和控制电路实现非常复杂，对电极表面的状态非常敏感。

4.2 压力传感器

压力传感器是机械量传感器的一种。机械量传感器是指被测量为力学或机械量的传感器，包括压力传感器、触觉传感器、加速度传感器、陀螺仪(角速度传感器)、流量传感器等多种。由于机械量传感器多利用微结构将被测力学量转换微结构的应力、变形或者谐振频率等参数的改变，再将这些变化转换为电学量，因此微结构的材料性能对传感器影响很大，一般首选性能优异的单晶硅。

体微加工技术和表面微加工技术都可以实现压力传感器，第一个体微加工的压力传感器于1963年问世，1985年出现了表面微加工的压力传感器。体加工利用单晶硅优异的机械性质，例如极低的缺陷、理想的弹性、优异的重复性、几乎零残余应力等。表面微加工中结构材料多为氮化硅或多晶硅，材料的性能对工艺的依赖性非常强，存在残余应力，并且多晶硅压阻系数较小。体微加工中湿法刻蚀膜片厚度的一致性较差，因此控制膜片厚度是体

微加工的重点。表面微加工技术在横向尺寸和厚度取决于光刻和薄膜淀积,重复性较好,重点是控制薄膜的应力。

硅微压力传感器被广泛应用于汽车工业、生物医学、工业控制、能源,以及半导体工业等众多领域。不同的应用领域对压力传感器的要求不同,因此尽管压力传感器已经非常成熟,但是在无线测量、集成压力传感器、应用闭环控制、污染不敏感、生物医学可植入应用,以及用于恶劣环境下的 SiC 和金刚石压力传感器仍旧是目前重要的研究内容。

4.2.1 压力传感器的建模

压力测量的频率很低,一般在 0 ~ 1 kHz,属于静态测量的范畴。硅微压力传感器一般采用周边固支的圆形或正方形膜片,将压力采集并转换为膜片的变形,通过测量膜片变形引起的电学参数的变化经来检测压力。为了获得线性的输入输出关系,膜片需要被限制在小变形范围内,因此需要设计膜片的大小、厚度等参数确定输入输出关系;但是由于膜片较薄,压力很容易使膜片产生大变形而进入非线性一区,必须确定传感器的线性范围。计算膜在压力作用下的变形是设计压力传感器的基础,一般情况下,由于计算过程比较复杂,需要进行适当的简化。

如图 4-12 所示,周边固支的圆形膜片随均匀压强 q 时,膜片的小变形可以表示为

$$w_0(r)=\frac{qa^4}{64D}\left(1-\frac{r^2}{a^2}\right) \tag{4-36}$$

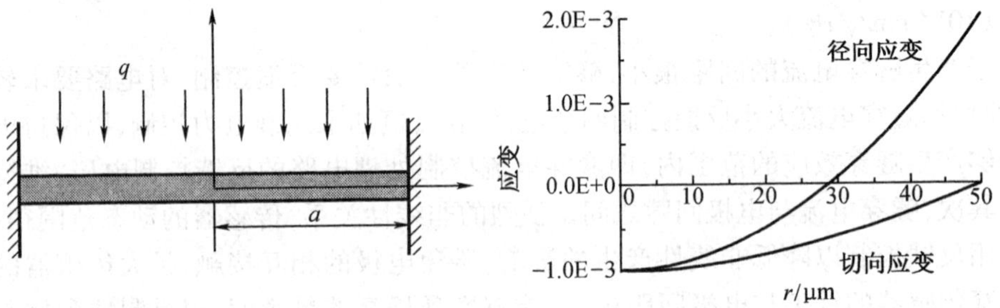

图 4-12 圆形膜片和应变

其中,r 是柱坐标的径向变量,a 是膜片的半径,$D=Eh^3/[12(1-v)]$是膜片的弯曲刚度。对于(110)和(100)晶向,硅的弹性模量 E 分别为 169 GPa 和 130 GPa。最大的变形发生在膜片中心,为

$$w_{\max}=\frac{qa^4}{64D} \tag{4-37}$$

圆形膜片下表面的径向和切向应变为

$$\begin{aligned}\varepsilon_r&=-\frac{3qa^2(1-v^2)}{8Eh^2}\left[1-3\frac{r^2}{a^2}\right]\\ \varepsilon_\theta&=-\frac{3qa^2(1-v^2)}{8Eh^2}\left[1-\frac{r^2}{a^2}\right]\end{aligned} \tag{4-38}$$

径向和切向应力分别为

$$\sigma_r = \frac{3qzr^2}{4h^3}\left[(1+v)-(3+v)\left(\frac{r}{a}\right)^2\right]$$
$$\sigma_\theta = \frac{3qzr^2}{4h^3}\left[(1+v)-(1+3v)\left(\frac{r}{a}\right)^2\right] \tag{4-39}$$

其中,z 表示轴向坐标,在中性面上 $z=0$。

根据式(4-37),直径 100 μm,厚度 2 μm 的硅膜片在 6.896×10^5 Pa 的压力作用下产生的应变分布如图 4-12 所示,由于对称性,膜片只画出了一半。从图中可以看出,径向应变从中心的受压状态(负应变)变化为边缘的受拉状态(正应变),并且应变绝对值的最大值在膜片边缘;而切向应变均为受压状态,最大值出现在膜片中心位置。

方形膜片的小变形需要铁摩辛科法求解,比圆形膜片要复杂得多。利用瑞利-李兹法,得到矩形膜片变形的一阶近似分量为

$$w_{11}(x,y)=\frac{49}{8}\frac{qa^4[(x/a)-(x/a)^2]^2[(y/b)-(y/b)^2]^2}{7D_{11}+4(D_{12}+2D_{66})s^2+7D_{22}s^4} \tag{4-40}$$

其中 $s=a/b$ 表示矩形的长宽比,则

$$D_{11}=\frac{E_1h^3}{12(1-v_{12}v_{21})},\ D_{12}=v_{21}D_{11},\ D_{22}=\frac{E_2}{E_1}D_{11},\ D_{66}=\frac{G_{12}h^3}{12}$$

应变和应力可以分别通过下面的公式求得

$$\varepsilon_{xx}=-z\frac{\partial^2 w}{\partial x^2},\ \varepsilon_{yy}=-z\frac{\partial^2 w}{\partial y^2},\ \varepsilon_{xy}=-2z\frac{\partial^2 w}{\partial x\partial y} \tag{4-41}$$

$$\sigma_{xx}=-\frac{Ez}{1-v^2}\left(\frac{\partial^2 w}{\partial x^2}+v\frac{\partial^2 w}{\partial y^2}\right),\ \sigma_{yy}=-\frac{Ez}{1-v^2}\left(\frac{\partial^2 w}{\partial y^2}+v\frac{\partial^2 w}{\partial x^2}\right)$$
$$\sigma_{xy}=-\frac{Ez}{1+v}\frac{\partial^2 w}{\partial x\partial y} \tag{4-42}$$

经过计算可以知道,y 方向的应变与 x 方向的应变关于 $x=y$ 对称,最大应力发生在膜片边缘的中点位置,应力状态为拉应力。从边缘中点到膜片中心,应变从拉应变变为压应变。

4.2.2 压阻式压力传感器

压阻式压力传感器由承载膜片和膜片上的应力敏感压阻构成,当膜片在压力作用下变形时改变压阻阻值,通过电桥测量阻值变化可以得到压力的大小。体加工压阻式压力传感器采用 KOH 刻蚀的(100)硅膜片,通过注入将压阻制造在膜片上表面,利用反偏的 pn 结将压阻与衬底绝缘。在温度不高的情况下,这种方案制造简单、设计成熟、性能较好,但是随着温度升高,pn 结的漏电流增大。刻蚀后的膜片衬底与玻璃等键合,形成密封腔或压力腔,如图 4-13(a)所示。除了体加工技术外,表面加工技术也可以制造压阻传感器,如图 4-13(b)所示。结构层材料为氮化硅或多晶硅,二氧化硅作为牺牲层材料,压阻为多晶硅。表面加工可以制造尺寸很小的压力传感器,实现较高的空间分辨率,但是膜片的最大变形受到牺牲层厚度的限制,不能很大,从而限制了传感器的量程范围。

压阻式压力传感器的设计除了需要确定膜片的尺寸、厚度等参数外,还要确定压阻的位置、方向、长度等。利用式(4-37)~式(4-42)可以计算圆形或者矩形膜片的应力分布,显然压阻应该布置在应力最大的位置以实现高灵敏度。电阻的变化经与径向和切向应力以及压阻系数都有关系

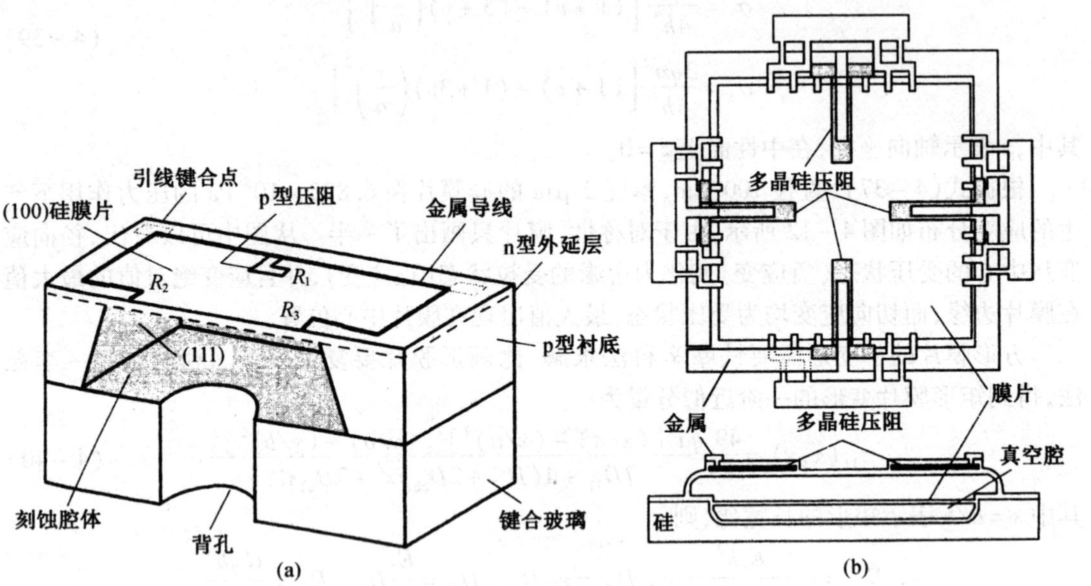

图 4-13　压力传感器

$$\frac{\Delta R}{R}=\pi_l\sigma_l+\pi_t\sigma_t \tag{4-43}$$

p 型压阻的压阻系数中 π_{11} 和 π_{12} 远远小于剪切压阻系数 π_{44}，因此 p 型（100）硅片上沿着[110]方向的压阻其长度和宽度方向的压阻系数分别为

$$\begin{aligned}\pi_l&=(\pi_{11}+\pi_{12}+\pi_{44})/2\approx\pi_{44}/2\\ \pi_t&=(\pi_{11}+\pi_{12}-\pi_{44})/2\approx-\pi_{44}/2\end{aligned} \tag{4-44}$$

可见 π_l 与 π_t 符号相反。将式（4-44）简化后代入式（4-43）可得

$$\frac{\Delta R_i}{R_i}=\frac{\pi_{44}}{2}(\sigma_l-\sigma_t) \tag{4-45}$$

将式（4-45）代入到电桥表达式（4-14），得

$$U_o=\frac{U_i\pi_{44}}{2}\left[\frac{1}{4}\sum_{i=1}^{4}\sigma_l-\frac{1}{4}\sum_{i=1}^{4}\sigma_t\right] \tag{4-46}$$

为了在电桥测量中获得最大的灵敏度，位于电桥对臂的两个村阻分别平行和垂直膜片边长放置，如图 4-14 所示。这样与边长垂直的压阻在应力作用下电阻增加，而与边长平行的压阻在应力作用下减小，使每个压阻对输出的贡献都是强的。考虑位于圆形膜片边缘沿着（110）晶向的 p 型压阻，其中一个平行于半径，另一个垂直于径方向，利用式（4-38）和式（4-45），传感器的灵敏度为

$$S=\frac{U_o}{q}=\frac{U_i}{q}\frac{\Delta R}{R}=-\frac{3\pi_{44}a^2(1-v)}{8h^2}U_i \tag{4-47}$$

采用电桥测量的压阻式压力传感器的灵敏度与电源电压 U_i 成正比，一般在 10～100 mV/Pa 左右。硅的晶向和掺杂都会影响压阻系数，因此在使用式（4-43）时需要确定硅的晶向、掺杂类型及浓度。由于压阻上每一点的应力都不同，精确计算需要对整个长度上压阻的变化量式（4-43）进行积分，即

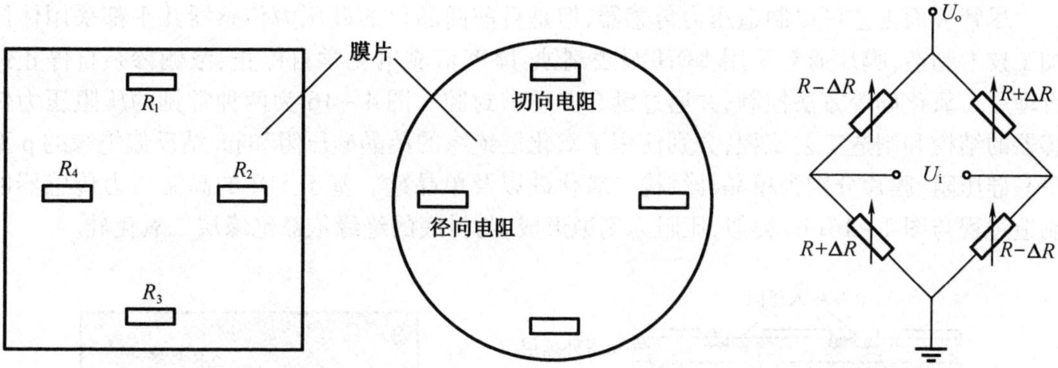

图4-14　压阻排布示意图

$$\frac{\Delta R}{R}=\frac{1}{l}\int_{L}^{L-l}\frac{\Delta R}{R}\mathrm{d}x \tag{4-48}$$

其中，l 是压阻的长度，L 是膜片的直径或边长。于是根据式(4-43)和式(4-48)可以得到电阻变化引起的电桥输出变化与电阻长度的关系。图4-15(a)为直径100 μm、厚度2 μm的圆形膜片上的电阻长度与输出电压的关系，可见是非单调的。压阻的最优长度为12 μm，当电阻长度超过12 μm时，增加电阻长度会降低输出电压。这比较容易理解，因为应力从边缘向中心减小，电阻越长，平均应力越小。图4-15(b)为模拟的边长100 μm、厚度2 μm的方形膜片上输出电压随压阻长度的变化，可见最优压阻长度为10 μm。压阻一般为折线形，在满足匹配电阻的同时，又将压阻限制在应力最大、最灵敏的区域，以实现灵敏度最大。折线的横向连接部分使用金属连接或高浓度掺杂区(压阻系数很小)，忽略其压阻效应。将压阻布置在应力最大点有助于增加灵敏度，而增加压阻宽度或者膜片厚度会降低灵敏度。

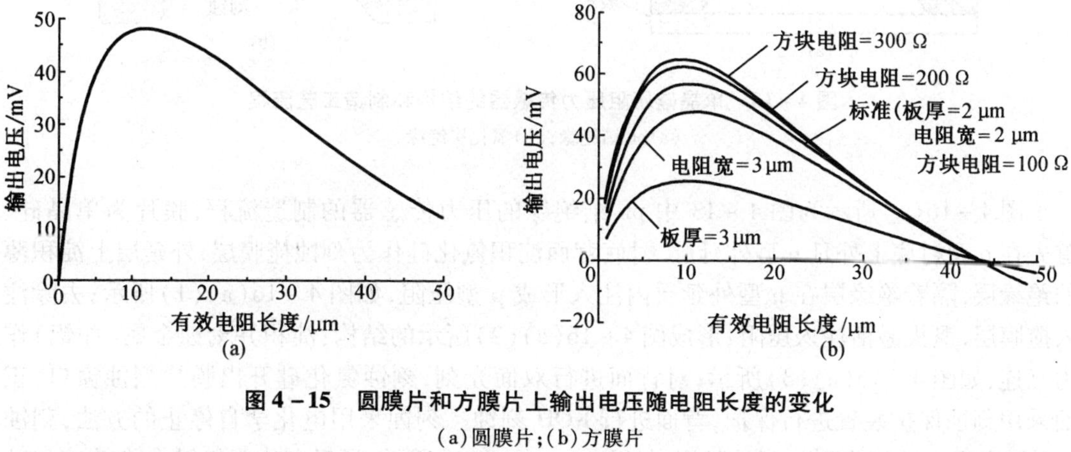

图4-15　圆膜片和方膜片上输出电压随电阻长度的变化

(a)圆膜片；(b)方膜片

压阻传感器的缺点是尺寸一般较大、灵敏度较低、温度系数大，有些情况下需要进行温度补偿。由于压阻测量的是折线所在面积的平均应力，当压阻面积很大时，测量的空间分辨率不高。因为制造误差，组成电桥的压阻阻值可能不同，加之电路一致性的问题，使得传感器没有受到载荷的情况下就会产生输出，需要调零。另外压阻传感器的零点漂移随着温度变化，属于非系统误差。

尽管表面工艺可以制造压力传感器，但是目前商品化的硅压力传感器几乎都采用体微加工技术制造，膜片通常采用 KOH 湿法刻蚀，厚度依靠电化学自停止、浓硼掺杂自停止或者埋层二氧化硅等方法控制，并通过键合实现密封腔。图 4-16 为两种常见的压阻压力传感器的结构和制造工艺流程，分别使用了氧化层绝缘的单晶硅压阻和 pn 结反偏绝缘的 p 型单晶硅压阻，膜片分别为单晶硅结构二氧化硅以及单晶硅。基于 SOI 的高温压力传感器的制造过程与图 4-16(b)类似，压阻为刻蚀形成，与衬底的绝缘依靠绝缘层二氧化硅。

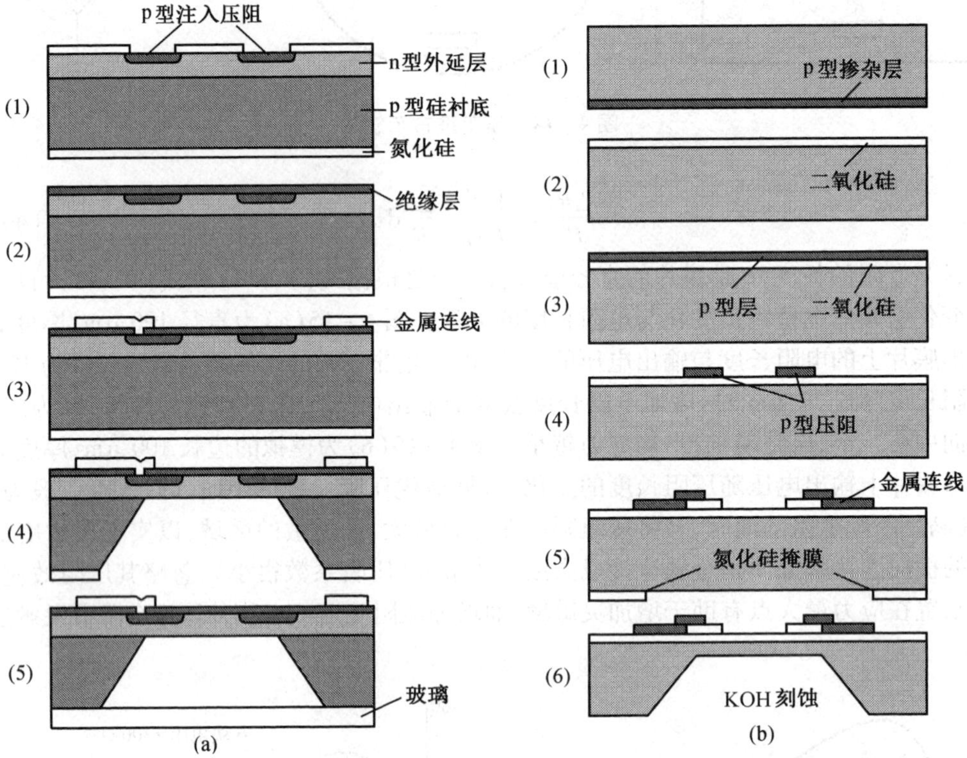

图 4-16　单晶硅压阻压力传感器的结构和制造工艺流程

(a)pn 结绝缘；(b)氧化层绝缘

图 4-16(a)所示为图 4-13 中 pn 结绝缘的压力传感器的制造流程，膜片为单晶硅。首先在 p 型衬底上外延 n 型外延层，衬底背面淀积氮化硅作为刻蚀掩膜层，外延层上淀积薄的绝缘层，隔着绝缘层在 n 型外延层内注入形成 p 型压阻，如图 4-16(a)(1)所示；去除注入掩膜层，退火激活注入压阻，形成图 4-16(a)(2)所示的结构；淀积并刻蚀金属（如铝）作为互连，如图 4-16(a)(3)所示；对背面进行双面光刻，刻蚀氮化硅开出膜片刻蚀窗口，正面采用刻蚀保护装置进行保护，背面进行 KOH 刻蚀。刻蚀采用电化学自停止的方法，刻蚀 p 型衬底后自动停止到 n 型外延层，如图 4-16(a)(4)所示；最后利用阳极键合将玻璃与硅衬底键合，形成压力传感器的背腔。背腔内真空或者开一个参考压力导入孔，以形成绝对压力传感器或差压传感器。图 4-16(b)所示为采用氧化层缘绝的传感器制造流程，传感器膜片为单晶硅结合二氧化硅。如图 4-16(b)(1)和 4-16(b)(2)所示，在 1 个硅衬底上注入形成 p 型掺杂层，另一个衬底热生长二氧化硅绝缘层；将这 2 个衬底键合，保护二氧化硅

层所在衬底的背面，利用 KOH 刻蚀去除 p 型掺杂层的衬底，如图 4－16(b)(3)所示；光刻并刻蚀 p 型掺杂层，形成压阻，如图 4－16(b)(4)所示；正面淀积金属，光刻并刻蚀金属形成导电互连，背面淀积氮化硅作为掩膜，双面光刻并刻蚀氮化硅开出 KOH 刻蚀窗口，如图 4－16(b)(5)所示；利用刻蚀保护装置保护正面器件，在 KOH 中刻蚀硅衬底，实现特定的硅膜片厚度后停止。这种结构利用绝缘层二氧化硅实现压阻与衬底的绝缘，没有 pn 结漏电，可以工作在 300 ℃以下的高温环境。利用 SOI 衬底制造的压力传感器，其流程与图 4－16(b)基本相同。

利用溶硅法可以制造氮化硅薄膜上的单晶硅压阻压力传感器。在硅表面注入高浓度硼形成压阻，然后淀积氮化硅薄膜，从反面进行 KOH 刻蚀，刻蚀后只剩下掺杂浓硼的单晶硅压阻和氮化硅薄膜。通过硅玻璃键合后，氮化硅薄膜作为承载膜片。这种方法既可以实现高灵敏度的单晶硅压阻器件，又可以精确控制氮化硅的膜厚和残余应力。为了实现较大的线性范围和小量程测量，膜片还可以采用硬芯结构或者波纹膜片，这两种膜片在小量程时具有较好的线性，但是制造过程要复杂一些。

4.2.3　电容式压力传感器

电容式压力传感器出现于 20 世纪 70 年代末，其基本原理是将压力转换为电容极板的变形，再通过测量电容的变化测量压力，如图 4－17 所示。由于压力作用的特点，电容式压力传感器一般采用平板电容的方式，通过压力改变极板间距。

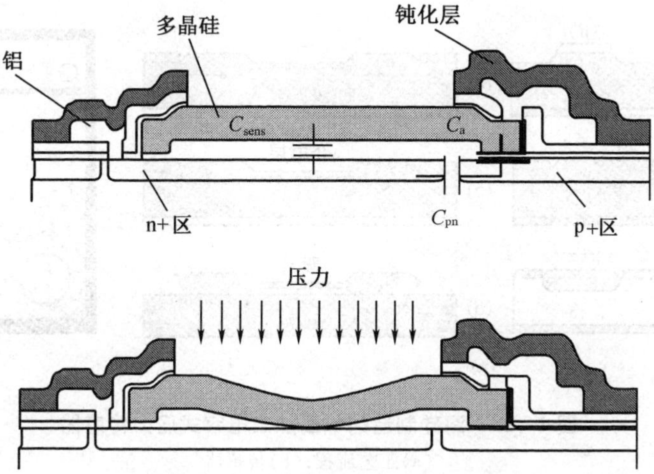

图 4－17　电容式压力传感器示意图

平板电容在变形前的极板间距是均匀的，忽略边缘效应可以将电容值表示为 $C=\varepsilon A/g_0$。在压力作用下，膜片变形导致极板间距不是均匀的，因此需要对膜片变形进行积分得到变形后的电容。当膜片的变形小于膜片的厚度时，利用圆形膜片变形公式(4－36)可以得到电容为

$$C=\iint\frac{\varepsilon}{g_0-w(r)}\mathrm{d}S=\int_0^{\pi}\int_0^{r}\frac{2\varepsilon r\mathrm{d}r\mathrm{d}\theta}{g_0-w(r)}=\int_0^{\pi}\int_0^{r}\frac{2\varepsilon r}{g_0-qa^4[1-(r^2/a^2)^2]/(64D)}\mathrm{d}r\mathrm{d}\theta \tag{4-49}$$

其中，g_0 是极板的初始间距，a 是极板半径。利用式(4－49)计算电容和灵敏度都非常复杂，而有限元法更适合分析电容式压力传感器的特性。电容传感器的灵敏度对膜片的半径厚度比 a/h 的的程度很高，并且还依赖于极板间隙。

电容式压力传感器克服了压阻传感器的一些缺点。由于不需要使用压阻，膜片尺寸缩小，能够在比较小的面积内制造阵列式传感器；电容降低了传感器的温度系数，受温度影响很小；电容压力传感器的满量程输出相对变化率可达50%，远大于压阻式传感器的2%，能够获得更高的灵敏度，一般电容传感器的灵敏度比压阻传感器高一个数量级；电容传感器在理论上没有直流功耗，适合能量有限的场合使用。电容传感器的主要缺点是电容的变化是非线性的，电容小、输出阻抗大、寄生电容等都为电路处理带来了困难，需要将电路尽可能放在离电容近的地方；另外，上下极板的间隙很小，制造的难度较大，同时也限制了传感器的量程范围。

图4－18所示为ISSYS利用Michigan大学开发的溶硅工艺制造的电容式压力传感器产品。该传感器仅从硅片的一面制造膜片，并利用了浓硼掺杂和硅－玻璃键合技术：(1)用二氧化硅作为掩膜，利用KOH刻蚀一个正方形硅杯，硅杯的深度决定了极板间距；(2)去除二氧化硅掩膜，淀积并刻蚀新的二氧化硅掩膜，硅杯内部需要二氧化硅掩膜；(3)硼掺杂形成浓度大于 $7\times10^{19}/cm^3$ 高浓度p型区p++；(4)光刻，去除硅杯底部的二氧化硅掩膜，对硅杯底部进行浓硼注入和退火；(5)淀积电层，光刻后刻蚀介电层，形成硅杯底部的介电层，作为后续的隔离使用；(6)将硅芯片与玻璃阳极键合，TMAH将硅片整体刻蚀，由于浓硼掺杂区被TMAH刻蚀，形成了传感器的膜片。

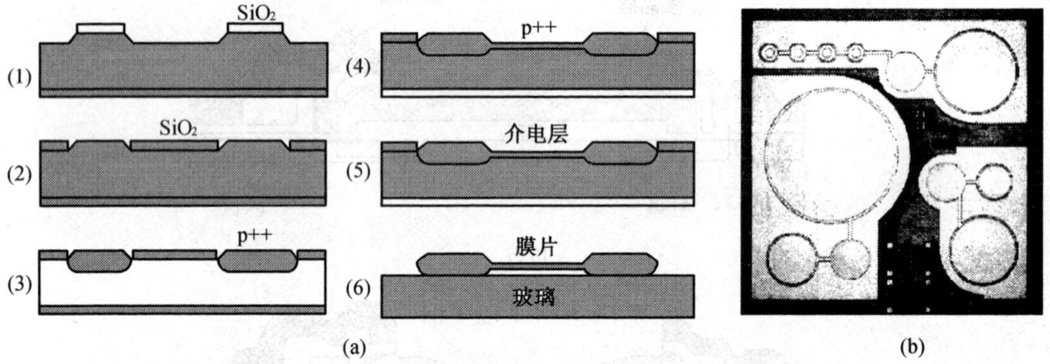

图4－18　深硅制造的单面加工电容式压力传感器

(a)工艺流程；(b)传感器

溶硅技术制造的压力传感器的电容与电镀的平面电感组成射频谐振电路，可构成无线传输电容压力传感器，用于人体内或汽车轮胎等的压力测量。无线传输采用振荡电路和调制，利用电磁将信号发射，在体外接收后解调。传感器尺寸2.6 mm×1.6 mm，电容约为4 pF，电感1 μH。在50 mmHg的满量程压力下，谐振频率在76～70 MHz间变化，灵敏度约为120 kHz/mmHg。

图4－19所示为差动式电容压力传感器结构和制造流程。参考电容不承受压力，测量电容的极板作用为压力承载膜片，两个电容进行差动输出。电容的下电极是硅衬底上注入高浓度砷形成的导电层，上电极是掺磷多晶硅，中间的间隙由二氧化硅牺牲层形成。如图4－19(b)所示，首先在p型(100)衬底上选择性注入 $2\times10^{16}/cm^2$ 的高浓度硼，作为膜片刻

蚀的自停止层，退火消除注入，如图 4－19(b)(1)所示。外延 20 μm 厚，浓度为 $10^{15}/cm^3$ 的 p 型单晶硅，如图 4－19(b)(2)所示。注入硼(p 型)作为后续高浓度砷注入(n 型)的沟道阻挡层，LTO 淀积 3 μm 二氧化硅并刻蚀作为注入的掩蔽层，对膜片区注入 $10^{15}/cm^2$ 的高浓度砷作为下电极。因为在外延层下已经注入了硼阻挡层，硼会与注入的砷补偿，将砷注入形成的 n 型区限制在表面一定深度。淀积 0.15 μm 厚的低应力氮化硅，刻蚀氮化硅和接解孔如图 4－19(b)(3)所示，再淀积 0.7 μm 的二氧化硅作为电极极板间距的牺牲层，如图 4－19(b)(4)所示。淀积 0.1 μm 的低应力氮化硅作为电极板间介质层，淀积 1.5 μm 的非掺杂低应力多晶硅，注入浓度为 $10^{16}/cm^2$ 的磷；再次淀积 1.5 μm 厚的多晶硅，退火使掺杂重新分布，两次淀积的多晶硅形成上极板，高浓度注磷层作为电极，如图 4－19(b)(5)所示。淀积氮化硅作为保护层，KOH 刻蚀背面，直到注入的高浓度硼停止，如图 4－19(b)(6)所示。用 HNA 去除浓硼自停止区，如图 4－19(b)(7)所示，该区域与低掺杂浓度区的刻蚀选择比高达 100∶1。去除氮化硅掩膜，正面 RIE 刻蚀多晶硅孔，如图 4－19(b)(8)所示。用 BHF 横向刻蚀二氧化硅牺牲层 15 μm。淀积和刻蚀铝引线，淀积 5 μm 的聚对二甲苯并用铝作为掩膜在氧等离子体中刻蚀。去除剩余的二氧化硅，使聚对二甲苯支承多晶硅电极，如图 4－19(b)(9)所示。切割后在氧等离子中去除聚对二甲苯，释放电极，如图 4－19(b)(10)所示。电容约为 3.5 pF，量程范围约 70 kPa，电容的相对变化量为 25%，温度系数 $100\times10^{-6}/℃$。

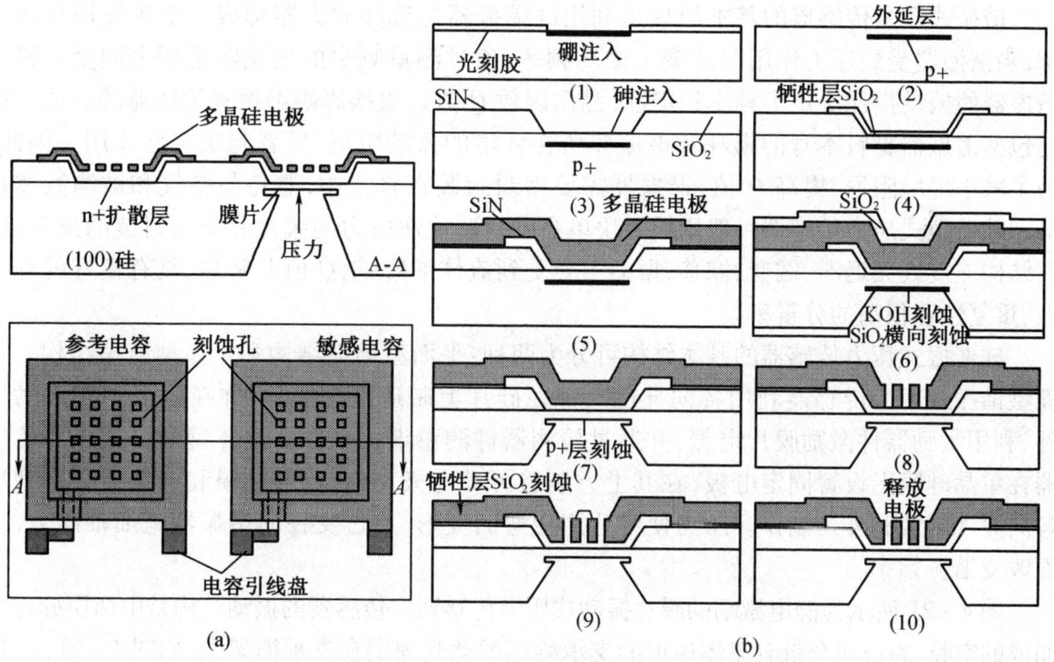

图 4－19　差动式电容压力传感器结构及制造工艺流程

(a)传感器结构；(b)工艺流程

电容的测量范围一般由电容的上极板(受压膜片)与下电极板发生下拉时的压力决定，但是即使上下极板相互接触，随着压力的增加，接触面积仍旧随之增加，所以只要极板间能够保持绝缘，传感器仍旧可以工作，这种极板接触的状态称为接触模式。接触模式能够将测量范围扩大一倍以上。

除了上面介绍的电容压力传感器外，还有多种不同设计的电容压力传感器，主要变化集中在使用超薄的介电层，使用硬芯或者波纹膜片，以及不同的电极结构等。图4-20所示为硬芯平板电容压力传感器的结构示意图。

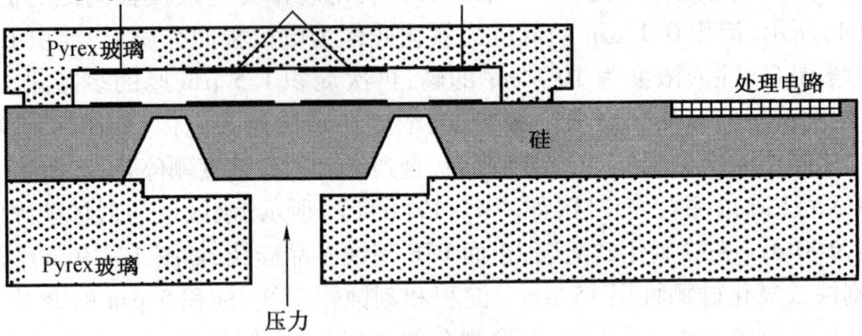

图4-20　硬芯电容压力传感器

4.2.4　谐振式压力传感器

谐振式压力传感器的基本原理是利用硅谐振器与选频放大器构成一个正反馈振荡系统，当谐振器受到压力作用时改变了振荡频率，通过测量频率的变化实现压力测量。机械谐振器的振动损耗决定了频率稳定性（品质因数 Q 值），直接影响谐振式传感器的性能。损耗包括谐振器材料本身的损耗和谐振器所在环境的振动阻尼，后者起决定性作用。因此，为了减小环境阻尼、提高 Q 值，谐振器需要密封封装在真空中，避免与空气和被测液体接触。硅谐振式压力传感器一般用同一块单晶硅制造传递应力的膜片和真空封装的谐振器，在结构连接处无迟滞、蠕变、漂移，振动不会受到流体的影响，Q 值非常高，具有良好的稳定性、重复性和很高的分辨率。

硅谐振式压力传感器的基本结构可分为两种：平面型谐振结构和立体型谐振结构。平面型谐振式压力传感器利用各向异性刻蚀在硅片上制造谐振膜片，并在膜上制作激励器件，利用激励器件激励膜片谐振，并通过检测器件测量谐振频率。立体型谐振式压力传感器在单晶硅膜上设置固定电极，在其上方制造可动电极和谐振器，硅膜和谐振器分别利用各向异性刻蚀和外延制作。压力使膜片产生弯曲变形，通过支柱向谐振器施加轴向力，从而改变谐振频率。

图4-21所示为静电激励的膜片振动式压力传感器。传感器的振动结构是由两层硅键合而成的空腔，通过四个带有流体通道的支承梁把振动腔固定在支承框架上，如图4-21(a)所示。振动腔密封在两层玻璃键合的真空腔内。谐振腔四角与框架上对应位置有激励和检测电极，通过静电力激励谐振，并利用电容实现测量。传感器工作时，谐振腔被激励在谐振状态，支承梁上的流体通道作为被测压力的输入口，将压力作用在振动腔四边的中心点上，改变谐振器的应力状态，引起谐振频率的变化，如图4-21(b)所示。

谐振器可以被激励在多个振动模式上，图4-22所示为平衡振动模式，相邻顶角的振动相位相反。在平衡模式振动时，支承谐振器的四个空心梁所在的位置刚好是谐振器的节

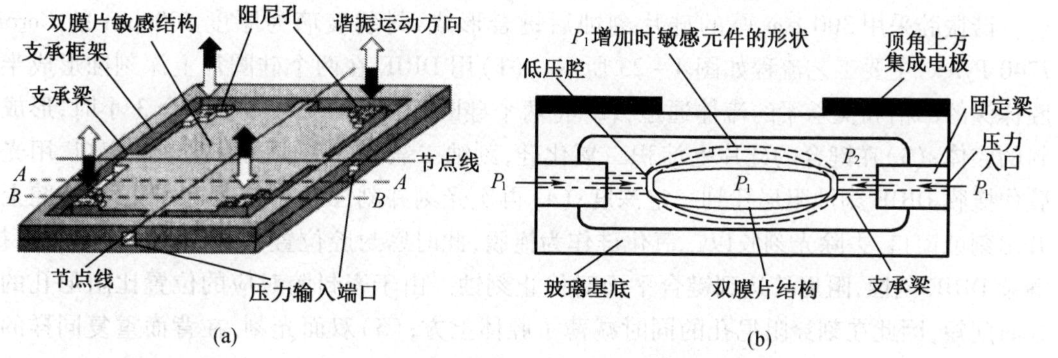

图 4－21　膜片谐振式压力传感器

(a)结构图;(b)工作模式剖面图

点,没有能量损耗,并且由于合力和合力矩抵消,谐振器具有很高的 Q 值。将谐振器近似为薄板结构,其谐振频率为

$$f_0=\frac{A}{L}\sqrt{\frac{Et}{2\rho I_p S(1+v)}} \tag{4-50}$$

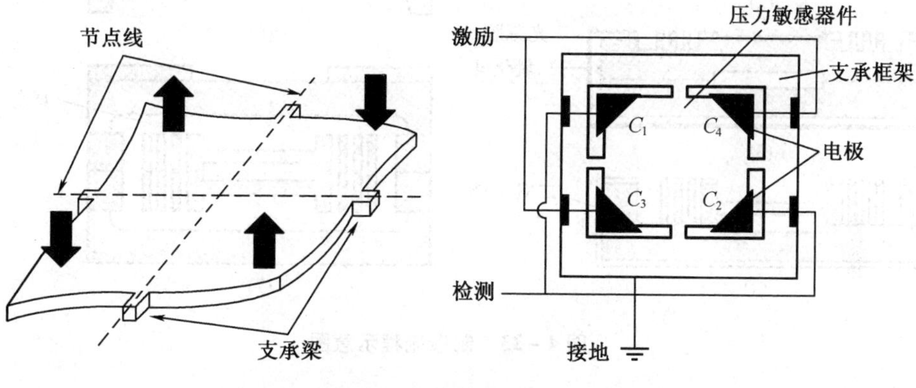

图 4－22　板的振动模式

其中,L 是谐振腔的边长,E,ρ 和 v 分别是硅的弹性模量、密度和泊松比,A 和 S 分别是谐振腔的截面积和周长,I_p 是围绕扭转轴的极区惯性矩。压力灵敏度可以通过对式(4－50)进行微分运算得出,结果为非线性表达式,其中的主要项是与谐振器截面积相关的项

$$\frac{1}{f}\frac{\partial f_0}{\partial P_d}\approx\frac{1}{A}\frac{\partial A}{\partial P_d} \tag{4-51}$$

其中,P_d 是敏感膜片的压力变化。对于较薄的谐振腔,系数 $1/A$ 很大,同时,不管截面积大小,压力变化引起的截面积的变化是相等的。因此为了增加压力灵敏度,需要减小敏感谐振腔的膜片厚度(使∂A 增加)。另外谐振腔的整体厚度要小,即减小谐振腔的截面积(降低 A)。

谐振的主要阻尼是压膜阻尼,当谐振腔与密封键合玻璃的距离很小时,压膜阻尼迅速增加,因此需要在谐振腔的四角开阻尼孔降低压膜阻尼。理想的谐振器具有高频、高灵敏度和高 Q 值,但是这三者对谐振腔的边长 L、谐振腔膜片的厚度 t、谐振腔膜片的间距 d,以及谐振器与封装侧壁的距离 h 的要求有矛盾,需要优化选择。

谐振腔采用300 μm 厚的硅片刻蚀后键合形成,封装玻璃为厚度 500 μm 的 Corning 7740 Pyrex,主要工艺流程如图 4-23 所示。(1)用 DRIE 在两个硅圆片上深刻蚀形成半个腔体深的凹槽和支承梁的流体通道;(2)将两个硅圆片在 1 150 ℃熔融键合 3 小时,形成密封的腔体;(3)在键合的硅片上淀积二氧化硅,刻蚀二氧化硅形成阻尼孔刻蚀窗口,用光刻胶作掩膜 DRIE 刻蚀阻尼孔到一定深度;(4)再次光刻并刻蚀二氧化硅,在谐振密封腔上方开出刻蚀窗口,去除光刻胶以二氧化硅作为掩膜,此时密封腔位置和阻尼孔都没有被保护,继续 DRIE 刻蚀,阻尼孔达到键合平面时停止刻蚀。由于密封腔对应的位置比阻尼孔的刻蚀时间短,因此在刻穿阻尼孔的同时减薄了腔体上方;(5)双面光刻,在背面重复同样的刻蚀步骤,直到 DRIE 将键合的硅圆片刻蚀穿透为止;(6)双面键合带有电极的玻璃;(7)将谐振腔整体密封起来。

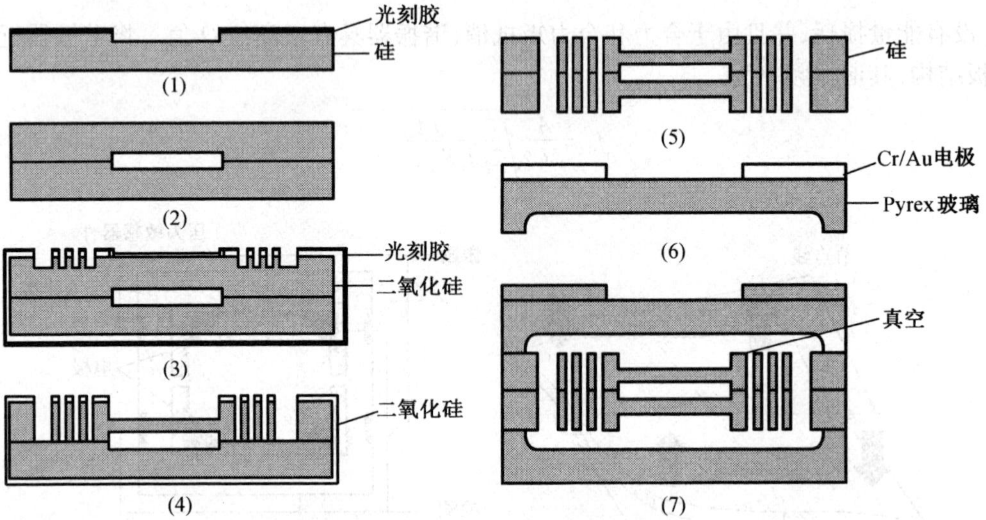

图 4-23　制造流程示意图

传感器的谐振频率与尺寸相关,在谐振器长度 $L=5$ mm,膜片的厚度 $t=100$ μm,腔体内膜片的间距为 $d=80$ μm,谐振器与封装侧壁的距离 $h=30$ μm 情况下,谐振频率为 30 ~ 40 kHz,Q 值达到 1 400,灵敏度为 0.05 Hz/Pa,温度系数为 -34×10^{-6}/℃。

图 4-24 所示为日本横河公司开发的 H 形谐振压力传感器。传感器的膜片上有一个 H 形的真空腔,其平分面位于膜片的主平面内。H 形真空腔内是一个与其开头相同的 H 形谐振器,H 形谐振器的 4 个顶点分别固定在 H 形真空腔的 4 个顶点内部,使谐振器悬浮在真空腔内,构成两个双端固支梁,中心被一个横梁连接。膜片在压力的作用下对谐振器的固支梁施加拉力,导致谐振频率变化,类似于张力改变弹簧的谐振频率。

传感器的谐振系统包括谐振器、机电耦合换能器和正反馈放大器,产生谐振的条件是闭环增益为 1,并且放大器的输入和输出同相位,能够产生自激振荡。两个双端固支梁中的一个产生激励信号,另一个检出信号。谐振器外部作用有磁场,当激励梁通过交变电流时,产生的洛伦兹力驱动激励梁振动。激励梁通过横梁带动信号检测梁振动,检测梁切割磁力

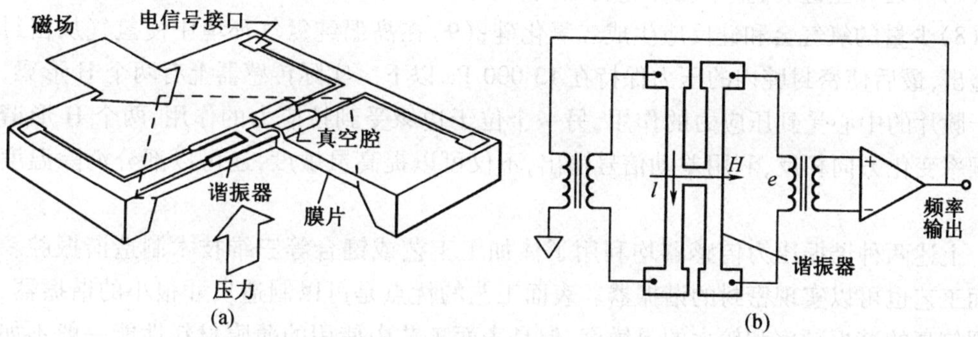

图 4-24 H 形谐振压力传感器

(a)结构示意图;(b)电路示意图

线产生电动势,幅度正比于梁的速度。利用外部放大电路将检测梁的电动势放大,并正反馈到激励梁,激励电流与电动势具有相同的相位。通过控制放大器的增益为 1,正反馈维持系统处于谐振状态,谐振器本身作为电路系统中的带通滤波器。

由压力 P 引起的传感器方膜片的应变 $\Delta\varepsilon$ 可以用薄板近似得到

$$\Delta\varepsilon=\frac{ka^2}{t^2}P \tag{4-52}$$

其中,k 为常数,a 和 t 分别是膜片的边长和厚度。带 $\Delta\varepsilon$ 的双端固支梁的谐振频率为

$$f=\frac{22.37h}{2\pi l^2}\sqrt{\frac{EI}{12\rho}\left[1+0.295(\varepsilon+\Delta\varepsilon)\left(\frac{1}{h}\right)^2\right]} \tag{4-53}$$

其中,E 和 ρ 分别为梁的弹性模量和密度,h 和 l 分别表示梁的厚度和长度。从式(4-53)可知,谐振频率与应变灵敏度的平方根成正比。应变灵敏度 S 表示为

$$S=\frac{12n^2}{\pi^2(n+0.5)^4}\left(\frac{l}{h}\right)^2 \tag{4-54}$$

利用刻蚀的薄膜作为压力承载膜片,应变灵敏度可以由应变系数 GF 给出

$$GF=\frac{0.24(l/h)^2}{2[1+0.24(l/h)^2e]} \tag{4-55}$$

其中,e 是相对变形量。例如对于程度 $l=1$ mm,厚度 $h=5$ μm 和 $e=0.3$ με,可以得到 $GF=1\ 240$。

机械谐振器在真空中几乎没有阻尼损耗,损耗主要来自材料本身的摩擦损耗。由于硅的弹性很好,H 形密封梁在真空中的谐振 Q 值可以达到 50 000,远远高于 RLC 电系统的 Q 值。传感器的量程取决于膜片厚一般在 100 kPa,谐振频率为 100 kHz 左右,测量精度为 0.01%FS,稳定性好于每年 0.01%FS。

传感器采用单晶硅制造,膜片采用 KOH 刻蚀,谐振器为重掺杂的 p 型硅,其他部分为 n 型硅,谐振器和衬底用 pn 结隔离。谐振器和密封腔的制造流程如图 4-25 所示。(1)淀积二氧化硅作为掩膜层,刻蚀二氧化硅形成窗口;(2)湿法刻蚀单晶硅;(3)分别外延 P+ 和 P++ 单晶硅;(4)在 P++ 单晶硅上再顺序处延 P+ 和 PP++ 单晶硅;(5)HF 湿法刻蚀去除二氧化硅;(6)碱性溶液刻蚀中间 P++ 周围的 P+ 单晶硅,这是由于重掺杂的 P++ 不被刻

蚀;(7)外延 n 型硅,对整个腔体进行密封;完毕后腔体内部的气体为外延时的载体气体氢气;(8)少量的氧气会和硅反应生成二氧化硅;(9)在高温纯氮气环境中使氢气从密封腔体内溢出,最后使密封腔内的压力保持在 13 000 Pa 以下。实际传感器上有两个 H 形梁,一个位于膜片的中心受到压应力的作用,另一个位于边缘受到拉应力的作用,两个 H 形谐振器的频率变化方向相反,利用差动信号输出,不仅可以提高灵敏度,还可以部分消除温度的影响。

上述两种谐振压力传感器均利用了体加工工艺或键合等三维技术制造谐振腔。利用表面工艺也可以实现密封的谐振器。表面工艺的优点是可以制造尺寸很小的谐振器,能够实现较高的谐振频率和较大的灵敏度;但是表面工艺中使用的薄膜材料性能一般不如体材料,因此谐振器最好采用机械性能较好的多晶硅材料;另外防粘连是需要重要解决的问题。

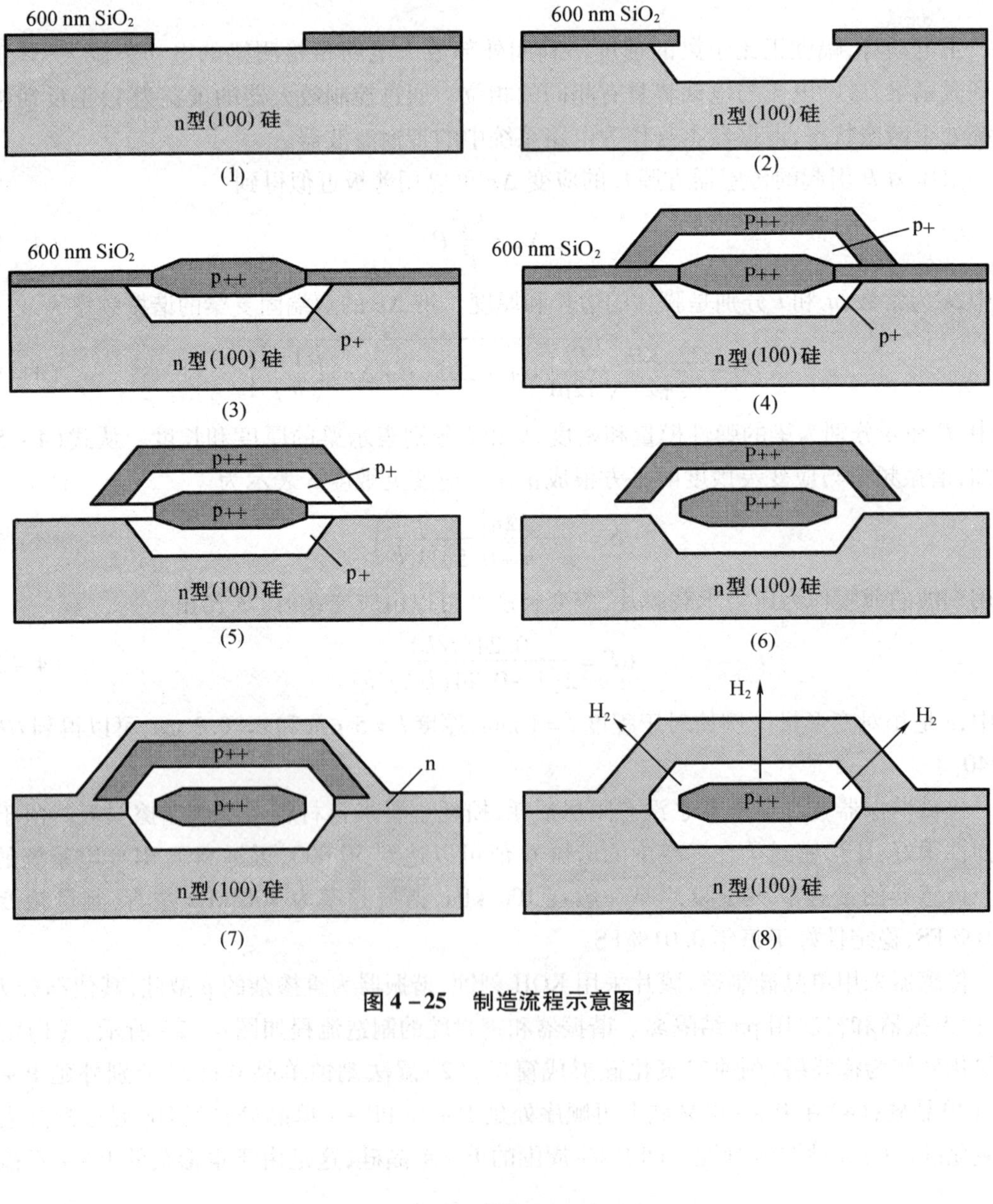

图 4-25　制造流程示意图

4.3 加速度传感器

加速度传感器是产量仅次于压力传感器的力学量传感器，一般把加速度传感器和陀螺仪等依靠惯性原理进行测量的传感器称为惯性传感器。加速度传感器广泛应用于汽车领域的安全气囊、悬挂系统、车身稳定控制，军事领域的制导、引信、卫星姿控导航，消费电子领域的照相机、摄像机稳定装置、洗衣机减振、玩具，计算机领域的虚拟现实、硬盘保护、笔记本电脑防盗等，工业领域的机器人测控、机床振动测量、电梯控制等，以及医学领域的心脏起搏器、运动与睡眠状态监视和环境能源领域的地震预警、石油勘探等。这些应用各不相同，对加速度传感器的性能要求也各不相同，表4-4所示为汽车用和导航级应用的性能对比。

表4-4 加速度传感器的性能指标

性能指标	汽车用	导航级
量程范围	$\pm 50g$（安全气囊） $\pm 2g$（车身稳定系统）	$\pm 1g$
频率范围	0～400 Hz	0～100 Hz
分辨率	<100 mg（安全气囊） <10 mg（车身稳定系统）	<4 μg
交叉轴灵敏度	<5%	0.1%
非线性度	<2%	<0.1%
最大冲击（1 ms）	>2 000g	>10g
温度范围	-40 ℃～85 ℃	-40 ℃～85 ℃
零点温度系数	<60 mg/℃	<50 μg/℃
灵敏度温度系数	$<900\times10^{-6}$/℃	$\pm900\times10^{-6}$/℃

加速度传感器的基本结构包括质量块、支承梁，以及位移或应力测量器件，其基本原理是加速度产生的惯性力引起质量块位移，通过测量质量块位移或由此起的支承梁应力得到加速度。根据敏感器件的不同，加速度传感器可以分为压阻式、压电式、电容式、隧穿式、热传导式、谐振式以及光学等。体微加工技术制造的微加速度传感器，可以利用平板电容或者压阻检测，平板电容和封装可以通过硅-玻璃或者硅-硅键合实现。这种方法制造简单、质量大、噪声小，但是难以和电路集成。采用表面微加工技术制造的多晶硅质量块及弹性梁，容易实现与CMOS电路的集成，但是质量块小，噪声大。

4.3.1 加速度传感器的建模

加速度传感器的设计包括微机械结构的设计和换能器的设计。微结构设计主要包括弹性结构设计和阻尼设计。弹性结构直接决定了弹性刚度，间接决定了灵敏度、带宽、噪声、交叉轴灵敏度等几乎所有性能；阻尼不仅和工作环境的压力有关，还和弹性结构以及质量块的尺寸、形状、运动方式等有关。特别对于微结构，阻尼对器件的性能影响非常大，因此，很多加速度传感器都在较大的运动面积上开阻尼孔，以降低阻尼的影响。弹性结构设计需要利用弹性力学方程获得弹性结构的弹性刚度系数，阻尼设计利用流体力学的阻尼方程计算阻尼系数与结构形状、气体压强、黏度等的关系。由于阻尼和结构有直接关系，因此设计中必须将弹性结构和阻尼同时耦合考虑，这为加速度传感器的设计带来了困难。有限元法可以对结构进行复杂条件下的模拟和仿真、计算结构的静态和动态特性，已经成为设计过程不可缺少的工具。

静态或者频率很低时，单位加速度引起的弹性结构的变形量定义为结构的静态灵敏度

$$S_1=\frac{x_{\text{static}}}{a}=\frac{M}{K}=\frac{1}{\omega_0^2} \tag{4-56}$$

其中，x_{static}为结构变形，a为加速度大小，M为质量块的质量，K为弹性结构的刚度系数，ω_0为系统的固有谐振频率。从式(4-56)可以看出，减小弹性刚度系数和增加质量可以降低谐振频率，增加静态灵敏度。同时，降低阻尼、增加质量和弹性刚度系数可以提高Q值。弹性结构的单位位移引起的传感器结构单位变形的输出电压为

$$S_2=\frac{V}{x_{\text{static}}} \tag{4-57}$$

于是传感器的静态灵敏度为

$$S=S_1S_2 \tag{4-58}$$

对于电容式传感器，如果最大输出电压设为电容传感器下拉电压V_{SD}的一半，则

$$S=\frac{V_{SD}M}{2Kx_{\text{static}}} \tag{4-59}$$

其中，下拉电压与电容支承结构的刚度K和电容面积A的关系是$V_{SD}=\sqrt{8Kx_{\text{static}}^3/(27\varepsilon_0A)}$。

加速度传感器的基本分辨率是由质量块的布朗噪声等效加速度决定的。由于微结构分子做布朗运动会产生随机振动，当布朗运动引起的振幅与加速度产生的振幅相等时，就无法分辨质量块的运动是由布朗噪声引起的，还是由加速度引起的。因此，加速度传感器的基本分辨率就是布朗噪声等效加速度。布朗力$F_B=\sqrt{4kTD}$(单位，$\text{N}/\sqrt{\text{Hz}}$)引起质量为$M$的质量块的位移$x_B$为

$$x_B=\frac{\sqrt{4kTD}}{k+\text{j}\omega D-\omega^2M}\quad(\text{m}/\sqrt{\text{Hz}}) \tag{4-60}$$

其中，k是玻耳兹曼常数，D为阻尼系数，T是热力学温度。将$Q=\omega_0M/D$和$\omega_0=\sqrt{K/M}$代入，可以得到布朗噪声等效加速度a_{cnea}(单位为$\text{m}\cdot\text{s}^{-2}/\sqrt{\text{Hz}}$)为

$$a_{\text{cnea}}=\frac{\sqrt{4kTD}}{M}=\frac{\sqrt{4kT\omega_0}}{QM} \tag{4-61}$$

从式(4-61)可以看出，增加机械结构的Q值和质量可以降低噪声。增加弹性结构的弹性刚度系数，系统的谐振频率ω_0提高，但是随着ω_0的增加，噪声等效加速度随之增加，分辨率下降。

决定加速度传感器总分辨率的还包括电路噪声，电路噪声取决于电容测量电路的电容分辨率$\Delta C_{\min}$和加速度传感器的灵敏度$S=\Delta C/a$。于是电路噪声等效加速度为

$$a_{\text{bnea}}=\frac{\Delta C_{\min}}{S} \tag{4-62}$$

单位为$\text{m}\cdot\text{s}^{-2}/\sqrt{\text{Hz}}$。加速度传感器的总体分辨率取决于布朗噪声等效加速度和电路噪声

等效加速度

$$a_{\text{resolution}} = \sqrt{a_{\text{bnea}}^2 + a_{\text{cnea}}^2} \tag{4-63}$$

传感器的动态分析可以用图4-26所示的加速度传感器的二阶质量-弹簧-阻尼系统进行类比。图中质量块被机械结构支承，表现为弹簧刚度系数。振动阻尼 D 代表机械结构的损耗和压膜阻尼等，其中压膜阻尼是决定因素。对于微型结构，压膜阻尼非常复杂，并且有可能改变弹簧刚度。根据牛顿第二定律，系统的运动方程可以表示为

$$M\frac{\mathrm{d}^2x}{\mathrm{d}t^2} + D\frac{\mathrm{d}x}{\mathrm{d}t} + Kx = -M\frac{\mathrm{d}^2y}{\mathrm{d}t^2} + F_e \tag{4-64}$$

其中，M 是质量块的质量；阻尼系数 D 包括机械支承结构的阻尼性和压膜阻尼；K 是弹性刚度系数，包括机械支承结构的弹性和压膜效应的贡献，其中压膜的贡献可以对比宏观的空气弹簧来理解；x 表示质量块相对传感器框架的位移；y 表示框架的绝对位移；F_e 表示使质量块保持在特定位置的反平衡力。对于开环（被动式）的加速度传感器系统，$F_e=0$；对于闭环（主动式）加速度传感器，外部加速度（框架的加速度）可以通过测量 F_e 获得，F_e 作用在质量块上，使质量块的相对位移 x 保持不变。

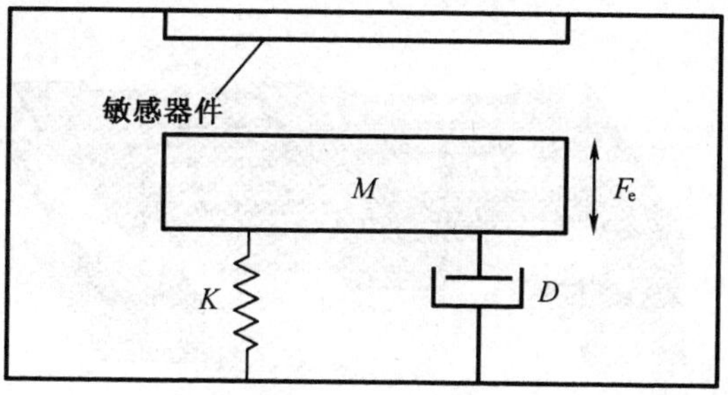

图4-26 加速度传感器模型

实际上，加速度传感器系统的运动方程都是高阶的，特别是对于微型结构，因为压膜阻尼与频率有关，在高频时会产生附加的弹性刚度。在低频时，其弹性效应和阻尼效应可以近似为常数。近似地，外界加速度与质量块的相对位移之间的传递函数可以表示为

$$\left|\frac{X(s)}{Y(s)}\right|_{s=\mathrm{j}\omega} = \frac{1}{\sqrt{(\omega-\omega_0)^2 + \omega^2\omega_0^2/Q^2}} \tag{4-65}$$

其中，$X(s)$ 是质量块相对位移 x 的拉普拉斯（Laplace）变换，$Y(s)$ 表示外界加速度的拉普拉斯变换。典型幅频特性和相频特性如图4-27所示。

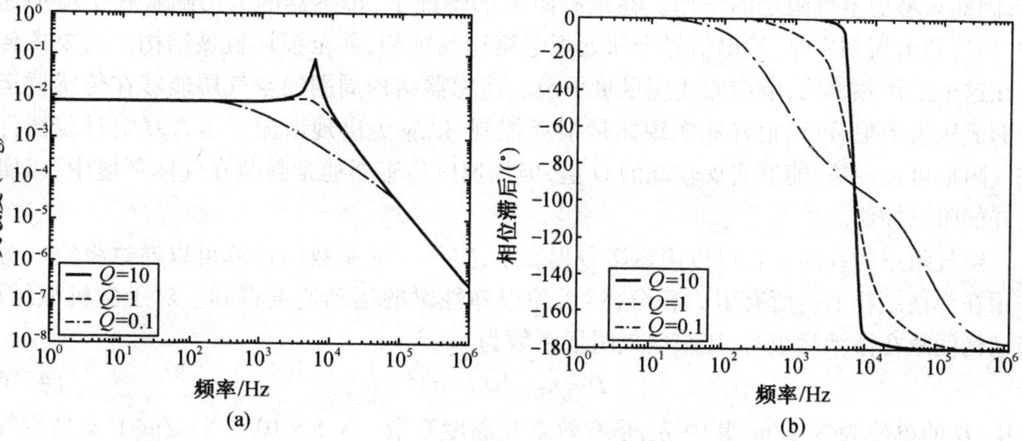

图4-27 加速度传感器的性能随频率的变化关系

加速度传感器的传递函数为

$$H(s)=\frac{X(s)}{a(s)}=\frac{1}{s^2+\dfrac{D}{M}s+\dfrac{K}{M}}=\frac{1}{s^2+\dfrac{\omega_0}{Q}s+\omega_0^2} \tag{4-66}$$

图4-28所示为梳状叉指电容式加速度传感器及其等效模型,其动态特性可以用式(4-66)描述。下面考虑其静态特性,微机械结构的弹性刚度系数由下式决定

$$K=K_m-K_e \tag{4-67}$$

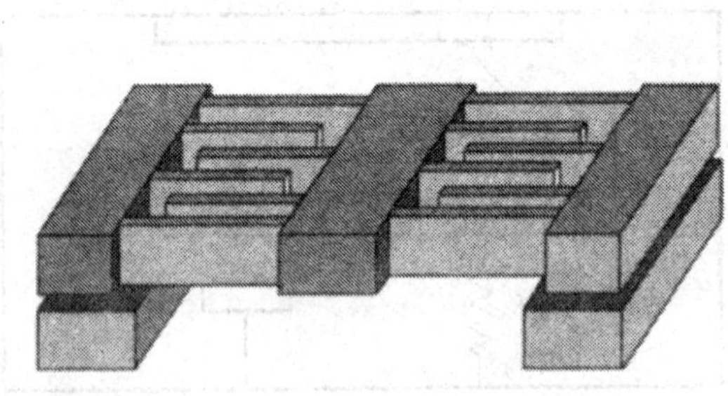

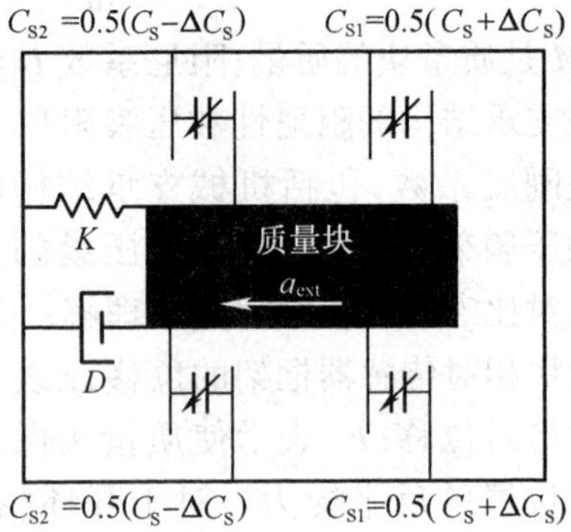

图4-28　梳状叉指电极加速度传感器结构及其等效模型

其中,机械刚度 K_m 和电刚度 K_e 分别为

$$K_m=4Eh\left(\frac{w}{l}\right)^3,\quad K_e=\frac{1}{2}V_{dc}^2\frac{n\varepsilon_0 hl_0}{d^2} \tag{4-68}$$

其中,E 是硅的弹性模量,l、w 和 h 分别为弹性梁的长、宽、高,n 和 l_0 分别是测量电极的总数和长度,d 和 V_{dc} 分别是电极间初始间距和直流偏置电压。选择合适的参数使 $K_e \ll K_m$,可以忽略电刚度的影响。

结构的阻尼对加速度传感器的性能有重要的影响。阻尼来自弹性结构的内摩擦产生的结构阻尼,以及结构周围环境气体对结构产生的气体阻尼。通常结构阻尼远小于空气阻尼,因此只考虑空气阻尼的作用。在没有阻尼的情况下,传感器的输出随着频率增加而增加,当达到谐振频率时,输出信号会使处理电路达到饱和,甚至损坏机械结构。这要求传感器在这个工作频率内,响应曲线应尽量平坦。传感器结构周围的空气层能够在传感器运动中形成压膜阻尼,可以很好地实现能量损耗控制,以避免出现谐振。尽管真空封装器件的空气阻尼可以忽略,能够实现较高的 Q 值,但加速度传感器通常封装在气体环境中,以实现良好的阻尼控制。

空气阻尼的控制方程可以用雷诺方程表示,空气阻尼系数的计算可以通过将空气分子作用在弹性结构上的所有阻力积分,然后除以弹性梁的运动速度得到。对于微机械结构,当结构间隙在微米量级时,压膜空气阻尼系数为

$$D=n\eta_{eff}l_0(h/d)^3 \tag{4-69}$$

式中,D 的单位为 N·s/m,其中 η_{eff} 是有效空气黏度系数(18.5×10^{-6} N·s/m²),d 是空气间隙的高度,电极的长度 l_0 远大于高度 h。从式(4-68)和式(4-69)可以看出,弹性刚度和阻尼系数取决于结构的尺寸参数,不同的参数的影响程度不同,例如阻尼系数 D 强烈依赖

于叉指的高度和叉指间距,而对长度的领带程度则只是线性关系。因此,可以通过调整优化参数获得需要的加速度传感器性能。

4.3.2 压阻式加速度传感器

最早批量生产的微加速度传感器都是压阻测量式的,目前 GE Novasensors,EG&G IC Sensors,CMN 等公司提供此类型的产品。压阻式加速度传感器在弹性结构(一般是梁)的适当位置注入制造压阻,当质量块受到加速度时,弹性结构在质量块惯性力的作用下变形,改变了压阻阻值,通过电桥测量电阻实现加速度的测量。为了提高灵敏度,压阻一般放置在梁的边缘,以获得最大的应力和变形。

一般压阻加速度传感器的量程为 20 ~ 50g,灵敏度为 1 ~ 2 mV/(ms^{-2}),灵敏度温度系数约为 0.2%/℃。当悬臂梁结构的质量块较小时,量程可以高达 10 000g 以上。压阻加速度传感器的弹性梁设计形式很多,利用不同的组合可以同时实现 21 mV/(ms^{-2})的灵敏度、25 000g 的量程和 1 kHz 以上的谐振频率。图 4 – 29 所示为两种典型的硅 – 玻璃键合制造的加速度传感器。质量块和弹性梁利用 KOH 各种异性刻蚀实现,压阻注入在弹性梁的根部,质量块依靠限位装置实现过载保护。

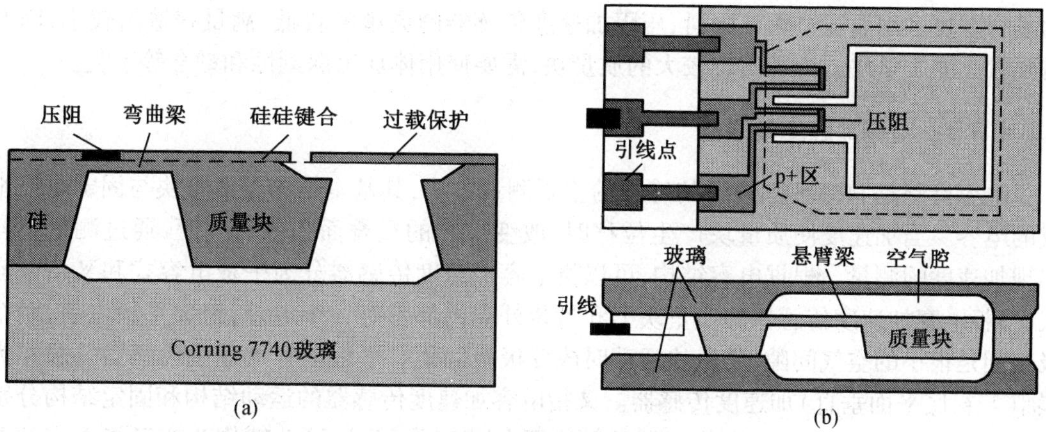

图 4 – 29 硅 – 玻璃键合的压阻加速度传感器

(a) Lucas Novasensor; (b) Stanford University

压阻加速度传感器一般使用多层圆片键合封装,例如采用一层硅圆片刻蚀弹性结构和质量块,将其与作为上下封盖的两层键合,实现过载保护和阻尼控制的功能;或者采用一个硅圆片刻蚀弹性结构,与另一个玻璃基板通过键合实现封装。为了实现处理电路与机械结构的单片集成,需要首先利用 CMOS 工艺完成信号处理电路和温度补偿电路,然后利用体加工技术从背面刻蚀弹性结构和质量块。

压阻传感器的温度系数较大,一般需要进行补偿。实现压阻传感器温度补偿的方法是使用温度传感器(如二极管)的输出信号对加速度信号进行修正,另外也可以通过恒温控制使压阻工作在恒定的温度上,以使灵敏度保持在一个常数。图 4 – 30 所示为带有温度控制系统的三轴压阻式加速度传感器。传感器由 SOI 制造,包括质量块和四个支承弹性梁,不同方向的加速度会使四个弹性梁产生不同的变形方向,通过测量压阻对加速度的方向和大小进行测量。为了实现稳定的温度,在压阻的周围设置了多晶硅加热电阻,控制压阻的工作温度恒定在 300 ℃，即无论环境温度是 20 ℃还是 200 ℃，传感器工作时加热电阻始终把压阻加热到 300 ℃，这样就降低了温度变化对压阻温度系数的影响，使传感器的灵敏度温度系数降低 72%。

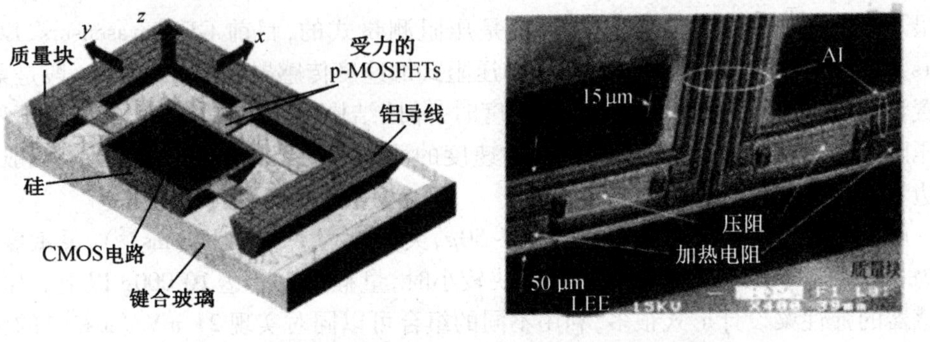

图 4－30　带恒温控制系统的压阻式加速度传感器

压阻式加速度传感器的优点是设计和制造比较简单，压阻电桥的输出阻抗较小，检测电路易于实现，容易实现高量程的传感器；但是压阻传感器的温度稳定性较差，在要求较高的场合需要采用温度补偿。同时，压阻加速度传感器的灵敏度较低，满量程输出较小，因此需要较大的质量块。为了实现较大的质量块，需要使用体加工深刻蚀和键合等工艺。

4.3.3　电容加速度传感器

电容检测是 MEMS 加速度传感器的主要测量方法，其基本结构是质量块与固定电极组成的电容。当加速度使质量块产生位移时，改变电容的重叠面积或者间距，通过测量电容实现加速度的测量。根据电容结构，可以将电容加速度传感器分为平板电容式和叉指电容式，平板电容加速度传感器的质量块上和封装外壳内部各有一个电极，组成平板电容，两个极板间是很小的空气间隙，质量块运动时改变极板间距。平板电容加速度传感器一般作为 z 轴（与衬底平面垂直）加速度传感器。叉指电容加速度传感器的运动结构和固定结构分别组成叉指电容的两组叉指，当传感器受到水平加速度作用时，可动结构改变叉指电容的重叠长度或者叉指间距，适合测量平面（x 轴和 y 轴）加速度。叉指电容还可以实现扭转结构的加速度传感器，即质量块非对称地固定在一个扭转梁上，垂直方向的加速度使质量块带动可动结构旋转，改变叉指的重叠面积。这种结构能够实现 z 轴加速度测量，容易实现过载保护，灵敏度高，下拉电压高。

1. 平板电容加速度传感器

图 4－31 所示为三个硅片键合而成的平板电容式加速度传感器，现在多家公司提供基于此结构的加速度传感器产品，如 VTI，Delphi，Hitachi 等。中间硅片上利用体加工技术刻蚀悬臂梁和质量块，并在质量块的上下表面各有一个电极，分别与顶层硅片的下表面电极以及底层硅片上表面电极构成两个平板电容。当质量块在加速度的作用下沿着垂直衬底方向运动时，两个电容的变化量刚好相反，通过差动连接方式可以将灵敏度提高一倍。VTI 的电容式加速度传感器的质量块为 4.6 mg，电容极板间距 2 μm，分辨率在 0～100 Hz 范围内，优于 1 $\mu g/\sqrt{Hz}$，零点温度系数 30 μg/℃，灵敏度温度系数 150×10^{-6}/℃。

多数平板电容加速度传感器使用体加工技术刻蚀弹性结构和质量块。体加工技术制造的加速度传感器质量块较大，分辨率较高，已经达到了 1 μg/$\sqrt{\text{Hz}}$的水平，但是一般需要键合技术才能进行封装或者实现电容的另一个电极，给制造带来较大的困难。硅－玻璃键合容易导致因热膨胀系数不同引起的封装应力，硅－硅键合时温度过高，很多工艺不能兼容。另外，在厚的质量块上制造阻尼孔也比较困难，而且在使用过程中如果需要测量 x，y 轴的加速度，需要将传感器垂直固定，带来很大的不便。

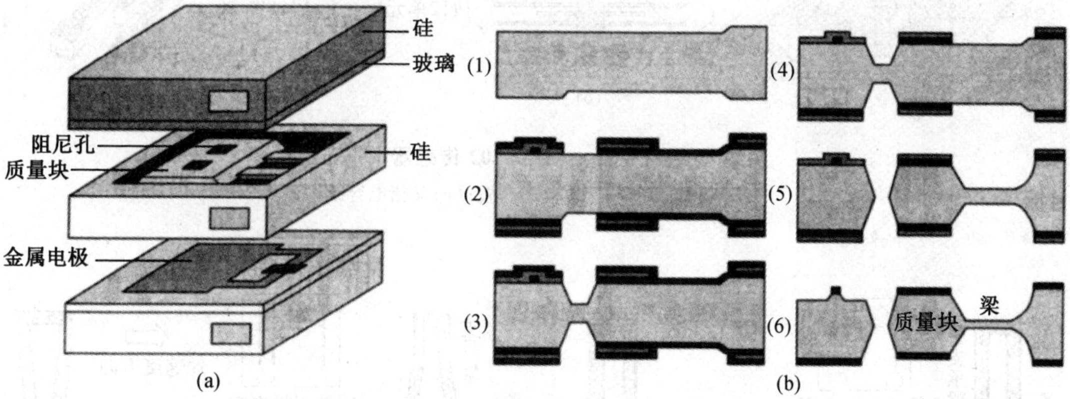

图 4－31　差动平行板电容式 z 轴加速度传感器（VTI）

2. 梳状叉指电容加速度传感器

制造 x，y 轴加速度传感器的主要方法是使用表面微加工技术。这是因为表面微加工技术适合制造多晶硅梳状电容，有利于测量电容的平面内相对运动，并且易于与处理电路相集成。但是表面微加工技术制造的质量块厚度小、质量轻，因此，如果不是封装在真空环境中工作，传感器的热噪声较大，一般在 100 μg/$\sqrt{\text{Hz}}$ ~ 1 mg/$\sqrt{\text{Hz}}$的水平。

ADI 公司的 ADXL dnn（d 表示敏感轴数量，nn 表示量程）系列加速度传感器是 MEMS 加速度传感器的典型代表。ADXL 采用表面工艺制造、闭环控制、处理电路与机械构单片集成。图 4－32 所示为 ADXL202 加速度传感器的结构，芯片中间为梳状叉指电容测量结构，周围为集成的信号处理电路。传感器的可动部分由支承梁、质量块、可动叉指组成，通过两端的锚点固定和支承衬底；固定部分由固定叉指组成。可动叉指与固定叉指形成电容，以差动电容输出。传感器另有 12 组自检单元，图 4－33 为叉指电容的结构和工作原理示意图。以 V_i 表示输入电压信号，V_o 表示输出电压信号，C_1 与 C_2 分别表示固定臂与可动臂之间的两个电容，则输入信号和输出信号之间的关系可表示为

$$V_o = \frac{C_1 - C_2}{C_1 + C_2} V_i \tag{4-70}$$

式（4－70）中的电容可以根据定义给出粗略的表达式（近似认为平板电容，忽略边缘效应）

$$C_{1,2} \approx 42 \frac{\varepsilon_0 h l_0}{g_0 \pm x} 60 \left(1 \pm \frac{x}{g_0}\right) (\text{fF}) \tag{4-71}$$

其中，h 是叉指电极的厚度，l_0 是重叠区域的长度，g_0 是叉指间距，x 是质量块和叉指的位移，42 是叉指电极对数。

当没有加速度时，可动叉指位于两个固定叉指之间的中心线上，输出电压为零，当加速度作用时质量块的惯性力作用在支承梁上，使支承梁弯曲变形，可动叉指偏离中心位置 x，

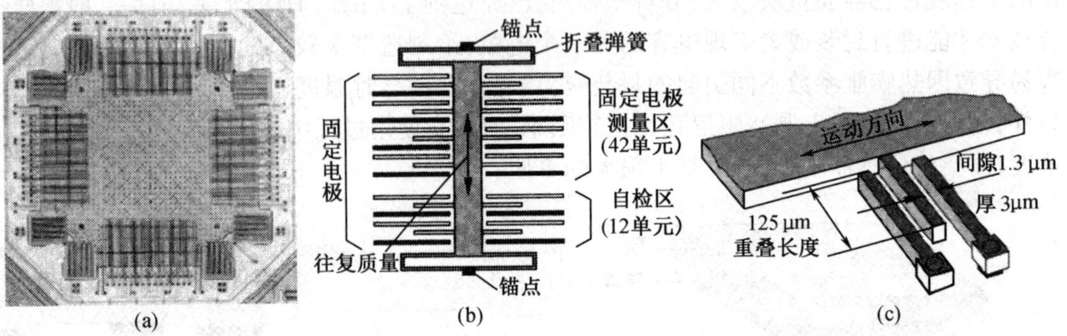

图4-32 ADXL202传感器

(a)芯片照度;(b)叉指电容布置;(c)叉指电容结构

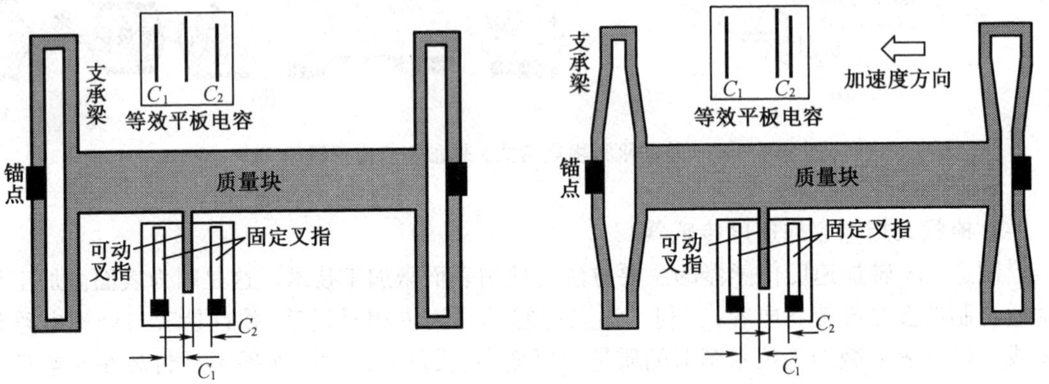

图4-33 叉指电容加速度传感器结构和工作原理

于是产生输出电压 $V_o = xV_i/g_0$。根据牛顿定律和支承梁的力学方程 $Kx = Ma$,得到的加速度表示为输出电压的函数为

$$a = \frac{Kx}{M} = \frac{Kg_0}{M}\frac{V_o}{V_i} \tag{4-72}$$

可见,在加速度传感器的结构和输入电压确定的情况下,输出电压与加速度呈正比关系。对于单根长度为 L_0 的悬臂梁,弹性刚度系数为

$$K_0 = \frac{Ewh}{4L_0^3} \tag{4-73}$$

其中,E 是梁的弹性模量,w 和 L_0 分别为弹性梁的宽度和长度。对于图4-50中的折叠梁结构,左端锚点固定的两个梁相当于两个长度为 $2L_0$ 的梁并联,弹性刚度系数为 $2\times(K_0/2) = k_0$,同样右端锚点固定的两个梁的弹性刚度系数为 K_0。所有弹性梁对质量块是并联支承关系,因此所有弹性梁的刚度系数 $K = 2K_0$。将弹性刚度系数代入式(4-73)后再代入式(4-72)可得

$$a = \frac{Kx}{M} = \frac{g_0}{2M}\frac{Ewh}{L_0^3}\frac{V}{V_i} \tag{4-74}$$

ADXL系列加速度传感器采用iMEMS技术制造,将多晶硅微机械结构与CMOS或者

BiMOS电路集成。由于 LPCVD 淀积的多晶硅存在很大的残余应力,因此控制多晶硅应力使微机械结构平整是制造过程的核心内容。多晶硅结构的厚度为 2 ~ 3 μm,叉指间距为 1.3 μm,重叠长度为 100 ~ 150 μm。以 ADXL150 加速度传感器为例,提供 ±50g 的测量范围,叉指电容部分的面积为 753 μm × 657 μm,采用 2 μm 厚的多晶硅作为叉指和支承梁材料,支承梁弹性刚度系数 5.4 N/m,梁与衬底间距为 1.6 μm,叉指重叠长度为 104 μm,静止时叉指间距为 1.3 μm。质量块为 0.1 ~ 0.2 μg,谐振频率为 10 ~ 22 kHz。差动电容每边电容值为 0.1 pF,满量程电容变化为 10 fF,最小可检测电容变化量为 2×10^{-17} F,最小可检测位移为 0.02 nm,灵敏度为 40 mV/(ms^{-2}),分辨率为 10 mg,带宽为 1 kHz,噪声 1.0 mg/$\sqrt{Hz}$,耐冲击为 2 000g。ADXL202 双轴加速度传感器,多晶硅厚为 2 μm,叉指间距为 1.3 μm,重叠为 125 μm,分辨率为 5 mg,噪声为 500 μg/$\sqrt{Hz}$,带宽为 5 kHz,交叉轴灵敏度为 2%。

采用开环电容测量电路的加速度传感器,灵敏度和带宽取决于材料、结构、阻尼等。由于加工误差和不一致性较大,导致传感器的一致性较差,零点偏移较大,对温度变化比较敏感。ADXL 系列加速度传感器利用闭环电容检测来测量电容的变化量,即把输出信号反馈到敏感叉指电容,利用负反馈控制可动叉指保持位移为零,通过反馈信号的大小测量电容的变化。闭环测量的加速度传感器的基本性能参数取决于材料和尺寸,但加工误差和不一致性影响降低到二阶,灵敏度、带宽和零点漂移等受温度影响很小,并能够获得更大的动态范围。

图 4 - 34 为 ADXL150 测量和信号调理电路。它由 1 MHz 方波振荡器、差动电容分压电路、跟随器、同步解调器、前置放大器、内部参考源、缓冲放大器和自检电路等组成。信号源用于驱动传感器并提供解调信号。梳状叉指电极组成的差动测量电容 C_1 和 C_2 串接,外侧的两个静止电极分别施加幅度相等但相位相差 180° 的 1 MHz 方波电压,使其构成分压电路,中间可动电极作为抽头。输出电压输入到跟随器,其幅值正比于加速度,而相位取决于加速度的方向。输出电压经跟随器和同步解调器后再输入到前置放大器对传感器信号进行放大,放大后的输出电压通过隔离电阻反馈到跟随器的输入端,同时还产生静电力驱动可动电极。该静电力与惯性力相抵消,使可动电极保持在平衡位置。前置放大器还连接缓冲放大器,可以通过外接电阻调整输出量程。由于闭环反馈随动系统的回路带宽与反馈速度有关,故带宽可由外接解调电容调整,还提供了精密的内部参考源和自检电路。

高分辨率的电容式加速度传感器要求大质量块、高品质因数、小电极间距(即高深宽比的固定和可动电极间距)。为了解决表面微加工加速度传感器分辨率低的问题,DRIE 深刻蚀与 SOI 或键合相结合制造大质量块梳状叉指电容开始广泛应用于加速传感器。这些梳状电容利用 DRIE 刻蚀制造,质量块的高度为 20 ~ 125 μm,具有较大的质量和较高的分辨率。图 4 - 35 所示为质量块厚度 120 μm 的 DRIE 刻蚀加速度传感器,采用 CMP 将硅片减薄到 120 μm,与带有凹槽的玻璃键合,然后利用 DRIE 从上面刻蚀,避免了横向刻蚀问题。该加速度传感器灵敏度为 40 mV/(ms^{-2}),分辨率提高到了 100 μg/$\sqrt{Hz}$。DRIE 刻蚀在一定程度上解决了分辨率低的问题,但是仍旧难以达到导航级的要求。尽管通过增加质量块的厚度可以继续提高分辨率,但是由于目前 DRIE 刻蚀深宽比的限制,叉指间隙随着刻蚀深度的增加而增大,导致电容减小阻抗增加,对寄生电容的处理和后续电路的要求很高。

梳状叉指电容加速度传感器多为 x, y 轴加速度传感器,较少用于 z 轴加速度的测量。这是因为如果固定叉指与可动叉指的高度相同,方向相反的两个加速度作用在叉指电容上

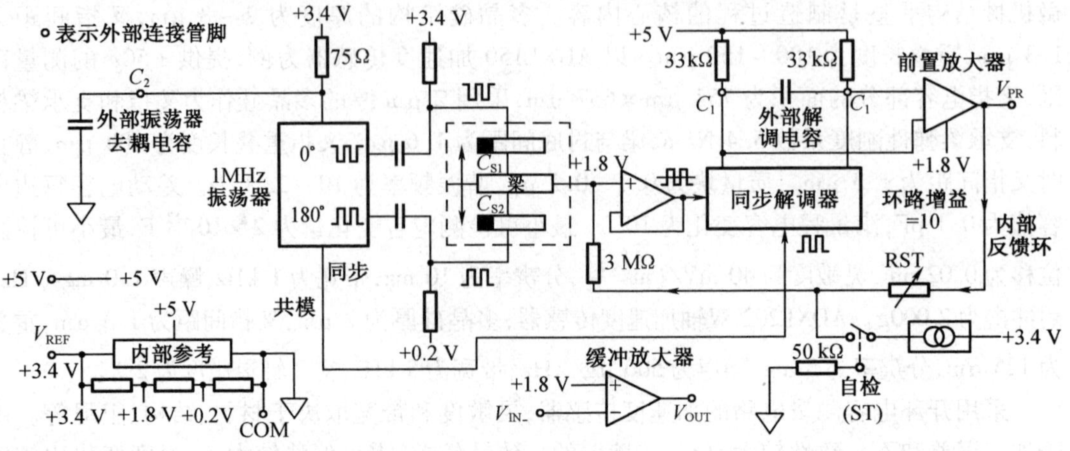

图 4-34　ADXL150 加速度传感器的闭环测量电路

会产生相同的电容变化,无法分辨加速度的方向。对于表面微加工制造的多晶硅叉指,电极与衬底之间有很大的寄生电容,湮没了被测加速度引起的电容变化。同时,叉指厚度一般仅为 2～3 μm,测量时加速度使重叠面积减小,边缘效应引起的非线性严重,另外体微加工技术制造的叉指衬底的绝缘不是非常容易解决的问题。

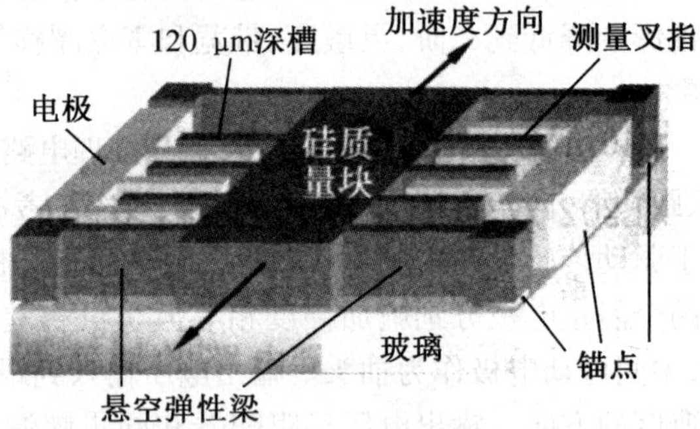

图 4-35　DRIE 高分辨率梳状电容加速度传感器

为了实现 z 轴梳状叉指电容加速度传感器,目前已经出现了利用垂直差动运动和扭转运动的梳状叉指电容,例如 CMOS-MEMS 工艺制造的垂直运动叉批电容 z 轴加速度传感器。在横向加速度传感器中,介质层中的三层金属是导通连接在一起,与介质层共同形成叉指,作为多晶硅结构使用。如果将三层电极分开连接,使其偏压不同,则相邻两个叉指的侧壁之间就会形成电容。当 z 轴方向的加速度使可动叉指运动时,侧壁之间形成的电容面积发生了变化,可以实现 z 轴加速度的测量。在 2 μm 的范围内,电容变化与 z 方向的位移基本是线性关系。加速度传感器尺寸为 500 μm×700 μm,谐振频率为 9.4 kHz,空气的 Q 值为 3,灵敏度为 0.5 mV/(ms^{-2}),交叉轴干扰 < -40 db,线性区域为 $27g$,噪声为 6 mg/$\sqrt{\text{Hz}}$。

图 4-36 所示为差动梳状电容测量 z 轴加速度的原理和制造工艺流程。差动电容的可动叉指与固定叉指的高度不同。图 4-36(a)左边所示的一组电容 C_1 的可动叉指高度小于固定叉指,图 4-36(a)右边所示的可动叉指的高度大于固定叉指的高度,并且左图的可动叉指和固定叉指的高度分别与右图的固定叉指和可动叉指的高度相同。当传感器没有加速度作用时,可动叉指处于图中的虚线位置,电容 C_1 与 C_2 相等。当传感器受到加速度的作用,可动叉指沿着 z 轴正方向运动时,C_1 由于重叠面积不变而保持不变,C_2 由于重叠面积减

小而减小；当加速度方向相反使可动叉指沿着 z 轴的负方向运动时，C_1 由于重叠面积减小而减小，C_2 的重叠面积保持不变因此，利用两组电容组合，可以判断加速度的方向并测量加速度的大小。

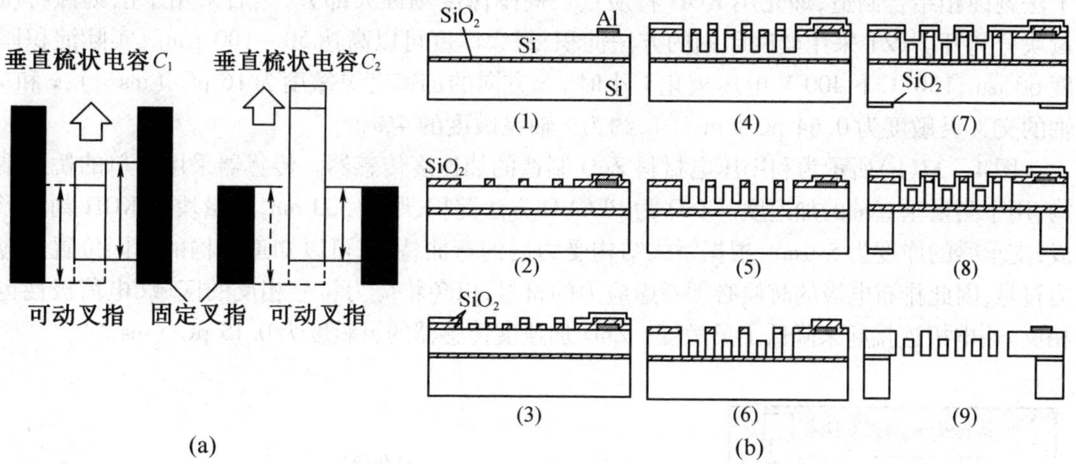

图 4-36 差动梳状电容 z 轴传感器 b

(a)工作原理；(b)制造工艺流程

这种传感器的制造流程如图 4-36(b)所示。采用了 SOI 和双面 DRIE 刻蚀制造大高度的叉指电容，并利用两层掩膜刻蚀不同高度的叉指。(1)在器件层硅表面形成铝金属互连；(2)淀积并刻蚀二氧化硅形成第一层掩膜层；(3)淀积第二层二氧化硅并刻蚀形成第二层掩膜层；(4)进行第一次 DRIE 刻蚀，深度为高度较小的叉指的高度；(5)去掉第二层掩膜层，将需要高度较小的叉指和深槽暴露出来；(6)继续进行 DRIE 深刻蚀，达到二氧化硅埋层停止，由第二次深刻蚀的高度决定两个叉指电容的高度差；(7)正面淀积二氧化硅保护刻蚀的结构，背面淀积并刻蚀二氧化硅掩膜层；(8)背面 DRIE 刻蚀硅衬底；(9)最后利用 HF 去除二氧化硅埋层和保护层，释放体加工的结构。这种双层掩膜的思想适合于 DRIE 和 KOH 刻蚀不同高度的结构，在很多情况可以应用，主要难点在于如何精确控制刻蚀速度和刻蚀时间，以实现不同结构的高度差。

电容式微加速度传感器的优点是稳定性好、灵敏度高、噪声低、功耗小，适用温度范围广，甚至可以实现高精度的导航级微重力器件，但是电容的变化量极小，容易受到寄生效应的影响，对处理电路要求较高，需要在封装和电路上解决这些问题。

4.3.4 压电式加速度传感器

压电式加速度传感器利用压电薄膜的压电效应进行测量，已经在地震监测等领域得到了实际应用。常用的压电材料包括 ZnO、AlN 以及 PZT 薄膜材料。一般压电传感器的分辨率和灵敏度都比较低，但是其优点是便于传感器进行自检。这是因为压电材料具有正逆压电效应，既可以作为传感器检测加速度，也能够作为驱动器产生运动和加速度。例如梁上的一个压电薄膜作为驱动器，驱动梁和质量块运动产生加速度；另一个压电薄膜作为传感器，即可以检测该压电薄膜是否处于正常状态。依次轮换作为传感器的压电薄膜，可以检测所有的压电薄膜是否正常。

图 4－37(a)所示为英国 Southampton 大学研制的基于 PZT 的压电加速度传感器。传感器的质量块由 4 个斜梁支承，梁上淀积电极和 PZT 薄膜。当传感器作用加速时，质量块与框架的相对位移引起梁的弯曲，由 PZT 将梁的变形转换为电荷。质量块和梁采用 KOH 和干法刻蚀相结合制造，即先用 KOH 将质量块周围深度刻蚀大部分，然后采用干法刻蚀将质量块分离开。PZT 采用丝网印刷的方法淀积，最大厚度可以高达 50～100 μm。实际淀积厚度 60 μm，150 ℃下 400 V 电压极化 1 小时。z 方向的加速度灵敏度为 16 pC/(ms^{-2})，x 和 y 轴的交叉灵敏度为 0.64 pC/(ms^{-2})，约为 z 轴灵敏度的 4%。

图 4－37(b)所示为利用压电材料 ZnO 制造的加速度传感器。传感器采用简单的桥式结构，用于测量垂直轴的加速度。ZnO 为 PECVD 方法淀积，厚度 500 nm，质量块为 KOH 刻蚀形成，支承梁的厚度为 5 μm。根据桥式结构受力后的弯曲特点，可以知道结构的不同位置的应力符号，因此排布电极的时候必须考虑应力的符号，以免将应力符号相反的区域(电荷极性也相反)用电极连接起来降低了灵敏度。ZnO 加速度传感器的灵敏度为 0.15 pC/(ms^{-2})。

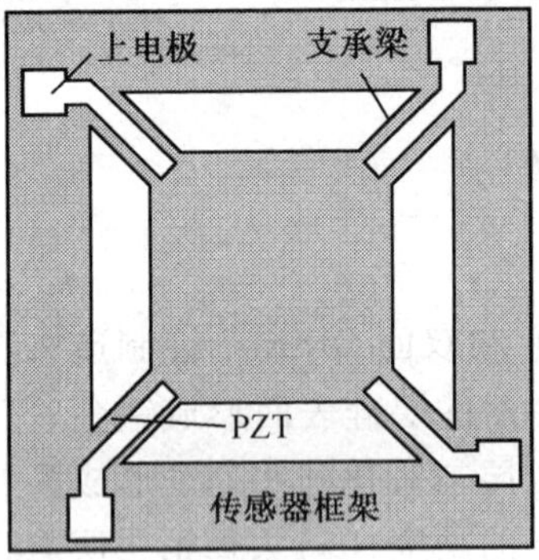

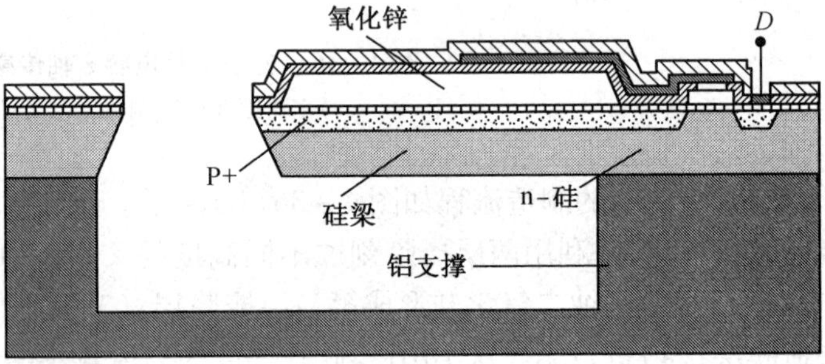

图 4－37　PZT 和 ZnO 压电加速度传感器

(a) PZT；(b) ZnO

通常压电加速度传感器都工作在 d_{31} 模式，即应力方向在 x 方向，产生的电荷在 z 方向，因此需要一个垂直 z 轴的平板电极收集电荷。除了 d_{31} 模式，压电薄膜还可以工作在 d_{33} 模式，即应力和电荷都在 x 方向。此时电极为梳状叉指结构，并利用横向极化。d_{31} 模式的平板电极位于压电薄膜的上下表面，与压电薄膜组成电容，电容取决于压电薄膜的厚度；使用 d_{33} 模式时电极为叉指电极，电容和频率可以独立调整，具有更大的设计灵活性。使用 d_{33} 模式的缺点是电容减小，对后续处理电路要求很高；另外 d_{33} 模式需要进行面内极化，要求较高的直流极化电压。

4.3.5　隧穿加速度传感器

隧穿加速度传感器最早由美国 Jet Propulsion Lab 提出，其结构是在弹性结构支承的质量块上制造一个隧道针尖，与另一个固定的隧道针尖形成隧穿电流，通过测量闭环电路维持隧穿电流不变时所承建的反馈电压测量加速度。多数隧穿加速度传感器测量垂直轴加速度(x 轴)，采用体加工和硅－硅、硅－玻璃键合技术制造；也可以采用表面工艺或体加工技术制造测量面内横向加速度的传感器。隧道传感器的特点是灵敏度高、噪声低，分辨率可以达到 10～20 ng/$\sqrt{Hz}$的水平。

图 4-38 所示为 Stanford 大学研制的隧穿加速度传感器,由柔性铰链支承的质量块和隧道探针组成。质量块下表面的电极与针尖电极之间产生隧穿电流,质量块电极与针尖的距离与加速度有关,而隧穿电流与间距有关,因此隧穿电流反映加速度的大小。由于间距只有 1 μm 左右,开环控制无法避免质量块在加速度作用下与针尖发生碰撞,因此实际的传感器都采用闭环反馈电路保持针尖与电极的间距恒定。反馈控制通过施加在电极上的电压产生的静电力来实现,根据式(4-35)中描述的隧穿电流与间距成指数关系,通过反馈控制电压得到加速度。

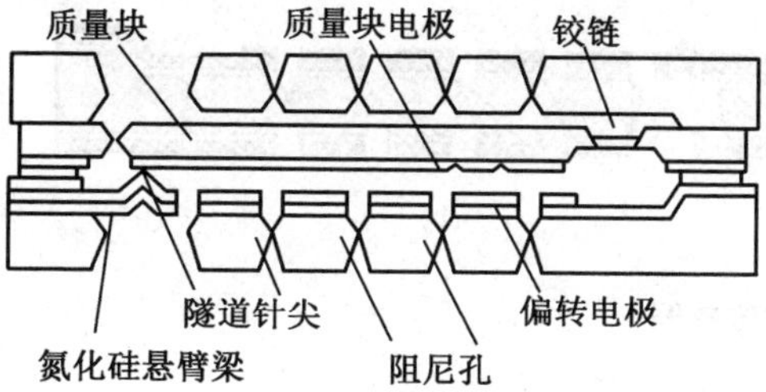

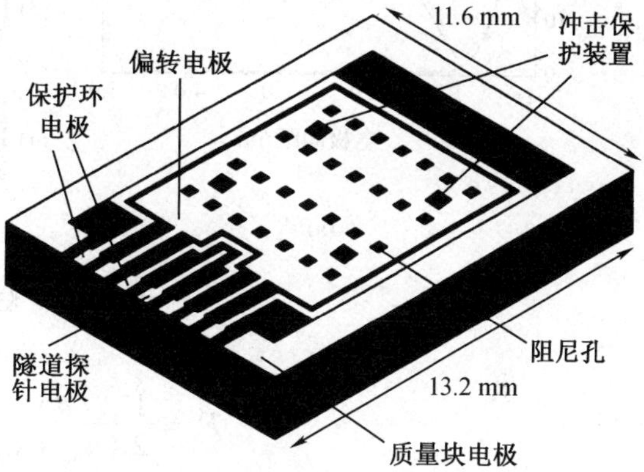

图 4-38 隧穿加速度传感器

(a)剖面图;(b)悬臂针尖芯片

传感器由三层芯片键合而成,从下到上分别为悬臂针尖芯片、质量块芯片和上盖,如图 4-39 所示。在悬臂针尖芯片的制造中:(1)热氧化二氧化硅作为保护膜;(2)进行 KOH 刻蚀,在探针周围形成 31 μm 深的凹槽,采用方形的掩膜图形,KOH 还同时刻蚀实现了硅针尖。针尖为金字塔形,顶端为曲率 1 μm 左右的尖顶,或者是 2~5 μm 的平台。一般情况下,隧穿传感器不需要非常锋利的针尖;(3)热氧化使针尖变得光滑,淀积 2 μm 厚的低应力氮化硅,并光刻形成阻尼孔的图形;(4)利用剥离工艺形成质量块的控制电极和隧道针尖电极 Cr/Pt/Au 金属层,最后用 KOH 刻蚀释放悬臂梁,并刻蚀阻尼孔。柔性的悬臂梁是保护探针的必要结构,因为常规的操作也会使质量块受到加速度作用而撞击探针,悬臂梁的弯曲可以保护针尖免于破坏。质量块为 7.0 mm×7.8 mm×0.2 mm,质量约为 28 mg。阻尼孔尺寸为 100 μm,但是常压下 Q 值依然很小,传感器封装在低压环境中,使 Q 值增加到 100 以上。

质量块下表面的电极和针尖所在芯片上的控制电极(偏转电极)构成平行板电容,用于对质量块施加反馈控制力。电容存储的电能为

$$E_e = \frac{1}{2}\frac{\varepsilon A_e}{h_{\text{tip}} + x_{\text{tg}}}(V_{e,o} + \delta V)^2 = \frac{1}{2}C_{\text{dp}}(V_{e,o} + \delta V)^2$$

其中,E_e 是电场能,$V_{e,o}$ 是平衡状态的驱动电压,δV 是反馈电路控制的电压扰动,ε 是环境介电常数,A_e 是电极面积,C_{dp} 是电极的等效电容,h_{tip} 是隧道针尖的高度,x_{tg} 隧道间距。于是电极产生的静电力可以通过对电场能求隧道间距的微分得到

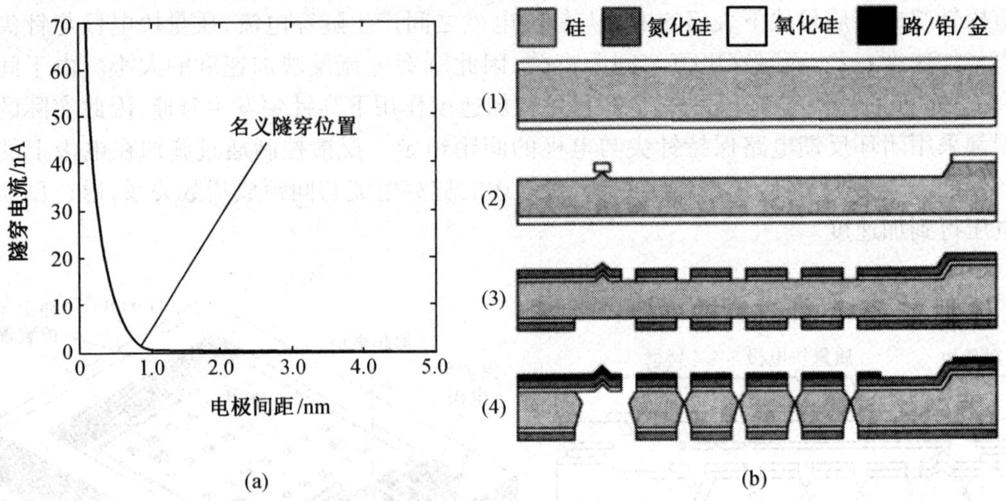

图 4-39　隧穿传感器

$$F_e = \frac{1}{2}\frac{\varepsilon A_e}{(h_{\text{tip}} + x_{\text{tg}})}(V_{e,o} + \delta V)^2 \tag{4-75}$$

利用式(4-75)可以计算静电力的大小。这个简化计算中没有考虑质量块弯曲所造成的电容非平行的影响。实际上由于反馈控制,这个影响并不显著。精确的计算需要考虑这一点,或者采用 FEM 进行仿真。

运动质量块的压膜阻尼系灵敏近似为

$$d_p = \frac{96}{\pi^4}\mu_{\text{air}}\frac{l_{\text{pm}}^3 w_{\text{pm}}^3}{l_{\text{pm}}^3 + w_{\text{pm}}^3}\frac{1}{x_{\text{pi}}^3} \tag{4-76}$$

其中,μ_{air}是空气黏度(1.78×10^{-5} kg/m·s),x_{pi}是空气间隙的高度,l_{pm}和w_{pm}分别是运动质量块的长度和宽度。当位移距离在亚微米尺度时,可以忽略阻尼系数随着质量块运动的变化,即认为d_p为常数。

图 4-40(a)所示为隧穿传感器的系统组成框图。由函数发生器产生的直流信号叠加一个小幅正弦交流信号,施加到反馈电路的参考输入端。交流信号的频率在隧穿传感器频带范围内,于是反馈控制系统将驱动信号施加到偏转电极产生同频的静电力,使质量块产生一个净位移(对应直流信号)和振动(对应交流信号)。净位移控制质量块与针尖的隧道间距。通过测量隧道针尖的电压、偏转电压和激光振动仪测量的质量块的位置,并比较质量块的实际振动(或者驱动电极电压)和隧道针尖的电信号,可以判断是否产生隧穿效应。当隧道针尖的电流与驱动电压成对数关系时,可以确定隧穿效应已经产生。

图 4-40(b)所示隧穿传感器和反馈控制电路,通过控制作用在质量块上的静电力F_e保持质量块和隧道针尖的间距为常数。名义隧穿电流$I_{t,0}$和名义隧道间距$x_{\text{tg},0}$由参考电压V_{ref}和电阻R_t决定。当隧道间距为 1 nm 左右时,隧穿电流为 1.35 nA。当传感器受到加速度作用时,质量块的惯性力使其产生运动,改变了隧道间距和隧穿电流。反馈控制电路根据隧穿电流的变化可以确定隧道间距,并产生负反馈静电平衡力,使质量块与针尖的间距保持恒定,加速度可以通过测量反馈电压V_{deflect}得到。反馈控制电路是一个典型的控制模

块,与传感器共同组成一个控制系统,设计控制模块需要选择反馈控制方式和确定传递函数等。利用该系统实现的加速度传感器的噪声电平为 20 ng/$\sqrt{\text{Hz}}$,带宽为 1.5Hz。

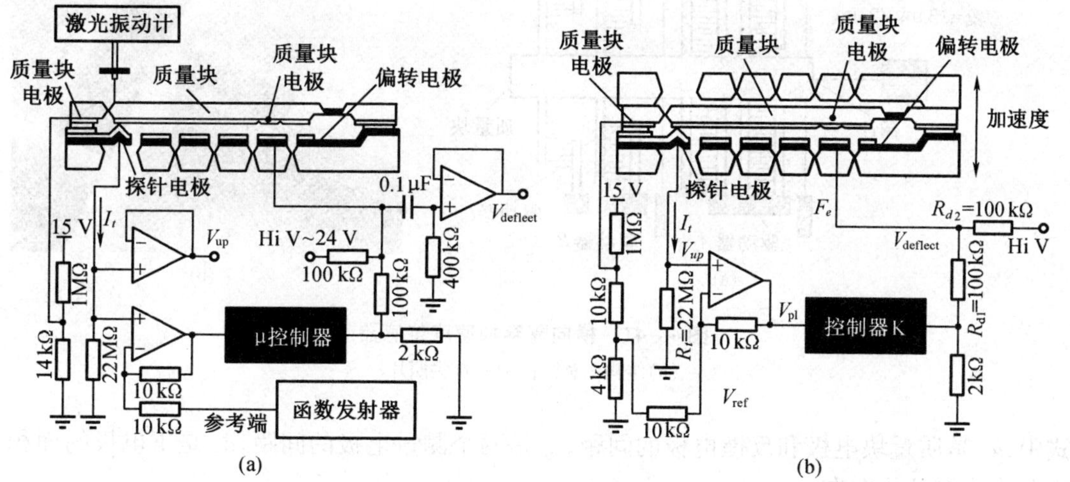

图 4-40　隧穿加速度传感器的校验系统和控制电路

图 4-41 所示为面内隧穿加速度传感器。传感器包括三组梳状静电驱动器、质量块和隧道针尖。针尖表面镀有金属,工作时与质量块的距离小于 1 nm,在 100 mV 偏置电压的作用下产生 1 nA 左右的隧穿电流。当加速度作用使质量块产生面内位移时,闭环控制驱动器维持隧道针尖与质量块的距离不变。通过保持隧穿电流不变而施加给驱动器的反馈电压,可以得出加速度的大小。驱动器 *A* 有 500 个叉指,叉指间距 1.2 μm,用来反馈控制质量块与隧道针尖的距离。驱动器 *B* 和 *C* 分别有 50 和 5 个叉批,分别产生大加速度和小加速度对传感器进行自检。制造采用 SCREAM 工艺,能够实现较大的质量块,并且质量块、弹性梁和驱动器的结构可以分别确定,分别满足带宽、分辨率的要求。弹性梁长 200 μm、宽 2 μm、高 13 μm 时,横向弹性刚度系数为 6.2 N/m,谐振频率为 5.5 kHz。垂直刚度为 140 N/m,具有良好的交叉轴抑制能力。传感器的最大分辨率为 70 ng/$\sqrt{\text{Hz}}$,灵敏度为 0.23 V/(ms^{-2})。

Michigan 大学利用溶硅法制造了隧穿加速度传感器。传感器包括三层结构,中间层是硅质量块和隧道针尖,上下两层分别为硅和玻璃,带有驱动电极,与中间层硅键合。传感器采用闭环方式,当针尖与相对的电极间距小于 1 nm 时,在电极间产生隧穿电流。当加速度使质量块产生位移时,电极间距变化引起隧穿电流的变化,控制电路响应隧穿电流的变化,调整下电极的控制电压使质量块回到初始位置,以保持隧穿电流不变,加速度从下驱动电极的电压得到。上电极用来产生加速度信号对传感器自检,并进行过载保护。传感器的灵敏度为 133 mV/(ms^{-2}),空气中的带宽为 2 μm,满量程为 30*g*,非线性度为 0.6%,噪声频谱具有典型的 1/*f* 噪声的特点,从 50 Hz 时的 1.75 mg/$\sqrt{\text{Hz}}$下降到 2 kHz 时的 0.25 mg/$\sqrt{\text{Hz}}$,对应的最小分辨率为 22.8 mg。

为了产生初始隧穿效应,需要利用静电力将质量块弯曲约 0.3 μm,使隧道针尖靠近对面电极。因此驱动下电极弯曲的电压需要

$$V_{\text{th}} = h_b \sqrt{\frac{2ks_0}{\varepsilon_0 A_b}}$$

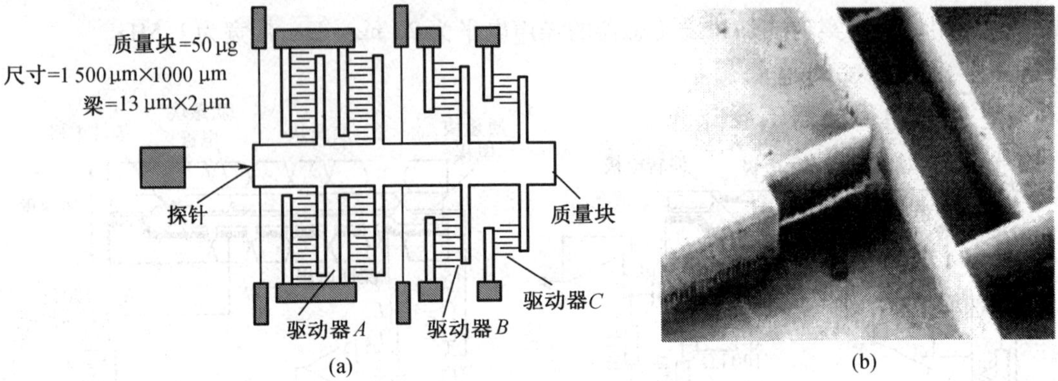

图 4－41　横向隧穿加速度传感器

(a)结构示意图;(b)探针尖照片

式中,h_b 是质量块电极和反馈电极的间距,s_0 是两个测量电极的间距,A_b 是下电极的面积。V_{th}的大小在几伏左右。

加速度导致的隧道间距的变化引起了隧穿电流的变化,该电流变化被直流增益为 A_0,带宽 f_0 的电流－电压转换放大器转化为电压变化,最后通过反馈控制静电力将质量块保持在初始位置,系统框图如图 4－42 所示,其中 V_0 是驱动电压。可以看出,由于隧穿效应闭环系统的前向增益很大,因此,传感器的灵敏度只决定于静电反馈增益,并与之成反比。

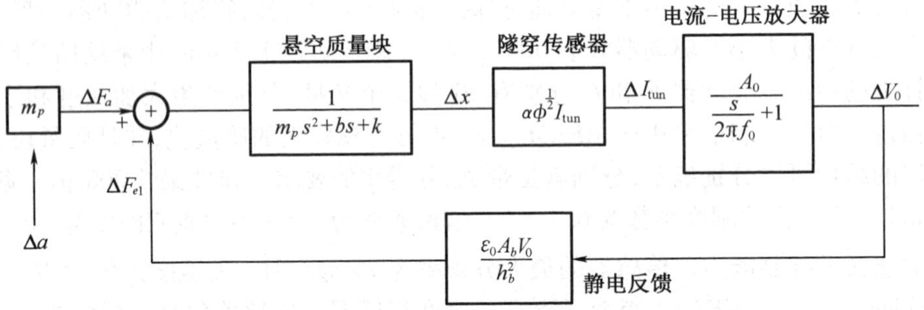

图 4－42　闭环反馈控制框图

隧穿加速度传感器的优点是具有极高的灵敏度和带宽可以用于高分辨率或小量程的测量;但是需反馈控制,对电路要求较高,系统比较复杂。由于隧穿电流随间距成指数关系变化,当隧道间距远大于 1 nm 时,隧穿电流太小而难以测量;但是隧道间距也不能过小,否则探针与质量块电极间产生的范德瓦尔斯力和静电力会导致针尖碰到质量块。在保持针尖尺寸的前提下,等比例缩小传感器不会降低灵敏度,这是与其他传感器不同的特点。隧穿传感器的重点是反馈控制电路、信号处理的噪声,以及制造上的困难。另外,由于难以通过制造实现 1 nm 的间距,必须依靠静电力(如平板电容或梳状叉指电容)实现精确的间距控制,增加了制造和电路的复杂性,特别对于平板电容,必须考虑静电引起的塌陷现象,以防止质量块被吸附到下电极上。

4.3.6 谐振加速度传感器

谐振式加速度传感器检测加速度对结构谐振频率的调制，因此谐振式加速度传感器需要激励谐振和对谐振进行检测。激励和检测的方式很多，例如电热驱动压阻检测、电容驱动压阻检测等。谐振式加速度传感器的优点是动态范围宽、灵敏度高、分辨率高、稳定性好，单晶硅谐振式加速度传感器已经达到了 1 kHz/(ms^{-2})以上的灵敏度和 2 μg 的噪声水平。

图 4-43 所示为真空密封的静电驱动、压阻检测式谐振梁加速度传感器。传感器包括质量块、上下密封盖、支承弹性梁 、两个同轴的谐振梁，以及用来检测谐振梁应变的压阻，由体加工技术制造。传感器的质量块和支承弹性梁为对称结构以降低交叉轴的干扰，上下密封盖限制质量块的运动幅度，起到限位保护的作用，并产生压膜阻尼。密封外壳上施加直流偏压，谐振梁的驱动电极上施加小幅交流电压，产生的静电力驱动谐振梁上下离面振动。谐振梁末端的压阻测量谐振梁振动引起的应变，放大后反馈到驱动电极，使谐振梁振动在谐振频率。两个谐振梁工作在差动模式，加速度使一个谐振梁的频率增加，另一个频率降低，以提高灵敏度并对共模信号如温度和交叉轴灵敏度进行抑制。当加速度作用时，质量块产生惯性力使支承梁弯曲，谐振梁的应变发生变化，引起谐振频率的变化，通过测量谐振频率测量加速度。传感器的量程可以通过支承梁的尺寸调节，对于20g 量程的传感器，谐振梁的长宽高分别为200 μm，40 μm 和2 μm，谐振频率为500 kHz，灵敏度为1 750 Hz/(ms^{-2})。

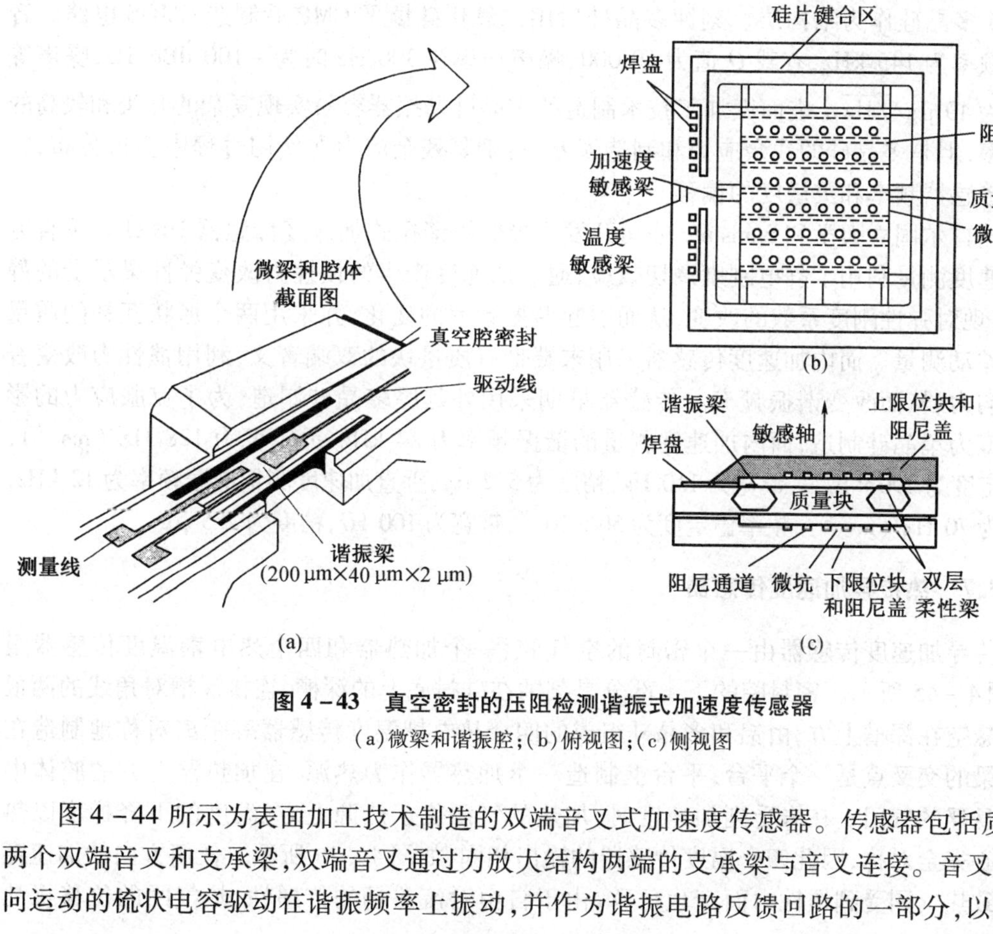

图 4-43 真空密封的压阻检测谐振式加速度传感器

(a)微梁和谐振腔；(b)俯视图；(c)侧视图

图 4-44 所示为表面加工技术制造的双端音叉式加速度传感器。传感器包括质量块、两个双端音叉和支承梁，双端音叉通过力放大结构两端的支承梁与音叉连接。音叉通过横向运动的梳状电容驱动在谐振频率上振动，并作为谐振电路反馈回路的一部分，以维持振

动。当加速度作用在质量块上时，产生双端音叉轴向方向的作用力，改变系统的势能，从而改变音叉的振动频率。其基本原理类似于吉他琴弦的工作原理，即通过轴向作用力改变谐振频率。两个双端音叉的差动输出可以消除共模误差的一阶分量对频率的影响，如温度和交叉轴干扰等。

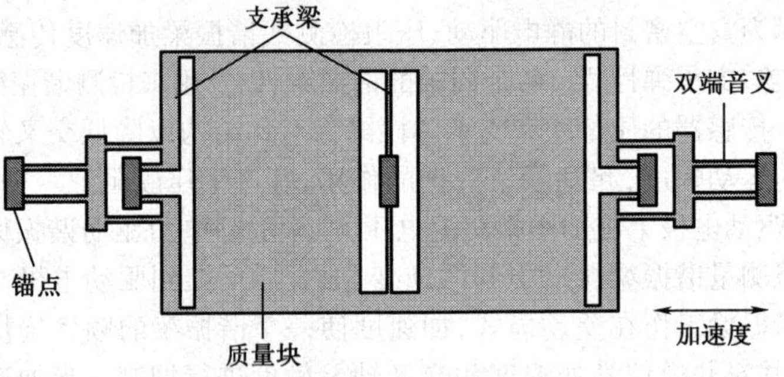

图4－44　音叉式加速度传感器

传感器利用Sandia国家实验室的Summit工艺制造，实现了微机械结构和处理电路的集成。首先在硅片上刻蚀5.5～6 μm的深槽，淀积300 nm的氮化硅作为绝缘层，然后淀积2.25 μm多晶硅作为结构层。刻蚀多晶硅后用二氧化硅填平CMP后制造CMOS电路。音叉振动频率为145 kHz，有载Q值为10 000，噪声功率在300 Hz时为－100 dBc/Hz，噪声等效水平为40 $\mu g/\sqrt{Hz}$。表面微加工技术制造的多晶硅谐振器容易实现复杂的开头和较高的谐振频率，但是多晶硅的残余应力和制造误差，特别是残余应力在使用过程中会再分布，容易导致传感器频率和灵敏度的偏移。

韩国首尔国立大学和Samsung公司开发了导航级谐振式加速度传感器DRXL。垂直方向的加速度测量利用了静电刚度调切效应，通过加速度产生的惯性力改变弹性梁承受的静电力，实现对弹性刚度系数的改变，从而引起谐振频率的变化，并采用两个形状互补的质量块实现差动测量。而内加速度传感器采用末端带有质量块的双端音叉，利用惯性力改变音叉的轴向力，从而改变谐振频率。传感器早期采用外延厚多晶硅制造，为了克服应力的影响而改变为单晶硅制造，面内加速度测量的谐振频率为24 kHz，灵敏度为128 Hz/(ms^{-2})，频率稳定度为290×10^{-9}，带宽为110 Hz，精度为5.2 μg；垂直加速度测量谐振频率为12 kHz，灵敏度为70 Hz/(ms^{-2})，频率稳定度为50×10^{-9}，带宽为100 Hz，精度为2.5 μg。

4.3.7　热传导加速度传感器

热传导加速度传感器由一个密封的空气腔、一个加热器和四个热电耦温度传感器组成，如图4－45所示。密封腔的下半部分是刻蚀在硅衬底上的深槽，连接深槽对角线的两根梁交叉悬空在深槽上方，由铝和多晶硅组成的四个热电耦温度传感器等距离对称地制造在梁上。梁的交叉点是一个平台，平台上制造一个加热器作为热源，在加热器上方的腔体中有一个悬浮的气团。在未受到加速度时，加热的气团位于热源上方，温度的下降梯度以热源为中心完全对称，因此四个温度传感器的输出相同，如图4－46所示。任何方向的加速度都会导致热气团受到惯性力而产生位移，由于自由对流热场的传递性，热气团的位移扰乱

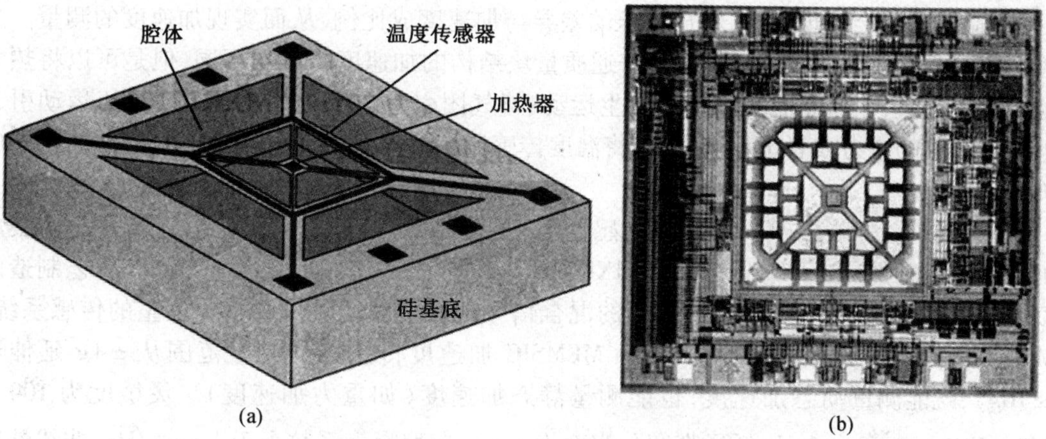

图 4-45　热传导加速度传感器

(a)结构示意图;(b)芯片照片(MEMSIC)

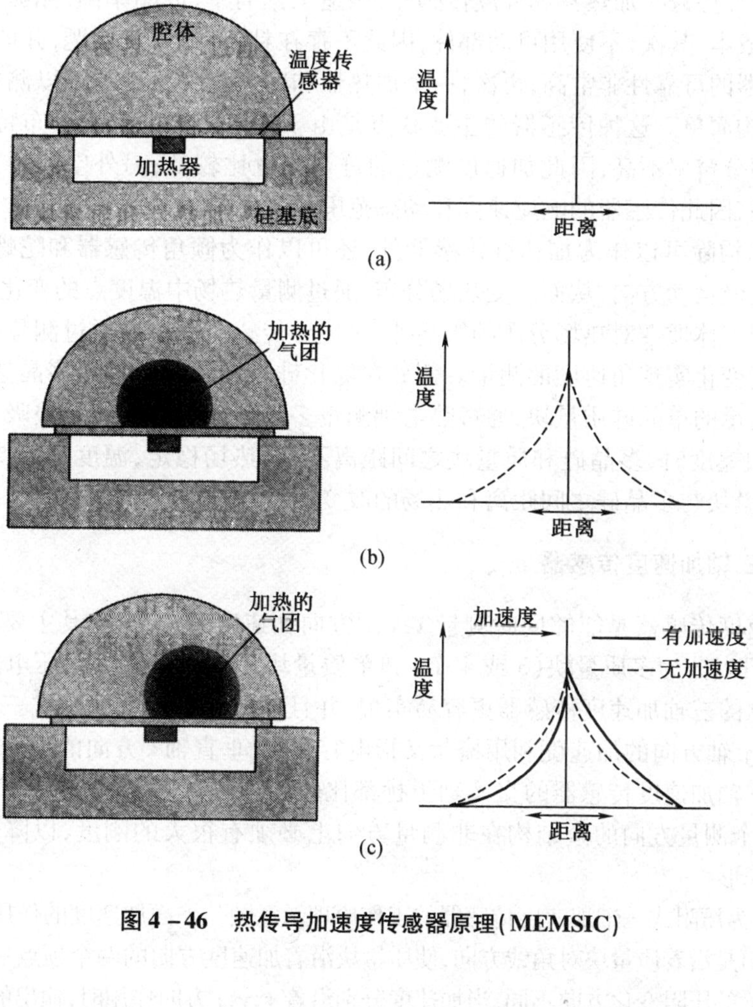

图 4-46　热传导加速度传感器原理(MEMSIC)

了热场的分布,导致热场和温度分布不对称。四个热电耦温度传感器测量的温度(即热场分布)输出电压会出现差异,输出电压的差异与加速度成比例,从而实现加速度的测量。尽管热传导式加速度传感器的原理与普通质量块结构的加速度传感器不同,但是可以将热气团视为质量块,在加速度的作用下产生运动;将气团引起的热场变化视为质量块运动引起的弹性结构的应力或者位移的变化;将温度传感器测量的温度变化视为压阻器件测量的应力或者位移。

MEMSIC 公司的热传导加速度传感器基于单片 CMOS 集成电路制造工艺,是一个集成的平面内双轴加速度传感器。例如 MXR7210GL/ML 是采用标准亚微米 CMOS 工艺制造的双轴低噪声加速度传感器,通过内部的混合信号处理电路使其成为一个完整的传感系统。MXR7210GL/ML 的量程范围为 $\pm 2g$(MEMSIC 加速度传感器的测量范围从 $\pm 1g$ 延伸至 $\pm 10g$),既能测量动态加速度,也能测量静态加速度(如重力加速度)。灵敏度为 100 ~ 500 mV/(ms^{-2}),在 1 Hz 低通带宽分辨率为 1 mg,典型噪声系数小于 1 mg/$\sqrt{Hz}$,非线性度为 0.5%,零点偏移为 2.5%,灵敏度温度系数为 200×10^{-6},频带为 30 Hz。MXR721GL/ML 采用 LCC 表面贴装气密性封装形式,还包含一个内置的温度传感器和参考电压输出。

与质量块加弹性结构的加速度传感器相比,热传导加速度传感器有很多优点。首先,传感器的核心部件只有加热器和温度传感器,制造工艺简单、成品率高,能够与 CMOS 电路集成,降低了成本;其次,不使用可动部件,因此不存在粘连、应力等问题,并能够随 50 000g 的冲击,传感器的可靠性非常高;再次,一个加热器和四个温度传感器可以测量平面内双轴的加速度,结构简单。这种传感器的主要缺点是由于空气团和温度场分布特点的限制,温度测量的空间分辨率不高,因此加速度测量的分辨率也比较低;另外空气团在密封腔内的运动速度较慢,因此传感器的响应速度和动态范围受到限制。

热传导结构除可以作为加速度传感器外,还可以作为倾角传感器和陀螺,都是利用了惯性力改变气流运动方向,从而改变热场分布,通过测量热场中温度点的变化进行测量。

除了利用气体惯性对热场分布的影响外,热传导传感器还可以通过测量惯性引起的固体热场的温度变化实现角速度的测量。例如在氮化硅表面上制造加热多晶硅电阻,上面悬浮着弹性梁支承的单晶硅质量块,通过热电耦测量多晶硅加热器和质量块吸热器之间的温度差。没有加速度时,多晶硅和质量块之间距离不变,热场稳定,温度差保持恒定;有加速度作用时,质量块与多晶硅之间距离和热场的改变,导致温度差变化。

4.3.8 三轴加速度传感器

三轴加速度传感器是能够同时测量 x,y,z 方向加速度的传感器,其主要测量原理如图 4-47 所示,可以分为多质量块(3 或 4 个)和单质量块系统,利用压阻、压电或电容实现检测。电容检测的三轴加速度传感器更容易实现,并且性能较好。在电容式三轴加速度传感器中,平面 x,y 轴方向的加速度利用梳状叉指电容测量,垂直轴 z 方向的加速度用平板电容测量。目前三轴加速度传感器的交叉轴干扰都比较严重,一般为 3% ~25%。为了降低交叉轴干扰,每个测量方向的微结构在非测量方向上必须有很大的刚度,以降低垂直方向加速度产生的变形。

图 4-48 为压阻式三轴加速度传感器的工作原理示意图。平面加速度的作用方向不是沿着质量块边长,而是沿着质量块对角线方向,使质量块沿着加速度方向的两个顶点一个上升一个下降,因此弹性梁的压阻变化方向不同,当加速度分别沿着 x,y,z 方向作用时,输出的电压分别为

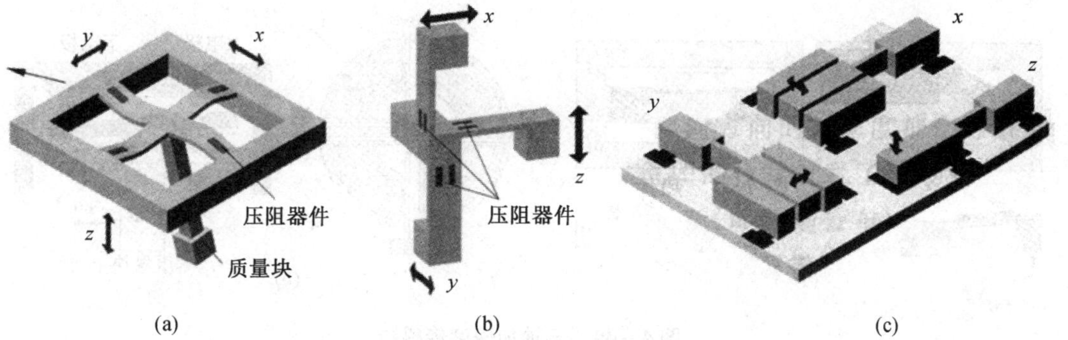

图 4-47　实现三轴加速度传感器的基本方法

(a)二维三轴加速度传感器;(b)三维三轴加速度传感器;(c)电容三轴加速度传感器

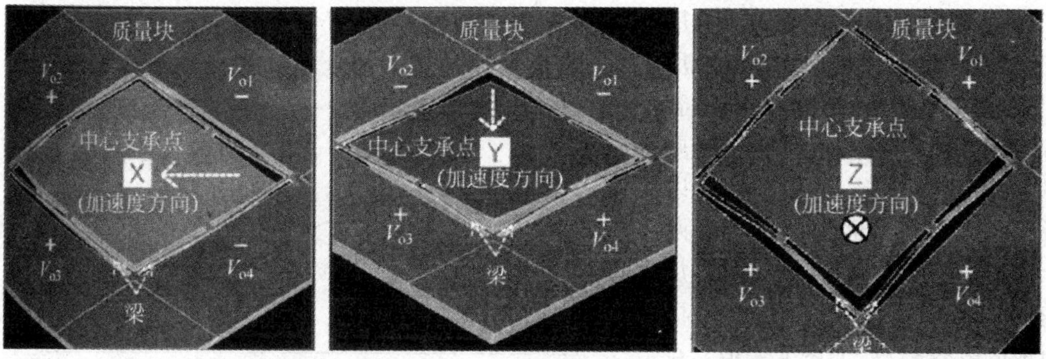

图 4-48　压阻式三轴加速度传感器工作原理

$$V_x = (V_{o2} + V_{o3}) - (V_{o1} + V_{o4})$$
$$V_y = (V_{o3} + V_{o4}) - (V_{o1} + V_{o2})$$
$$V_z = V_{o1} + V_{o2} + V_{o3} + V_{o4}$$

这种根据四个输出组合测量的方法不仅可以应用于压阻三轴加速度传感器,还可以利用质量块与键合玻璃板上的四个电容组合测量三轴加速度,或者与压电材料组合测量三轴加速度,如图 4-49 所示。

利用三质量块实现电容式三轴加速度传感器是比较常用的方法。UC Berkeley 利用表面微加工技术实现了单片集成的三质量块和单质量块三轴电容式加速度传感器,如图 4-49(a)所示。该传感器采用叉指电容测量平面加速度,平板电容测量垂直加速度,三个质量块分别由弹性梁支承。传感器采用表面工艺制造,微结构与 CMOS 电路集成,结构层为 2 μm厚的多晶硅,电路为 2 μm 标准 CMOS,一共集成 1 000 个晶体管,电路含有 Sigma-Delta 调制器的反馈闭环控制和片上集成 AD 转换电路。闭环控制可以扩大动态范围,平坦频率响应曲线,提高交叉轴的抑制能力等。传感器 x 方向质量块为 0.294 μg,谐振频率为 3.0 kHz,电容为 101 fF,叉指间隙为 2.13 μm,噪声为 110 $\mu g/\sqrt{Hz}$;y 方向质量块为 0.21 μg,频率为4.8 kHz,电容为 78 fF,叉指隙为 2.13 μm,噪声为 160 $\mu g/\sqrt{Hz}$;z 方向质量块为 0.391 μg,频率为 8.2 kHz,电容为 322 fF,叉指间隙为 2.3 μm,噪声为990 $\mu g/\sqrt{Hz}$。

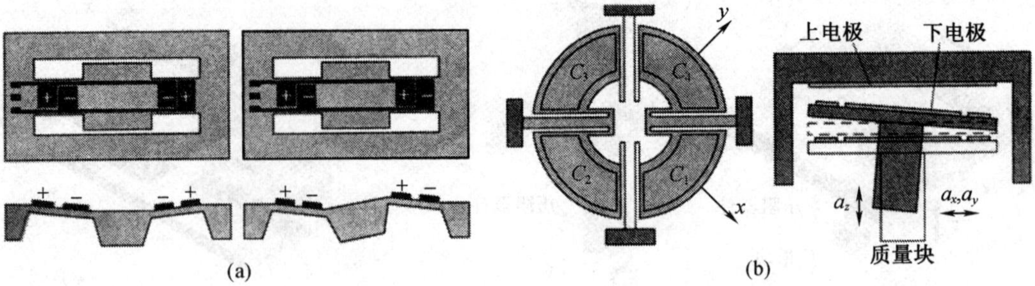

(a) (b)

图 4－49　三轴加速度传感器

图 4－49(b)所示为采用 iMEMS 工艺制造的集成单质量块三轴电容式加速度传感器。采用三个含有 Sigma-Delta 调制器的反馈闭环控制,每个方向的检测电容各使用一个。微机械结构包括质量块和四个对角支承的弹性梁,以及叉指电容。平面加速度依靠两个方向的叉指电容检测,而垂直加速度依靠质量块与下方的地电极组成的电容检测,如图 4－50。在 ADI 的 iMEMS 工艺中,多晶硅结构层下方可以淀积高浓度掺杂多晶硅薄层作为地电极。微结构为 2.3 μm 厚的多晶硅,叉指静止时间隙为 2.2 μm,质量块为 0.2 μg。电路为 2 μm 的 CMOS 技术,5 V 供电。x,y 轴的频率 6.6 kHz,最大量程为 11g,噪声为 0.73 mg/$\sqrt{\text{Hz}}$,总电容为 98 fF,灵敏度为 0.24 fF/(ms^{-2});z 轴自然频率为 5.2 kHz,噪声为 0.76 mg/$\sqrt{\text{Hz}}$,最大量程为 5.5g,总电容为 177 fF,灵敏度为 0.82 fF/(ms^{-2}),最大的交叉轴干扰为－36 dB。

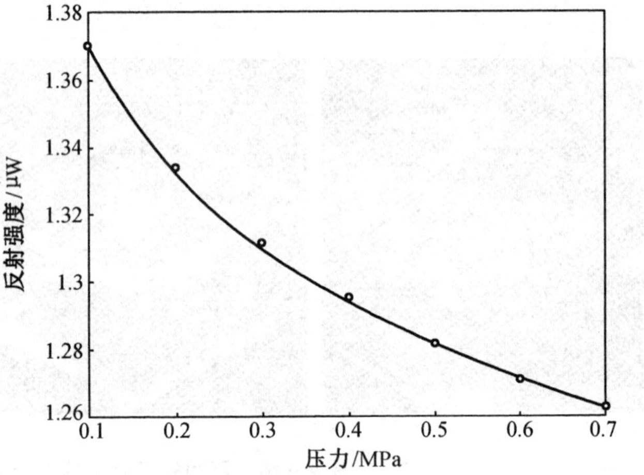

图 4－50　单片集成电容三轴加速度传感器(UC Berkeley)

4.3.9　加速度传感器的制造

压阻式加速度传感器多采用体加工技术中的 KOH 刻蚀和 DRIE 刻蚀技术制造单晶硅弹性结构,或使用 SOI 或外延等方尖与体加工技术相结合,以获得厚度均匀的支承弹性梁。例如在二氧化硅掩膜层上开窗口阵列后外延单晶硅,使外延层横向生长覆盖二氧化硅,形成网格状 SOI 结构,然后体加工刻蚀和压阻注入。利用这种横向外延的方法,可以实现 10 μm厚的外延层弹性梁结构,灵敏度可达 287 μV/(ms^{-2}),非线性度在 30g 内小于 4%。

电容式加速度传感器可以采用表面微加工和体加工技术制造。平板电容式的加速度传感器多采用体加工技术,利用 KOH 或者 DRIE 刻蚀质量块和弹性结构,将质量块作为电容的一个极板,然后通过硅－玻璃或者硅－硅键合实现密封的腔体和另一个电极。对于

SOI 衬底，利用 RIE 刻蚀埋层二氧化硅释放器件层，可以制造由质量块和衬底构成的平板电容。由于电容式传感器需要检测极其微小的电容变化量，为了降低寄生电容的影响，电容式传感器更倾向于微机械结构与处理电路集成的方式，因此表面微加工应用很多。

采用表面微加工技术制造的梳状叉指电容加速度传感器，通过多晶硅和牺牲层实现悬空的叉指和质量块。表面微加工制造的质量块比较小，机械噪声大，限制了传感器性能的提高。一般表面微加工制造的商业传感器的分辨率在 100 μg ~ 1 mg 的水平。通过抑制寄生电容和采用相关采样，表面微加工加速度传感器的分辨率可以达到 2 $\mu g/\sqrt{Hz}$级。在标准 COMS 工艺以后利用 DRIE 刻蚀介质复合层的 CMOS - MEMS 工艺，也能够实现 1 ~ 0.5 $mg/\sqrt{Hz}$水平的横向加速度传感器。

为了实现较高的分辨率，需要较大的质量块和较小的支承弹性梁刚度。但是刚度较小的支承梁使质量块容易在牺牲层释放过程中发生粘连，并且交叉轴干扰较大。为了提高大刚度结构的分辨率，可以利用静电力调整弹性梁在惯性力方向的刚度。利用静电力增加振动方向的等效惯性力，即通过电刚度降低总体刚度。由于总体刚度等于机械刚度与电刚度之差，通常对于 1 N/m 的弹性梁来说，电刚度的大小与机械刚度相当，因此频率调整范围相当大，可以从 0 调整到固有频率。与未调整刚度的同样结构相比，分辨率提高可达 30 dB。

体微加工技术在梳状叉指加速度传感器中得到了广泛应用，例如 HARPSS 工艺和 SOI + DRIE 技术。图 4 - 51 所示为两种采用 SOI 制造的加速度传感器，SOI 的器件层作为叉指电容和质量块。图 4 - 51(a)为从硅片正面 DRIE 刻蚀 SOI 的器件层制造的三轴加速度传感器，面内两个方向的加速度依靠梳状叉指电极和质量块测量，垂直方向的加速度依靠折叠梁支承的平板电极测量。图 4 - 51(b)为单轴加速度传感器，利用 DRIE 从背面刻蚀硅衬底，直到二氧化硅埋层停止，然后从正面 DRIE 刻蚀器件层硅形成叉指和质量块。这种完全单晶硅结构、小电极间隙的加速度传感器可以实现 83 mV/mg 的灵敏度和 10 Hz 时 170 $ng/\sqrt{Hz}$ 的分辨率。与此类似，DRIE 和硅 - 玻璃键合技术也用于制造高深宽比结构梳状电容和质量块的加速度传感器。

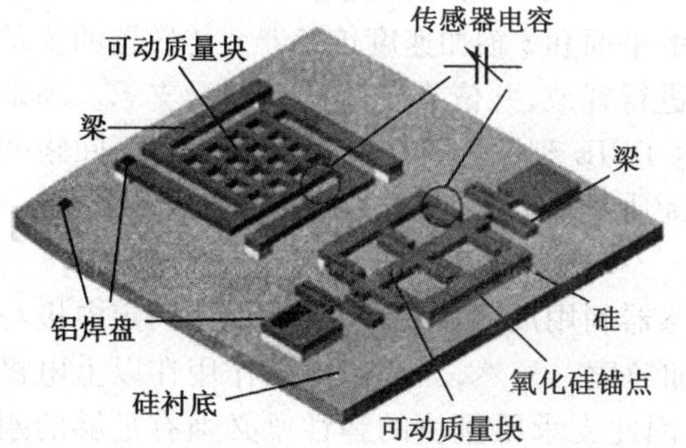

(a)

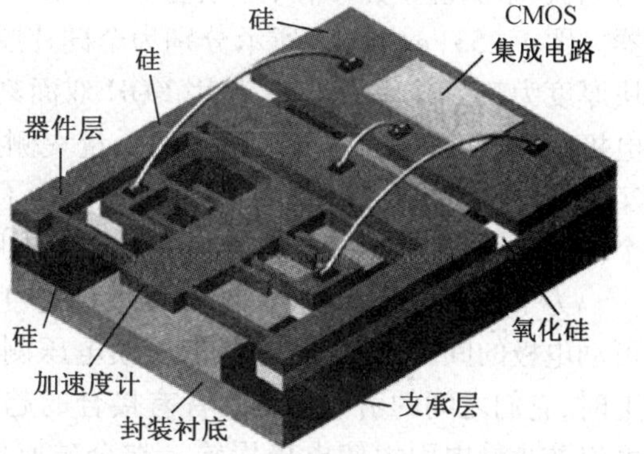

(b)

图 4 - 51 两种基于 SOI 的加速度传感器

改进的 HARPSS 工艺可以实现单晶硅的高深宽比结构，图 4 - 52 所示为制造梳状电容平面加速度传感器的工艺过程：(1)在低阻硅衬底表面淀积 LPCVD 氮化硅作为绝缘层，然后 DRIE 刻蚀深槽；(2)热生长二氧化硅作为牺牲层，由于二氧化硅的厚度小于单晶硅结构宽度的 20%，二氧化硅的应力不会对结构产生影响；(3)将深槽内部填充硼掺杂多晶硅，回流激活，作为固定电极；(4)刻蚀深槽多晶硅，边界由二氧化硅牺牲层决定；(5)刻蚀二氧化硅并 DRIE 刻蚀单晶硅，形成单晶硅结构和支承梁；(6)横向 RIE 刻蚀结构下面的单晶硅，释放结构；(7)最后去除二氧化硅。利用这种方法实现的加速度传感器，质量块和梳状电容厚 60 μm，动态范围 126 dB，等效噪声为 0.95 $\mu g/\sqrt{Hz}$。

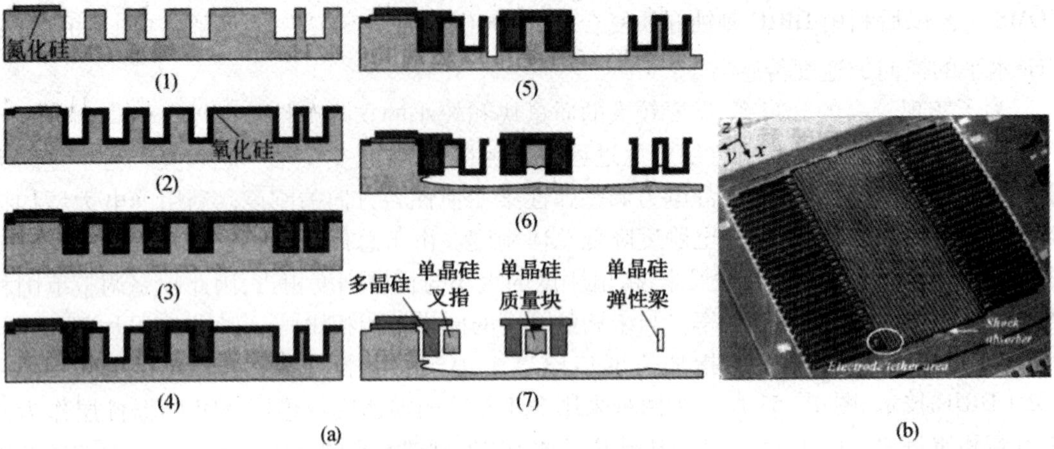

图 4-52　改进的 HARPSS 制造加速度传感器

(a)制造流程；(b)60 μm 厚传感器的照片

尽管 KRIE 刻蚀可以实现质量块厚度为 20~120 μm 的加速度传感器，但是由于 DRIE 刻蚀深宽比能力的限制，电极间距较大，电容较小。同时，为了制造电极和释放结构，制造流程也比较复杂。为了实现更厚的质量块，可以利用整个硅片的厚度，但是需要解决电极间距大的问题。利用 HARPSS 工艺的二氧化硅氧化层作为电极间距牺牲层、利用多晶硅作为电极、单晶硅作为结构，并结合 KOH 和 DRIE 刻蚀，可以实现全硅片厚度的加速度传感器。图 4-53(a)和(b)所示分别为全硅片厚度的平面和 z 轴加速度传感器。传感器的质量块厚度为整个硅片的厚度，利用 KOH 双面刻蚀进行释放，并依靠多晶硅弹性梁支承。固定电极是填充的多晶硅，与之相对的质量块侧壁为 DRIE 刻蚀，以保证较小的间距，而间距的实际值由牺牲层二氧化硅的厚度决定。为了保证质量块运动时器件的增益，质量块只有一个侧壁与固定电极形成电容，另一个侧壁不用。

为了提高动态范围和带宽，很多加速度传感器利用反馈控制电路，即保持固定电极与可动电极的间距不变，通过测量反馈电压测量加速度。显然，当反馈电压作用在以上电极上时，它们之间的引力会使二者有接合的趋势，因此支承质量块的弹性梁必须有足够的刚度以防止静电引力使电极塌陷。在全硅厚度加速度传感器中，利用填充的多晶硅实现长 2 mm、宽 70 μm、高 2.5 μm 的桥式结构弹性梁，以降低交叉轴干扰。水平加速度传感器的质量块 2.4 mm×1 mm×0.475 mm，电极面积为 70 μm×760 μm，共 20 个，电极间距为 1.2 μm，电容为 7.7 fF，谐振频率为 0.5 kHz。微机械结构的噪声电平为 0.7 $\mu g/\sqrt{Hz}$，灵敏度为 5.6 pF/(ms^{-2})，经过处理电路后为 0.49 mV/(ms^{-2})，1 Hz 带宽时总分辨率为 1.6 μg。z 轴加速度传感器的结构与平面加速度传感器结构基本相同。将两个平面加速度传感器和一个 z

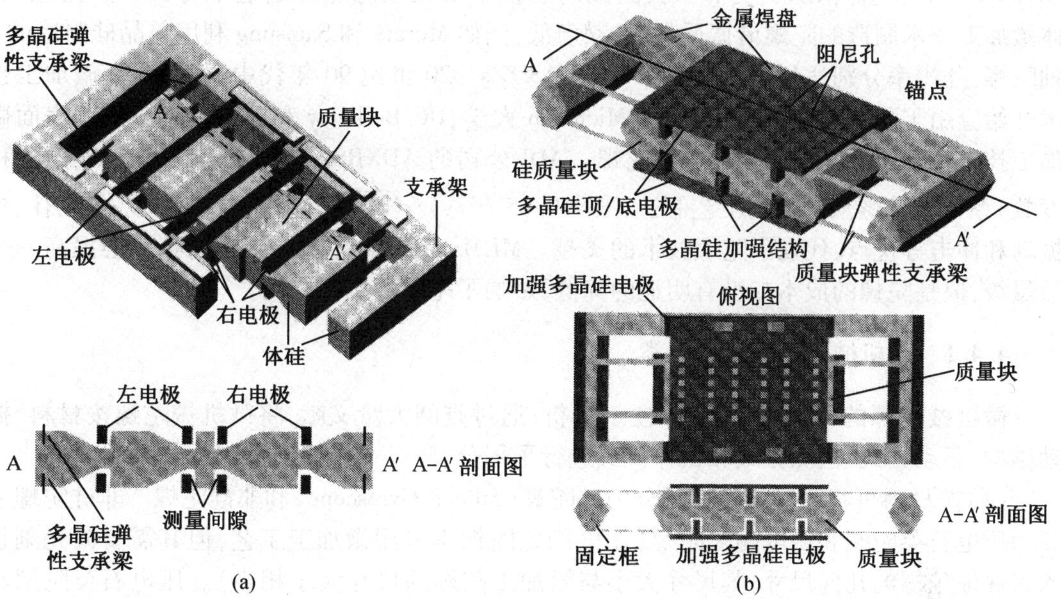

图4-53 全硅片厚度的平面加速度传感器

轴加速度传感器组合在一起就形成了三轴加速度传感器。x 轴和 y 轴灵敏度为 8 pF/(ms^{-2})，z 轴灵敏度为4.9 pF/(ms^{-2})，三轴噪声约为 0.7 $\mu g/\sqrt{\mathrm{Hz}}$，包括处理电路后 1.5 kHz 时 x、y 轴噪声为 1.6 $\mu g/\sqrt{\mathrm{Hz}}$，600 Hz 时 z 轴噪声为 1.08 $\mu g/\sqrt{\mathrm{Hz}}$。

除了硅结构以外，LIGA 和电镀也在加速度传感器的制造中得到了应用。

4.4 陀 螺

陀螺也称为角速率传感器，是用来测量物体旋转快慢的传感器。MEMS 微陀螺基本都是谐振式陀螺，由支承框架、谐振质量块，通信激励和测量单元组成。陀螺的重要性能指标包括灵敏度、满量程输出、噪声、带宽(Hz)、分辨率(°/s)和动态范围(dB)等。白噪声决定了陀螺的分辨率，表示为每带宽平方根的等效旋转速率的标准均方差，也称为随机漂移，单位为(°/s)/$\sqrt{\mathrm{Hz}}$。

根据谐振结构的不同，可以将微机械陀螺分为平衡谐振器(音叉)、谐振梁、圆形谐振器(酒杯、圆周、圆环式)、平衡架等类型。根据谐振的驱动方法，微机械陀螺可以分为静电式、电磁式、压电式等，而检测可以采用压阻、压电、隧道、光学、电容等多种方法。根据输入角速度的不同，可以将陀螺分为 x 轴陀螺、y 轴陀螺和 z 轴陀螺。由于柯氏力与质量块振动方向垂直，x 轴和 y 轴陀螺的质量块的运动包括了面内和离面振动，而 z 轴陀螺质量块的两个运动方向都在面内，因此 x 和 y 轴陀螺比 z 轴陀螺更难实现。

MEMS 陀螺尺寸小、低成本、功耗小，适合微型系统和低成本的应用，如手持式导航器、汽车电子、消费电子等。MEMS 陀螺将是继压力传感器、加速度传感器后又一个有重大影响的传感器。硅微陀螺的研究主要集中在汽车和导航级的应用上，例如用于汽车领域的微陀螺要求满量程输出 50 °/s ~300 °/s，分辨率在 100 Hz 带宽时 0.5 °/s ~0.05 °/s，工作温度

-40 ℃～85 ℃。体微加工技术和表面微加工技术都在微陀螺的制造中得到了广泛应用。体微加工技术制造的陀螺谐振质量大，噪声低，例如 Murata 和 Samsung 利用单晶硅制造的 x 轴陀螺，分辨率分别达到了 0.07 °/s 和 0.013 °/s。20 世纪 90 年代中后期，表面微加工技术开始应用于陀螺制造，HSG - IMIT、Michigan 大学、UC Berkeley 和首尔大学分别用表面微加工技术实现了多晶硅结构的 x 轴陀螺。ADI 公司的 ADXRS nnn（nnn 表示满量程的每秒度数）系列微陀螺采用表面工艺制造，噪声 0.05 $(°/s)/\sqrt{Hz}$，具有完全电路集成、低功耗、抗振动和冲击等优点，代表了陀螺技术的飞越。MEMS 陀螺的性能平均每两年就会提高一个数量级，但是陀螺的成本却没有明显的降低，影响了陀螺的广泛应用。

4.4.1 微机械陀螺的技术分类

微机械陀螺的种类很多，为了便于分析，通过查阅大量文献，将微机械陀螺按材料、振动结构、驱动方式、检测方式和工作模式进行了划分。

(1)按材料可将微机械陀螺划分为硅陀螺（Silicon Gyroscope）和非硅陀螺。非硅陀螺主要为压电石英陀螺和压电陶瓷陀螺（压电陶瓷陀螺不采用微加工工艺，但其需要微光刻技术来保证陀螺的几何尺寸，其尺寸大小与微加工陀螺的尺寸大小相当）。压电石英陀螺具有精度高的特点，它是当前微陀螺产品的主流，但由于这些陀螺的生产加工工艺复杂，成本高，如一只 QRS11 的价格就上万元人民币，且具有抗过载能力差（通常石英陀螺耐过载能力小于 200 g），很难满足低成本的民用市场的要求，目前大多数国家都在从事硅陀螺的研究。

(2)按振动方式可将微机械陀螺划分为角振动陀螺（Angle Vibration Gyroscope）和线振动陀螺（Line Vibration Gyroscope）。角振动陀螺是围绕一个轴来回振动，线振动陀螺是沿一条线来回振动。

(3)按驱动方式可以将微机械陀螺划分为静电驱动陀螺（Electrostatic Gyroscope）、电磁驱动陀螺（Electromagnetic Gyroscope）和压电驱动陀螺（Piezoelectric Gyroscope）等。

静电驱动陀螺是采用在驱动电极上施加变化电压产生变化的静电力作为驱动力；电磁驱动陀螺是在电场中给陀螺内部的质量块施加上垂直于电场方向的变化电流产生的力作为驱动力；压电驱动陀螺是在陀螺的驱动电极上施加变化的电压，陀螺随之发生形变。

(4)按检测方式可将微机械陀螺划分为电容式陀螺（Capacitive Gyroscope）、压阻式陀螺（Piezoresistive Gyroscope）、压电式陀螺（Piezoresistive Gyroscope）、光学陀螺（Optical Gyroscope）和隧道陀螺（Tunnelling Gyroscope）等。

电容式陀螺是在陀螺的检测电极上引导起电容变化；压阻式陀螺是在陀螺的检测端引起电阻变化；压电式陀螺是在陀螺的检测电极上感应到电荷变化；光学陀螺是通过光学方法来检测陀螺的位移变化；隧道陀螺是在陀螺的检测电极引起隧道电流的变化。

(5)按加工方式可将微机械陀螺划分为体加工微机械陀螺，表面加工微机械陀螺、LIGA 陀螺等。

上述微机械陀螺的分类归纳如图 4 - 54 所示。

4.4.2 微机械陀螺的发展现状

根据图 4 - 54，微机械陀螺按材料来分，主要有硅材料陀螺，石英材料陀螺及陶瓷材料陀螺。石英材料和陶瓷材料均属于绝缘体，但它们具有压电效应和塑压电效应，即当材料受到电场的作用会发生形变或当材料发生形变后表面将溢出电荷，因此，用石英和陶瓷材

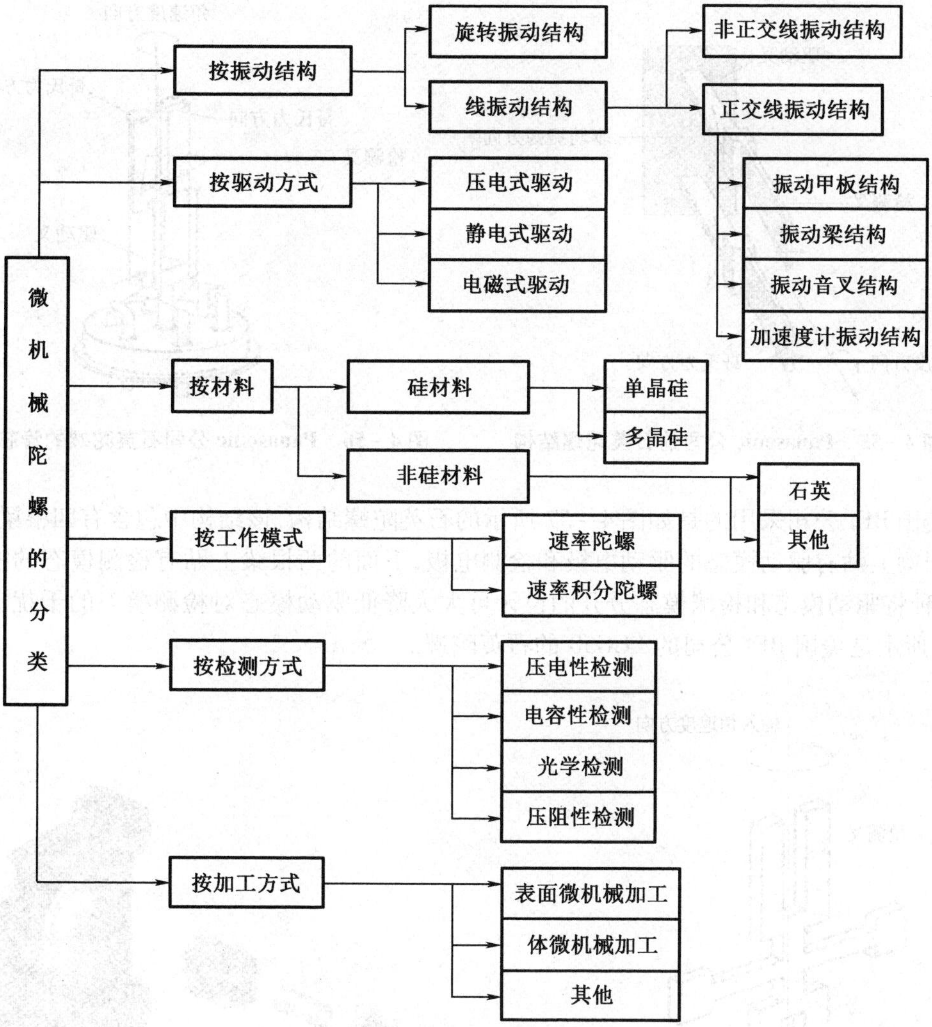

图 4-54 微机械陀螺的分类

料做的陀螺需要在材料的表面贴上驱动电极和检测电极，作用在驱动电极上的变化电压产生变换的电场使结构振荡起来，采用检测电极来拾取材料表面溢出的电荷，所以它们的驱动方式为电压驱动，检测方式为电荷检测。硅材料属于半导体，通过掺杂工艺可以改变其导电特性，用硅材料加工的陀螺常采用电磁驱动和静电驱动方式，检测方式常采用电阻和电容检测方式。下面就石英陀螺、陶瓷陀螺及硅陀螺的发展现状作一介绍。

1. 压电石英陀螺

结合石英材料的特点，日本 Panasonic 公司和美国 BEI 公司采用微加工刻蚀技术加工出了具有不同结构的石英陀螺。日本 Panasonic 公司采用如图 4-55 所示的结构，在该结构中包含有两个石英梁，每个梁由两个相互垂直的平面结构构成，在每个平面上均贴有电极，在靠近梁根部的两个平面上贴的电极作为陀螺驱动模态的驱动电极和检测电极，在远离梁根部的两个平面上贴的电极作为陀螺检测模态的检测电极。如图 4-56 所示是 Panasonic 公司石英陀螺的管芯结构。

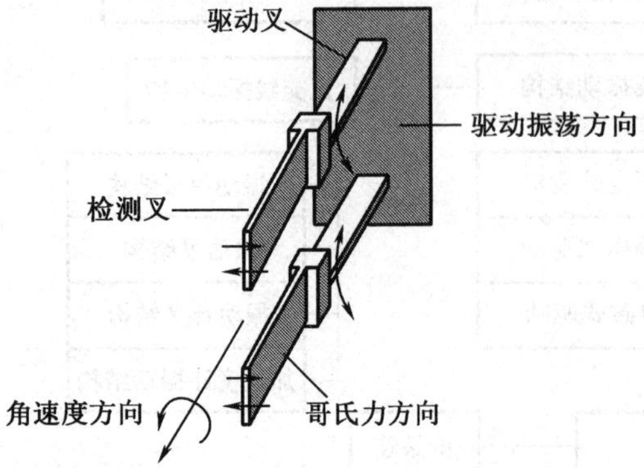

图 4－55　Panasonic 公司的石英陀螺结构

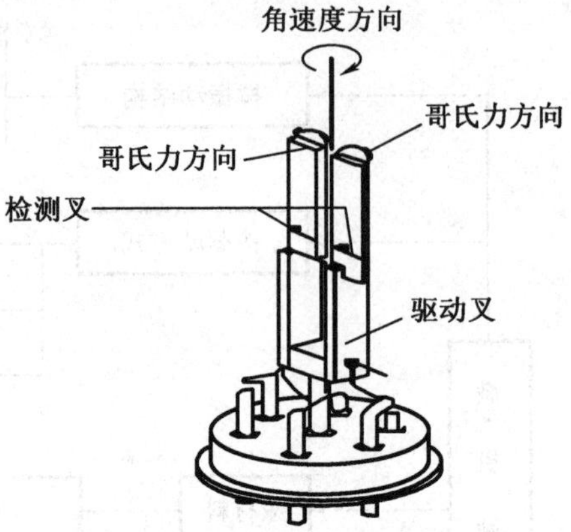

图 4－56　Panasonic 公司石英陀螺的管芯结构

美国 BEI 公司采用的是如图 4－57 所示的石英陀螺结构，该结构中包含有四根梁，上面的两根梁上贴有驱动模态的驱动电极和检测电极，下面的两根梁上贴有检测模态的检测电极，这种将驱动模态和检测模态分开的设计可大大降低驱动模态对检测模态的干扰。如图 4－58 所示是美国 BEI 公司的 LCG50 的石英陀螺。

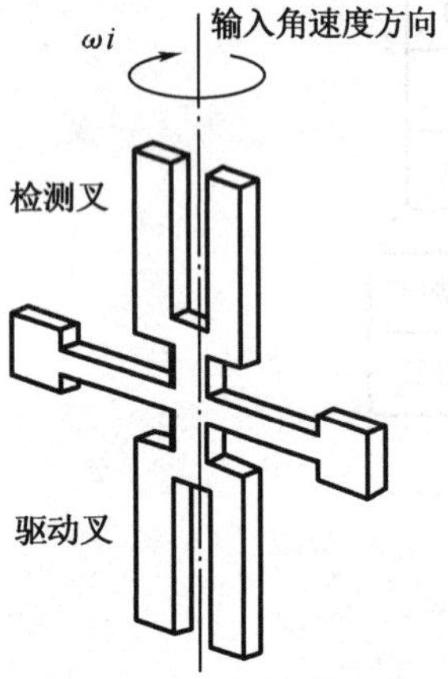

图 4－57　BEI 公司的石英陀螺结构

图 4－58　BEI 公司的石英陀螺(LCG50)

2. 压电陶瓷陀螺

压电陶瓷陀螺的工作原理与石英陀螺的工作原理大致相同，但其加工成本比石英陀螺低，目前已广泛应用于摄像机防抖控制及遥控玩具飞机的姿态解算中。图 4－59 所示是 Murata 公司 ENC－03 陀螺所采用的结构，在该结构的最下面贴有驱动电极，在结构的上表面对称地贴了两条检测电极，在驱动电极上施加电压后，压电陶瓷材料将会发生形变，结构上表面的两条检测电极会检测到因压电陶瓷材料的形变所溢出的电荷，这两条电极所拾取的电荷分别经过电路转换后变成电压信号，这两路电压信号相加作为驱动模态的检测信号，相减作为检测模态的检测信号。图 4－60 所示是压电陶瓷陀螺 ENC－03 的实物图。

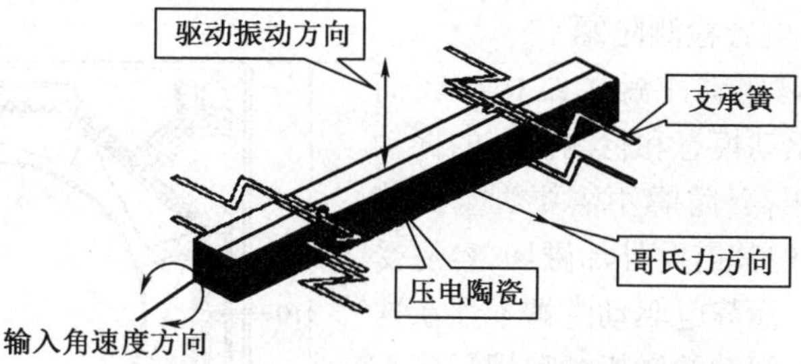

图 4－59　Murata 公司的压电陶瓷陀螺结构

3. 硅微机械陀螺

20 世纪 80 年代以来，Draper（德雷珀）实验室（美）、JPL 公司（美）、LITTON（利顿）公司（美）、LITEF 公司（德）、SAGEM 公司（法）、AD 公司（美）、Vector 公司（俄）等相继开展了硅微机械陀螺的研究。根据微机械陀螺的分类，从驱动和检测方式来看，目前主要有电磁驱动－电阻检测陀螺、电磁驱动－电容检测陀螺和静电驱动－电容检测陀螺等，下面对这几类具有代表性的硅微机械陀螺进行介绍。

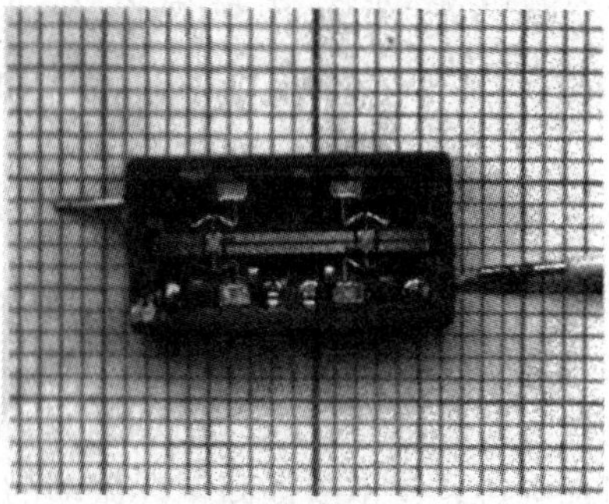

图 4－60　Murata 公司的 ENC－03 陀螺

（1）电磁驱动－电阻检测陀螺

电磁驱动的基本原理是通电导线在磁场中将受到洛伦兹力的作用（通电导线的方向与磁场的方向垂直时受到的洛伦兹力最大）。图 4－61 所示是电磁驱动－电阻检测陀螺的结构，该结构的外框架为固定框架，外框架内有两个悬浮质量块，每个质量块通过四根梁与外框架相连，在这四根梁中，有两根梁上贴有压阻材料，另外两根梁作为通电导线，磁场 B 的方向垂直于外框架平面。从图 4－61 中还可得知，框架内通电导线的电流方向相反，因此，两个悬浮质量块做相对运动，当通电导线内流过的是变换的电流时，这两个悬浮质量块就作水平振荡，引起梁上压敏电阻的阻值发生变化。

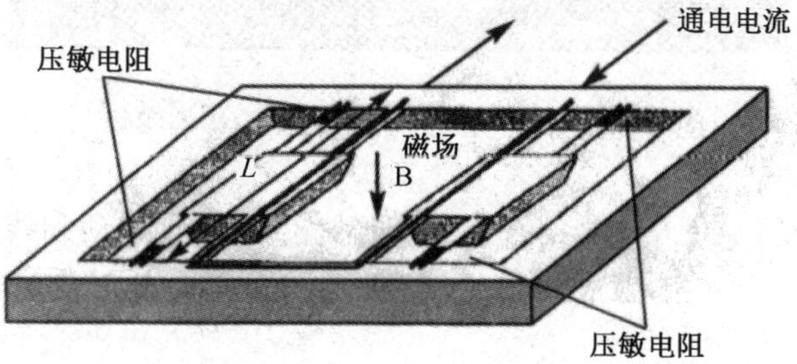

图 4－61　电磁驱动－电阻检测陀螺

（2）电磁驱动－电容检测陀螺

图 4－62 所示是采用电磁驱动－电容检测陀螺的结构，在该结构中，中间圆形空间是磁铁的位置。它的基本原理与前面所讲的电磁驱动－电阻检测陀螺的驱动原理相同，不同的

是,其信号检测方式是通过检测电容的变化,图 4－63 所示是利用该原理加工的陀螺实物。

(3)静电驱动－电容检测陀螺

前面讲到的电磁驱动陀螺的结构比较简单,即使在大气中,驱动模态和检测模态的振动品质因子均能达到很高,陀螺不需要真空封装就能实现自激振荡,但其需要外加磁场,容易受到外部磁场的干扰。而静电驱动陀螺不存在这种干扰,通常,靠静电驱动的微机械陀螺需要真空封装或高的驱动电压(常在 10 V 以上),这是因为其驱动方式是在电容的两端施加上电压作为静电驱动力,由静电力 F_e 的计算公式 $F_e=\frac{1}{2}\cdot\frac{\partial C}{\partial x}\cdot V^2$ 可知:静电力 F_e 的大小与朝运动方向电容的变换$\frac{\partial C}{\partial x}$成正比,电容的变换$\frac{\partial C}{\partial x}$又与电极板的个数成正比,为了提高静电力的大小,常常需要提高电极板的个数,电极板个数的增多将导致陀螺结构复杂,结构越复杂,陀螺运动的阻力就越大,振动的品质因子就会减小,陀螺就很难实现自激振荡,通常需要采用真空封装技术以提高陀螺振动的品质因子,实现陀螺上电自激振荡。

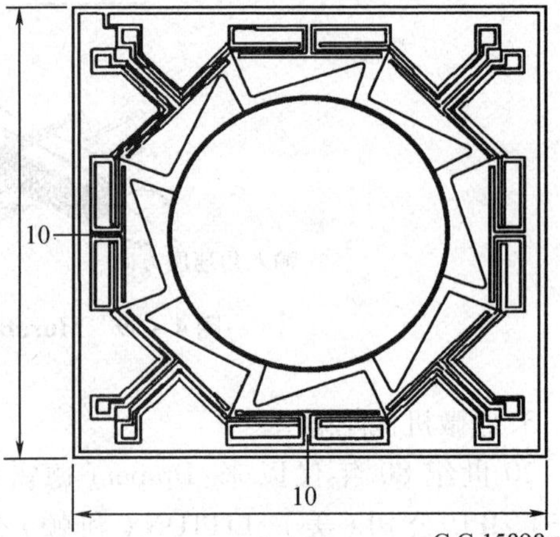

图 4－62　电磁驱动－电容检测陀螺的结构

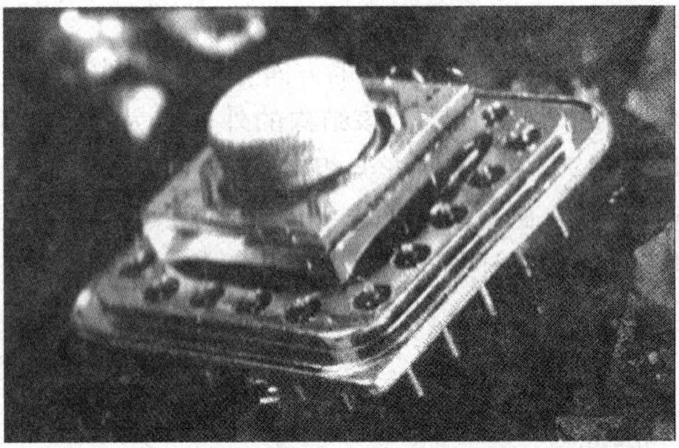

图 4－63　电磁驱动－电容检测陀螺的实物

常见的几种静电驱动－电容检测陀螺有振动轮式、环形振动和线振动,下面对几种陀螺的情况进行介绍。

(1)振动轮式

图 4－64 所示是振动轮式陀螺工作原理的示意图,在该图中,上面盘形的质量块通过弹簧与衬底相连,在衬底的表面上加工有两块哥氏力检测电极。盘形质量块在静电驱动力作用下(静电驱动梳齿图中未画),盘形质量块将围绕 z 轴摆动,当绕 y 轴输入角速度信号时,盘形质量块与衬底上检测电极之间的电容将发生变化,通过检测电容的变化就能检测出陀螺绕 y 轴输入的角速度大小。

图 4 – 65 和图 4 – 66 分别显示德国 HSG – IMIT 大学和清华大学所设计的振动轮式微机械陀螺结构。

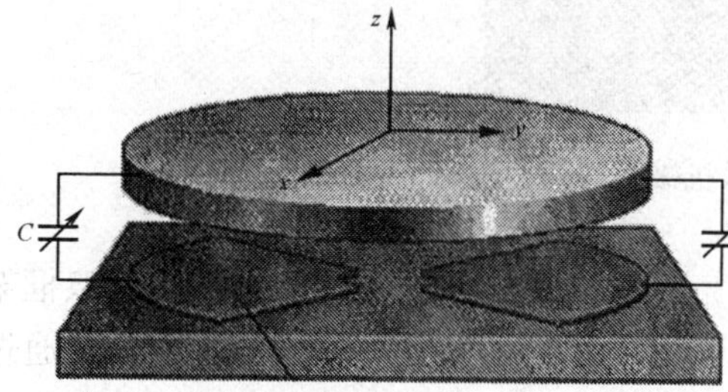

图 4 – 64　振动轮式陀螺工作原理的示意图

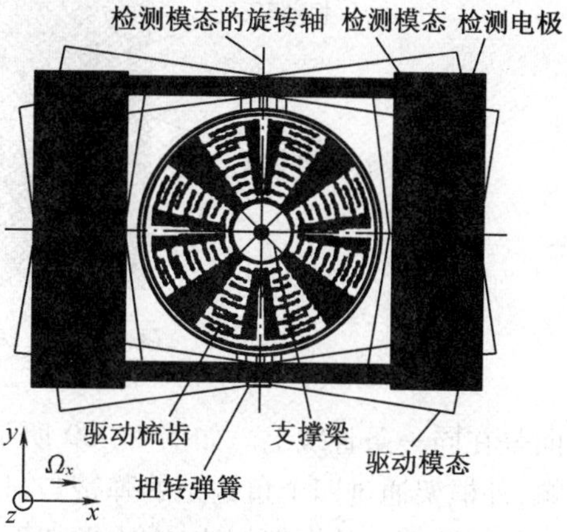

图 4 – 65　德国 HSG – IMIT 大学设计的振动轮式微机械陀螺的结构

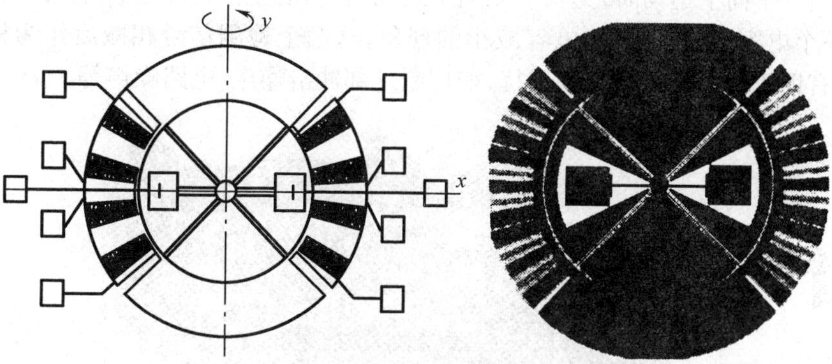

图 4 – 66　清华大学设计的振动轮式微机械陀螺结构和 SEM 图

(2)环形振动式

图 4 – 67 和图 4 – 68 是两种环形振动陀螺结构图。这两种陀螺均采用环形结构，环形结构依靠连接在中心点上的若干根弹簧作支撑，在环形结构的周围分布有驱动电极和检测电极。陀螺的驱动模态采用静电驱动，运动方式为椭圆形振动，检测模态为电容检测。为了提高陀螺的信噪比，这两种陀螺均采用真空封装技术。

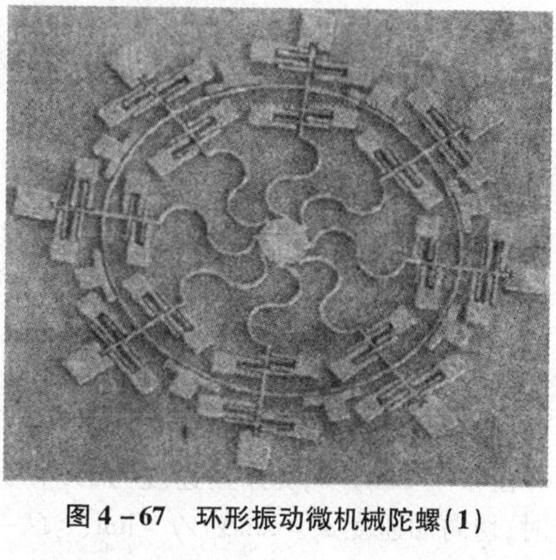

图 4 – 67　环形振动微机械陀螺(1)

(3)线振动式

图 4 – 69 和图 4 – 70 所示的微机械陀螺属于线振式陀螺，这类陀螺驱动模态的振动

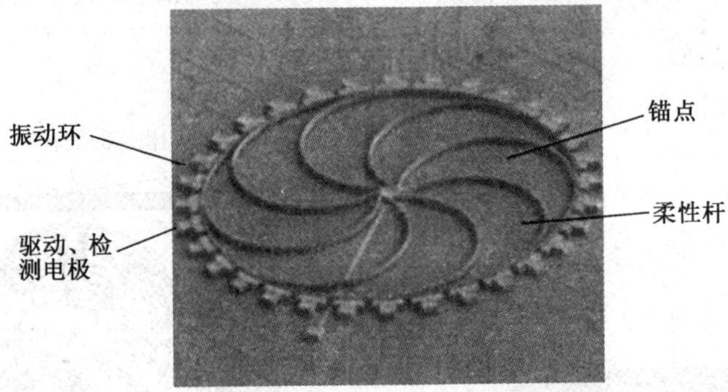

图 4-68 环形振动微机械陀螺(2)

方向是在同一条直线上。如图 4-69 所示的陀螺是三星公司设计的具有解耦结构的双框架陀螺,外框架通过四个鱼钩型的弹簧与衬底相连。在外框架内,设计有内框架,内框架通过两边的扭转簧与外框架相连,在内框架下面,设计有检测模态的检测电极。图 4-70 所示是 Micro Sense™公司设计的双驱动质量块的陀螺,在这个结构中,两个驱动质量块的驱动方向始终相反,若存在绕 y 轴的角速率信号输入,左右的两个运动质量块将受到沿 z 轴相反的哥氏力作用,当一个向上运动时,另一个则向下运动,在衬底上的两个检测电极所检测到的电容将存在一个电容增加、另一个电容减小的现象,这两个检测信号相减后作为检测模态的检测信号,有助于抑制共模噪声的干扰,如抑制外部冲击噪声、电路噪声等。

图 4-69 三星公司设计的双框架陀螺

4.4.3 陀螺的原理

站在旋转圆盘中心附近的人跟随圆盘转动,具有对地的相对线速度,该速度的方向为圆盘的切向方向,大小为圆盘在该位置的线速度,如图 4-71(a)所示。当他运动到圆盘边缘时,他的线速度方向为圆盘边缘位置的切向方向,大小为该位置的线速度大小。由于圆盘的线速度随着半径的增加而增加,因此他对地的相对速度也增加。由于径向速度增加而引起的切向速度的增加,称为柯氏加速度。

图 4-71(b)中,如果角速度为 Ω,半径为 r,则切向的线速度为 Ωr。当半径以速度 v 改变时,切向加速度 $a_r = \lim\limits_{t\to0}\Delta v_t/t = \lim\limits_{t\to0}(r_1\Omega - r_0\Omega)/t = v\Omega$;同时,在半径变化的过程中,圆盘的

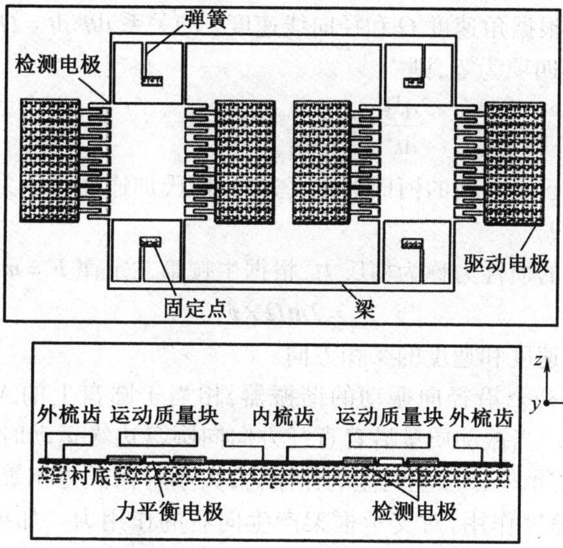

图 4-70 Micro Sense™公司设计的双驱动质量块的陀螺

旋转使径向速度的方向发生变化，引起径向加速度为 $a_r=\lim\limits_{t\to 0}\Delta v_r/t=\lim\limits_{t\to 0}[2v\sin(\Omega t/2)]/t=v\Omega$，于是切向和径向的全部加速度为 $2v\Omega$。如果质量块 m 在圆盘上以 v 的速度沿着径向运动，圆盘必须能够对质量块产生 $2mv\Omega$ 的力，才能使质量块随圆盘一起运动。

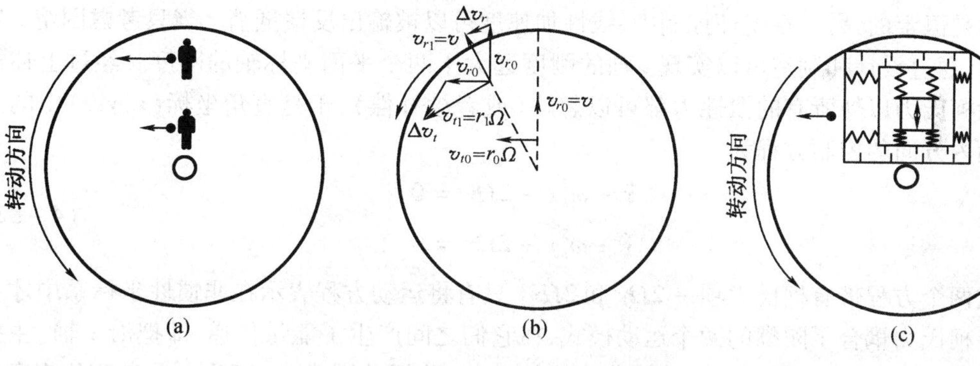

图 4-71 柯氏加速度示意图和陀螺工作原理

考虑极坐标 $z=re^{i\theta}$，其中 r 为半径，θ 为极角，对 $z=re^{i\theta}$ 求时间 t 的导数可以得到速度为

$$\frac{dz}{dt}=\frac{dr}{dt}e^{i\theta}+ir\frac{d\theta}{dt}e^{i\theta} \tag{4-77}$$

上式右边的两项分别为速度的径向和切向分量，切向分量是角速度引起的结果。对式(4-77)求时间的导数，可以得到加速度为

$$a=\frac{d^2z}{dt^2}=\left[\frac{d^2r}{dt^2}e^{i\theta}+i\frac{dr}{dt}\frac{d\theta}{dt}e^{i\theta}\right]+\left[i\frac{dr}{dt}\frac{d\theta}{dt}e^{i\theta}+ir\frac{d^2\theta}{dt^2}e^{i\theta}-r\left(\frac{d\theta}{dt}\right)^2e^{i\theta}\right] \tag{4-78}$$

式(4-78)的第一项是径向线加速度，第四项是角加速度引起的切向分量，最后一项是向心加速度。第二项和第三项相同，分别是径向速度的方向改变引起的加速度和切向速度改变

引起的加速度。第二和第三项相同，但分别是径向速度的方向改变引起的加速度和切向速度改变引起的加速度。根据角速度 Ω 和径向线速度 v 的关系 $\mathrm{d}\theta/\mathrm{d}t=\Omega$ 和 $\mathrm{d}r/\mathrm{d}t=v$，当 Ω 和 v 为常数时，第一项和第四项为零，则

$$\frac{\mathrm{d}^2 z}{\mathrm{d}t^2}=2v\Omega\mathrm{i}\mathrm{e}^{\mathrm{i}\theta}-\Omega^2 r\mathrm{e}^{\mathrm{i}\theta} \tag{4-79}$$

其中，角分量 $\mathrm{ie}^{\mathrm{i}\theta}$表示在正 θ 方向的柯氏加速度方向，柯氏加速度大小为 $2v\Omega$；$-\mathrm{e}^{\mathrm{i}\theta}$表示向心力方向，加速度大小为 $\Omega^2 r$。

由柯氏加速度引起的惯性力称为柯氏力，根据牛顿第二定律 $\boldsymbol{F}=m\boldsymbol{a}$ 可以得到柯氏力

$$\boldsymbol{F}_e=2m\boldsymbol{\Omega}\times\boldsymbol{v} \tag{4-80}$$

大小为 $2mv\Omega$，方向为角速度和速度的叉积方向。

在转动物体上固定一个沿径向振动的谐振器，相当于圆盘上的人在径向方向往复运动，如图 4-71(c)所示。当振动质量沿着直径方向向圆盘边缘运动时，它受到向右的加速度和柯氏力的作用，对支承框架产生向左的作用力，大小与柯氏力相等；当质量块向圆心运动时，它受到向左的加速度作用，对支承框架产生向右的作用力。如果支承框架用弹性刚度系数为 K 的切向弹簧限制在圆盘上，柯氏力将压缩弹簧，平衡时柯氏力 $2mv\Omega$ 与弹性回复力 Kx 相等，于是可得

$$\Omega=\frac{Kx}{2mv} \tag{4-81}$$

因此振动陀螺是通过测量柯氏力对径向主动谐振产生的切向位移实现角速度测量。陀螺可以固定在旋转物体的任意位置和任意角度，但是要求敏感轴与物体的转动轴平行。

一般情况下，陀螺测量的角频率远小于陀螺的自然谐振频率，并且在一个微分时间段内认为是恒定的，另外在闭环控制中，线性加速度可以被输出反馈抵消。当只考虑围绕 z 轴转动时，通过设计和制造可以实现 z 轴的刚度远大于两个平面坐标轴的刚度。经过上述简化后除柯氏力以外所有的惯性力都可以忽略(或者被补偿)，于是直角坐标(x,y,z)中的两个平面内方向的控制方程为

$$\begin{aligned}\ddot{x}+\omega_n^2 x-2\Omega\dot{y}&=0\\ \ddot{y}+\omega_n^2 y+2\Omega\dot{x}&=0\end{aligned} \tag{4-82}$$

这两个方程带有柯氏力项 $-2\Omega\dot{y}$ 和 $2\Omega\dot{x}$，只有将运动方程表示在非惯性坐标系中才会出现。柯氏力耦合了陀螺的两个运动模式，在它们之间产生了能量传递，即把沿 x 轴(主振动模式)的振动能量转移到 y 轴方向并产生振动(二阶振动模式)。柯氏力垂直于角速度和瞬时线速度方向，使质量块产生垂直于初始运动方向的位移。二阶模式与一阶模式的振幅之比为

$$\frac{y}{x}=2Q\frac{\Omega}{\omega_n} \tag{4-83}$$

可见陀螺的响应正比于 Q 值，如果 Q 值恒定，角速度可以直接从二阶模式的振幅中获得。在闭环控制中，控制系统对驱动幅值反馈控制，使二阶振动模式的幅值从一个稳定值持续抑制为零。

微机械谐振陀螺的基本原理是利用柯氏力传递能量，将谐振器的一种振动模式激励到另一种振动模式，后一振动模式的振幅与输入角速度成正比，通过测量振幅实现角速度的测量。陀螺是通过测量柯氏加速度实现角速度测量的，从本质上说陀螺也是加速度传感

器。由于柯氏加速度只有当线速度与旋转同时存在时才出现，因此为了测量柯氏加速度需要加速度传感器在跟随物体旋转的同时运动起来。实现运动最简单的方法就是谐振，即增加一个激励单元使加速度传感器做往复振动。由于柯氏力正比于驱动谐振的运动速度，因此希望谐振频率和振幅都尽可能大。

4.4.4 振动陀螺的动态模型

图4－72所示的振动陀螺可以用质量弹簧阻尼系统描述。质量块 m_1 通过弹性结构支承在框架上，弹性结构用弹性刚度系数 k_1 和阻尼系数 d_1 描述；框架 m_2 通过另外的弹性结构安装在基底上，弹性结构用 k_2 和 d_2 描述。质量 m_1 和 m_2 被驱动电极激励沿着 y 方向振动，当陀螺围绕 z 轴旋转时，产生 x 方向的柯氏力。设坐标系 xy 随着陀螺共同旋转，坐标系 XY 是固定坐标系，二者的夹角为 θ。

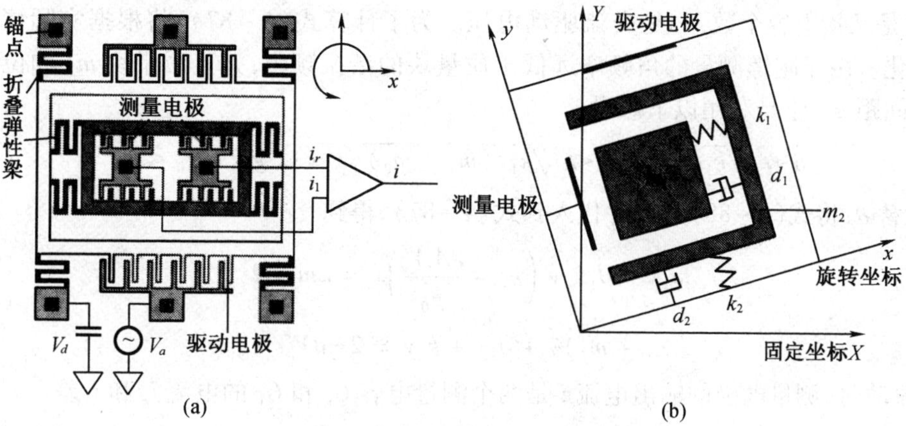

图4－72 振动陀螺

(a)结构示意图；(b)简化模型

利用坐标变换，质量 m_1 和 m_2 在固定坐标中表示为旋转坐标的关系为

$$\begin{pmatrix} X \\ Y \end{pmatrix} = \begin{bmatrix} \cos\theta & -\sin\theta \\ \sin\theta & \cos\theta \end{bmatrix} \begin{pmatrix} x \\ y \end{pmatrix} \tag{4-84}$$

采用能量法求动态特性，总动能等于 m_1 和 m_2 所有线性和角动能之和，总势能等于所有弹簧中的弹性势能以及测量电容和驱动电容中的电势能之和，于是总动能 T、总势能 U 和损耗能量 D 表示为

$$\begin{aligned} T &= \frac{1}{2}m_1[\dot{X}_1 \quad \dot{Y}_1]\begin{bmatrix} \dot{X}_1 \\ \dot{Y}_1 \end{bmatrix} + \frac{1}{2}m_1[\dot{X}_2 \quad \dot{Y}_2]\begin{bmatrix} \dot{X}_2 \\ \dot{Y}_2 \end{bmatrix} + \frac{1}{2}I\dot{\theta}^2 \\ U &= \frac{1}{2}k_1x^2 + \frac{1}{2}k_2y^2 + \frac{1}{2}\varepsilon A_s V_d^2\left(\frac{g_0}{g_l^2 - x^2} + \frac{g_1}{g_l^2 - x^2}\right) \\ D &= \frac{1}{2}d_1\dot{x}^2 + \frac{1}{2}d_2\dot{y}^2 \end{aligned} \tag{4-85}$$

其中，I 是 m_1 和 m_2 的转动惯量，g_0 和 g_1 表示测量电容和驱动电容的电极间距，A_s 是测量电

容的有效面积，V_d 是施加在电容上的直流驱动电压。利用拉格朗日方程

$$\frac{\mathrm{d}}{\mathrm{d}t}\left[\frac{\partial(T-U)}{\partial\dot{q}_i}\right]-\frac{\partial(T-U)}{\partial\dot{q}_i}+\frac{\partial D}{\partial\dot{q}_i}=Q_i \tag{4-86}$$

其中，q_i 是广义坐标，Q_i 广义力。将式(4-85)代入式(4-86)得到陀螺的运动方程

$$\begin{gathered}m_1\ddot{x}+d_1\dot{x}\left[k_1-m_1\dot{\theta}^2-\frac{\varepsilon A_s V_d^2 g_0}{(g_0^2-x^2)^2}+\frac{\varepsilon A_s V_d^2 g_1}{(g_1^2-x^2)^2}\right]x-m_1 y\ddot{\theta}-2m_1\dot{y}\dot{\theta}=0\\(m_1+m_2)\ddot{y}+d_2\dot{y}+[k_2-(m_1+m_2)]y-m_1 x\ddot{\theta}+2m_1\dot{x}\dot{\theta}=\frac{\varepsilon nt}{g_0}(V_d-v_a)^2\end{gathered} \tag{4-87}$$

如果采用梳状静电驱动器，则驱动力 f_d 近似为

$$f_d=\frac{\varepsilon nt}{g_0}(V_d-v_a)^2 \tag{4-88}$$

其中，n 是叉指电容个数，v_a 是交流驱动电压。为了计算式(4-87)，将根据实际情况进行适当简化。由于陀螺测量的角频率远低于质量块的谐振频率，并且质量块 m_1 的位移远小于电极间距 g_0，于是利用以下假设

$$\dot{\theta}\ll\sqrt{k_1/m_1},\quad \dot{\theta}\ll\sqrt{k_1/(m_1+m_2)},\quad x\ll g_0,\quad g_0\ll g_1 \tag{4-89}$$

用 Ω 代替 $\dot{\theta}$，将式(4-88)的条件代入到式(4-87)，得到

$$\begin{gathered}m_1\ddot{x}+d_1\dot{x}+\left(k_1-\frac{\varepsilon A_s V_d^2}{g_0^3}\right)x=2m_1\dot{y}\Omega\\(m_1+m_2)\ddot{y}+d_2\dot{y}+k_2 y=2\varepsilon ntV_d v_a/g_0\end{gathered} \tag{4-90}$$

当 m_1 振动时，测量电极的输出电流 i 是两个测量电容 C_r 和 C_1 的电流 i_r 和 i_1 差

$$i=i_r-i_1=\left(\frac{\partial C_r}{\partial x}-\frac{\partial C_1}{\partial x}\right)\dot{x}V_d=\frac{\varepsilon A_s V_d\dot{x}}{2}\left[\frac{g_0^2+x^2}{(g_0^2-x^2)^2}-\frac{g_1^2+x^2}{(g_1^2-x^2)^2}\right]\approx\frac{\varepsilon A_s V_d\dot{x}}{g_0^2} \tag{4-91}$$

结合式(4-90)和式(4-91)，在角速度 Ω 恒定时输出电压的幅值 V_o 为

$$V_o=\frac{4R_o m_1(\varepsilon\omega V_d)^2 ntA_s V_a\Omega}{g_0^3\sqrt{\{[k_2-(m_1+m_2)\omega^2]^2+d_2\omega^2\}[(k_2-m_1\omega^2)^2+d_1^2\omega^2]}} \tag{4-92}$$

其中，R_o 是放大器的输出阻抗，V_a 为 v_a 的幅值。当旋转角速度 Ω 不是恒定时，角速度和驱动电压可以表示为

$$\begin{gathered}\Omega=\Omega_0\cos\delta t\\v_a=V_a\sin\omega t\end{gathered} \tag{4-93}$$

其中，δ 是角速度的频率，Ω_0 和 V_a 是速度和驱动电压的幅值。于是 m_2 的稳态振动 y 具有相同的频率，则

$$y=Y_0\sin(\omega t-\phi_0) \tag{4-94}$$

其中幅值 Y_0 和相位 ϕ 分别为

$$Y_0=\frac{2\varepsilon ntV_d V_a}{g_0}\frac{1}{\sqrt{[k_2-(m_1+m_2)\omega^2]^2+d_2\omega^2}},\ \phi=\arctan\left[\frac{d_2\omega}{k_2-(m_1+m_2)\omega^2}\right]$$

利用式(4-93)和式(4-94)，作用在 m_1 上的柯氏力为

$$f_c = 2m_1\dot{y}\Omega = m_1\omega Y\Omega_0\{\cos[(\omega+\delta)t-\phi]+\cos[(\omega-\delta)t-\phi]\} \tag{4-95}$$

可见 m_1 的振动包括两个频率，即 $\omega+\delta$ 和 $\omega-\delta$，振动幅值分别为

$$X_{\omega+\delta} = \frac{m_1\omega Y\Omega_0}{\sqrt{[k_1-m_1(\omega+\delta)^2]^2+d_1(\omega+\delta)^2}},$$

$$X_{\omega-\delta} = \frac{m_1\omega Y\Omega_0}{\sqrt{[k_1-m_1(\omega-\delta)^2]^2+d_1(\omega-\delta)^2}}$$

于是输出电压的最大幅值为

$$V_o = \frac{\varepsilon R_0 A_s V_d}{g_0^2}[(\omega+\delta)X_{\omega+\delta}+(\omega-\delta)X_{\omega-\delta}] \tag{4-96}$$

在式(4-96)中，参数可以根据结构尺寸、材料参数以及电路参数确定，利用该式可以得到陀螺的动态特性和带宽。这种基于能量的动态分析方法适合于多种结构形式陀螺的建模分析，包括谐振梁式和圆形谐振陀螺。陀螺包括谐振器，因此影响谐振器阻尼的因素会对陀螺产生很大的影响，包括空气阻尼、支承点损耗、电路阻尼等，这些阻尼的精确建模往往比较困难。

谐振式陀螺的 Q 值是重要的指标。高 Q 值使小驱动电压能够获得大的振动幅度，对降低微陀螺功耗非常重要；同时，高 Q 值可以降低结构的机械噪声，增加测量的灵敏度和分辨率，并增强抗干扰能力。由于 MEMS 陀螺的尺寸小，空气阻尼引起的损耗远大于材料内耗和支承点的机械损耗，考虑到惯性力的传递不需要直接接触介质，陀螺一般应密封在真空中。对于密封的陀螺，支承点的机械损耗是造成陀螺 Q 值下降的主要原因，因此振动结构的支承点需要仔细设计。

4.4.5 陀螺的结构与工作模式

1. 音叉式陀螺

音叉式陀螺由一个音叉构成，如图4-73所示为音叉的两个叉指振动的反相弯曲模式。当音叉旋转时，柯氏加速度使叉齿产生垂直于初始振动模式的振动位移，因此叉齿的实际运动轨迹为椭圆形而不是圆形。柯氏加速度激励出音叉的二阶扭转振动模式，使能量从一阶弯曲振动模式转为二阶扭转模式。音叉的优点是在工作过程中其中心是稳定的，并且能够补偿所有的片内力和力矩，敏感元件不需要特殊的处理就可以固定。

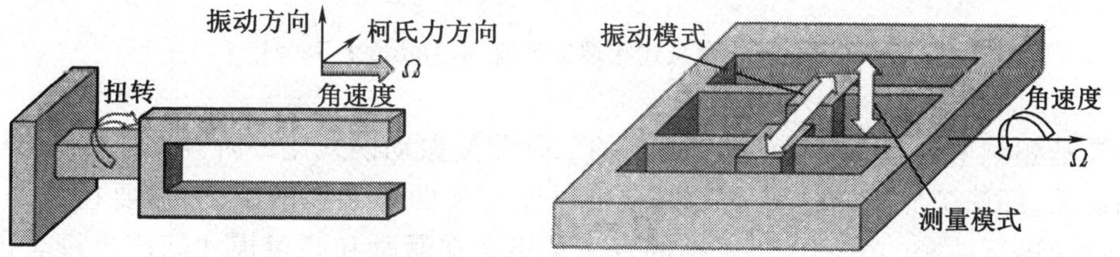

图4-73 单端和双端音叉原理

图4-74所示为 Daimler Benz 公司生产的音叉式谐振陀。该陀螺由两片微加工的硅片键合而成，音叉前端在上下两片 AIN 压电薄膜驱动器的驱动下产生垂直主平面的振动。当音叉旋转时，作用在音叉前端的柯氏力使音叉受到扭矩作用，使音叉前端相对音叉根部产

生扭转，根部的压阻传感器产生输出电压，实现对角速度的测量。扭转产生的剪应力在根部的中心线上最大(扭矩最大)，压阻的位置应该设置在应力最大的位置。

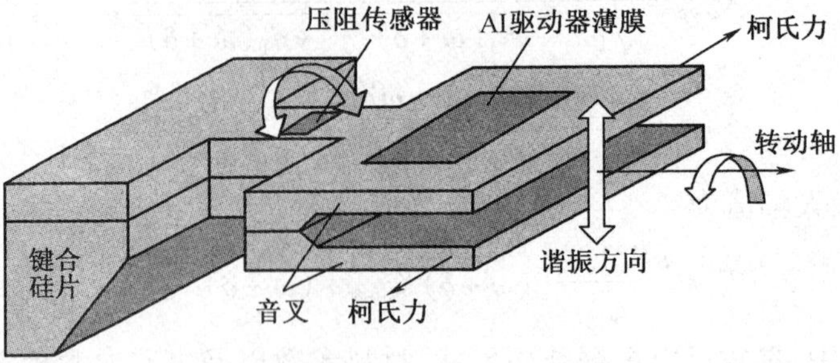

图 4－74　音叉式谐振陀螺结构示意图(Daimler Benz)

该音叉陀螺采用 SOI 硅片制造，过程如图 4－75 所示。SOI 硅片器件层单晶硅的厚度决定了音叉的厚度从 20～200 μm 不等，这取决于对陀螺性能的要求：(1)在 TMAH 中刻蚀出定义半个音叉的硅杯；(2)将两个相同的刻蚀了硅杯的 SOI 硅片熔融键合，形成硅片内部的腔体，腔体高度等于叉指距离；(3)在 TMAH 中继续刻蚀，将上面 SOI 的硅衬底全部去除；(4)刻蚀去除二氧化硅；(5)注入扩散压阻，在特定的氮气和氩气条件下溅射 A_1；溅射压电 AIN 薄膜，刻蚀 AIN，形成压电驱动器；淀积并刻蚀金属 A_1，作为电连接；(6)从背面刻蚀硅直到埋层二氧化硅停止，形成音叉的另一半，利用 DRIE 刻蚀将音叉释放。

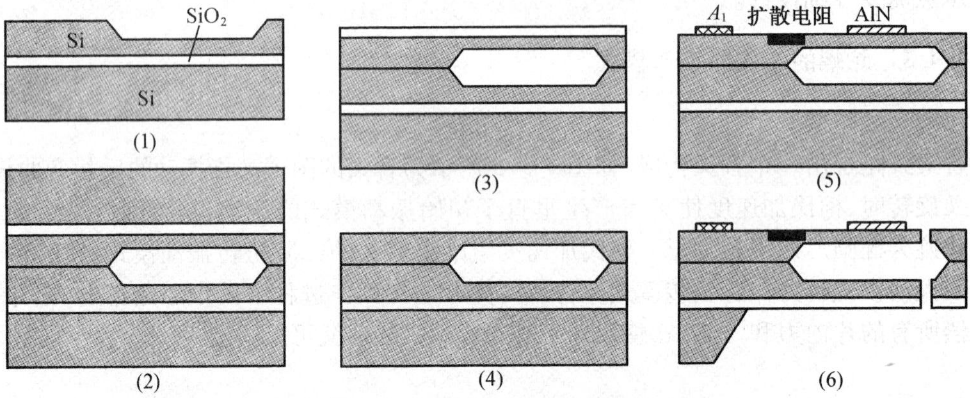

图 4－75　音叉式陀螺工艺流程(Daimler Benz)

音叉基频频率为 32. 2 kHz，扭转引起的二阶测量振动模式比一阶频率低 245 Hz。对于键合的音叉，即使微加工的精度很高也难以保证音叉两个叉指的平衡，需要在键合以后利用激光烧蚀进行精密的微调。不平衡的音叉叉指会在激励和测量模式间产生耦合，严重影响灵敏度。在实际产品中，为了降低高阶振动模式的耦合，一阶和二阶振动频率与其他高阶振动频率之间至少相差 10 kHz。音叉在 1 Pa 的环境中 Q 值高达 7 000。

图 4－76(a)所示为德国 Bosch 公司生产的电磁驱动电容检测的 z 轴陀螺。该陀螺是一个双端音叉结构，由两个用矩形弹性结构耦合的质量块和位于质量块中间的加速度传感器组成，质量块和加速度传感器用弹性梁支承在框架上，陀螺的工作原理如图 4－76(b)所示，

利用了弹簧耦合的两个质量块的自然谐振模式包括同相和反相振动的原理。加速度传感器的测量轴垂直于质量块的谐振方向，当陀螺围绕垂直的 z 轴旋转时，柯氏力方向与加速度传感器的测量方向相同，可以测量角速度。

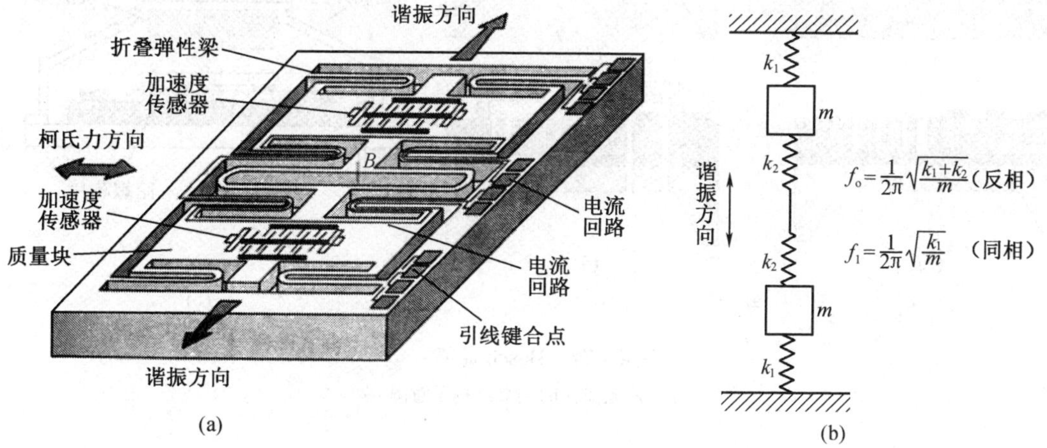

图4－76　音叉谐振陀螺（Robert Bosch）

（a）结构示意图；（b）原理图

如图4－76（b）所示，弹性结构的谐振包括同相和反相两个频率。在同相谐振模式，两个质量块在任意时刻的位移是同方向的，在反相模式，两个质量块在任意时刻的位移方向相反。反相谐振频率 f_o 和同相谐振频率 f_i 分别为

$$f_o=\frac{1}{2\pi}\sqrt{\frac{k_1+k_2}{m}},\quad f_i=\frac{1}{2\pi}\sqrt{\frac{k_1}{m}} \tag{4-97}$$

可见弹性刚度系数 k_2 增加，反相谐振频率增加，因此通过优化弹性刚度系数和质量，可以将两个模式的振动分离开。实际器件的反相和同相谐振频率分别为2 kHz和1.6 kHz。谐振器的表面有两个电流回路，当其中一个回路中通以电流时，外部永磁体产生的磁场使谐振器受到洛仑兹力的作用，激励谐振器振动在反相模式，类似于音叉的振动形态。在另一回路中，振动质量块切割磁力线，产生正比于振动速度的电压信号。当陀螺转动时，作用在两个质量块上的柯氏力方向相反，但都与谐振方向垂直。加速度传感器的敏感方向与柯氏力相同，测量每个质量块的柯氏加速度。两个加速度的差是转动的角速度，两个加速度的和正比于加速度传感器敏感轴方向的线性加速度。

陀螺的制造过程使用体加工技术，并刻蚀埋层二氧化硅实现悬空结构，如图4－77（a）所示。（1）淀积2.5 μm厚的二氧化硅作为后续刻蚀的停止层，包延12 μm厚的重掺杂 n 型多晶硅作为结构层；淀积并刻蚀铝作为电连接和键合盘。（2）利用KOH从硅片背面将中心部位减薄至50 μm，利用DRIE从正面刻蚀多晶硅形成叉指电容、质量块以及弹性梁。（3）从正面用HF气体刻蚀外延层下的二氧化硅，释放DRIE刻蚀的结构。（4）阳极键合玻璃密封盖，最后将键合好的传感器与电路和永磁体密封在金属外壳内，如图4－77（b）所示。对于围绕 z 轴的偏转，当角速度达到100 °/s时，最大的柯氏加速度也仅有200 mg，因此支承梁刚度必须很小，以实现高灵敏度；另外这也要求加速度的测量方向和谐振方向必须严格垂直，对加工的要求很高。

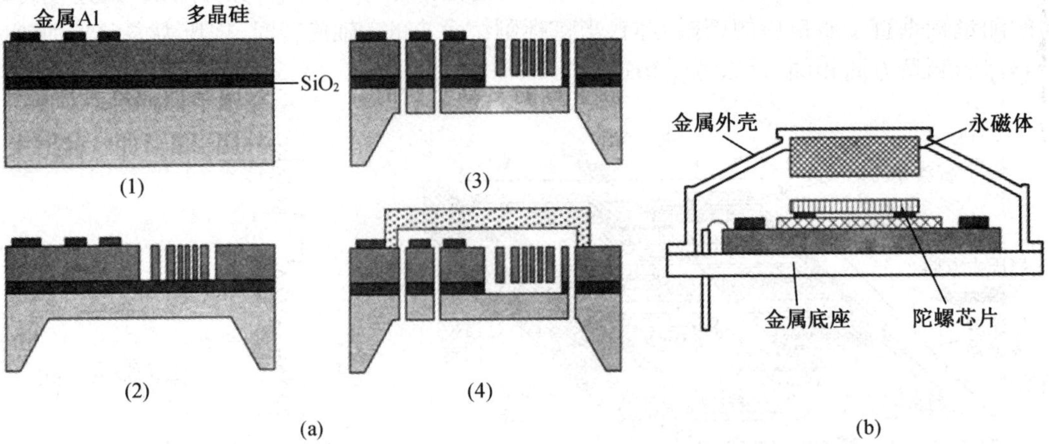

图 4-77　Bosch 陀螺

(a)工艺流程;(b)封装结构示意图

传感器反相谐振频率为 2 kHz,最大振幅 50 μm,常压下反相振动的 Q 值为 1 200,足够激励产生小幅洛仑兹力。陀螺采用闭环控制系统,加速度的带宽达到 10 kHz。加速度传感器的灵敏度在 2 kHz 时可以检测 1 mg 的加速度,陀螺的灵敏度 10 mV/(°/s),量程为 100 °/s,工作温度范围 -40 ℃ ~85 ℃。

图 4-78 所示的音叉式谐振陀螺与 Bosch 陀螺的基本原理类似,都包括两个反相振动的质量块、支承弹性梁,以及驱动电极和测量电极。不同的是 Bosch 陀螺采用电磁激励梳状电容检测,而图 4-78 采用梳状电容激励平板电容检测。图中给出两个质量块在弹性梁支承和驱动电极激励下的反相振动模式。激励的反相振动沿着 x 方向,在柯氏力的作用下,质量块沿着 y 方向振动,改变了质量块与静止的平板电极之间的电容。

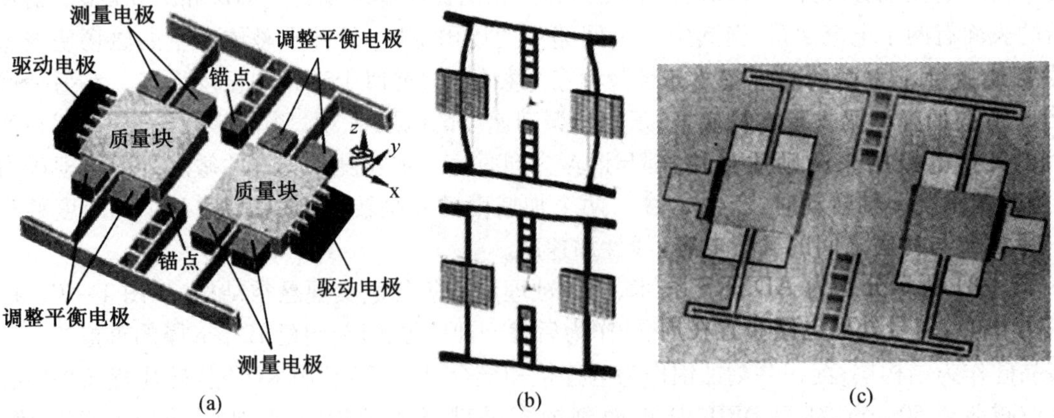

图 4-78　基于 SOI 的音叉式谐振陀螺

(a)结构示意图;(b)振动模式示意图;(c)照片

陀螺用器件层为 40 μm 厚的 SOI 硅圆片制造,利用 DRIE 从背后刻蚀为除振动结构下面的硅衬底,埋层二氧化硅作为刻蚀停止层,然后利用 RIE 将暴露出来的二氧化硅去除,最后从正面刻蚀结构。由于二氧化硅都已经去除,不会出现横向刻蚀的现象。陀螺的质量块为400 μm×400 μm×40 μm,有效质量为30 μg,陀螺的初始振动频率为17.38 kHz,真空中谐振结构的驱动Q值高达81 000,测量Q值达到64 000,灵敏度为1.25 mV/(°/s),分辨率为0.01 °/(s$\sqrt{\text{Hz}}$),理论机械噪声为0.3 °/(h$\sqrt{\text{Hz}}$),电路噪声为0.02 °/(s$\sqrt{\text{Hz}}$),温度系数为-22×10^{-6}/℃。由于DRIE刻蚀深宽比的限制,电容的间隙无法很小,因此电容比较小,对电路的要求较高。这种陀螺既有音叉的优点,又实现了大厚度单晶硅结构,力学性能和质量块都比表面多晶硅结构有很大提高,是目前报道的性能最好的微谐振陀螺之一。

2. 谐振梁式陀螺

图4-79所示为谐振梁(板)式陀螺,质量块的振动方向平行于主平面,当围绕面内轴旋转时,产生垂直主平面的柯氏力,因此可以通过平板电容进行测量,见图4-79(a);当旋转轴垂直于主平面时,柯氏力平行于主平面且与振动方向垂直,通过梳状电容或者平板电容检测,见图4-79(b)。由于这些特点,这种陀螺可以使用表面微加工技术制造,具有CMOS兼容性,并且容易制造x,y,z三轴陀螺。

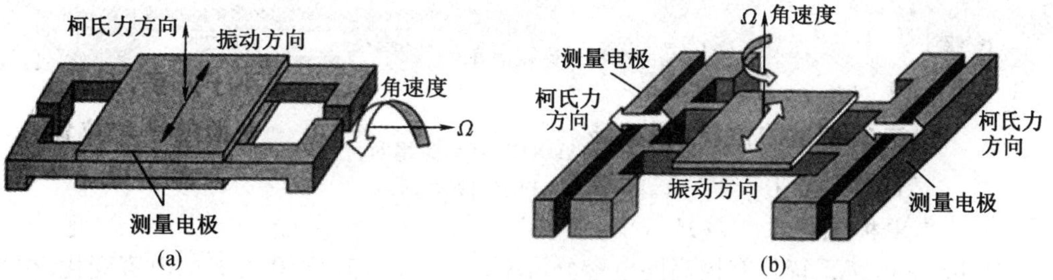

图4-79　谐振梁式陀螺的工作原理

ADI公司在1998年推出第一个全集成的微加工陀螺ADXRS系列。ADXRS陀螺利用制造ADXL加速度传感器的iMEMS集成技术制造,将微机械结构和处理电路集成在一块芯片上。图4-80所示为ADXRS系列陀螺的原理示意图,谐振质量块通过y方向的弹性梁支承在框架上,框架通过x方向的弹性梁支承在衬底上。质量块上框架之间的叉指电极用来激励质量块产生y方向的振动,当陀螺围绕z轴转动时,产生x方向的柯氏力,使支承框架和质量块沿着x轴运动,改变了支承框架与衬底之间的叉指电容,通过测量电容的变化可以得到角速度。

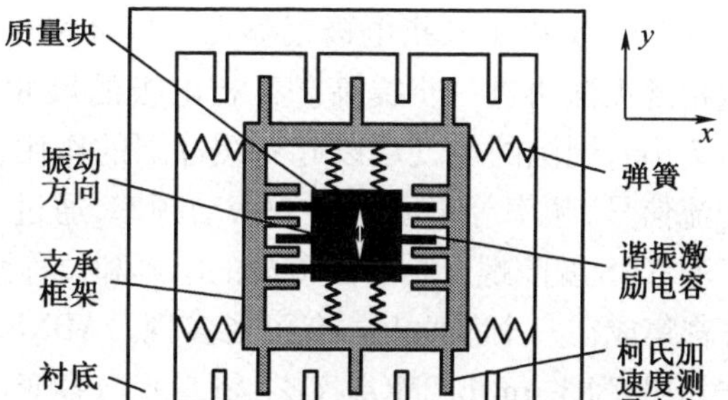

图4-80　ADXRS陀螺的原理示意图(ADI)

图4-81所示分别为ADXRS系列的整体芯片照片和微机械结构照片。微机械结构布置在芯片中心,信号处理电路布置在周围。微机械结构包括多晶硅的弹性梁和叉指电容,其中两组静止梳固定在衬底上,两组可动梳固定在支承框架上。当衬底没有角速度时,框架处于静止状态。当衬底旋转时,柯氏力使质量块和支承框架相对衬底产生位移,因此叉

指电极产生差动输出。如果总电容为 C，叉指间距为 g，则差动电容输出为

$$\Delta C=\frac{2v\Omega MC}{gK} \tag{4-98}$$

该差动电容正比于角速度。上式的非线性度很小，一般小于 0.1%。

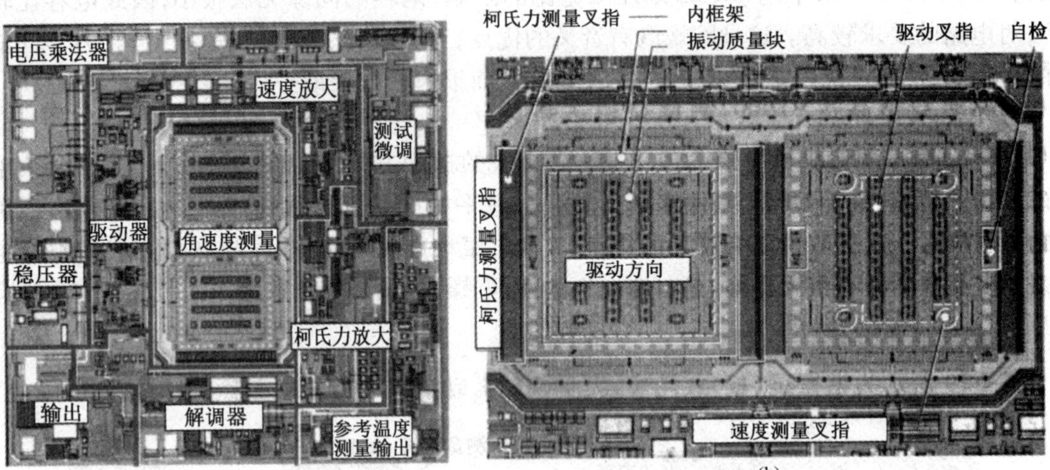

图 4-81　ADXRS 系列陀螺照片

(a)整体芯片；(b)机械结构部分

ADXRS 的电路系统具有极高的电容分辨率，可以分辨 12×10^{-21} F 的电容变化，相当于弹性梁产生 1.6×10^{-5} nm 的弯曲造成的电容变化。由于位移已经远小于原子，而表面单个原子的随机运动大于这个测量的位移，因此该测量位移实际上是电极表面的平均位置。ADXRS 叉指电容表面大约有 10^{12} 个原子，因此所有原子的统计平均位移只有单个原子随机位移的 10^{-6}。由于叉指电极工作在空气环境中，而空气分子对叉指产生的冲击很大，因此测量精度无法再进一步提高。叉指电极的尺寸和刚性都很小，整个叉指只有 4 μg，宽度只有 1.7 μm，周围的空气可以起到缓冲层的作用，防止器件受到冲击而损坏。差动电容信号为交流信号，频率等于质量块的振动频率，通过相关处理可以得到电容信号。

ADXRS 毓陀螺所具有的极高的电容和位称测量精度只有在放大器、滤波器以及机械传感器等都集成在一个芯片上才有可能实现。ADXRS150 和 ADXRS300 陀螺结构为 4 μm 厚的多晶硅，电路为 3 μm BiCMOS 工艺，满量程电容变化为 12×10^{-18} F，电容分辨率为 12×10^{-21} F，灵敏度为 12.5 mV/(°/s)，室温噪声为 0.01 ~0.05 °/$\sqrt{s}$，典型带宽为 20 Hz(可达 1 kHz)，工作状态和非工作状态抗冲击分别为 2 500g 和 33 000g，静态灵敏度为 0.2 °/(sg)。ADXRS 采用 BGA 封装，外形为 7 mm 方形，高度 3 mm，比具有同样精度水平的非微机械陀螺小 100 倍以上，功耗也只有 25 mW，远远低于同性能的其他陀螺。

图 4-81 所示的 ADXRS 系列采用了两个谐振器进行信号差动的角速度测量方法。两个谐振器为独立结构，以反相位工作，因此能够测量的角速度具有相同的幅值，但是方向相反；而外界共模信号(加速度)对两个谐振器作用的幅值和相位都相同，经过差动以后被消除，因此陀螺能够抗冲击和振动的干扰，输出只有角速度信号。这种双谐振器的方法要求两个谐振器具有完全相同的结构和尺寸，对制造的要求很高。

图 4-82(a)所示为 Toyota 公司开发的三层多晶硅谐振梁式陀螺。三层多晶硅中的第二层为梳状电容驱动的谐振梁和质量块,上层和下层多晶硅分别为平板电极,与中间层多晶硅质量块组成平板电容。谐振器的振动沿着 x 轴方向,当输入 y 轴的角速度时,产生 z 轴的柯氏力,使质量块与上下多晶硅组成的平板电容改变。通过测量平板电容实现对角速度的测量。制造采用表面微加工的多晶硅和二氧化硅牺牲层技术,质量块层多晶硅厚 2.4 μm,长 200 μm,支承梁长 300 μm,宽 2 μm,驱动频率为 9.07 kHz,幅度为 2.2 μm,灵敏度为 19 aF/(°/s),输出电压灵敏度为 2.2 mV/(°/s),角速度分辨率为 1 °/s。图 4-82(b)所示为 UC Berkeley 研制的谐振梁式陀螺。陀螺采用表面工艺制造,利用梳状电容激励振动并利用梳状电容检测 z 轴的角速度。这种梳状电容驱动的驱动力比较小,测量灵敏度较低。

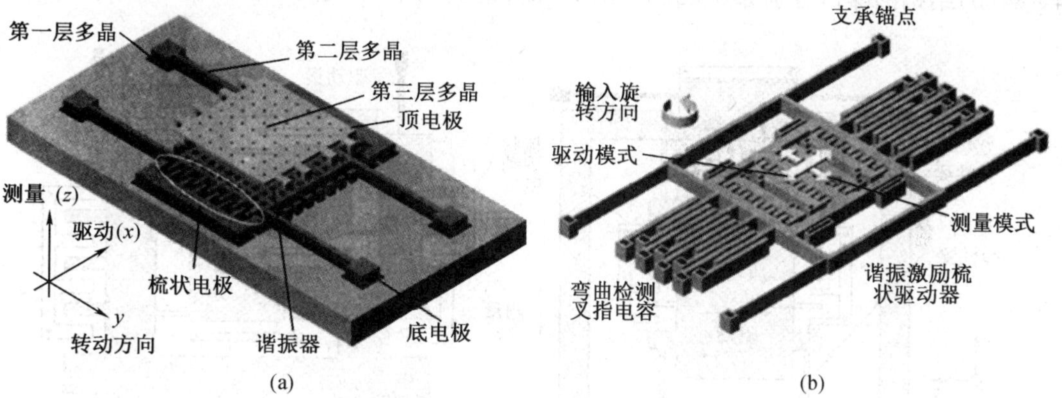

图 4-82 梳状电容驱动和检测的谐振梁式陀螺

图 4-83 所示为采用 CMOS-MEMS 工艺制造的谐振梁陀螺。激励电容驱动内框架沿着 y 轴运动,当输入角速度围绕 z 轴时,柯氏力的方向为 x 轴方向,因此,质量块的位移可以通过固定在基底上的叉指电容检测。CMOS-MEMS 工艺实现的弹性梁和叉指的厚度较小,陀螺工作在大气压下。驱动的谐振模式频率为 9.2 kHz,测量模式为 11 kHz,灵敏度 2.2 mV/(°/s),20 Hz 带宽的噪声 0.03 °/(s $\sqrt{\text{Hz}}$),±360°内的非线性度小于 1%。类似的

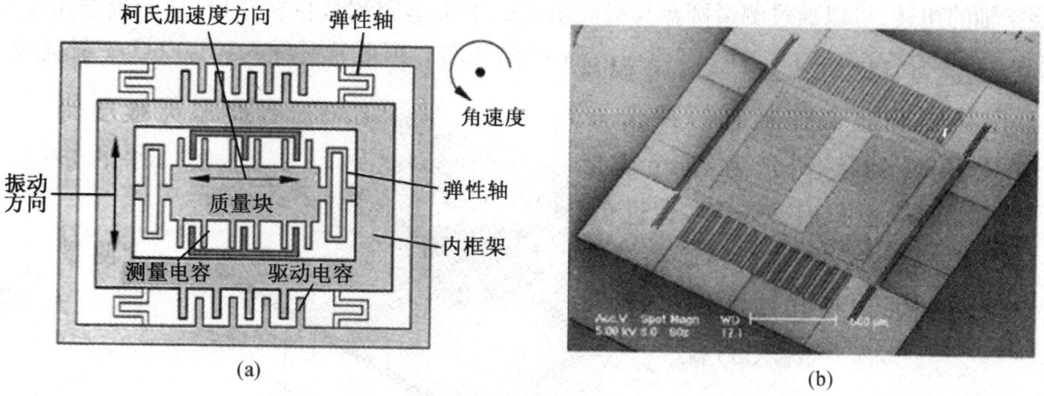

图 4-83 CMOS-MEMS 制造的微陀螺

(a)结构示意图;(b)照片

结构，当采用SOI和改进的SCREAM工艺制造时，微结构层的厚度可以增加到40 μm，噪声等效分辨率为0.004 4 °/s，带宽13 Hz，噪声0.001 2 °/(s$\sqrt{\text{Hz}}$)，达到了相当高的水平。

图4－84(a)和图4－84(b)所示为完全电路集成的表面微加工技术制造的z轴陀螺，由UC Berkeley和ADI研制。图4－84(a)的结构将驱动电极和质量块布置在内部，测量电极和质量块布置在外部；图4－84(b)将驱动电容和质量块布置在外部，测量电容和质量块布置在内部。陀螺的质量块由梳状驱动电容驱动沿着x方向横向振动，输入角速度为z轴方向，于是柯氏力产生的运动方向为y轴方向，通过框架与衬底固定的平板电极测量位移。不同的设置方式具有不同的性能表现，图4－84(b)所示陀螺的正交误差为图4－84(a)所示陀螺的1/3，噪声为1/5。制造过程利用iMEMS工艺，多晶硅结构层厚度为6 μm，图4－84(a)和图4－84(b)结构的噪声分别为0.05 °/(s$\sqrt{\text{Hz}}$)和0.01 °/(s$\sqrt{\text{Hz}}$)。

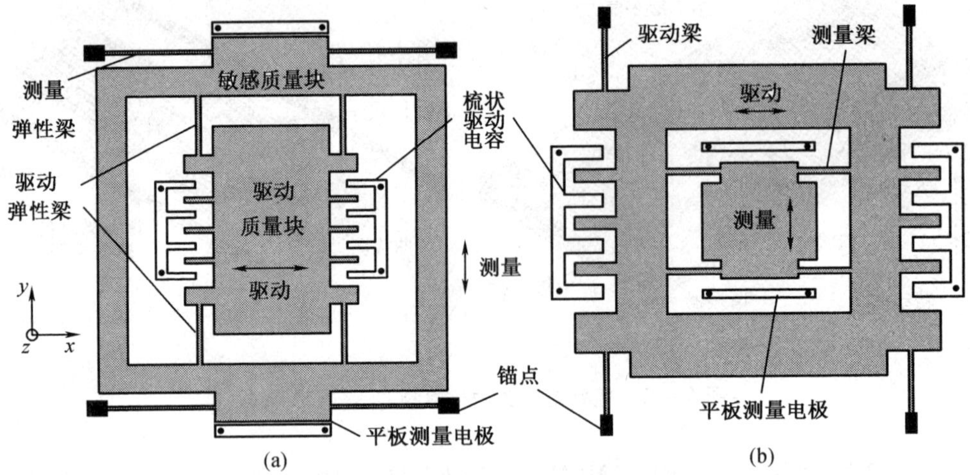

图4－84　表面面加工技术制造的z轴陀螺结构

3. 圆形谐振器陀螺

圆形谐振器包括圆盘、圆环、酒杯等几种形状的谐振器。图4－85所示为双轴谐振盘陀螺的结构示意图。圆盘被激励产生围绕z轴的振动，当陀螺围绕x轴旋转时，柯氏力产生围绕y轴的扭转，可以通过测量圆盘与衬底组成的平板电容测量扭转角度，从而确定角速度；相反，当圆盘围绕y轴旋转时，产生围绕x轴的扭转。因此这种结构可以作为双轴陀螺使

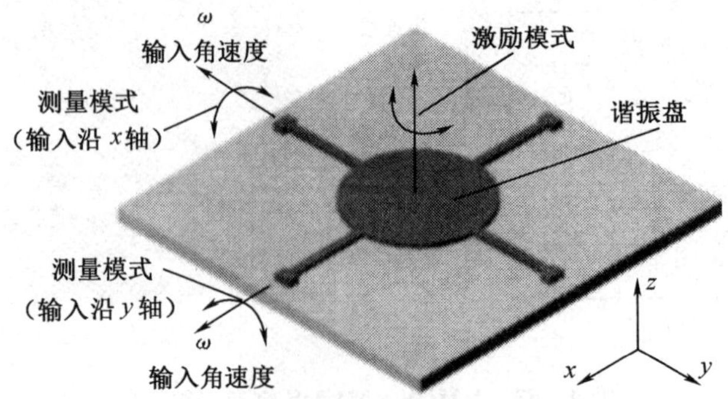

图4－85　圆形谐振陀螺结构示意图

用。圆盘谐振器的结构适合用表面微加工技术制造。

图4-86所示为圆环形谐振器陀螺的原理示意图。谐振环在驱动单元的激励下振动在一阶振动模式,圆环依次变为椭圆、圆、旋转90°的椭圆、圆,完成一个周期。第一次椭圆的长轴为竖直轴,相当于圆环的水平方向被挤压;第二次椭圆形长轴为水平轴,相当于圆环在竖直方向被挤压,于是振动节点出现在45°,135°,225°和315°。二阶振动模式与一阶振动模式的频率相同,只是长轴旋转了45°,即振动节点为0°,90°,180°和270°。振动过程中位移波腹和节点周期性出现,形成驻波。在驱动电压的激励下,谐振环只出现一阶振动模式;当谐振环旋转时,柯氏力激励谐振环的二阶振动模式,能量在两个模式间转换。因此,合成的振动模式是一阶和二阶振动模式的线性叠加,新的节点和波腹形成了新的振动模式,相当于一阶振动模式旋转了一个角度。在开环系统中,节点和波腹的转角正比于角速度。在闭环系统中,测量电极的电压反馈到驱动电极使谐振环保持圆形不变,反馈电压的大小正比于角速度。

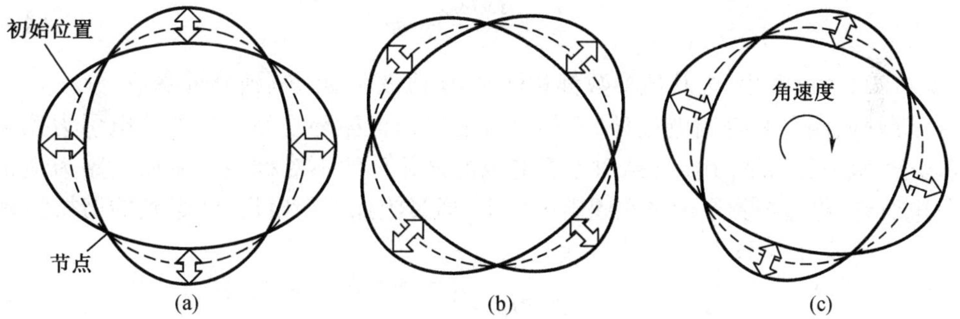

图4-86 圆形谐振陀螺原理

(a)一阶振动模式;(b)二阶振动模式;(c)工作模式

图4-87所示为Delco制造的谐振环式微陀螺,包括谐振环、柔性支承梁和静电驱动电极及测量电极。谐振环固定在中心的锚点上,由8个均匀分布的半圆形柔性支承梁支承,支承梁的直径是谐振环直径的一半。谐振环采用静电驱动和电容检测,共有32个驱动和测量电极,其中激励电极和控制电极为24个,测量电极为8个,分布在间隔45°的节点或者波腹

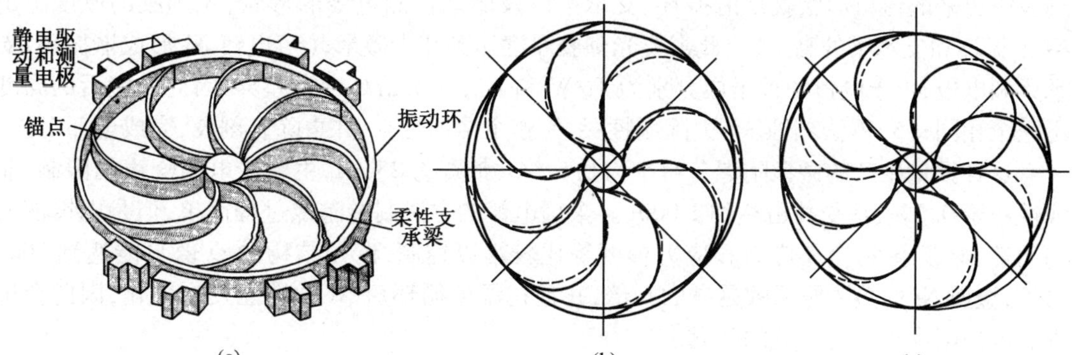

图4-87 谐振环式陀螺

(a)结构示意图;(b)一阶振动模式;(c)二阶振动模式

的位置。通过测量电极测量谐振环的变形，反馈给控制电极对圆环施加静电力以维持其节点位置不变，形成闭环控制。闭环控制增加传感器的带宽，并且较高的机械 Q 值可以增加闭环系统的增益和灵敏度。

如果谐振的幅值和频率分别为 X_0 和 ω，振动位移 $x_d(t)$ 和速度 $v_d(t)$ 分别表示为 $x_d(t) = X_0\sin\omega t$ 和 $v_d(t) = X_0\omega\cos\omega t$，由于柯氏加速度 a_c 为

$$a_c = 2\Omega X_0\omega\cos\omega t \tag{4-99}$$

柯氏力 F_c 可以由牛顿第二定律和式(4-99)得到

$$F_c = ma_c = 2m\Omega X_0\omega\cos\omega t \tag{4-100}$$

柯氏力与弹性结构变形产生的反作用力 F_c 平衡，当弹性结构的刚度为 k、变形为 x_c 时，根据式(4-100)可得 $F_c = kx_c = ma_c = 2m\Omega X_0\omega\cos\omega t$，于是

$$x_c = \frac{2\Omega X_0\omega\cos\omega t}{\omega^2} \tag{4-101}$$

当谐振环工作在谐振模式时，振动幅值被放大 Q 倍，因此式(4-101)变为

$$x_c = \frac{2\Omega Q X_0}{\omega}\cos\omega t \tag{4-102}$$

从式(4-102)可以看出，当其他参数都相同时，Q 值极大地影响到分辨率。

除了激励、测量和控制电极外，平衡电极通过与谐振环之间产生的静电引力控制谐振环，相当于“电弹簧”的作用，改善加工等造成的谐振环的不对称性。驱动电路为锁相环控制的静电驱动，将谐振频率锁定在固定频率上，通过施加平衡电压，测量到的谐振频率 f_s 与固有机械频率 f_m 的关系为

$$f_s = f_m\sqrt{1-g^2} \tag{4-103}$$

其中，$g = V_b/V_p$ 表示平衡电压 V_b 与下拉电压 V_p 的比值，$V_p = \sqrt{(8k_1d_0^3)/(27\varepsilon wl_d)}$，$k_1$ 是等效弹性刚度，d_0 是平衡电极与谐振环的初始间距，ε 为真空介电常数，w 是平衡电极宽度，l_d 是驱动电极长度。

图 4-88 所示为微加工电铸镍成型制造谐振环陀螺的工艺流程：(1)完成片上 MOS 缓冲器，并形成 A1 互连接触，淀积 PECVD 二氧化硅并刻蚀，然后淀积并剥离 Ti/W，在 A1 接触点上形成锚点的最下层；(2)淀积并刻蚀 A1 作为牺牲层，A1 和结构金属 Ni 的刻蚀选择比很高，同时 A1 具有导电性，可作为后续电铸的种子层；(3)涂覆厚胶并光刻，形成铸模，光刻胶露出来的窗口形状就是谐振环、支承梁以及驱动检测电极的形状，光刻胶的厚度决定 Ni 谐振环和支承梁的高度，因此需要光刻胶厚度达到几十微米；(4)电镀 Ni 形成谐振环、支承梁和电极，由于电镀的种子层分别为 Ti/W 和 A1，其初始高度有差异，因此电镀后的高度不完全相同；(5)湿法刻蚀 A1 去除牺牲层，使整个结构悬空，并去除光刻胶，完成全部工艺。

这种批量生产的微型陀螺分辨率为 0.5 °/s，带宽为 25 Hz，主要受电路噪声的限制，非线性小于 0.2%，承受冲击达到 1 000g。采用电镀的方法制造陀螺过程简单，但是电镀液的均匀性、电镀条件、金属应力和应力梯度等比较难以控制，谐振结构的 Q 值只能达到 200。另外，金属 Ni 的热膨胀系数是硅的 6 倍，并且在温度循环后 Ni 的性能发生变化，因此会出现温度失配和长期稳定性的问题。

采用 HARPSS 工艺制造的谐振环式陀螺利用了单晶硅优异的机械性能，实现了高分辨率和稳定性。图 4-89(a)所示为 HARPSS 工艺制造谐振环陀螺的工艺过程。(1)淀积 1 μm厚的二氧化硅以增加介质层的厚度，减小电极和衬底之间的寄生电容；LPCVD 淀积厚

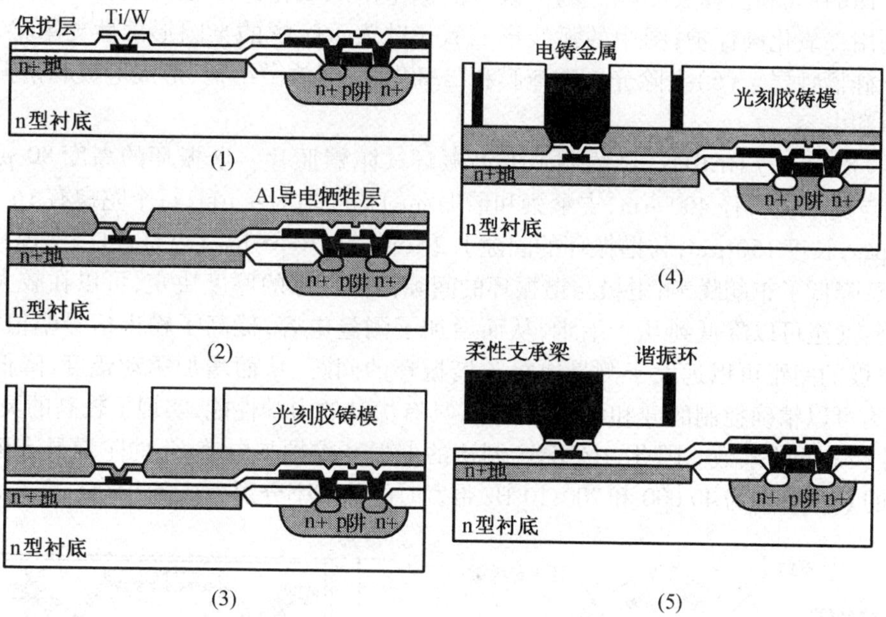

图 4－88 电铸 Ni 成型制造谐振环陀螺工艺流程

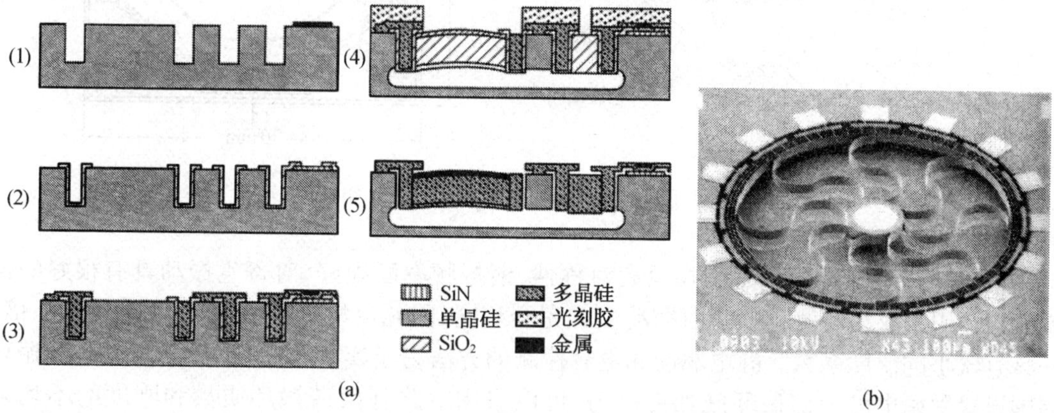

图 4－89 HARPSS 工艺制造谐振环式陀螺

(a)工艺流程图；(b)照片

度 250 nm 的氮化硅，刻蚀形成后续释放过程的阻挡层和绝缘层。利用厚光刻胶掩膜，DRIE 刻蚀 6 μm 宽的深槽，深度要超过谐振器结构的高度。(2)LPCVD 淀积二氧化硅牺牲层，刻蚀二氧化硅，开出氮化硅窗口。在 1 050 ℃下对二氧化硅牺牲层掺硼 1 h，使硼均匀地分布在二氧化硅的表面。(3)定积 4 μm 厚的多晶硅，使深槽内部的二氧化硅上均匀覆盖多晶硅，然后高温推进 2 h，使二氧化硅表面的硼进入多晶硅；去除表面的多晶硅并刻蚀下面的二氧化硅，形成多晶结构的锚点；在表面淀积多晶硅，掺杂并刻蚀，形成表面需要的形状；在多晶硅表面淀积 Cr/Au，利用剥离形成电连接。(4)使用厚胶掩膜 DRIE 刻蚀，深度比前面刻蚀结构的深度要深 10 ~ 20 μm ；达到刻蚀深度后只通入 SF_6 进行各向同性横向刻蚀；去除微结构下面的单晶硅,释放结构。刻蚀区域的侧壁由二氧化硅限制而成,而单晶硅电极和结构也利用二氧化硅保护;图中的弧线形二氧化硅表示陀螺的半圆形柔性支承梁,表面覆盖二氧化硅牺牲层。(5)去除光刻胶掩膜和二氧化硅,释放微结构,形成电极和谐振结构之间的间隙和电容。

图4-89(b)为HARPSS结构制造的谐振环式陀螺照片。谐振环的高度80 μm,直径2 mm,锚点支承柱直径400 μm,支承梁和谐振环的宽度均为4 μm,每个陀螺有16个电极,高度50 μm,长度150 μm,与谐振环的间隙1.2 μm。HARPSS的优点是,可以实现几百微米高的陀螺,降低了布朗噪声;电极与谐振环的间隙由牺牲层的厚度决定,可以在较大范围内精确控制,甚至可以降低到几十纳米,从而增加了测量电容,提高了输出信号幅值;谐振环到驱动电极的间距可以远大于测量电极与谐振环的间距,从而增加驱动幅度,降低噪声电平;器件为可以精确控制的硅和多晶硅制造,具有优良的力学性能,实现了较高的灵敏度、长期稳定性和较低的系数。因此,HARPSS制造的谐振环陀螺与电铸Ni的陀螺具有更好的性能,两者的 Q 值分别为40 000和200,10 Hz带宽时的分辨率分别为0.002 5 °/s和0.5 °/s。

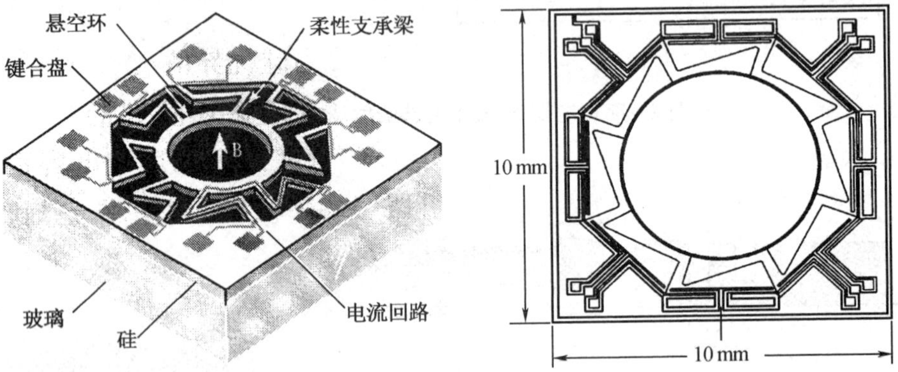

图4-90 圆形谐振陀螺(Silicon Sensing Systems)

谐振环式陀螺的优点是结构具有对称性,谐振频率匹配好,对寄生振动具有很好的抑制能力。用于驱动和测量的弯曲振动模式完全相同,因此灵敏度被放大了品质因数 Q 倍,并具有较小的温度系数。静电驱动和电容检测的方法易于实现,并且灵敏度高。在谐振环周围设置平衡电极为谐振环施加控制力,可以采用电路补偿谐振环质量和刚度的不均匀性,降低锚点的能量损耗,实现更高的 Q 值和频率对称性。整体结构除锚点外均为悬空结构,封装产生的应力对结构影响很小。

4. 平衡架式陀螺

平衡架式陀螺的结构类似罗盘的平衡环,由内框架、质量块和挠性扭转轴组成,如图4-91所示,内挠性轴将质量块的两侧固定在内框架上,与内挠性轴垂直的外挠性轴将内框架固定在衬底上。外框架用静电驱动围绕外挠性轴以恒定振幅振动,当作用角速度时,产生的柯氏力驱动质量块围绕内挠性轴与驱动频率振动,通过测量质量块的位移或加速度测量角速度。显然,当驱动频率等于内质量块及挠性轴系统的谐振频率时,振幅被放大了 Q 倍,分辨率达到最大。平衡架式陀螺与谐振梁式的不同之处在于前者的驱动和测量模式均围绕挠性轴的转动,而后者均为移动。

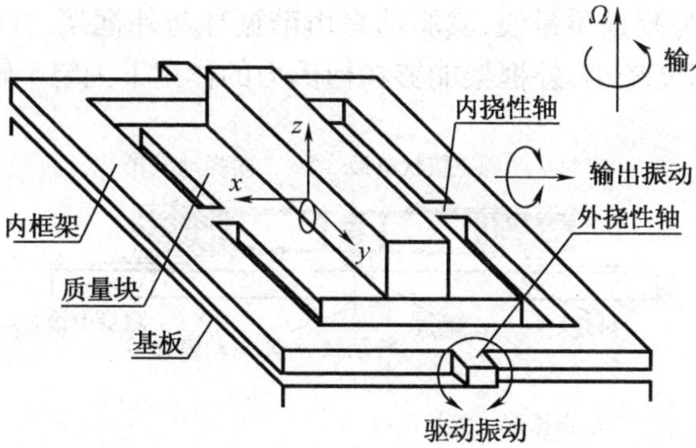

图 4-91 平衡架式谐振陀螺

4.4.6 频率匹配与振动模式解耦

对于谐振陀螺，当谐振结构的驱动模式频率与测量模式频率匹配（相等）时，测量灵敏度被放大为激励模式的 Q 倍。频率匹配只要两种谐振模式都有对称的支承结构即可实现。然而，对称结构会导致两种谐振模式的振动耦合，引起振动的不稳定和较高的零点漂移，因此两种谐振模式应该相互避免耦合（解耦合）。如果仅实现了机械振动的解耦合而没有对称的结构，又会造成较大的温度漂移。因此谐振陀螺需要实现对称结构的解耦合振动模式。

驱动与激励模式的谐振都可以用质量弹簧阻尼二阶系统来描述，其中阻尼主要来自空气阻尼。如果陀螺工作在真空中，空气阻尼可以忽略，能够实现 10 000 以上的高 Q 值。但是在工作现实环境下（温度范围以及环境影响），难以实现两种谐振模式的精确匹配（优于 1 Hz），因此经常通过施加静电力改变谐振结构的弹性刚度，使频率尽量达到匹配。

1996 年 HSG - IMIT 利用两种不同的弹性梁对驱动和测量振动模式解耦合，一种弹性梁限制驱动质量块只能沿着一个方向运动，另一种弹性梁限制测量质量块只能沿着另一个方向做一维运动。更进一步的解耦合需要三个质量块和四种一维运动的弹性梁，目前这种结构的陀螺仍在研究阶段。除了设计微机械结构分离耦合外，还可以通过外加静电力调整质量块的位置消除耦合。解耦合不仅能够提高微加工陀螺的性能，还发展出对制造误差具有鲁棒特性的设计方法。

图 4-92 所示为将主振动模式和二阶振动模式解耦合为环形谐振陀螺（MARS - RR）。陀螺包括一个谐振环（一阶谐振器）和用扭转梁与之相固定的矩形外框架（二阶谐振器），谐振环上有八组叉指，与固定在衬底上的另外八组叉指组成叉指电容，其中四组用来驱动谐振环振动，另外四组用来测量谐振环的主振动模式。在四组叉指电容的驱动下，谐振环围绕 z 轴振动，带动矩形框架随之围绕 z 轴摆动。当输入围绕 x 轴的转动时，柯氏力使谐振环产生围绕 y 轴的二阶振动模式。如果连接谐振环和锚点的内支承梁在 z 轴方向上具有足够的刚度，谐振环沿着 z 轴的振幅将很小，从而抑制了谐振环围绕 y 轴的二阶振动模式。而连接外部矩形框架与谐振环的扭转梁围绕 y 轴的扭转刚度较小，在柯氏力的作用下外圈的矩形框架将围绕 y 轴振动，于是通过衬底与外框架之间电容的变化，可以测量转动角速度。因此，内部的谐振环作为驱动质量块，被梳状电容驱动着围绕 z 轴振动，但是其 y 轴转动弹性

刚度很大，柯氏力引起的驱动谐振环围绕 y 轴的振幅很小，可以认为谐振环只围绕 z 轴振动；而外部的矩形框架作为测量质量块，其驱动是由谐振环与外框架之间的扭转梁传递的，扭转梁围绕 y 轴的弹性刚度较小，外框架能够在柯氏力的作用下围绕 y 轴振动。

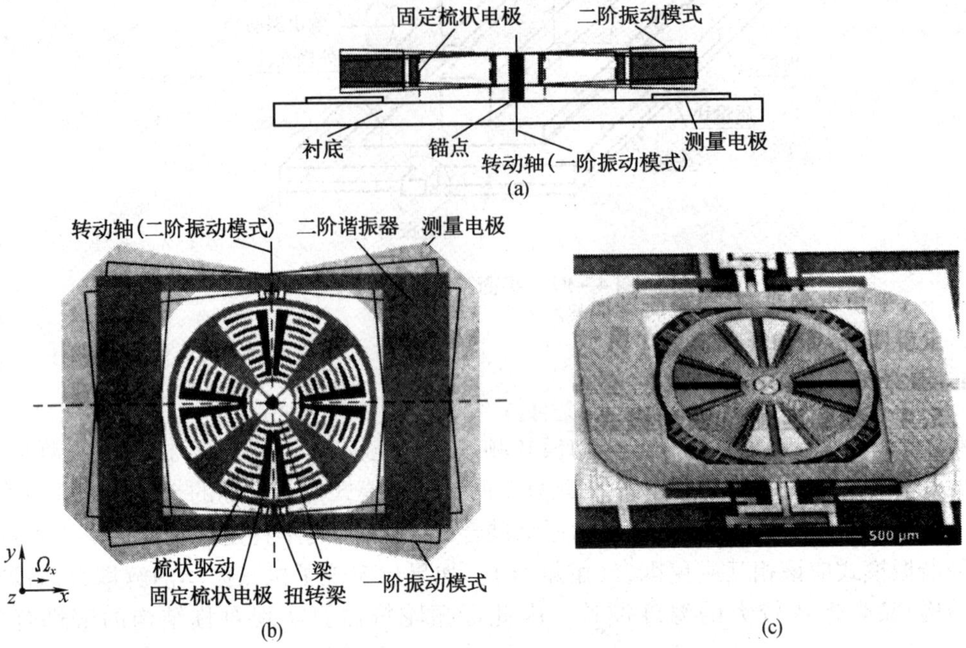

图 4-92　谐振模式解耦合的环形谐振陀螺（HSG-IMIT）

(a)剖面图；(b)顶视图；(c)照片

实际上，谐振环可以视为驱动外框架的驱动部件和弹性部件，而只把外框架视为系统的质量块，即驱动模式通过谐振环产生围绕 z 轴的振动，而测量的是与谐振环一同振动的外框架围绕 y 轴的二阶振动模式。解耦意味着内部谐振环相对衬底只有一个自由度（例如围绕 z 轴的旋转），而外部的框架除了具有一个相同方向的自由度外（围绕 z 轴旋转），还有另外一个自由度（围绕 y 轴的旋转），因此，二阶谐振不影响一阶驱动。抑制谐振环围绕 y 轴的二阶谐振模式，可以消除谐振环二阶振动引起的叉指电容重叠面积的变化，消除由此造成的驱动力的变化和输出的非线性寄生效应，例如升举现象可以被有效抑制。另外，通过使用八组梳状叉指，并且仔细设计对称结构，可以补偿托举效应的一阶项，从而达到降低托举效应的效果；通过隔离和提高支承梁在 z 轴方向的刚度，可以进一步抑制高阶项。

该陀螺采用 Bosch 表面工艺制造，通过外延淀积厚达 10 μm 的多晶硅结构层，制造高深宽比的大质量结构。在结构层下面淀积埋层多晶作为电互连或者电极使用，并与外延多晶用牺牲层二氧化硅绝缘，与衬底通过另一层二氧化硅绝缘。陀螺的噪声 0.024 °/(s $\sqrt{\text{Hz}}$)，在 50 Hz 时噪声等效速率为 0.025 °/s，动态范围 300 °，灵敏度 8 mV/(°/s)，分辨率为 0.005 °/s，非线性小于 0.3%，可承受 1 000g 的加速度冲击。这是目前分辨率最高的微机械陀螺之一。

采用内外不同的支承弹性梁，也可以将陀螺的激励振动和测量振动模式解耦合，图 4-93(a)和 4-93(b)所示为谐振梁式解耦合陀螺。支承激励振动的四个弹性梁位于外部，支承模式的四个弹性梁位于内圈，支承两种振动的弹性梁不同，支承梁在振动方向上弹性刚度较小，而在垂直方向上刚度较大，以提高灵敏度并降低耦合。图 4－93(c)为有限元模拟的激励和测量模式的振动情况。沿着 x 方向的激励振动与 z 方向的柯氏力引起的振动被隔离开。陀螺采用 SOI 硅圆片制造，质量块的长宽高分别为 1 200 μm，800 μm 和50 μm，外部支承梁宽 5 μm，厚 50 μm，内圈弹性梁宽 20 μm，厚 10 μm，耦合只有 1%，10 Hz 带宽时分辨率为 0.07 °/s。

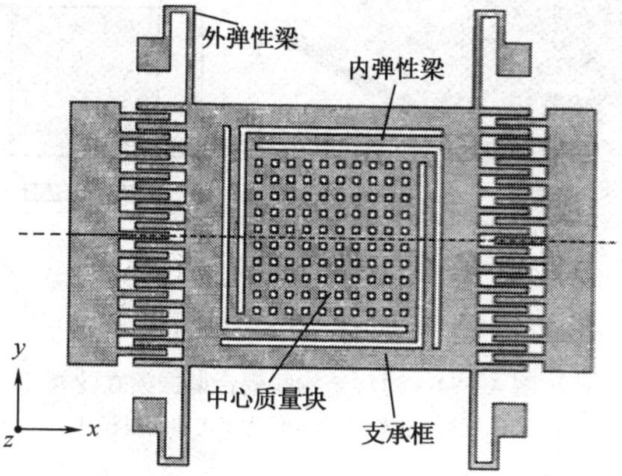

(a)

(b)

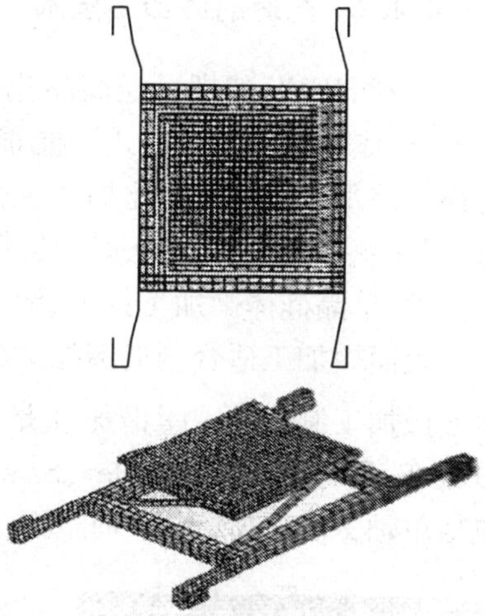
(c)

图 4－93　解耦合模式的谐振梁式陀螺

(a)结构图；(b)照片；(c)驱动和测量振动模式

图 4－94 所示为对称结构解耦合谐振梁式陀螺。谐振器的振动方向为 x 轴，输入角速度为 z 轴，产生与 x 轴振动相同频率的 y 轴柯氏力。如果谐振器的 y 轴谐振频率与 x 轴相等，则柯氏力激励 y 轴产生谐振，将获得最大的灵敏度输出，利用电容可以实现高灵敏度的角度测量。通过设计两种振动模式的支承弹性梁使其对称，可以实现两种模式的频率匹配；然而对称的支承梁会产生驱动和测量模式间的耦合，引起较大的零点漂移。图 4－94 的陀螺将支承锚点设置在支承架的最外边，并且驱动电极和测量电极的连接方式使驱动电极

不影响测量电极，从而使用对称结构并消除了耦合。FEM 模拟表明耦合小于 2%。传感器采用溶硅和玻璃键合技术制造，结构层采用 DRIE 刻蚀，厚度 12 μm，深宽比为 10∶1。闭环控制的陀螺的分辨率在 50 Hz 带宽时为 0.017 °/s，工作环境为真空。

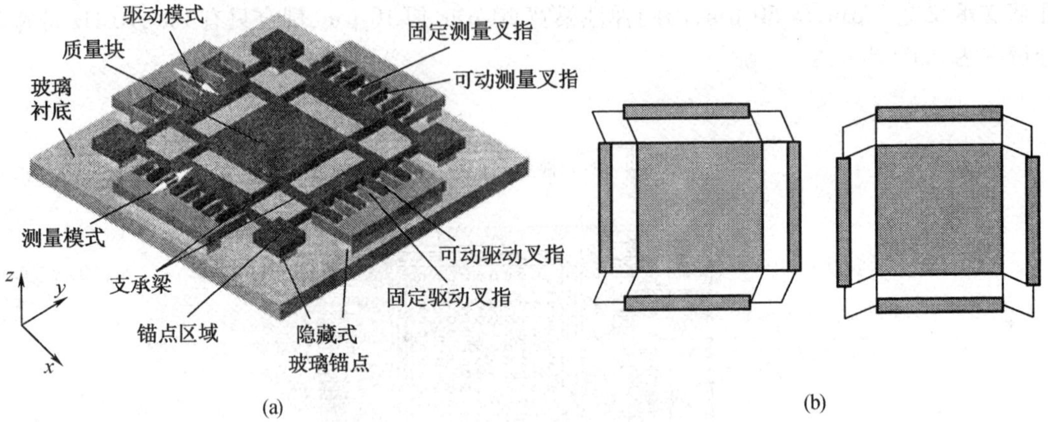

图 4－94　对称结构解耦合谐振梁式陀螺

(a)结构示意图；(b)驱动模式和测量模式

4.4.9　陀螺的微加工技术

尽管 MEMS 陀螺已经商品化并在多个领域得到了应用，但由于微加工器件的相对误差较大，造成驱动和测量模式不能很好地匹配，总体上 MEMS 陀螺的性能与宏观陀螺相比还有很大差距。虽然陀螺比加速度传感器复杂，但陀螺本质上是可以驱动谐振的加速度传感器，因此陀螺的制造与加速度传感器基本类似。陀螺的制造技术可以分为多晶硅表面微加工技术、单晶硅体微加工技术、混合技术等几种。

表面微加工适合制造谐振梁(板)式结构的谐振陀螺，并容易与 CMOS 电路集成，但是表面微加工制造的陀螺谐振质量小、噪声大，一般噪声在 0.1～1 °/(s $\sqrt{\mathrm{H}}$)的水平。除了 ADXRS 系列外，UC Berkeley，Samsung，Bosch，LG 等都开发了基于表面微加工技术的陀螺，包括单轴 z 轴和双轴 x，y 轴陀螺。图 4－95 所示为 UC Berkeley 设计、AD 公司制造的双轴

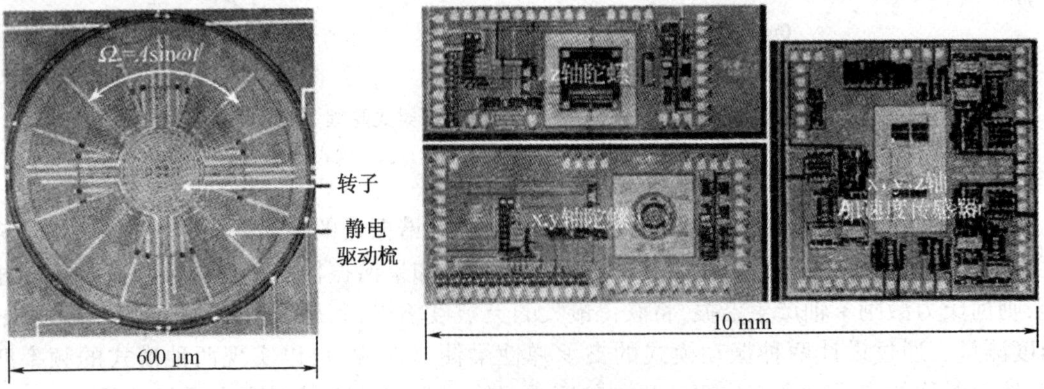

图 4－95　UC Berkeley 的双轴陀螺和 IMU 系统

陀螺,采用 2 μm 厚的多晶硅谐振环结构,集成放大器。当多晶硅厚度增加到 5 μm 时,在 0.1 Pa 的真空中驱动和测量模式的 Q 值分别达到 2 800 和 16 000,噪声 2 °/(s $\sqrt{\text{Hz}}$),采用 6 μm 多晶硅和抗环境干扰结构的平面梳状电容驱动的微陀螺,分辨率为 0.1 °/s。采用外延多晶硅工艺,结构层的厚度可以增加到 11 μm,可以进一步降低表面微加工陀螺的噪声。图 4 -95 所示为 UC Berkeley BSAC 设计、Sandia 制造的惯性测量单元(IMU),包括 x,y 轴陀螺,z 轴陀螺,x,y,z 三轴加速度传感器和信号处理控制电路。

表面微加工技术制造的陀螺以面内谐振为主,包括横向 x 轴振动、y 轴角速度输入、z 测量的谐振板式陀螺,以及围绕 z 轴振动、y 轴角速度输入、x 轴测量的圆环式谐振陀螺。图 4 -96所示为 UC Berkeley 和 ADI 开发的解耦合的 z 轴振动平面测量陀螺。陀螺的质量块沿 z 轴方向振动,输入角速度为 x 或 y 轴方向,测量方向也在面内。陀螺采用了激励振动与测量振动解耦合的模式,质量块和框架分别为不同的弹性梁支承,并且垂直方向的刚度达到 25∶1。陀螺采用 ADI 的 6 μm 多晶硅表面微加工技术制造,集成了 Sigma - Delta 反馈控制电路,质量块的面积为 300 μm × 500 μm,驱动模式和测量模式的振动质量分别为 1.6 μg 和 2.8 μg,谐振频率分别为 14.5 kHz 和 16.2 kHz,激励的 z 轴为振幅 0.18 μm。常压环境下驱动和测量模式的 Q 值分别为 2 和 20,噪声为 8°/(s $\sqrt{\text{Hz}}$)。当质量块的振动方向不同时,可以测量面内不同方向的角速度,因此采用两个垂直的质量块,可以实现面内 x 和 y 轴陀螺。

图 4 -96　解耦的 z 轴振动平面测量陀螺(UC Berkeley)

体加工工艺容易实现较大的质量块,能够降低机械噪声,提高陀螺的灵敏度、分辨率和稳定性,如 DRIE、SOI、溶硅技术和玻璃键合技术等都得到了广泛应用。利用 SOI 和 DRIE 相结合制造陀螺是很好的选择,根据释放微机械结构的方向不同,可以分为正面 DRIE 刻蚀和双面 DRIE 刻蚀。正面 DRIE 刻蚀 SOI 的器件层单晶硅,形成微机械结构,然后去除埋层二氧化硅,释放微结构。双面 DRIE 刻蚀首先从背后将衬底的单晶硅去除,然后从背面将埋层二氧化硅去掉,最后从正面 DRIE 刻蚀结构。正面直接刻蚀会出现 RIE - lag 和横向刻蚀等问题,另外由于埋层二氧化硅较薄,释放时容易出现粘连。双面刻蚀方法首先从背面去掉了二氧化硅停止层,而正面 DRIE 时不存在横向刻蚀的问题,因此通过增加刻蚀时间可以解决 RIE - lag。这是在加速度和陀螺制造中常用的体加工方法。

利用 DRIE 深刻蚀、硅 - 硅键合以及硅 - 玻璃技术相结合也是制造高性能陀螺的重要方法。利用 100 μm 的厚质量块和 30∶1 的间隙作为电容,DRIE 制造的陀螺可以达到 0.008 °/(s $\sqrt{\text{Hz}}$)的噪声、电平 3.7 mV/(°/s)的灵敏度和 0.08% 的非线性。真空封装下,利用 SOG 的梳状电容陀螺噪声电平更下降到 0.000 4 °/(s $\sqrt{Hz}$)，非线性 0.6%。采用单晶硅 HARPSS 技术制造的音叉式陀螺，质量块和弹性梁均为单晶硅材料，与多晶硅相比性能有较大提高。电镀 Ni 除了实现的圆环式谐振陀螺，利用电镀还可以实现其他结构方式的陀螺，如谐振梁振动叉指电容检测陀螺。利用改进的 CMOS – MEMS 工艺，在介质和金属复合层下面留一定厚度的单晶硅，也可以实现大质量块，对于复合弹性梁的厚度为 1.8 μm，质量块厚度为 60 μm 的陀螺，噪声电平为 0.02 °/(s $\sqrt{Hz}$)。

图 4 – 97(a)所示为牺牲体加工(Sacrificial Bulk Micromachining，SBM)工艺制造的 x 轴陀螺结构示意图。陀螺的驱动和检测均采用叉指电极，固定电极和可动电极的高度不同，如图 4 – 97(b)所示，从而实现 z 轴的驱动。当 x 轴输入角速度时，产生 y 轴方向的谐振，通过梳状电容检测可动电极的位移。驱动电容在外框架上，检测电容位于内框架，两者的弹性梁采用了解耦合设计，使 z 轴的振动不会影响 y 轴的振动。

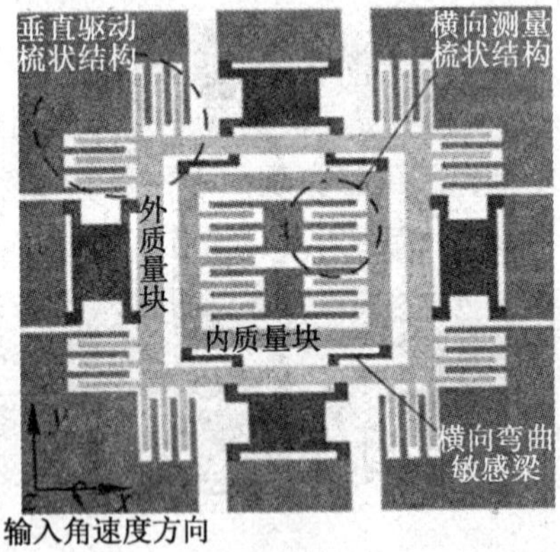

(a)

(b)

图 4 – 97　SBMA 工艺制造的 x 轴陀螺

(a)结构示意图；(b)有高度差的叉指电容

图 4 – 98 所示为 SBM 制造 x 轴陀螺的过程，主要利用 DRIE 深刻蚀和双层掩膜实现高度不同的叉指电容，以及 KOH 横向刻蚀(111)硅片进行释放。

(1)在(111)硅片上淀积第一层掩膜，如二氧化硅或氮化硅，结构的关键尺寸如固定电极、可动电极和电极间距都由第一层掩膜定义。在保证后续 DRIE 刻蚀的情况下尽量地薄，以降低应力的影响。

(2)淀积第二层掩膜，如光刻胶或者二氧化硅，部分区域覆盖第一层掩膜，部分区域不覆盖，其中重叠区域的后续 DRIE 刻蚀中形成了高位电极，而只有第一层掩膜的区域成为低位电极。

(3)刻蚀暴露的第一层掩膜，使暴露出来的厚度小于第二层掩膜覆盖着的厚度。

(4)DRIE 深刻蚀 d_1。

(5)去除第二层掩膜，露出第一层掩膜。

(6)第二次 DRIE 深刻蚀，刻蚀深度 d_2。

(7)淀积保护层，如二氧化硅或者氮化硅，然后利用各向异性刻蚀将深槽底部的保护层去掉，只保留侧壁的保护层。

(8)第三次 DRIE 深刻蚀,刻蚀深度 d_3 大于 d_1。

(9)进行 KOH 刻蚀。由于 KOH 刻蚀在(111)衬底只沿着横向方向进行,因此释放了 DRIE 刻蚀的结构。

(10)刻蚀第一层掩膜,将暴露在第二层掩膜外的第一层掩膜全部增除,由于被第二层覆盖的厚度较大,刻蚀时保留这部分掩膜。

(11)第四次 DRIE 深刻蚀,刻蚀深度 d_4。把全部去除第一层掩膜的区域刻蚀为低位结构,而仍旧保留第一层掩膜的区域不被刻蚀,成为高位结构。

(12)于是高位结构的厚度 $t_1 = d_2$,低位结构的厚度 $t_2 = d_1 + d_2 - d_4$,高位与低位结构的垂直重叠厚度 $g_v = d_2 - d_4$,最厚的结构 $t_3 = d_1 + d_2$,低位结构与衬底的间距 d_3。为了实现静电驱动和测量,单晶硅的电极有必须与衬底绝缘,一般可以采用 SOI 衬底。

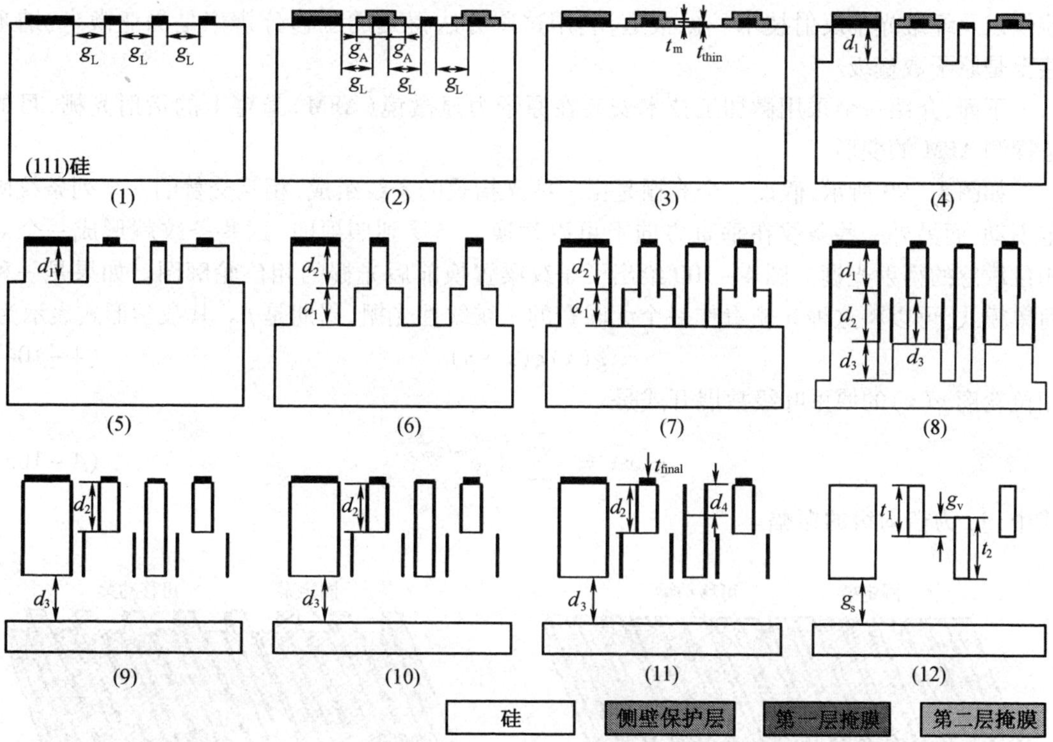

图 4-98 SBM 制造 x 轴陀螺的工艺流程

微机械谐振陀螺是依靠柯氏力将驱动模式的能量耦合到检测模式,因此陀螺的 Q 值越高,测量灵敏度就越高。与谐振式传感器类似,陀螺可以封装在真空环境中以提高 Q 值。为了提高灵敏度,需要将驱动模式和测量模式尽量匹配,但是由于制造误差,两个谐振频率都会偏离理论值。为了解决这个问题,需要对陀螺进行微调,例如采用选择性刻蚀、局部淀积或激光烧蚀等方法调整两种模式的频率;或者利用电阻为局部加热改变应力状态,从而改变谐振频率。

4.5 与 MOEMS 有关的传感器

光学传感器的主要优点归纳如下：有较高的分辨率和精度，尺寸小且不会受到电磁干扰。已经成功研发出一些该类传感器，例如位移传感器、化学探测传感器、荧光探测传感器、惯性（加速度计）传感器和压力传感器。下面介绍上述传感器的功能、性能以及光学理论。

4.5.1 位移传感器

已经深入研究过以光学技术为基础的位移传感器。在这类传感器中，采用了衍射光栅、几何调制波导、法布里－珀罗干涉仪、双菲佐外差干涉仪、迈克逊或者马赫－曾德耳干涉仪以及纤维光学反射技术。据报道，利用这些方法得到的位移分辨率是深亚微米、纳米甚至是原子数量级。

下面，介绍一个采用微加工技术安装在原子力显微镜（AFM）悬臂上的衍射光栅，目的是探测 AFM 的变形。

如图 4－99 所示，假设一个光栅是由一些叉指式的条纹组成，相互交替的一系列条纹固定不动，而另外一些条纹在垂直方向上可以替换。当受到照射时，这些条纹就形成一个对相位敏感的衍射光栅。图 4－100 给出了条纹梁置换前后光栅的相位轮廓图。如果是一种简单模式，可以将这种光栅看作一个无限宽的一维线性光栅，周期是 p。其数学形式表示为

$$g(x)g(x+p) \tag{4-104}$$

相位轮廓 $g(x)$ 的傅里叶级数展开式是

$$g(x) = \sum_{m=-\infty}^{\infty} A_m e^{im(2\pi/p)x} \tag{4-105}$$

式中，A_m 为衍射级的振幅。

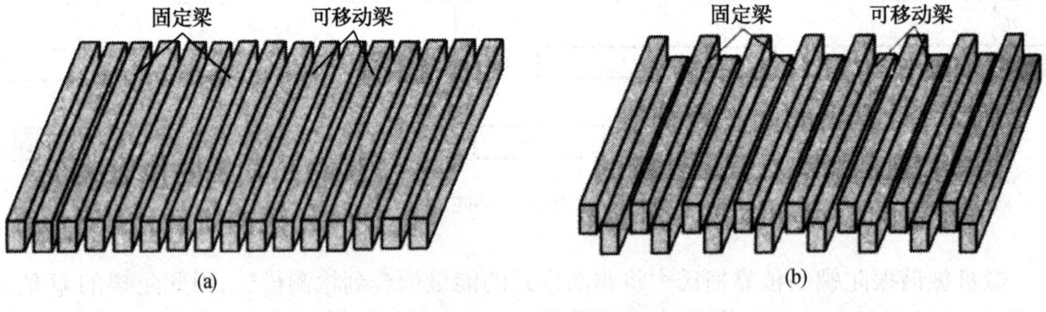

图 4－99 光栅由可移动梁和固定梁组成

（a）没有发生偏转；（b）偏转后

假设照明光的波长是 λ，光栅在 $[0,2\pi]$ 范围内有两个离散的相位级：$\phi=0$ 和 $(2\pi/\lambda)(2d)$。则衍射级的振幅由下式计算，即

$$A_m = \frac{1}{p}\int_0^p g(x) e^{-im(2\pi/p)x} dx \tag{4-106}$$

式中，$g(x)$ 由下式表达，即

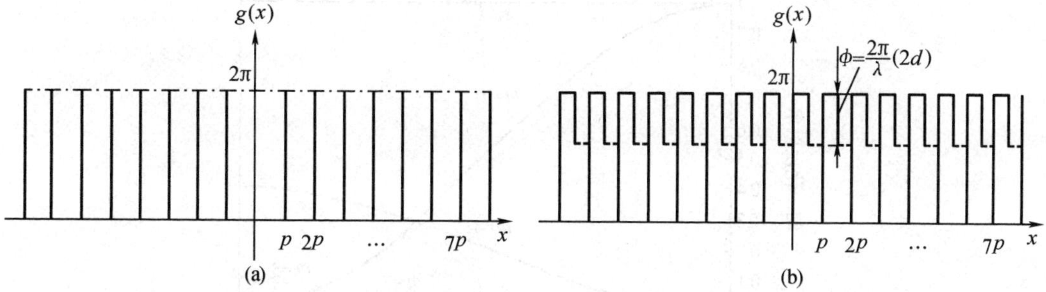

图 4-100　光栅的相位轮廓图

(a)可移动梁发生偏转之前;(b)可移动梁发生偏转之后

$$g(x) = \sum_{k=-\infty}^{\infty}\left\{\mathrm{rect}\left(\frac{x-k-\frac{1}{4}}{\frac{1}{2}}\right)+\exp(-\mathrm{i}\Phi)\,\mathrm{rect}\left(\frac{x-k-\frac{3}{4}}{\frac{1}{2}}\right)\right\} \tag{4-107}$$

令 $p=1$。根据帕舍伐尔法则(Parseval's theorem),将所有衍射级强度之和归化到 1,则

$$\sum_{m=-\infty}^{\infty} I_m = \sum_{m=-\infty}^{\infty} |A_m|^2 = 1 \tag{4-108}$$

因此

$$A_m = \mathrm{e}^{-\mathrm{i}m\pi/2}\mathrm{sinc}\left(\frac{m}{2}\right)\left\{\frac{1}{2}\left[1+\mathrm{e}^{-\mathrm{i}(\Phi+m\pi)}\right]\right\} \tag{4-109}$$

所以,每一个衍射级中的能量分布是

$$I_m = A_m^* A_m = \mathrm{sinc}^2\left(\frac{m}{2}\right)\left|\frac{1}{2}\left[1+\mathrm{e}^{-\mathrm{i}(\Phi+m\pi)}\right]\right|^2 \tag{4-110}$$

式中,A_m^* 为 A_m 的复共轭。

在图 4-101(a)给出了四种 m 值的能量分布曲线。例如,如果 $\phi=0$,让可移动条纹仍然不发生偏转,主要的反向模式是零级,并且 $I_0\approx1$。随着 ϕ 的增大,零级强度下降,而两个对称的第一衍射级的强度增大。当 $\phi=\pi$,可移动梁在垂直力向偏转 $\lambda/4$,零级内的能量分布最小,第一级的能量最大。应当注意到,偶数衍射级的能量分布可以忽略不计,奇数衍射级的能量分布随级数增大而下降。

图 4-101(b)给出了一个交叉指形悬臂结构。当一个力作用在原子力显微镜(AFM)的端部时,只有与悬臂外部结构相连接的条纹才会在垂直方向偏转变形,而固定在悬臂内侧的条纹仍保持不变,在这种状态下,就形成一个相位衍射光栅。测量零级或一级的衍射强度,或者两个衍射级之间的差,就可以确定该端部的偏转变形。如果交叉指形悬臂结构的条纹长 215 μm,厚 2.5 μm,宽 3 μm,通过测量零级和一级之间的衍射强度差就可以得到力的曲线,其中,衍射强度是悬臂梁偏转的函数。已经发现,在 10 Hz ~ 1 kHz 带宽范围内,该传感器的 rms 噪声约为 0.02 Å,因此,可以得到具有原子分辨率的石墨图像。

4.5.2　化学传感器

化学传感器大部分产品是利用高温下的催化反应,使电阻发生变化而产生电信号,从而引起电信号转换。下面介绍用微加工技术制造以及以法布里-珀罗谐振腔为基础的化

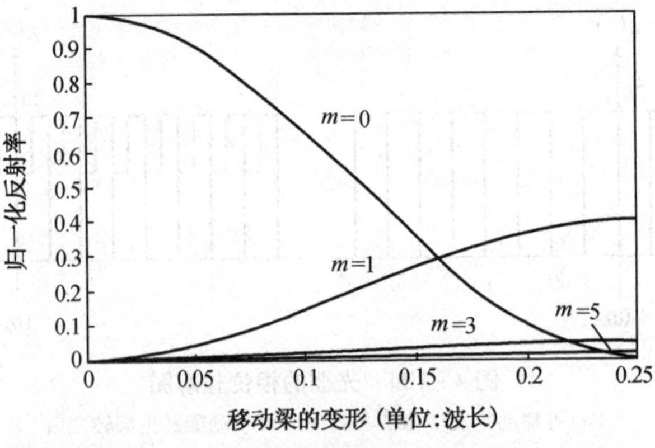

(a)

(b)

图 4-101

(a)一个二元相位光栅不同衍射级的能量分布;

(b)具有集成数字条纹的 AFM(原子力显微镜)端部

学传感器中光信号的转换。

法布里-珀罗谐振腔是最常用的干涉仪,由两块平行的平板组成,内侧面镀有高反射率的半透半反膜(见图 4-102(a))。两块平板间的间隙称为法布里-珀罗谐振腔。

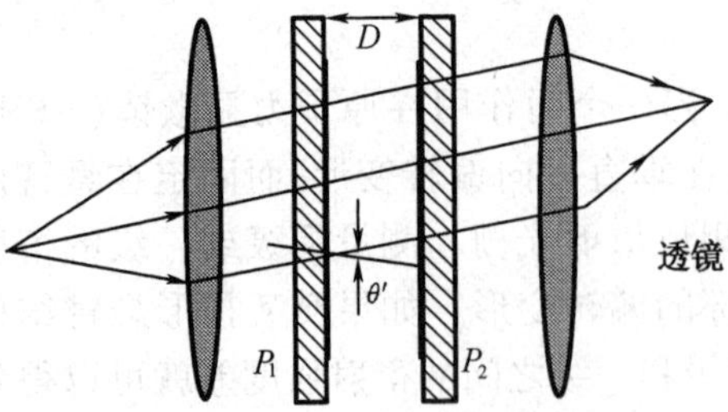

(a)

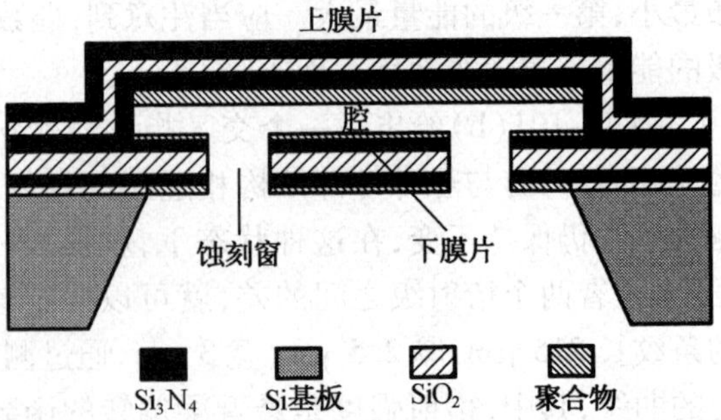

(b)

图 4-102

(a)法布里-珀罗干涉仪示意图;

(b)用微加工技术加工的以硅法布里-珀罗结构为基础的化学传感器示意图

通过调制法布里－珀罗谐振腔的光学相位，可以改变光的透过强度，该强度主要取决于谐振腔的间隔和腔内材料的折射率。假设平板的反射率和透过率分别是 R 和 T，A 是平板的吸收系数，δ 是相位差，那么，透过的光强度是

$$I_T = I_I \left(1 - \frac{A}{1-R}\right)^2 \frac{1}{1 + F\sin^2(\delta/2)} \tag{4-111}$$

其中

$$F = \frac{4R}{(1-R)^2},\quad \delta = \frac{4\pi}{\lambda_0} nD\cos\theta' \tag{4-112}$$

式中，θ'为折射角。如图 4－102(a)所示，条纹间隔和宽度比是

$$\xi = \frac{\pi\sqrt{R}}{1-R} \tag{4-113}$$

当入射角一定时，透过的光强度取决于 nD，所以通过改变谐振腔间隔或腔内材料调制透过的光强度。根据上述原理已经研发出微化学传感器。透过的光强度随微法布里－珀罗腔内的化学剂的不同，及涂镀在两侧膜片上化学材料的厚度而变化。该装置表示在图 4－102(b)中。上下膜片中，在氧化硅层上都镀有两层氮化硅。选择每层镀膜的厚度以保证法布里－珀罗谐振腔的机械稳定性，并同时确保对化学感知性有最大的光学响应。设计刻蚀窗口有两个目的：作为刻蚀掉的消耗层的通道；方便感应聚合物和反应气体进入法布里－珀罗谐振腔。

使用导电聚乙烯材料(3－十二烷基噻吩)(P3DDT)作为化学敏感元素。这种聚合物材料会由于化学或电化学氧化还原作用的变化进而显示出光学性质的变化(吸收性、透过率、介电效应)。与空气相比，P3DDT 材料有较大的折射率，很容易被磺氧化。这种氧化作用是完全可逆的，并且，要使 P3DDT 材料的光谱性质有较大的变化也是必要的。可以将这种聚合物镀在微法布里－珀罗谐振腔的平面膜片上。试验显示，填满该聚合物的法布里－珀罗装置的感知特性有较大的变化，镀有三层聚合物，透过光强度的最大变化约为 50%，说明微法布里－珀罗谐振腔中干涉效应造成了信号放大。研究还发现，在一种聚合物的厚度小于填满整个微谐振腔所需厚度时，就可以得到最大信号。一旦上下平板膜片黏结在一起，由于腔体充满聚合物，大大降低了谐振信号的放大率，在这种状态下，该法布里－珀罗化学传感器就变成一个多层且没有空气间隔的单个膜片。

4.5.3　荧光探测传感器

荧光是小型微流通道中进行化学分析最经常使用的探测技术。完成这类探测系统有三个主要要求：

(1)激发光束应当聚焦在一个很小的探测范围，典型尺寸小于 10^{-3} mm^3；

(2)为了得到高信噪比，要把荧光与未吸收的激发光束相隔离，并集中在一起；

(3)荧光能够到达探测器。已经研发出利用微透镜和微通道实现上述要求的微分析总系统(μTAS)，图 4－103 表示一个典型的荧光分离系统。

设计荧光探测系统最重要的方面是正确地将荧光与透过的激发光速相分离，以实现最大的信噪比，为此，通常使用干涉滤光片。研究表明，即使使用理想的滤光片，荧光强度要比透过的激发光束强度大约小 2.6 倍，此外，对数值孔径的限制(对共焦系统，典型的 NA 值是 0.3～0.8)会进一步降低信噪比。为了提高信噪比，已经初步采用光谱和角度分离技术。

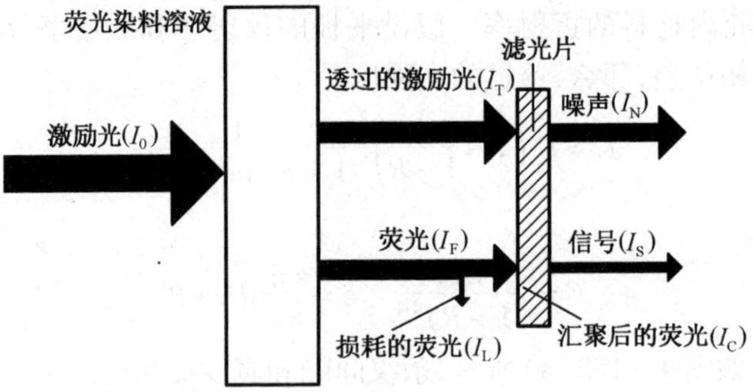

图 4-103　荧光探测分离示意图

该系统包括微通道和微光学元件。利用微通道存储化学物质或者实现化学功能,设计微光学元件,例如达曼光栅(Dammann Grating)、衍射或折射微透镜,是将荧光与入射波长下的杂散光分离。此外,在系统中增加孔径阵列和干涉滤光片,会进一步将荧光与杂散光分开。

利用微加工技术有可能将化学功能与光学探测系统集成在一个芯片上,为此已经研发出两种方法:其一是直接将微光学元件淀积在化学芯片上;其二是将离散的微光学元件芯片与一块化学芯片高精度地对准和装配。还有一种可能是将一个竖腔面发射激光器芯片附加在多层系统的一端,将一块光子探测器芯片放置在另一端。下面介绍荧光探测技术使用的两种照明系统(轴上照明和离轴照明),图 4-104 是这两种系统的示意图。

图 4-104(a)是分光束方法的示意图,该系统包含有两层柱面微透镜。前两个透镜将准直后的光束分隔开,第三块透镜将分隔后的两束光聚焦到微通道中。两束发散光束通过芯片,并在芯片后几毫米处形成一块阻影区。在这种方法中,激发光束和荧光比较有效地被分隔开。如果在阻影区放置一个适于荧光的集光微透镜或光子探测器,就可以提高信噪比。

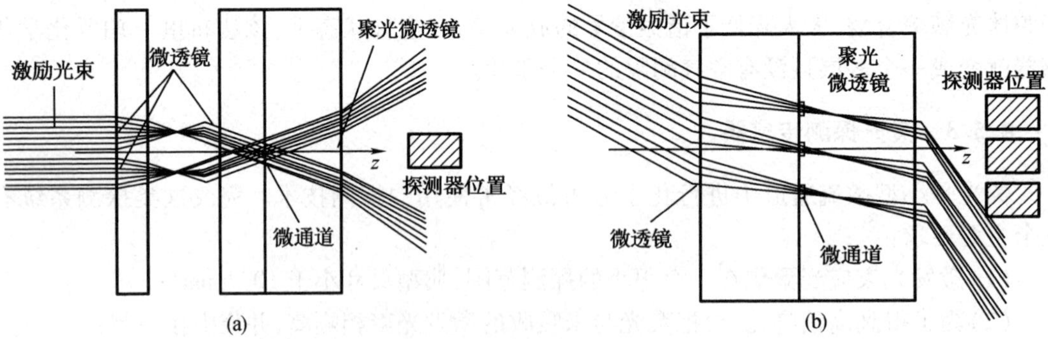

图 4-104　荧光探测技术使用的两种照明系统的光线追迹示意图

(a)分束照明;(b)离轴照明

以离轴照明为基础的另外一种方法表示在图 4-104(b)中。准直后的光束与芯片表面形成 45°入射角。在第一层,微透镜将激发光束分隔开,然后聚焦在几个不同的微通道上。第二层上的微透镜直接将发散的激发光束转折到一侧,以保证阻影区在芯片之后。第二层上的微透镜将荧光会聚到探测器上。

实验表明,对于分束照明方法,尽管一些激发光束通过了前两个微透镜,并到达了探测区,但是阻影区(集光透镜后面的区域)内激发光束的强度要比激光透镜两侧及离芯片5 mm处的光强度弱 8 倍。测量结果表明,如果采用离轴方式照明,将探测器放置在距离芯片5 mm处,探测器接受到的激发光束强度大约比光束出射区的强度弱4 倍。与分光束方法一样,探测器接受到的激发光束的杂光强度是由于微透镜间的缝隙或微透镜边缘漏过的光造成。此外,离轴照明系统聚焦的光束要比轴上照明系统产生的光束有更大像差。

采取一定方法可以抑制进入探测器区域的杂散光,但是不仅难度大,而且会进一步降低信噪比。

4.5.4 惯性传感器:加速度计

研发微加速度计的主要工作集中于非光学传感技术,例如电容和压阻或压电传感法,已经开发出大量的微光机电加速度计。一般来说,这些装置都是以光强度调制技术为基础的,可以将这些装置分为两类。

如图 4－105(a)所示,第一类装置是将两根光纤固定到一块带有支撑杆的基板上,一根光纤完全固定在支撑杆上,另一根是类似悬臂结构的光纤梁,两根光纤端面相连接。如果该传感器被加速,由于惯性的原因,会使悬臂梁偏转变形,变形量正比于加速度。由于光纤之间光轴和角度的错位,会减少光从一根光纤到另一根光纤的传播。如果由于加速度的作用,使一根光纤的端部偏转到另一根接受光纤端部的接受范围之外,输出信号就变成“白”信号或平信号,这表明可探测的加速度范围有限。假设光纤悬臂梁的长度是 l,横截面积是 A,那么,由于加速度作用造成的偏转变形是

$$X = \frac{A\rho l^4 a}{8EI} \tag{4-114}$$

其中,ρ 为质量密度:a 加速度;E 为杨氏模数;I 为第二转动惯量。这说明,在加速度作用下光学纤维梁的偏转变形量正比于 l^4,所以,灵敏度随悬臂梁长度而增加。然而,悬臂梁长度又影响着其谐振频率。例如,一个圆柱形悬臂梁的最低谐振频率由下式给出

$$f_1 = \frac{3.52}{2\pi l^2}\sqrt{\frac{EI}{\rho A}} \tag{4-115}$$

很清楚,谐振频率随悬臂梁长度增加而减小。由于工作频率低于谐振频率,因此,传感器的频率范围变得较窄。

这类加速度计有以下局限性:加速度的方向不确定,灵敏度低。实验表明,当加速度为 250 $\mu m/s^2$时,40 mm 长的一根悬臂梁的振幅调制深度可达 50%。最大的工作频率取决于悬臂梁长度,如果长度为 20 mm,大约是 125 Hz。

另外一类加速度计是以可移动微型快门为基础,图 4－105(b)给出一种典型设计。在这种装置中,一块物体悬吊在两个并排放置的悬臂梁上,一个快门固定在该物块的端面上,并可以在两根光纤间的光路中上下移动。利用这种技术可以调制两根光纤之间的光强度。此外,可以确定加速度的方向,并得到高的灵敏度。为使耦合进入射光纤中的后反射杂散光最少,应将快门镀上减反膜,或将它微加工成梯形。

利用图 4－106 所示的简单几何模型,可以计算透过光。假设边缘衍射及快门反射忽略不计,快门表面是理想表面,光纤接受区是各向同性的,因此,耦合的能量正比于没被快门

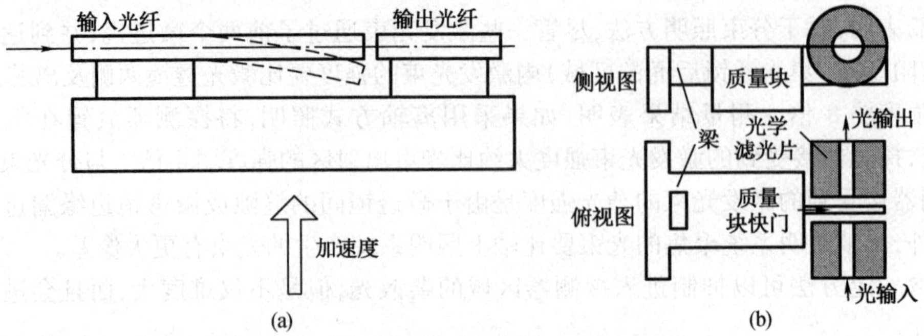

图 4－105　以强度调制为基础的两类加速度计

(a)利用光纤弯曲;(b)利用可移动快门

覆盖的光纤面积。如果快门在 z 方向的位移是 δZ,光纤芯直径是 $2D$,则归化后的透过率是

$$\rho = \frac{1}{2\pi}\left\{\left[\pi + 2\arcsin\left(\frac{\delta Z}{D}\right)\right] + \left(2\frac{\delta Z}{D^2}\right)(D^2 - \delta Z^2)^{1/2}\right\} \tag{4-116}$$

将这个简单模型与实验结果相比较后发现,该模型可以相当精确地预测线性区内的透过率,其中,δZ 的范围是 $-20 \sim 20$ μm。对于更严格的模型,读者可以参考有关光束传播和边缘衍射方面的文章,这些模型在一般光学书中均可以找到。

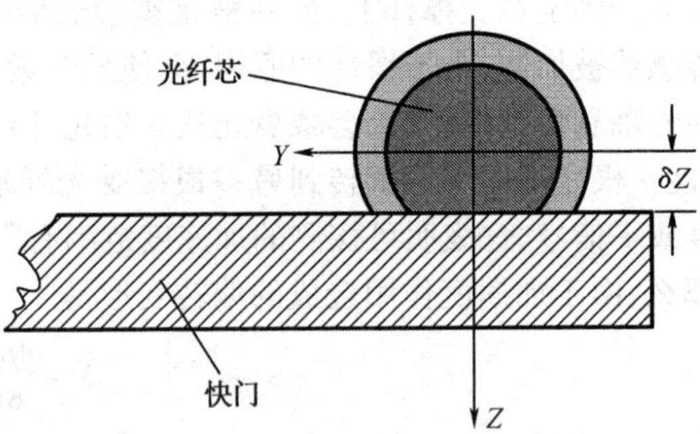

图 4－106　计算透射光强度的几何模型

(资料源自 Elsevier)

如果一根光纤芯的直径是 50 μm,那么,微光学快门调制技术(MOSMOD)可以有小于 2.5 nm 的位移分辨率和 5 μm 的线性范围。在一个实验中,测量出的谐振频率超过 1 kHz,加速度范围是 $\pm 5g$。

4.5.5　压力传感器

已经比较深入地研究过微压力传感器,其中大部分是利用电容、压阻或谐振频率传感技术,是通过膜片将流体静压转换成位移或变形力。

利用光学纤维技术,可以监控膜片变形产生的压力变化。图 4－107(a)所示为该类压力传感器中一种典型设计。该传感器包括一个金/铬薄膜片结构,一块玻璃板,一个以硅为基底的光纤对准结构和一个多模光纤。假设膜片尺寸如图 4－107(b)所示,差压是 p,薄膜的固有应力是 σ,那么,可以用下面的数学形式描述膜片的变形 h 与压力 p 之间的关系,即

$$p = \frac{C_1 t\sigma}{a^2}h + \frac{C_2 tE}{a^4}h^3 \tag{4-117}$$

$$C_1 = \frac{\pi^4(n^2+1)}{64} \tag{4-118}$$

$$C_2 = \frac{\pi^6}{32(1-v^2)}\left\{\frac{9+2n^2+9n^4}{256} + \frac{64(1-v)[16n^4 - 4(3v-1)(n^2+n^6) + n^4(3v-1)^2]}{81\pi^4[64n^2 + n^2(1-v)^2 + 8(1-v)(1+n^4)] - [64(1+v)]^2} + \right.$$

$$\left.\frac{-9\pi^2\{8(1-v)(1+n^8)+8(n^2+n^6)[(3v-1)(2v-1)+8]+(3v-1)n^4[(1-v)(3v-1)-64]\}}{81\pi^4[64n^2+n^2(1-v)^2+8(1-v)(1+n^4)]-[64(1+v)]^2}\right\}\qquad(4-119)$$

式中,v 为泊松比;$n=a/b$,a 和 b 是膜片宽度和长度的一半。

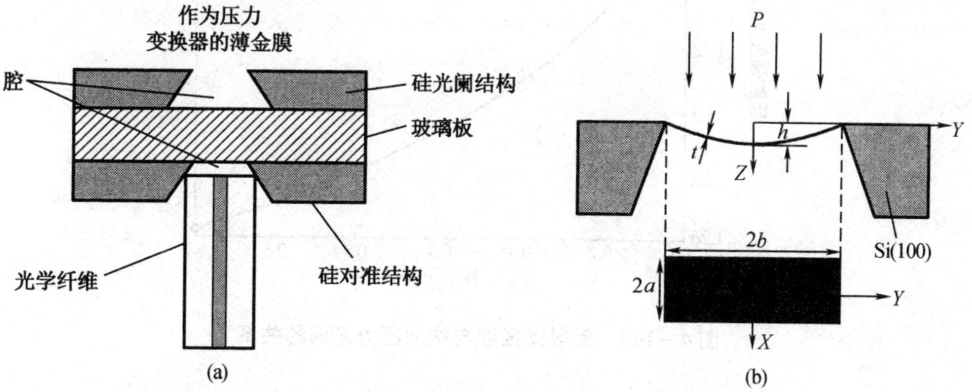

图 4-107

(a)一个光纤微压力传感器的横截面图;

(b)膜片区放大图的横截面图

(资料源自 Elsevier)

假设,变形后的膜片仍保持与下面的玻璃板平行,形成一个法布里-珀罗结构。反射光强度与入射光强度之比可以表示为

$$\frac{I_R(x,y)}{I_0}=\frac{F\sin^2[\delta(x,y)/2]}{1+F\sin^2[\delta(x,y)/2]}\qquad(4-120)$$

式中,$\delta(x,y)=4\pi d(x,y)/\lambda$,$d(x,y)$ 是膜片与玻璃板之间的间隔;$F=4R/(1-R)^2$。很明显,反射光的强度受到谐振腔间隙的调制,该间隙取决于膜片承受的压力。监控这种变化就可以确定对应的压力。

图 4-108 给出了一个典型压力传感器的测试结构,传感器的有效尺寸是 350 μm×350 μm×350 μm,使用的光波波长是 0.85 μm,多模光纤芯的直径是 50 μm 和 125 μm。为进行测量,需要对光纤进行包裹。实验表明,反射光的强度与施加的压力按对数形式变化,并且平均灵敏度是 0.19 μW/MPa。由于反射光强度是微瓦级,所以,使用硅光二极管探测器就足够了。这种压力传感器的分辨率近似为 0.01 MPa。还发现,这种传感器中光纤弯曲损耗可以忽略不计。

4.5.6　微光机电陀螺

针对制导和导航应用所提出的高性能、高可靠性、更低成本等新需求,新型惯性传感器不断涌现。光学惯性器件发展迅猛,在许多领域正逐步取代机电惯性传感器的地位。随着全球卫星定位系统广泛应用以及新技术的发展改变了惯导系统的发展方向,要求惯性器件在保证相应精度的同时,更要具备体积小、重量轻、耗能低、经济以及易于批量生产等特点,因此有必要研究更新的惯性传感器。在 1980 年初就出现了机、电、信息、光学相结合的光机械电子学,但是当时仅是技术上的组合。20 世纪 80 年代后半期,由于半导体领域中微细加

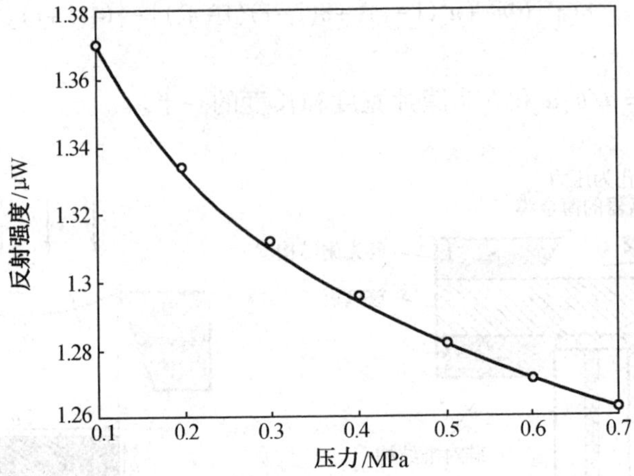

图 4-108　反射光强度与施加压力之间的关系

工技术的应用，微米精密加工的研究兴盛起来，加之微机械学研究的进展，综合这一切的微机械电子学的时代已经到来。进入 20 世纪 90 年代，随着以光为媒介、融合信息与能源形态的光微机械电子学技术的出现，产生了将光学技术加于微机械电子学上的光微机械电子学。微光机电系统（MOEMS）研究涉及微电子学、微机械学、光学、物理、化学等许多学科，因此具有综合性、关键性、创新性等特点。微光机电系统技术的发展和应用为惯性器件技术的研究展现了广阔而全新的前景。

微光机电惯性器件以光学原理和技术（如 sagnac 效应）为基础，综合利用微制造技术、微机电技术、微光学技术等，是光机电一体的、微型化、集成化的惯性测量器件。微光机电惯性器件综合了光学传感器与微型化技术的优点，具有明显的优势：与光纤陀螺、激光陀螺相比，微光机电陀螺体积更小，重量更轻；与 MEMS 惯性器件相比，微光机电陀螺灵敏度高，无运动部件，不需真空封装，而且动态响应范围大，抗电磁干扰能力强，可在一些恶劣环境下使用。

微型光学机电陀螺（Optical MEMS Gyroscope, Micro-optics Gyroscope, MOEMS Gyroscope）的发展如图 4-109 所示，可分为谐振式和干涉式两种。谐振式 MOEMS 陀螺主要采用在硅片上制造光波导谐振器的技术来实现。干涉式 MOEMS 陀螺则主要采用硅片上制造光波导或微镜阵列等技术替代光纤线圈。国外对谐振式 MOEMS 陀螺已经开发了二十余年。早在 1978 年，美国 Northrop 公司就开始探讨在硅片上制造光波导的技术，并于 1991 年研制出精度为 10 °/h 的 MOEMS 陀螺样机，称为微型光学陀螺仪（Micro Optic Gyro, MOG）。MOG 和谐振式光纤陀螺的工作原理完全相同。在此方面进行研究的还有 Draper 实验室、IntelliSence、Rice system、Honeywell 公司和明尼苏达大学等。

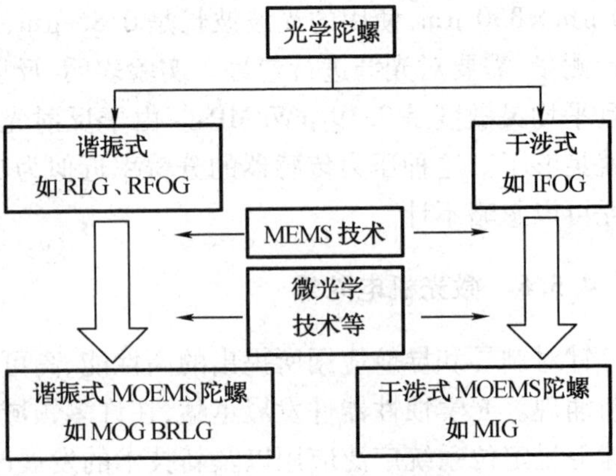

图 4-109　微光机电陀螺发展示意图

在干涉式光学陀螺中一般采用增加面积和增加光纤长度的办法来增强 Sagnac 效应，但 MOEMS 陀螺受限于空间尺寸的微小，如何在有限的空间内延长光路长度、增强 Sagnac 效应就显得尤为重要和突出。另一个关键点在于光的损耗控制。国外干涉式 MOEMS 陀螺研究的报道主要有美国空军技术研究所（Air Force Institute of Technology，AFIT）研制的 MOEMS 陀螺 MIG、Litton 公司的集成光学陀螺等。

4.5.7　微光纤陀螺

光纤陀螺（FOG）是基于 Sagnac 效应发展起来的新型角速率传感器，具有全固态、启动快、质量轻、寿命长、成本低等特点。光纤陀螺的原理研究和试验室研究已非常成熟，不同精度的工程化系列产品得到越来越广泛的应用。随着小型化惯导控制系统对惯性器件的要求越来越苛刻，一体化设计的微小型三轴光纤陀螺得到了迅猛发展。微小型光纤陀螺具有体积小、质量轻、成本低等诸多优点，能广泛应用于小型空空弹、无人机等军事领域以及管道测量、石油钻井测斜、航空应急仪表等民用领域，具有极大的发展空间和广阔的市场前景。

微小型三轴光纤陀螺的发展迅速。根据不同的应用场合，美国、德国和俄罗斯等国家在 20 世纪 90 年代就已有不同精度的成熟产品。例如，美国利顿公司的 LN－200 便是微小型三轴光纤陀螺，在导弹、月球探测车等诸多军事领域成功应用。

LN－200 微小型三轴光纤陀螺的性能指标如下：

- 速率范围——+1 000 °/s
- 零偏稳定性——≤10 °/h
- 质量——≤600 g
- 尺寸——85×76
- 功耗——≤10 W

微小型光纤陀螺仪主要由光路、电路及结构骨架组成，光路是其主体部分，包括 SLD 光源、光纤耦合器、光电探测器、集成光学相位调制器及光纤传感环圈。

4.5.8　微静电陀螺

微静电陀螺仪依靠可控的静电力，将高速旋转的陀螺转子稳定地悬浮在电极腔中心。由于转子高速旋转时的定轴性，借助于力矩再平衡回路的控制电压可反映出陀螺壳体相对惯性空间的角速率变化，是一种能实现高精度、多轴惯性测量的新型 MEMS 陀螺。与基于精密机械加工的球转子静电陀螺仪相比，微静电陀螺采用 MEMS 加工工艺，转子形状通常为盘形或环形，采用五自由度静电悬浮和电场恒速方式，具有传统刚体转子陀螺仪精度高的优点。

由于微静电陀螺工作时是通过力矩平衡回路对转子施矩，使转子稳定在电极腔的中心位置附近，因此，微静电陀螺作为一种双输入双输出的角速率敏感元件，可用于大角度、高角速率的捷联式惯性导航系统。与其他双自由度陀螺（如动力调谐陀螺）一样，再平衡回路设计是微静电陀螺满足捷联系统应用的关键技术之一。

第 5 章　微惯性器件的测试、标定与误差分析

5.1　惯性器件测试基本概念

5.1.1　微惯性器件测试的目的与意义

惯性导航、惯性制导、惯性测量、惯性稳定统称为惯性技术。惯性导航是惯性仪表的主要应用领域。惯性导航就是直接利用加速度计测出运载体的运动加速度，进而确定运载体位置的一种导航方法，实现这种导航定位计算所需的基准坐标系则是由陀螺仪建立的。惯性导航系统通常称为惯导系统，有平台式与捷联式两种类型。精密陀螺仪和精密加速度计是决定惯性导航精度的主要因素。

惯性导航系统主要由陀螺稳定平台、加速度计、计算机等部件组成。加速度计被放置在陀螺稳定平台上，要求加速度计的测量方向始终保持不变，只有这样计算机算出来的结果才准确无误。如果放置加速度计的基座，即陀螺稳定平台的方位相对所要求的方向发生了变化，这样加速度计的测量方向也就随着有了相应的变化，很明显这时它测量出来的结果也就不准确了。而对于陀螺稳定平台中的陀螺仪，如果有了漂移，那么陀螺稳定平台也就跟着漂移，因此说平台的精度是靠陀螺仪的精度来保证的，陀螺仪是惯性导航系统的心脏并非言过其实。

惯性器件研制完成后都要经过严格的测试，以确定其性能指标。无论是惯性仪表进入仪器和系统的总装配之前鉴定其性能是否合格，还是新研制的某型号是否达到了预期的技术指标，都必须进行测试。

实现惯性导航的关键部件是加速度计和陀螺仪，加速度计敏感运载体的加速度、陀螺仪敏感运载体的姿态，无论是平台式惯导系统还是捷联式惯导系统，都是由加速度计和陀螺仪组合而成。因此，惯性导航的精度在很大程度上取决于陀螺仪和加速度计的精度。在短期的工作过程中，加速度计的精度直接影响导航精度，而在长期的连续工作中，加速度计和陀螺仪的误差所引起的导航误差是随时间积累的。可见，提高惯性仪表的精度对于提高惯性导航的精度是十分重要的。

目前，提高惯性仪表和惯导系统的精度主要有两条途径：

(1)改进仪表的结构工艺和加工工艺，探索新型的惯性仪表；

(2) 对惯性仪表和惯导系统进行测试，建立模型方程。

通过误差补偿来提高仪表的实际使用精度和系统的导航精度，这就要加强对惯导测试技术的研究。对惯性仪表的测试目的有以下三方面。

(1)鉴定仪表是否合格，避免不合格的仪表进入总装配，影响惯性仪表和系统的总体性能。

(2)通过对仪表的严格测试，掌握仪表误差的规律，从而建立起仪表的误差模型，供仪

器和系统进行补偿,提高仪表的使用精度。要求惯性仪表在冲击、振动、高机动以及恶劣的温度、电磁干扰环境条件下都不受影响且保持高精度稳定输出是不可能的,虽然百年来的努力不断提高了仪表自身的精度,但这些影响精度的因素难以完全避免,而且提高仪表自身的精度将付出极为昂贵的代价,特别是惯性级高精度仪表,其性能几乎已经达到了极限。高精度惯性仪表若再提高精度10%,可能要付出10倍的投入,所以人们不能一味追求仪表的自身精度。认真测试,建立准确的误差模型是提高惯性仪表使用精度极为重要的途径。

(3)测试的目的还在于发现惯性仪表在设计和加工制造中的缺陷,从而为改进仪表的设计和制造工艺提供重要的依据。测试时改变惯性仪表的重力加速度、冲击、振动、温度的作用,根据不同条件激励下的误差情况,分离出产生误差的原因。误差的物理模型反映了误差的产生机理,从而为设计制造人员提供改进的依据。

1. 陀螺仪测试的目的

陀螺测试的基本目的,是要确定陀螺仪在系统中使用的时间内连续、正常工作的性能,同时还要研究陀螺仪对使用环境和工作条件变化的反应。

在研究和设计陀螺仪的过程中,我们固然要对试制的样品进行详细试验,以便发现问题,并探索改进的途径;就是对于定型生产的产品,也需要进行严格的试验,定量地找出各种误差的数值,并采取适当的补偿方法,来消除有规律的误差,所以试验过程,实际上也是调整过程,一般所引用的陀螺仪的性能参数,都指的是经过了调整补偿之后的实际试验数据。而通常提到的陀螺仪的漂移率,指的是没有规律或无法补偿的随机漂移率。

随着科学技术的迅速发展,陀螺仪的新品种不断涌现,它们的精度指标也不断提高,应用的技术领域也相当广泛。为此,如何鉴定以及运用什么样的设备条件来鉴定这种类繁多、用途广泛的陀螺仪的质量及其技术性能便成为非常重要、非常迫切的问题。近些年来,国内外在这方面的理论与实践的研究工作已有很大发展,积累了相当丰富的经验,使"陀螺测试"这项综合性的科学技术已经成为一专门的学科。

尽管陀螺仪的种类繁多,使用对象也不尽相同,又不可能有统一的试验规范,但是,对陀螺仪进行试验的目的却可大致归纳有如下几个方面:

(1)检验装配工艺过程(通常称为验收试验);

(2)验证设计参数(通常称为批准试验或技术鉴定试验);

(3)导出陀螺仪误差模型方程式;

(4)确定不能按预期要求工作的原因(通常称为诊断试验);

(5)提出新的试验技术;

(6)指出新的试验技术和需要研制的先进试验设备。

2. 陀螺测试的重要意义

惯性仪表的发展推动着惯性系统的进步,而惯性导航、制导与控制系统的完善过程又不断促进着惯性仪表技术的发展。现代惯性系统不仅对陀螺与加速度计的精度提出更高的要求,而且对惯性仪表的其他性能,如可靠性、可操作性、可维护性、体积、重量、成本等要求也越来越高。但人们也发现,仅靠提高各种硬件的性能是有一定限度的,因此应大力开发惯性系统的软件技术。通过对陀螺漂移进行实时估计和补偿,达到了提高惯性系统精度的目的。通过全面深入的测试和标定可以建立高精度的误差模型从而能更好地消除微机械陀螺的各种误差。

陀螺测试的内容相当丰富,涉及的学科和技术领域也较多。很清楚,如果单从机械加工、装配工艺的角度再进一步提高惯性仪表的精度指标，实现起来是相当困难的。这样，在科研与生产实践中对进一步提高惯性器件的精度就提出了一个课题：能否在软件（误差补偿技术）方面下一番工夫，分担一些硬件（机件的加工制造）方面的困难。我们认为这是有可能、有潜力的，实际上国内在这方面的工作已经取得了一定的成果。但是，这要求我们必须对正在研制和已经定型生产的陀螺仪进行周密的测试，找出误差规律，给进行误差补偿提供可靠的实验依据。可见，测试这项工作是必须进行的，而且是非常重要的。这不但可用于准确地评价陀螺仪的质量和性能，而且对陀螺仪进行误差补偿之后，既可提高精度，又可避免了一些高难度的加工制造过程，从而也可以得到一定的经济效益。另外微惯性器件的滤波去噪方法也都依赖于高效的标定和测试。微机械陀螺仪的滤波去噪方法包括频域巴特奥兹滤波器、卡尔曼滤波、小波分析去噪方法。

3. 加速度计测试的目的和意义

同陀螺测试一样，对加速度计进行测试研究一方面是为了评价加速度计的性能指标；另一方面可为加速度计的研制人员提供加速度计的实测性能参数，作为分析研究仪表缺陷和设计改型的依据。加速度计误差模型的准确估计也是保证加速度计正常工作和提高导航精度的前提。

加速度计的试验有两个主要目的：在研制阶段，通过测试数学模型的系数，将加速度计的特性数据提供给研制人员，以指导研制工作的进行；在鉴定阶段，要根据惯导系统的技术指标要求，确定加速度计的精度（包括稳定性和重复性），研究加速度计的线性偏差。

5.1.2 微惯性器件误差模型

惯性仪表的误差可以分成两类：一类是系统性的或有规律的，它可以用确定性的函数关系来描述；另一类是随机性的，它由随机干扰因素引起，无法用确定函数关系描述。对这类误差，我们可以用数理统计分析方法，找出统计规律，采用统计函数来描述。

陀螺的漂移根据其特性，通常分为以下两大类。

(1)有规律漂移。使陀螺仪产生大小与方向保持不变的固定漂移或大小与方向遵循一定规律变化的漂移，称为有规律漂移。它的数值大小、变化规律可以通过试验或分析的方法而求得。引起这种漂移的干扰力矩，一般可以在陀螺仪的力矩器中通入适当电流加以补偿，因而使陀螺仪的漂移率降低到最低程度。

(2)随机漂移。使陀螺仪在一次启动长时间运行中或者各次启动运行中，大小与方向没有一定规律可循的漂移，称为随机漂移。随机漂移一般是由轴承的噪声、摩擦、温度梯度等引起的随机干扰力矩而产生。这种力矩没有一定的规律性，因此不能用简单的方法进行补偿。随机漂移率的大小是衡量陀螺仪性能的主要参数，通常都用均方根误差 σ（单位为 °/h）来表示的随机漂移率作为陀螺仪的精度指标。目前，动力调谐陀螺仪的随机漂移率一般为 0.001 °/h ~ 1 °/h。

惯性仪表的模型的建立有两种方法：一种是根据仪表误差机理的分析，如与加速度无关的项，与加速度 g 成比例的项，再根据不同定位时，重复测试得到的数据，确定误差模型中的各项参数；另一种方法，并不需要对仪表运行的物理过程进行分析，只根据输入和输出之间的关系，通过序列数据的分析，建立误差的模型和确定模型的各项参数。这两种方法都各有所长，都得到了实际应用。

陀螺仪的漂移模型也称为陀螺仪的误差模型。所谓漂移模型就是指描述陀螺仪漂移变化规律的数学表达式。

陀螺仪的漂移模型有数学模型和物理模型之分,还有动态模型和静态模型等。

某种特定类型的陀螺仪,如果已经建起了漂移模型,那么,只需通过试验确定出漂移模型中的未知参数,则这只陀螺仪漂移的规律就完全已知了。这时可根据陀螺仪漂移的这一规律进行补偿,就会使陀螺仪的漂移率大大降低,也就是精度大大提高了,同时给进一步改进设计和调整参数提供了具体数据。因此,建立陀螺仪的漂移模型是一件很有意义的事。

我们已经知道陀螺仪的漂移模型包含有规律的和随机的两部分,这里讨论的漂移模型主要是指有规律的漂移部分。

怎样来建立陀螺仪的漂移模型呢? 通常有以下两种办法。

(1)陀螺仪漂移数学模型的辨识

如果我们已经获得了陀螺仪漂移的实验数据序列,可以根据经验,通过对实验数据的分析,选用某一数学表达式来逼近这漂移实验数据的序列。我们首先要求数字表达式的变化规律应与实验数据序列的变化规律相符合,另外还应满足,由这一数学表达式计算出来的数值跟相对应点的实验数值相比较误差最小。这种表达式是对实验数据的一种纯数学的描述,而不必考虑实验数据的任何物理机理。应用这种陀螺仪漂移的数学模型,可以对陀螺仪进行漂移补偿,但是数学模型由于没有考虑漂移的物理性质,因而不能用来分析产生漂移的原因和改进设计。

这种数学模型的建立,一般包括模型结构形式的选择及未知参数的估计、用统计检验方法判断模型结构是否恰当、决定模型中项数的增减等三个阶段的重叠过程,这一方法保证最后得出的数学模型在一定精确度之下的准确性和可靠性。这种方法也称为实验法建模。

(2)建立物理模型的方法

根据陀螺仪产生漂移的物理原因,应用有关的物理定律推导出的描述陀螺仪漂移变化规律的数学表达式,称为陀螺仪漂移的物理模型。

这种物理模型中的每一项,都跟产生陀螺仪的漂移的响应的物理因素有关,如重心偏移或结构的非等弹性变形等因素所引起的漂移等。正因为这种物理模型中的未知参数跟产生漂移的物理原因直接有关,所以通过试验确定出这些未知参数之后,对调整仪表的参数、评价陀螺仪的质量和性能、改进设计等可提供具体准确的数据。

采用分析法建立物理模型的方法建模比较直观,物理概念比较清楚,但它是基于对误差机理的分析,需要了解相应器件的结构原理,这样就容易受到人们认识水平的限制,有时不能完全真实地描述出误差特性。采用实验的方法建立数学模型建模不受人们主观认识的影响,但必须具备精确的测试手段,并且要获得大量的测试数据,否则也难以真实地反映出误差特性。对于大多数实际用户来说主要采用数学模型。如果我们对要求建立模型的对象的运动机理一无所知时,也只能通过试验数据用辨识的方法建立起它的数学模型。这也是工程上一种很实用的方法。

加速度计的模型建立也可以采用陀螺模型建立的过程。

误差模型的准确性,对于误差的实时补偿,对系统精度产生的影响是非常大的,因而研究测试和建模,对提高惯性仪表的精度具有重要的意义,是提高惯性仪表性能的重要环节之一。对于大多数用户来说不需要过多了解惯性器件的原理,主要研究数学模型。

这里给出几种陀螺仪和加速度计的模型如下。

(1)陀螺仪静态漂移误差数学模型

首先强调一下比力的概念。某一点的比力,就是此点单位质量的惯性力,其大小方向等于单位质量在那一点处由于加速度所引起的加在它的支撑结构上的力。一般用向量 $\boldsymbol{sf}$ 表示。于是

$$\boldsymbol{sf}=\boldsymbol{G}-\boldsymbol{a} \tag{5-1}$$

式中 $\boldsymbol{G}$——质量引力场所引起加速度;

$\boldsymbol{a}$——载体对惯性空间的加速度向量。

因此也可以说,比力向量是单位质量重力引力引起的加速度和载体相对惯性空间的加速度向量之和。

引力加速度 $\boldsymbol{G}$ 与当地重力加速度 g 的关系可以用式(5-2)表示

$$\boldsymbol{g}=\boldsymbol{G}-\omega_e\times(\omega_e\times R) \tag{5-2}$$

式中 ω_e——地球自转角速度;

R——地球半径。

当地重力加速度是质量引力场所引起的加速度和地球离心加速度的向量和。比力与当地重力加速度的关系可用式(5-3)表示

$$\boldsymbol{sf}=\boldsymbol{g}+\omega_e\times(\omega_e\times R)-a \tag{5-3}$$

如果单位质量相对地球不动,则它相对惯性空间的加速度 a 就是向心加速度 $\omega_e\times(\omega_e\times R)$,此时式(5-3)可简化为

$$\boldsymbol{sf}=\boldsymbol{g} \tag{5-4}$$

即在这种情况下,比力等于重力加速度。

陀螺仪的静态漂移误差主要是由质量不平衡引起的与比力一次方成比例的干扰力矩、结构的不等弹性引起的与比力二次方成比例的干扰力矩,以及工艺误差等因素引起的。其一般表达式为

$$\omega_d=K_d+K_xa_x+K_ya_y+K_za_z+K_{xy}a_xa_y+K_{yz}a_ya_z+K_{zx}a_za_x+K_{xx}a_x^2+K_{yy}a_y^2+K_{zz}a_z^2 \tag{5-5}$$

式中 ω_d——陀螺仪的漂移速率误差,°/h;

K_d——常值漂移,°/h;

K_x,K_y,K_z——与比力成正比的漂移系数,°/(h·ms^{-2});

K_{xx},K_{yy},K_{zz}——与比力平方成正比的漂移系数,°/(h·(ms^{-2})^2);

K_{xy},K_{yz},K_{zx}——与比力交叉项乘积成正比的漂移系数,°/(h·(ms^{-2})^2);

a_x,a_y,a_z——分别为沿陀螺仪相应轴的比力,ms^{-2}。

(2)陀螺仪动态误差数学模型

一般表达式为

$$\delta\omega_x=D'_x\dot{\omega}_x+D'_y\dot{\omega}_y+D'_z\dot{\omega}_z+D_x\omega_x+D_y\omega_y+D_z\omega_z+D_{xy}\omega_x\omega_y+D_{yz}\omega_y\omega_z+D_{zx}\omega_z\omega_x+D_{xx}\omega_x^2+D_{yy}\omega_y^2+D_{zz}\omega_z^2 \tag{5-6}$$

式中 $\delta\omega_x$——陀螺仪的动态误差,°/h;

D'_x,D'_y,D'_z——陀螺仪标定因数误差;

D_x——陀螺仪标定因数误差;

$D_y,\cdots,D_{zz}$——陀螺仪的角速度误差系数;

$\dot{\omega}_x,\dot{\omega}_y,\dot{\omega}_z$——沿陀螺仪相应轴的角加速度；

$\omega_x,\omega_y,\omega_z$——沿陀螺仪相应轴的角速度。

(3)加速度计静态模型

在线运动条件下加速度计的稳态输出与比力之间关系的数学表达式，称为加速度计的静态数学模型。该模型已经包含了静态误差数学模型，在加速度计测试中所用的也是这种模型，因此这里讨论加速度计的静态数学模型。其一般表达式为

$$y = K_F + K_I a_I + K_o a_o + K_p a_p + K_{Io} a_I a_o + K_{oP} a_o a_p + K_{PI} a_P a_I + K_{\text{II}} a_I^2 + K_{oo} a_o^2 + K_{PP} a_p^2 + \varepsilon \tag{5-7}$$

式中 y——加速度计的静态输出；

K_F——加速度计的零偏；

K_I——加速度计的标度因数；

K_o,K_P——输出轴、摆轴误差灵敏度误差系数；

K_{Io}, K_{oP}, K_{PI}——交叉轴耦合误差系数；

K_{II}——二阶非线误差系数；

K_{oo}, K_{PP}——输出轴、摆轴灵敏度二阶非线性误差系数；

ε——随机误差。

在大过载条件下，还有必要增加入轴比力三阶非线性项 $K_{\text{III}} a_I^3$，可更精确地表述大比力下加速度计的静态特性。加速度计静态数学模型更完整的描述还有三元三次多项式模型。

(4)加速度计动态误差模型

$$\delta a_I = D'_I\omega_I + D'_o\omega_o + D'_P\omega_P + D_{Io}\omega_I\omega_o + D_{oP}\omega_o\omega_P + D_{pI}\omega_p\omega_I + D_{II}\omega_I^2 + D_{PP}\omega_P^2 \tag{5-8}$$

式中 δa_I——加速度计的动态误差，°/h；

D'_I,D'_0,D'_P——加速度计的角加速度误差系数；

$D_{Io},\cdots,D_{PP}$——加速度计的角速度误差系数；

$\dot{\omega}_I,\dot{\omega}_o,\dot{\omega}_P$——沿加速度计相应轴的角加速度；

$\omega_I,\omega_o,\omega_p$——沿加速度计相应轴的角速度。

(5)基于惯性测量系统的误差模型

影响惯性组合体的外界因素有很多，如电压、频率、温度、气压、周围的电场、载体的线运动、角运动及时间等。通常将可以控制的因素尽量保持在某一规定的范围内，对可以屏蔽、隔离的因素要尽量采取措施，使之难以影响到仪器的性能。其他不能被抑制的外界因素就只剩下弹体的线运动和时间，它们之间是相关的。这样模型方程可写成如下形式。

对于陀螺仪，有

$$D = D_f + D_a + D_\omega + D_t + D_r \tag{5-9}$$

对于加速度计，有

$$A = A_f + A_a + A_\omega + A_t + A_r \tag{5-10}$$

式中 D,A——分别为陀螺仪、加速度计输出；

D_f,A_f——分别为陀螺仪、加速度计输出中由于仪表本身缺陷所引起的误差，它不受外界因素的影响；

D_a,A_a——分别为陀螺仪、加速度计输出中随线加速度变化的部分，对于陀螺仪是误差项，对于加速度计是输入加速度的正确反映和非线性误差；

D_ω，A_ω——分别为陀螺仪、加速度计输出中随角速度变化的部分，对于陀螺仪是输入角速度的正确反映和非线性误差，对于加速度计是误差项；

D_t，A_t——分别为陀螺仪、加速度计输出中随时间变化的误差；

D_r，A_r——分别为陀螺仪、加速度计输出中的随机误差。

5.1.3 微惯性器件的测试内容和分类

惯性仪表和系统测试已发展成为一门综合性的科学技术。基于惯性仪表和系统的种类繁多，各自的用途、环境条件等都不尽相同，为此难于制定统一的试验规范。如果能在仪表和系统工作的实际环境条件下来测试它们的性能和质量指标当然是理想的，但这比较困难，而且代价太高。因而测试通常是在实验室里模拟的环境条件下进行，最后通过在已有的、类似的运载器上“搭载”来考验。

陀螺和加速度计的性能可用数学模型来描述。惯性仪表的静特性是主要的、基本的，是仪表性能测试的重点。在论述测试问题时，我们不仅要了解数学模型本身的精度和方程式中各项系数的物理意义，而且要知道一个给定的数学模型怎么测试标定，如何给被测试仪表输入量并测定测量仪表输出量；又通过什么方法处理数据而得到测试结果，测试结果的可信度又怎样？这些都是测试工作者关心的问题。

一般来说，首先要选择恰当的模型，然后设计测试实验，根据实验的数据结果估计模型中的参数，设计的测试方法和过程应当能够精确地测量模型方程中的系数，而且选择的测试设备的精度将直接影响测试的结果。最后通过模型对惯性仪表误差的补偿结果对估计的模型参数进行检验。

陀螺仪和加速度计是惯性仪表，它们能敏感地获得球自转角速度矢量和重力加速度矢量。惯性仪表的这一特点，使我们能在实验室里利用地球重力加速度和地球转速作为惯性仪表的测量基准，便于解决惯性仪表的测试问题，而且可以获得较高的测量精度。

陀螺测试是一件相当精密、非常复杂的工作，不同种类的陀螺仪因使用对象和工作条件的差异，难于制定统一的测试规范，各研制部门有关的测试设备也并非标准化和系列化，因此，讨论陀螺仪测试的分类也是大致的、很基本的。

陀螺仪的性能试验一般包括三个主要方面：漂移试验、静态试验及动态试验。

根据陀螺仪的类型以及它在系统中功用的不同，需要选择不同的试验方法，并在适当的环境条件下，进行这些性能试验。当然，能模拟陀螺仪使用的实际环境条件来鉴定陀螺仪的技术性能和质量指标是比较理想的，可是一方面这要求我们必须详尽地了解陀螺仪在实际系统中工作将要承受的电气、机械、热、磁性、振动、线加速度以及其他等情况。必须在规定的环境条件下对陀螺仪性能进行周密的测量。另一方面我们也深知要使陀螺仪同时承受几种环境条件是相当困难的。

还有另外一种试验方式，如果对某一特定类型的陀螺仪，通过大量的实验，已经得到了能够描述它在比较广泛的环境条件下工作性能的误差数学模型（必要时可扩大与完善这一数学模型），这时只需在实验室条件下确定出这一数学模型中的未知参数，则陀螺仪在相应环境条件下的性能便可预测出来，这就无需再在该特定环境条件下进行试验了。

在一个 g 的实验室条件下，根据试验方法的不同又可分为力反馈试验、翻滚试验以及转台伺服法试验等。本书讨论的要点侧重于陀螺仪的漂移试验。

陀螺仪在进行性能试验以后，还需进行环境试验。陀螺仪环境试验的内容包括振动试验、颠振试验、高温试验、低温试验和运输试验等。

(1)振动试验

用专用工装,将陀螺仪主轴以垂直状态固定于振动台上,接通工作电源,并工作于闭环状态,稳定后短路采样电阻,按专用技术条件使陀螺仪在振动台上振动。然后,将陀螺仪主轴水平放置,重复振动一次。

振动试验以后,按固定位置测试法和八位量测试法进行测试。精度指标和漂移系数的变化值必须符合专用技术条件规定。

(2)颠震试验

用专用工装,将陀螺仪主轴以垂直状态固定于颠振台上,接通工作电源,并工作于闭环状态。稳定后,短路采样电阻,按专用技术条件使陀螺仪在颠震台上颠震,然后,将陀螺仪主轴水平放置,重复振动一次。

颠震试验以后,按固定位置测试法和八位置测试法进行测试,精度指标和各漂移系数的变化值必须符合专用技术条件规定。

(3)高温试验

将陀螺仪置于烘箱内,按专用技术条件,均匀地使烘箱内温度升至正常工作状态的恒定温度。保温 3 h 后,随烘箱冷至室温后取出陀螺仪。

高温试验后,按固定位置测试法和八位置测试法进行测试。精度指标和各漂移系数的前后测试变化值,必须符合专用技术条件规定。

(4)低温试验

将陀螺仪用塑料袋密封后放置低温箱内,按专用技术条件,均匀地使低温箱内降至所需温度。保温 3 h 后,均匀地升至室温后取出陀螺仪。

低温试验以后,按固定位置测试法和八位置测试法进行测试。测试前后的精度指标和各漂移系数的变化值,必须符合专用技术条件规定。

(5)运输试验

按专用技术条件要求,将陀螺仪固定于专用的模拟运输机械上,或按专用技术条件放置在运输汽车上,进行运输试验。

加速度计的测试方法,根据不同的目的要求,要进行重力场静态翻滚试验、精密离心机上离心试验、动态试验、线振动试验以及长时间的稳定性、重复性试验、静力学试验和动力学试验,其中环境试验包括温度性能试验和电磁兼容试验等。

5.1.4 陀螺测试的试验环境条件

测试陀螺仪时,要求对测试工作环境和所使用的测试设备作严格的控制和监测。因为陀螺仪壳体外部周围环境对陀螺仪测试的精度存在直接或间接的影响,致使造成测试误差。周围环境因素包括室温、温度梯度、压力、湿度、磁场、尘埃、音响、重力、射频干扰以及人员活动情况,同时还包括实验室外的环境因素,如风速、风向、太阳辐射、降雨雪、大气压力、室外湿度、温度及交通车辆等。由于地震、地潮、微地震波、地极游动、地球极轴进动、地球转速变化、热变化、地基沉陷、人员的直接扰动和其他噪音干扰都将引起测试转台基座的倾斜、方向和水平的变位及转台本身的振动。

我们可以把影响测试精度的外部因素分为三种,即电源、环境条件和基座运动。

1. 影响测试精度的因素

(1)电源　电源包括供电电压、电流、频率、直流电压及接地方式。测试陀螺时,经常会察觉到电源带来的影响。如果电源的接地和屏蔽措施做得不好,在测量低电平信号时,就常常会发现与电源同频的噪音。这种噪音要在数字采样之前使其减低到允许限度。同时,电源变化引起的影响可以从陀螺转子电源、微动同步器电源、直流电源的激磁源的变化中观察到。这些变化在数据监测和记录装置中能显示出来。

当测试进行中,由于某种原因突然断电,有可能使原来测得的数据全部报废。若测试中采用计算机控制,一旦断电就会出现预定的程序中断,而且一时不能恢复时,就会出现严重的瞬变现象。

(2)环境条件　测试陀螺时,周围环境条件严重影响着测试的精度。这些环境条件大都以间接方式来引起测试误差,即通过改变其他参量而起作用的。室温是最严重的误差源之一,它对其他几乎所有重要参量都会发生影响。陀螺转子的电源、信号传感器和力矩器的激磁电源、所有的电子元件和电子线路都将因温度的变化使其性能参数不稳定,造成误差。陀螺仪和转台的机械夹具等结构也会受温度的影响产生变形,比如夹具结构的微小变化将会使陀螺仪的输入轴方向发生偏斜,从而反映到陀螺仪的输出信号里。室温的变化是一个极难补偿的参量,如果能采用可靠的温控设施,使室温恒定,则将会提高测试精度。

其他一些环境条件,比如压力、湿度、磁场和噪音等都会不同程度地影响着测试精度。当测试平台支撑在无源气动隔离系统上时,基座将受到室内压力的影响产生运动;湿度的大小会影响信号线路与静电电荷之间的互电导;大电流导线或电磁器件引起的时变磁场会影响低电平的信呈线路的正常工作;装有电子线路的陀螺仪和转台还会受到静态磁场的影响等。

噪音会使测试工作人员厌烦,也会由于噪音引起的振动影响测试精度。测试陀螺时,人员的活动会对转台的基础产生非对称载荷,还会干扰室内气流,改变室内温度场的分布,改变原有的测试环境。

室外环境条件经常会使室内条件发生变化。由于阳光的辐射会引起建筑物的热畸变,使建筑物连同实验室地面发生倾斜,造成测试误差。

(3)基座运动　陀螺仪的测试工作常会受到基座的线振动、角振动和长期倾斜的影响。测试转台的微小运动,就会引起陀螺仪的主要输入量;地速和重力矢量方位的改变,也会造成测试误差。

大地震、风暴和海洋的波浪会造成沿地球表面不断移动的微小波动;月球引力造成重力加速度 g 的暂时变化;地球极点的漂移、地球极轴的进动和地球自转角速度的变化以及公路交通、铁路运输、机械的运转等造成的地面颤动等,上述诸因素均都能使测试转台的基座发生运动,影响测试精度。

2. 防止环境影响的措施

(1)备用电源　目前为了防止电源的电压、电流和频率的变化或突然断电,唯一的途径是经常备用一台发电机或蓄电池组。当电源一旦发生故障时,就把所有关键性的电子设备和计算机主机部分接到一组恒定电源装置上。实验室内应装有电源监测装置,以检测和记录电源的变化。电源变化的信号可在测试获得的数据中予以考虑。为了消除低电平信号电缆线中的有害噪声,在实验室内可以安装一套独立的接地系统。同时要想在监测系统信号线路中取得较好的抗噪声特性必须采取严格的接地和屏蔽措施。

(2)适宜的环境 为了减小环境因素的影响,可以采取三种措施:一种是降低输入干扰因素;第二种是对仪表及仪器采用屏蔽或隔离措施;第三种是随时监测干扰参量的变化,以便进行补偿。

一个施工精良的测试实验室可以在一定程度上对温度、湿度、压力、振动、风力、阳光辐射等环境因素的变化起到隔离作用。但更主要的措施是建立起空调系统,一个良好的空调系统可以保持室温在 ±1 ℃范围内变化,湿度控制在 30% ~50%之内。采用吸音壁板和在陀螺测试转台基座与人员活动场所之间装设间隔物,这样可以大大降低音响振动和热梯度的变化。考虑到磁场的影响,还需要有磁屏蔽措施。

尽管采用了防止环境因素影响的措施,但是还要对所有产生干扰参量的潜在误差进行监测,以供对测试数据进行补偿。

(3)稳定的基座 隔离基座运动的措施大致可分为三类:岩石基座、被动式隔离系统和主动式隔离系统。

①岩石基座 在地震效应微弱的地区,为了防止测试台的倾斜和振动可把转台直接固定到岩基上,从而隔离了测试人员活动和周围机械运转所引起的振动。

②被动式隔离系统 该隔离系统可由机械弹簧或者气墩两种结构组成,这样可以使基座运动限定在某一数值上,即与期望的低频基座运动相同。

③主动式隔离系统 该种隔离系统形式多样,其中有机械弹簧支撑的主动式控制系统;全气动式系统;机电式水平敏感器的反馈伺服系统;具有微动调节器的液压螺旋千斤顶伺服系统等。主动式隔离系统是用来消除基座的倾斜运动所造成转台的水平位置的长期漂移。

但是,对于多数情况,采用大块空心水泥台作为基座就够了。只在测量精度要求极高,而且地质及环境条件又很差,才要求岩石基座和采用各种隔振和防倾斜的专门设施。这样做花费很大,不如在一般的基座上增加监测设备,即采用精密电子水准仪监视测试转台基座的水平变位,采用星体跟踪器监测方位变化等方式来得稍加实惠。

5.1.5 微惯性器件测试的技术设备

随着科学技术的发展对惯性仪表的要求越来越高,然而单靠改进仪表设计来提高惯性仪表器件精度的方法在加工、制造、装配及调试中,遇到的困难越来越多。因此,利用软件补偿来提高实际使用精度变得更具重要意义。这样惯性器件的测试技术日益被重视,不惜以高昂投资来研制高精度测试设备,根据测试数据通过补偿措施,使原来不合格仪表恢复到具有实用价值,满足惯性导航系统的使用要求。这种行之有效的趋势,使惯性器件的设计思想,由原来片面追求降低器件的绝对误差,转为重点保证其性能稳定并减少随机误差。惯导测试设备是标定、测试和检验惯性导航器件或惯性导航系统的设备。

惯性器件的测试在专门的惯性测试转台上进行。惯性仪表固定在测试台上,测试台对惯性仪表产生不同的重力加速度,大于 $1g$ 的加速度,不同的角速度以及振动等的输出,记录不同状态下的仪表输出数据,经过处理,建立仪表的误差模型。惯性测试台有高精度分度头、精密位置转台、速率转台、伺服转台、仿真转台、线振转台、角振转台、精密离心机等。各种转台又有单轴、双轴、三轴之分。

在测试时必须将陀螺或加速度计固定在测试设备如转台上面,所以必须有陀螺或加速度计的固紧装置,也叫夹具。夹具应当具有刚体特性,有较高的平面度,有时它和温控装置结合在一起。

位置转台为惯性仪表提供不同的重力加速度 g 和地球自转角速度 Ω 的分量输入，最高的位置精度已达到0.1角秒。速率转台可以输出从陀螺仪能敏感的最小角速度到最大的载体角速度，范围从0.000 5°/s到800°/s。伺服台工作在伺服跟踪陀螺仪的状态，仿真平台工作在仿真陀螺仪的状态。振动台用于分离不等刚度引起的漂移。精密离心机是为高 g 加速度计的测量提供输入值。某些运载火箭发射时，冲击加速度可能达到重力加速度的几十倍、几百倍。制导炮弹等的制导仪表，有的要达到重力加速度的几千倍，所以要研制离心机，靠有一定臂长的杆在离心机高速旋转下产生离心力来测量。离心机主要用于高 g 加速度计的测量，当然也可以测量高 g 情况下的陀螺仪性能。为了训练宇航员，考验宇航员在大机动加速度作用下的生理反应和适应能力，也用离心机，这种离心机的原理与惯性测试的离心机原理是一样的。当然测试的对象不同，因而负载大小，产生加速度的范围和加速度的控制精度指标等技术要求上是不相同的。

研制高精度的惯性测试设备，也是惯性技术领域中的一大技术关键，不但因为它重要，更因为它的技术难度非常大。为了精确测试惯性仪表的精度，其设备的自身精度必须比被测试件更高，从理论上其精度要高一个数量级，至少要比被测试件高3倍。所以为了研制更高精度的惯性仪表，要相应地研制更为精确的测试设备。

惯导测试技术包括惯导测试装置（设备）、测试方法、程序和数据处理技术三个方面。惯导测试技术是在惯性导航技术的基础上发展起来的一门新兴学科，也是现代武器系统中的一项基本支撑技术。

无论哪种惯导测试设备都是模拟现场实际情况，为被测件提供一些输入量，只是输入量的形式不同而已。但是，随着输入量的形式不同，被测件输出量中含有的信息量是不一样的。研究如何在输入量允许范围内选择较少的输入个数和适当的分布形式使得输出量中含有的信息量最大，就是实验设计的内容。除此之外，每套设备都必须配备计量被测件输出量的仪器或设备，称之为数据采集系统。采集的数据要用计算机进行分析和处理，最先进的精密三轴测试转台把位置、伺服和速率的功能集于一体，并配有先进的计算机实现自动测试的控制，数据的采集与处理以及陀螺误差模型的辨识、测试结果报告等功能。随着计算机技术、自动化技术、人工智能技术、虚拟仪表技术的发展，惯性测试技术已经实现了数字化和自动化。

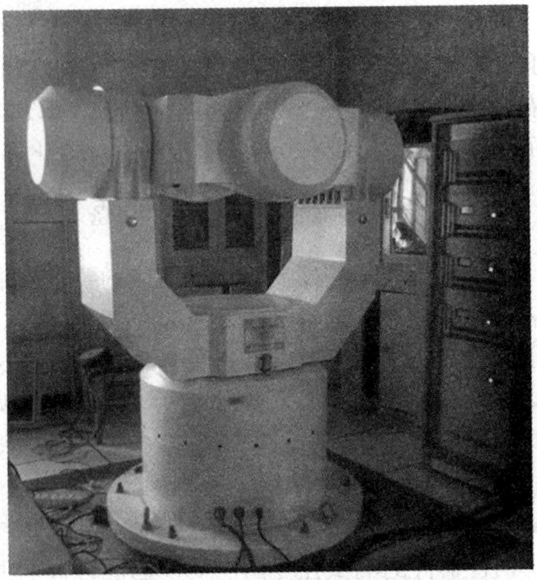

图5-1　三轴多功能转台

5.2 微机械加速度计的测试与标定

硅微加速度计研制后及使用前均需进行参数性能的测试与定标。硅微加速度计的测试与定标,根据不同的要求,一般要进行重力场静态翻滚试验、离心试验和线振动试验。

硅微加速度计的重力场试验是利用重力加速度在加速度计输入轴方向的分量作为输入量,测量线加速度计各项性能参数的试验。试验程序可以根据试验目的来安排,通常采用等角度分割多点翻滚程序来标定加速度计的静态性能参数。重力场试验的测试范围限制在实验室当地重力加速度正负值($\pm 1g$)以内,对非线性系数和交叉辐射系数的标定精度较低。由于重力加速度最容易获得,并能精确测定其大小和方向,它具有试验方便的特点,是各种输入量程对加速度计性能测试的主要试验之一。

硅微加速度计离心试验是利用精密离心机产生的向心加速度作为输入,测量加速度计各项性能参数的试验,主要用于标定加速度计在大加速度情况下的性能。试验在精密离心机上进行,它是一个能以不同恒角速度转动的精密转台,其转速稳定性和动态半径的稳定性都在百万分之一左右。加速度计离心试验是进行加速度计全量程范围性能测试的主要试验之一。

硅微加速度计线振动试验是利用精密线振动台产生的线据动加速度作为输入来测定加速度计各项性能的一种试验,主要用于标定加速度计的二阶非线性系数和频串响应特性,还可以用来校验加速度计标度因数和偏值的长期稳定性以及结构强度等。加速度计线振动试验在只产生纯正弦振动(只有线振动,没有角振动和交叉轴振动)的专用精密线振动台上进行,其振动频率和幅值的稳定性都要求很高。试验时,通过改变振动台的振动频率和幅位获得各种输入加速度,这是进行加速度计全量程范围性能测试的另一种主要试验。在没有大型昂贵的精密离心机时,可以部分代替离心试验。

5.2.1 加速度计重力场试验

(1)重力场试验的数学模型

硅微加速度计在进行地球重力场翻滚试验时,加速度计的输入加速度按正弦规律变化,它的输出值也相应地以正弦规律变化。但实际上加速度计的输出值并不完全是正弦变化,而是包含着若干噪声项。通常,加速度计在地球重力场的测试中,可以采用下面形式的静态数学模型方程:

$$E = k_0 + k_1A_i + k_2A_i^2 + k_3A_i^3 + k_4A_iA_0 + k_5A_iA_p \qquad (5-11)$$

式中 E——加速度计的输出;

k_0——偏值;

k_1——标度因数;

k_2——二阶非线性系数;

k_3——三阶非线性系数;

k_4——输入轴和输出轴的交叉耦合系数;

k_5——输入轴和摆轴的交叉耦合系数。

(2)重力场试验原理

加速度计重力场试验,一般是将加速度计安装在光学分度头(或精密转台)上进行。加速度计的安装状态分别取水平摆状态和侧摆状态。加速度计的输出轴平行于分度头(转台)转轴的安装状态,称为水平摆安装状态。加速度计的摆轴平行于分度头(转台)转轴的安装状态称为侧摆安装状态。

加速度计在侧摆状态下(PA 水平),摆轴(PA)水平放置,而输入轴(IA)和输出轴(OA)可以绕分度头的水平轴在当地铅垂面内旋转 360°,如图 5-2 所示。加速度计输入具有下列形式:

$$\boldsymbol{A} = -\boldsymbol{g},\quad \begin{bmatrix} A_i \\ A_0 \\ A_p \end{bmatrix} = \begin{bmatrix} \sin(\theta+\theta_0) \\ \cos(\theta+\theta_0) \\ 0 \end{bmatrix} [g] \tag{5-12}$$

式中 θ——输入轴与当地水平面的夹角;

θ_0——初始失准角。

由于 $A_p=0$,式(5-11)数学模型简化为

$$E = k_0 + k_1A_i + k_2A_i^2 + k_3A_i^3 + k_4A_iA_0 \tag{5-13}$$

在水平摆状态下(OA 水平),加速度计输出轴(OA)水平放置,而输入轴(IA)和摆轴(PA)可以在铅垂面内相对地球重力向量旋转,如图 5-3 所示。

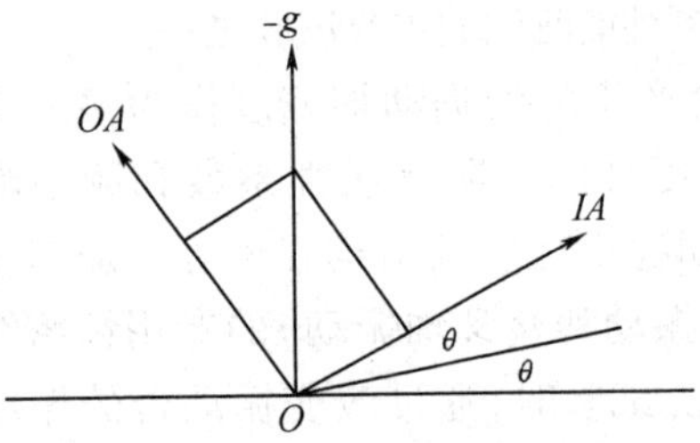

图 5-2 侧摆状态(PA 水平)

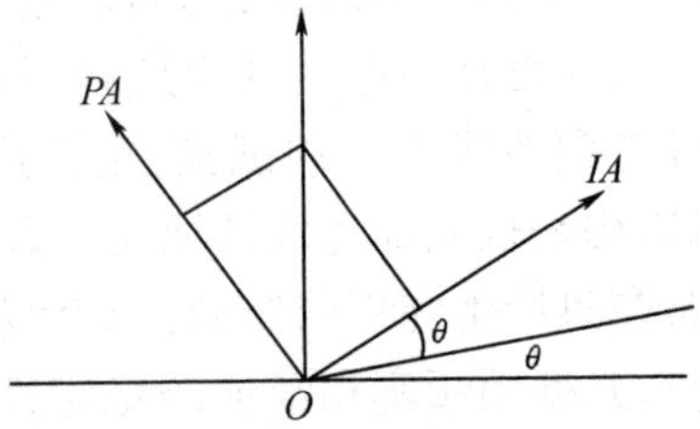

图 5-3 水平摆状态(OA 水平)

在水平摆状态下,加速度计输入为

$$\boldsymbol{A} = -\boldsymbol{g},\quad \begin{bmatrix} A_i \\ A_0 \\ A_p \end{bmatrix} = \begin{bmatrix} \sin(\theta+\theta_0) \\ 0 \\ \cos(\theta+\theta_0) \end{bmatrix} [g] \tag{5-14}$$

由于 $A_0=0$,式(5-11)数学模型简化为

$$E = k_0 + k_1A_i + k_2A_i^2 + k_3A_i^3 + k_5A_iA_p \tag{5-15}$$

在侧摆状态和水平摆状态,模型方程的差别只是交叉耦合项不同。下面讨论在侧摆状态下,模型方程系数与加速度计在重力场中方位的关系。

将式(5-12)代入式(5-13),则

$$E = k_0 + k_1\sin(\theta+\theta_0) + k_2\sin^2(\theta+\theta_0) + k_3\sin^3(\theta+\theta_0) + k_4\sin(\theta+\theta_0)\cos(\theta+\theta_0)$$

考虑 θ_0, k_2, k_3, k_4 均为小量,若忽略二阶及其以上小量时,则

$$\begin{aligned} E &= k_0 + k_1\sin\theta + k_1\theta_0\cos\theta + k_2\sin^2\theta + k_3\sin^3\theta + \frac{1}{2}k_4\sin2\theta \\ &= \left(k_0 + \frac{1}{2}k_0\right) + \left(k_1 + \frac{3}{4}k_3\right)\sin\theta + \frac{1}{2}k_4\sin2\theta - \\ &\quad \frac{1}{4}k_3\sin3\theta + k_1\theta_0\cos\theta - \frac{1}{2}k_2\cos2\theta \end{aligned} \tag{5-16}$$

令

$$
\left.\begin{aligned}
B_0 &= k_0 + \frac{1}{2}k_2 \\
s_1 &= k_1 + \frac{3}{4}k_3 \\
s_2 &= \frac{1}{2}k_4 \\
s_3 &= -\frac{1}{4}k_3 \\
C_1 &= k_1\theta_0 \\
C_2 &= -\frac{1}{2}k_2
\end{aligned}\right\} \tag{5-17}
$$

则可以得到用谐波系数表示的模型方程系数和初始失调角为

$$
\left.\begin{aligned}
k_0 &= B_0 + C_2 \\
k_1 &= S_1 + 3S_3 \\
k_2 &= -2C_2 \\
k_3 &= -4S_3 \\
k_4 &= 2S_2 (PA\text{ 水平}) \\
k_5 &= 2S_2 (OA\text{ 水平}) \\
\theta_0 &= \frac{C_1}{S_1 + 3S_3}
\end{aligned}\right\} \tag{5-18}
$$

工程上确定加速度计输入输出特性模型方程系数最常用的是八点法。

(3)八点测试法

在重力场试验中,加速度计采用水平摆安装状态或侧摆安装状态,按等分的八个位置,分别取 θ_i 为0°,45°,90°,135°,180°,225°,270°,315°,测出每个位置的输出值代入有关方程式中,进行数据处理,以得到模型方程的各系数值。

当加速度计取侧摆状态时(PA 水平),依次将 θ_i 代入式(5-16),可以得到一组方程:

$$
\left.\begin{aligned}
E_1 &= E(0^\circ) = k_0 + k_1\theta_0 \\
E_2 &= E(45^\circ) = k_0 + \frac{\sqrt{2}}{2}k_1 + \frac{1}{2}k_2 + \frac{\sqrt{2}}{4}k_3 + \frac{1}{2}k_4 + \frac{\sqrt{2}}{2}k_1\theta_0 \\
E_3 &= E(90^\circ) = k_0 + k_1 + k_2 + k_3 \\
E_4 &= E(135^\circ) = k_0 + \frac{\sqrt{2}}{2}k_1 + \frac{1}{2}k_2 + \frac{\sqrt{2}}{4}k_3 - \frac{1}{2}k_4 - \frac{\sqrt{2}}{2}k_1\theta_0 \\
E_5 &= E(180^\circ) = k_0 - k_1\theta_0 \\
E_6 &= E(225^\circ) = k_0 - \frac{\sqrt{2}}{2}k_1 + \frac{1}{2}k_2 - \frac{\sqrt{2}}{4}k_3 + \frac{1}{2}k_4 - \frac{\sqrt{2}}{2}k_1\theta_0 \\
E_7 &= E(270^\circ) = k_0 - k_1 + k_2 - k_3 \\
E &= E(315^\circ) = k_0 - \frac{\sqrt{2}}{2}k_1 + \frac{1}{2}k_2 - \frac{\sqrt{2}}{4}k_3 - \frac{1}{2}k_4 + \frac{\sqrt{2}}{2}k_1\theta_0
\end{aligned}\right\} \tag{5-19}
$$

联立求解式(5-19)可得

$$\left.\begin{aligned}
k_0 &= \frac{1}{2}(E_2+E_4+E_6+E_8)-\frac{1}{2}(E_6+E_7)\\
k_1 &= \frac{\sqrt{2}}{2}(E_2+E_4-E_6-E_8)-\frac{1}{2}(E_3-E_7)\\
k_2 &= \frac{1}{2}(E_3+E_7)-\frac{1}{2}(E_2+E_4+E_6+E_8)\\
k_3 &= (E_3-E_7)-\frac{\sqrt{2}}{2}(E_2+E_4-E_6-E_8)\\
k_4 &= \frac{1}{2}(E_2-E_4+E_6-E_8)
\end{aligned}\right\} \tag{5-20}$$

和

$$\theta_0=\frac{(E_2-E_4-E_6+E_8)}{2(E_2+E_4-E_6-E_8)-\sqrt{2}(E_3-E_7)} \tag{5-21}$$

对于水平摆状态（OA 轴水平）可以得到一组类似的八位置方程，解之有

$$k_5=\frac{1}{2}(E_2-E_4+E_6-E_8) \tag{5-22}$$

从而可以确定式(5－11)形式的加速度计静态数学模型方程中的各项系数。

5.2.2 加速度计的其他试验

1. 加速度计离心试验

加速度计重力场试验只能进行 ±1g 以内的加速度测量，而微机械加速度计往往用于高 g 的场合，因此，产生一个大于 1g 的标准加速度，用来检测加速度计的静特性是十分必要的。加速度计的离心试验是利用精密离心机产生的离心加速度作为输入，测量加速度计各项性能参数的试验。

加速度计离心试验的测试方法通常有等加速度增量试验和等角度增量试验。

(1)等加速度增量试验

将加速度计安置在精密离心机的转盘上，使其输入轴与离心机半径方向一致。调节离心机的转速，离心机所产生的加速度可以连续由 0.1g 至 10g，等加速库增量每次可取 0.5g，每次试验，加速度为正负各一次。这是精密离心机等加速度增量试验简单的试验法。

等加速度增量试验的数据处理，一般采用一元一次线性回归或一元二次回归。先采用一元一次线性回归，求出相关系数，看输出值与输入值是否线性相关，如果不是线性相关，就采用一元二次回归。

(2)等角度增量试验

等角度增量试验，又称多点转角试验。离心机所产生的加速度值取 ±1g ~ ±10g，间隔取 0.5g，在每一加速度下，把加速度计敏感轴位置相对于离心机半径转动四个位置（间隔 90°），或八个位置（间隔 45°）。这种等角度增量试验方法是在离心机加速度场中做该试验，可以把数学模型方程各系数全部分离出来。

2. 加速度计重复性试验

加速度计重复性试验是加速度计在相同输入和环境条件下，由一个工作用期到下一个工作周期呈现相同性能的工作能力。也就是说，如果加速度计的重复性能好，那么由一个工作周期到下一个工作周期，加速度计的性能模型方程的各个系数应当基本不变或者变化

很小。加速度计重复性试验,一般可分为两种:一种是相同环境条件下,间隔一段时间的通电、断电试验;另一种是在不同环境条件下进行。

(1)间隔时间测试

按照前面所讨论的重力场试验方法,进行四点法测试,然后关闭电源,间隔一段时间,再进行一系列四点法测试。这样进行多次通电、断电试验,进行数据处理,测试加速度计性能模型方程各个系数的变化,间隔时间可以根据对加速度计性能的要求而定。例如每天通电 8 小时、每 8 小时测 8 次、每 7 天测一次或每月测一次等。

(2)环境试验后测试

加速度计在通电(或不通电)状态下,经过振动、冲击、热储存、冷储存、高低温试验及热冲击等各种不同环境条件下的考核,这些环境条件应依具体要求面定。在每次考核以后,再进行加速度计重力场四点法试验,每种环境至少重复三次。每个试验程序中,由每次四点法试验来计算标准离差,以便确定重复性。然后,由标准离差和最大值、最小值,再画出每一次试验的性能模型方程各系数的平均值和标准离差曲线,画出加速度计重复性的曲线。

3. 加速度计稳定性试验

加速度计稳定性试验的目的是测定在连续工作期间输出值的变化。稳定性试验时间周期小于 8 小时的,认为是短时间稳定性试验;试验周期大 8 小时的,认为是长时间稳定性试验。在整个试验期间,要连续完成四点法试验或多点法试验。由加速度计的每一次四点法试验(或多点试验)计算性能模型方程的各个系数,并通过在整个试验周期计算模型方程每个系数对平均值的标准离差来确定系数的稳定性。除了计算标准离差外,还可以用图线表示加速度计的稳定性,画出每个加速度数据输出值和各系数。

5.3 微机械陀螺仪的测试与标定

5.3.1 微机械陀螺仪主要性能指标

1. 标度因数及标度因数非线性度

陀螺的标度因数是指陀螺输出量与输入量的比值,这个比值是根据整个输入角速率范围内测得的输入/输出数据,通过最小二乘法拟合求出的直线的斜率,单位为陀螺输出量单位比角速度单位,比如 mV/(°/s)或 mV/(°/h)。实际上标度因数拟合的残差决定了该拟合数据的可信程度,表征了与陀螺实际输入/输出数据的偏离程度,称为标度因数非线性度,用百分数或满量程的百分数表示,如某陀螺的标度因数非线性度小于 0.1%,或非线性度小于 0.3%FS(FS 指满量程)。标度因数非线性度、标度因数不对称度、标度因数重复性及标度因数温度灵敏度等指标都是从不同角度反映陀螺仪实际输入/输出数据与拟和直线的偏离程度。

2. 零偏与零偏稳定性

零偏或零位输出(Zero-Rate Output,ZRO)是指陀螺仪在零输入角速度情况下的输出值,单位为°/s 或°/h。陀螺在没有角速率输入的状态下理论上输出为 0,但实际上因为有干扰噪声等而产生偏离,通常在无角速率输入条件下较长时间测量得到的输出值的均值等效折算成输入角速率来表示。在无角速率输入状态下的长时间稳态输出是一个平稳的随机过程，即稳态输出将围绕均值(零偏)起伏和波动，通常用规定时间内输出量的标准偏差所对应的等效输入角速率表示，称为零偏置稳定性，或简称“零漂”及“偏置稳定性”，零漂值的大小标志着观测值围绕零偏的离散程度。对硅微机械陀螺来说，结构材料受温度影响比较大，所以零偏稳定性往往在某温度条件下给出。

3. 阈值与分辨率

陀螺的阈值表示陀螺能检测到的最小输入角速率，分辨率则表示在给定的输入角速率下能检测到的最小输入角速率的增量，通常分辨率是根据带宽给出的，如某硅微机械陀螺的分辨率小于 0.01°/s(带宽大于 10 Hz)。

4. 测量范围

陀螺正、反方向输入角速率的最大值表示陀螺的测量范围。该最大值除以阈值就是陀螺的动态范围，动态范围越大表示陀螺检测输入角速率的能力越强。

5. 带宽

带宽是指陀螺仪能够精确测量输入角速度的频率范围，该值越大则陀螺仪的动态响应能力越强。工作于开环模式的陀螺仪，其带宽定义为响应相角从 0°到滞后 90°所对应的频段，也可等同于定义为振幅响应比为 0.5(3 dB 点)所对应的频段。工作于闭环模式的陀螺仪，其带宽定义为测控电路的带宽，一般指解调电路中低通滤波器的截止频率。电路的带宽实际上反映了该电路对输入信号的响应速度，带宽越宽响应速度越快，允许通过的信号频率越高。

6. 角度随机游走系数

当陀螺处于零输入状态时，陀螺的输出信号为白噪声信号和慢变随机函数的叠加，其慢变随机函数可用来确定零偏或零偏稳定性指标，白噪声定义为单位检测带宽平方根下等价输入角速率的标准偏差，单位为$(°/s)/\sqrt{h}$或$(°/h)/\sqrt{h}$。这个白噪声也可以用单位为$°/\sqrt{h}$的角度随机游走系数来表示，随机游走系数是指由白噪声产生的随时间累积的陀螺输出误差系数。当外界条件基本不变，可认为上面所分析的各种噪声的主要特性是不随时间推移而改变，从某种意义上来说，角度随机游走系数反映了陀螺的研制水平，也反映了陀螺的最小可检测角速率，并间接指出了由于光子、电子的散粒噪声效应所限定的检测极限距离。据此可推算出采用现有方案和元器件构成的陀螺是否具有提高性能的潜力，故此项指标极为重要。

由于微机械陀螺仪很难敏检测到地球自转角速度，所以多采用动态测试也就是速率试验。基于 5.1.2 节中介绍的微机械陀螺仪的基本误差模型，这里介绍几个基本性能参数的测试方法。

5.3.2 标度因数

标度因数(Scale Factor)为陀螺输出与输入角速率的比值，该比值是根据整个输入速率范围内测得的输入输出数据，通过最小二乘法拟合求出直线的斜率。

1. 测试方法及步骤

(1)使用水平仪调整速率转台工作台，使其精度达到 3 角分以内。

(2)将陀螺固定在速率转台上，使其输入基准轴指天。

(3)检查电缆连接，正确后启动转台，设定计算机采用周期为 1 s。

(4)启动陀螺电源，预热 30 min 后，控制转台依次按照以下速率点进行转台：±0.1 °/s，±0.2 °/s，±0.5 °/s，±1 °/s，±2 °/s，±5 °/s，±10 °/s，±20 °/s，±50 °/s，±100 °/s，

±200 °/s, ±300 °/s, ±400 °/s, ±500 °/s(±500 °/s 选项,数据不处理)。在转台处于正转、停止、反转工作状态稳定后,分别启动计算机采样程序,记录陀螺仪输出,对应转台速率小于土 100 °/s 速率点的采样数据不少于 30 个; ±100 °/s 及 ±200 °/s 的采样数据不少于 10 个; ±300 °/s, ±400 °/s, ±500 °/s的采样速率不少于 5 个。

(5)测试完成后关闭陀螺仪电源及转台电源。

(6)30 min 后重复上述步骤,重复进行 3 次试验。

2. 计算方法

对测试所得数据进行处理计算,以获得陀螺的标度因数、标度因数非线性、标度因数对称性以及标度因数重复性。

(1)计算陀螺标度因数过程如下

①设第 m 组测试,转台速率为 Ω_j 时,陀螺输出值为 $\bar{F}_j$,即

$$\bar{F}_j = \frac{1}{N}\sum_{i=1}^{N} F_{ji} \tag{5-23}$$

式中,F_{ji}为陀螺的第 i 个输出值,根据陀螺仪信号处理方式的不同,该输出值可为电压、频率、脉冲数等不同形式,N 为采样点个数。

②设转台静止时陀螺仪输出的平均值为 $\bar{F}_r$,即

$$\bar{F}_r = \frac{1}{2}(\bar{F}_s + \bar{F}_e) \tag{5-24}$$

式中,$\bar{F}_s$ 为角速率试验开始前陀螺输出的静态平均值,$\bar{F}_e$ 为角速率测试结束后陀螺输出平均值。

③陀螺仪在第 j 个输入角速率 Ω_j 时的输出值为

$$F_j = \bar{F}_j - \bar{F}_r \tag{5-25}$$

④建立陀螺仪输入输出关系的线性模型如下:

$$F_j = K\Omega_j - F_0 + v_j \tag{5-26}$$

式中,K 为标度因数,F_0 为拟和零位,v_j 为拟和误差。

⑤用最小二乘法计算出标度因数 K 和拟合零位值 F_0,则

$$K = \frac{\sum_{j=1}^{N} \Omega_{ij} \cdot F_j - \frac{1}{M}\sum_{j=1}^{M} \Omega_{ij} \cdot \sum_{j=1}^{M} F_j}{\sum_{j=1}^{M} \Omega_{ij}^2 - \frac{1}{M}\left(\sum_{j=1}^{M} \Omega_{ij}\right)^2} \tag{5-27}$$

$$F_0 = \frac{1}{M}\sum_{j=1}^{M} F_j - \frac{K}{M}\sum_{j=1}^{M} \Omega_{ij}$$

式中,M 为输入角速率个数,即标定点数。

(2)标度因数非线性

设第 m 组测试数据计算得到的标度因数非线性为 K'_m,则

$$K'_m = \left|\frac{\hat{F}_j - F_j}{|F_{max}|}\right|_{max} \tag{5-28}$$

式中,M 为测试次数,$\hat{F}_j$ 为第 m 组测试中输入角速度为 Ω_j 时对应的拟合直线上的计算机;F_{max}为输入角速度为最大值时陀螺输出值的最大绝对值。

(3)标度因数对称性

设第 m 组测试数据计算得到的标度因数不对称度为 K_{mu},则

$$K_{mu} = \frac{|K_+ - K_-|}{\bar{K}} \tag{5-29}$$

式中 K_+——转台正转输入角速度范围内拟合得到的标度因数;

K_-——转台反转输入角速度范围内拟合得到的标度因数;

$\bar{K}$——M 组测得标度因数的平均值。

则陀螺的总体标度因数不对称度 K_u 为

$$K_u = \frac{1}{M}\sum_{m}^{M} K_{mu} \tag{5-30}$$

(4)标度因数重复性

根据测试数据及以上计算所得,可以根据下式计算标度因数重复性 K_r 为

$$K_r = \frac{1}{\bar{K}}\left[\frac{1}{M-1}\sum_{m=1}^{M}(K_m - \bar{K})\right]^{1/2} \tag{5-31}$$

5.3.3 阈值

测试方法及步骤:

(1)将陀螺仪安装在速率转台上,使其输入基准轴平行于转台旋转轴且垂直于水平面,对准精度为 3 角分以内;

(2)给陀螺仪通电,待其正常工作后,先测量输入角速度为零时陀螺仪的输出,然后启动转台对陀螺仪施加一定大小的角速度输入,设定计算机采样周期为 1 s,采样时间为 10 s,记录陀螺仪的输出,其相对零速率输入的陀螺仪的输出量变化应该大于按标度因数对应输出值的 50%;

(3)在相反角速率输入方向上重复上述步骤,取得反方向阈值数据;

(4)连续进行 7 次试验。

阈值计算方法是对两个方向的最小角速率输入值求平均,即为陀螺仪的阈值。

5.3.4 分辨率

测试方法及步骤:

(1)在测完陀螺仪的阈值之后,给陀螺仪供电,等待其工作稳定之后,先对陀螺仪施加一个相当于阈值 30 倍的输入角速率,等待转台运行稳定后,再增加一个设定的速率增量,陀螺仪的输出增量应大于对应标度因数输出增量的 50%,然后再回到原常值输入速率,再减小一个设定的速率值,测量陀螺仪的输出,其变化量应大于标度因数对应的输出变化量的 50%;

(2)在相反的输入方向上重复上述试验,取得反方向的分辨率数据;

(3)重复 3 次试验。

分辨率计算方法是在正反两个方向上求最小速率增量平均值,即为陀螺仪分辨率。

5.3.5 零偏

1. 测试方法及步骤

(1)使用水平仪调整工装台,使其水平精度达到3角分以内;

(2)将陀螺固定在工装台上,使其输入基准轴指向东西,设定计算机的采样周期为1 s,每10 s平均求σ;

(3)检查电源连接正确后,先启动采样程序,再接通陀螺电源,通电就开始记录数据,计时90 min,取60 min有效数据;结束时关闭陀螺电源;

(4)按上述步骤重复进行7次,每次间隔60 min。

2. 计算方法

(1)零偏

设第 m 次($m=1,2,\cdots,M$)零偏输出平均值记为 $\bar{F}$,则

$$\bar{F} = \frac{1}{N}\sum_{i=1}^{N} F_i \tag{5-32}$$

将第 m 次测试得到的陀螺零偏记作 B_{0m},有

$$B_{0m} = \frac{\bar{F}}{K} \tag{5-33}$$

则陀螺的总体零偏值 B_0 为

$$B_0 = \frac{1}{M}\sum_{m=1}^{M} B_{0m} \tag{5-34}$$

(2)零偏稳定性

根据零偏测试数据,按如下公式计算零偏稳定性:

$$B_{sm} = \frac{1}{K}\left[\frac{1}{N/P-1}\sum_{j=1}^{N/P}(F_j - \bar{F})^2\right]^{1/2} \tag{5-35}$$

$$B_s = \frac{1}{M}\sum_{m=1}^{M} B_{sm} \tag{5-36}$$

式中 F_j——按周期 P 求取平均值得到的新数据样本;

P——数据平均周期,取 $P=10$;

B_{sm}——第 m 次测试得到的陀螺零偏稳定性;

B_s——陀螺零偏稳定性。

(3)零偏重复性

陀螺零偏重复性 B_r 计算公式为

$$B_r = \left[\frac{1}{M-1}\sum_{m=1}^{M}(B_{0m} - \bar{B}_0)^2\right]^{1/2} \tag{5-37}$$

5.3.6 多位置测试

惯性器件的标定测试过程是通过比较惯性器件的输出与参照标准信息量来确定有关的参数。使用这些参数确定的惯性器件输出能够在较大范围内与测试输出值一致,这些参数包括常值误差、刻度因数等。通常采用6位置静态测试和速率测试方法来进行确定性参数测试。这些测试方法主要用在高精度惯性测量系统,比如导航级或战术级惯性测量单元。对于低成本速率级惯性器件的标定测试,需要对一些测试方法加以改进,使用一些角

速率转台等特殊设备。

1. 6 位置静态测试

6 位置静态测试和速率测试是最常用的标定方法。这种方法是将惯性系统固定在水平面上,同时使 IMU 的 x,y,z 三个敏感轴分别垂直向上或向垂直下。对于正交的三轴惯性测量组合体,这种安装方法恰好能实现六个位置的静态测试。漂移和刻度因数误差的计算公式如式(5-38)和式(5-39),即

$$b = \frac{l_f^{\mathrm{up}} + l_f^{\mathrm{down}}}{2} \tag{5-38}$$

$$S = \frac{l_f^{\mathrm{up}} - l_f^{\mathrm{down}} - 2 \times K}{2 \times K} \tag{5-39}$$

这里 l_f^{up} 是惯性器件的敏感轴垂直向上时惯性器件的输出测量值,l_f^{down} 是惯性器件的敏感轴垂直向下时惯性器件的输出测量值,K 是已知常量参考基准。测试加速度计时,K 是当地重力加速度常量;测试陀螺时,K 是地球自转角速度常量在当地纬度的垂直分量。这里的 6 位置测试方法不能标定低精度惯性器件,因为零偏不稳定性误差和噪声幅值将覆盖地球自转参考分量信号。另外,这种标准的标定方法不能估计 IMU 的各轴之间的失准角(非正交误差)。为了能够估计非正交误差,考虑到上面三种误差的 6 位置测试方法;以矩阵形式表示的三轴惯性测量组合的输出形式为

$$\begin{bmatrix} l_{ax} \\ l_{ay} \\ l_{az} \end{bmatrix} = \begin{bmatrix} m_{xx} & m_{xy} & m_{xz} \\ m_{yx} & m_{yy} & m_{yz} \\ m_{zx} & m_{zy} & m_{zz} \end{bmatrix} \begin{bmatrix} a_x \\ a_y \\ a_z \end{bmatrix} + \begin{bmatrix} b_{ax} \\ b_{ay} \\ b_{az} \end{bmatrix} \text{ or } \begin{bmatrix} l_{ax} \\ l_{ay} \\ l_{az} \end{bmatrix} = \underbrace{\begin{bmatrix} m_{xx} & m_{xy} & m_{xz} & b_{ax} \\ m_{yx} & m_{yy} & m_{yz} & b_{ay} \\ m_{zx} & m_{zy} & m_{zz} & b_{az} \end{bmatrix}}_{M} \underbrace{\begin{bmatrix} a_x \\ a_y \\ a_z \\ 1 \end{bmatrix}}_{a} \tag{5-40}$$

这里矩阵 $\boldsymbol{M}$ 中对角线上的元素表示刻度因数,其他元素表示非正交系数。b 表示零偏,对准后的 IMU6 位置测试方法,其理想的加速度输出测量值为

$$\dot{\boldsymbol{a}}_1 = \begin{bmatrix} g \\ 0 \\ 0 \end{bmatrix}, \dot{a}_2 = \begin{bmatrix} -g \\ 0 \\ 0 \end{bmatrix}, \dot{a}_3 = \begin{bmatrix} 0 \\ g \\ 0 \end{bmatrix}, \dot{\boldsymbol{a}}_4 = \begin{bmatrix} 0 \\ -g \\ 0 \end{bmatrix}, \dot{\boldsymbol{a}}_5 = \begin{bmatrix} 0 \\ 0 \\ g \end{bmatrix}, \dot{\boldsymbol{a}}_6 = \begin{bmatrix} 0 \\ 0 \\ -g \end{bmatrix} \tag{5-41}$$

因此,对于最小二乘法修正系数的设计矩阵($\boldsymbol{A}$)形式为

$$\boldsymbol{A} = \begin{pmatrix} \dot{a}_1 & \dot{a}_2 & \dot{a}_3 & \dot{a}_4 & \dot{a}_5 & \dot{a}_6 \\ 1 & 1 & 1 & 1 & 1 & 1 \end{pmatrix} \tag{5-42}$$

惯性器件的原始输出构成矩阵 $\boldsymbol{U}$ 为

$$\boldsymbol{U} = [u_1 \quad u_2 \quad u_3 \quad u_4 \quad u_5 \quad u_6] \tag{5-43}$$

这里,$\boldsymbol{u}_1 = \begin{bmatrix} l_{ax} \\ l_{ay} \\ l_{az} \end{bmatrix}_{XaxisUP}$, $\boldsymbol{u}_a = \begin{bmatrix} l_{ax} \\ l_{ay} \\ l_{az} \end{bmatrix}_{XaxisDown}$ 等。

用最小二乘法求出式(5-40)矩阵 $\boldsymbol{M}$ 中的每个元素公式为

$$M = U \cdot A^{T} \cdot (AA^{T})^{-1} \tag{5-44}$$

角速率测试用于标定陀螺的刻度因数和非正交误差。如果速率测试和改进的6位置静态测试一起用来标定，对于低成本、低精度MEMS惯性器件可以确定全部误差。

2. 角速率测试

角速率测试用来标定低精度速率级导航用陀螺的漂移、刻度因数和非正交误差。角速率测试实验通常用精密速率转台来进行。测试时将惯性测量单元固定安装在转台上，以确定角速率转动转台，记录惯性测量单元IMU在转台不同转动速率下的输出，通过比较IMU的输出与转台相应的确定速率来估计零偏、刻度因数和非正交误差系数。静态测试的方法和步骤如同5.3.6中的介绍。角速率测试是将转台以设定的角速率转动，方向分顺时针和逆时针。

5.4　微机械陀螺仪随机误差建模与分析补偿

在MEMS惯性器件构成的惯性导航系统中，陀螺的精度是决定系统精度的关键因素之一。MEMS陀螺仪精度较低，输出信号中随机噪声含量较大，如何有效辨识随机误差的成分，对微机械陀螺的结构工艺改进和误差补偿具有十分重要的意义。微机械陀螺的误差源包括确定性误差和随机误差。确定性误差一般由标定实验确定；而随机误差比较复杂，通常包括角度随机游走、角速率随机游走、闪烁噪声(零偏不稳定性)、速率斜坡、量化噪声等误差项。

应用于陀螺仪信号中随机误差的辨识主要有五种方法：基于时间序列分析的自回归平滑模型(ARMA)方法、自相关函数法、功率谱密度(PSD)法、小波分析法和Allan方差法。频谱分析滤波去噪可以采用设计各种带通滤波器的方法实现。其中ARMA建模方法是利用AR与MA模型函数根据随机信号的统计特性对信号进行建模，将各种随机误差作总体考虑，根据模型阶次的不同给出信号不同精度的数学模型。自相关函数法是根据典型的随机过程的自相关函数的特点，来观察随机信号中各种随机过程的分布。功率谱密度法是以自相关函数为基础，根据不同误差所产生的随机信号对应的功率谱密度曲线的不同来观察各种误差含量。Allan方差辨识方法则是利用各误差信号功率谱密度函数与Allan方差函数的关系，考察陀螺仪输出信号的Allan方差曲线特点对各误差进行辨识。上述的四种辨识方法，除自相关函数外，其他三种方法均较为常用。ARMA模型方法可以根据随机误差的总体特性对信号进行建模，其建模结果可为Kalman滤波中的状态误差阵的设置提供良好的参考，因此在中、高精度的陀螺仪误差辨识中使用较多。而对于中、低精度陀螺仪来说，由于其输出信号中的各随机误差的含量均较大，ARMA模型的精度将受到很大影响。且该方法无法对信号中物理意义不同的各个误差进行一一辨识，因此在对误差含量较大的陀螺仪信号进行辨识时，多采用功率谱密度分析法和Allan方差法。

对于前面提到的12种陀螺仪随机误差，几乎每一种误差均有各自对应的特定功率谱密度函数。同时，各功率谱密度函数在与对应频率构成的双对数曲线中有着各自的曲线形式。因此理论上讲，当求得陀螺静态输出信号$x(f)$的功率谱密度曲线后，利用适当的拟合方法，即可推导出各误差的强度以完成误差辨识。然而在应用中功率谱密度分析法也存在着一些不足。首先是各误差的功率谱密度曲线并非各自不同，一些不同的误差具有相似的双对数曲线，而且对于一些需要重点辨识的误差，其对数曲线也有相似现象，因此使得利用此方法时可辨识的误差种类较少。此外，功率谱密度法只给出 $X(f)$ 的功率谱密度函数在频域上的曲线，而不能直接给出各误差的时域特性，因此还需对辨识结果作进一步处理，方法相对麻烦。与功率谱密度相比，利用 Allan 方差方法可以辨别出更多种类的陀螺仪随机误差。此外，Allan 方差方法的最大特点是将时域分析与频域分析相联系，根据陀螺仪输出的 Allan 方差曲线不仅可以直接在时域中完成对陀螺仪的多种随机误差特性的定量观测，而且方法相对简单。微机械陀螺的随机误差具有慢时变、非平稳的特点，因而对其的辨识更适合采用 Allan 方差分析法。利用标准 Allan 方差分析陀螺仪随机误差时，会在高频带对白噪声、零偏不稳定性、角度随机游走和量化噪声的辨识产生不唯一结果，在低频带对速率斜坡的辨识也不唯一。设置前置滤波器可以减弱其影响，对 Allan 方差的改进也可以达到同样的效果，因此人们又开发出修正的 Allan 方差方法，如窗函数 Allan 方差和交叠式 Allan 方差等方法，并先后应用在陀螺仪的随机误差辨识中。因此本书中给出采用 Allan 方差方法完成对 MEMS 陀螺仪输出中几种主要随机误差辨识的具体实例。

由于陀螺信号中可能包含有非平稳的白噪声或突变部分，只通过傅里叶变换的频域分析是不能把噪声减少到忽略不计的程度，因此可引入时频分析结合的方法进行陀螺信号去噪。在傅里叶分析的基础上发展起来小波分析方法，它是一种时频域相结合的分析方法，克服了傅里叶分析的许多不足。小波分析具有时域和频域同时局部化的分析方法，是时频分析方法的应用和发展。近年来，小波变换信号去噪方法在 MEMS 陀螺信号去噪中得到广泛的研究和应用。

5.5　微机械陀螺随机误差的时间序列分析建模

5.5.1　引言

在惯性导航系统中，陀螺数据输出时往往含有随机误差，随机误差的存在对由陀螺和加速度计构成的惯性导航系统精度有着十分大的影响。而已经被证明十分有效的方法是通过滤波处理对陀螺随机误差进行实时的补偿，使得惯性导航系统的精度符合系统要求。而要对陀螺的随机误差进行实时补偿的第一步就是通过一定的数学方法对陀螺的随机噪声进行处理，从而建立适合滤波补偿的数学模型。

在实际工程应用中，陀螺的随机噪声一般是有色噪声，也就是说由陀螺的输出数据构成的数据序列是非平稳的序列。对于非平稳的随机序列的建模一般使用的方法是时间序列分析法。时间序列分析法的核心思想是通过对一组离散随机数据序列进行时域和频域的统计特性的分析，从而求出实际的系统特性。最后根据随机数据建立一个符合特性的随机差分模型。这种一次统计的建模方法精度较高，由此可以得到数学模型的相应的物理解释，并可将这种连续模型直接用于导航协方差分析。时间序列分析建模方法的实际过程如图 5-4 所示。

5.5.2　逐步回归分析

1. 回归分析

设随机变量 y 随着 m 个自变量 $x_1, x_2, \cdots, x_m$ 变化，并有线性关系为

$$y = \beta_0 + \beta_1 x_1 + \beta_2 x_2 + \cdots + \beta_m x_m + \varepsilon \tag{5-45}$$

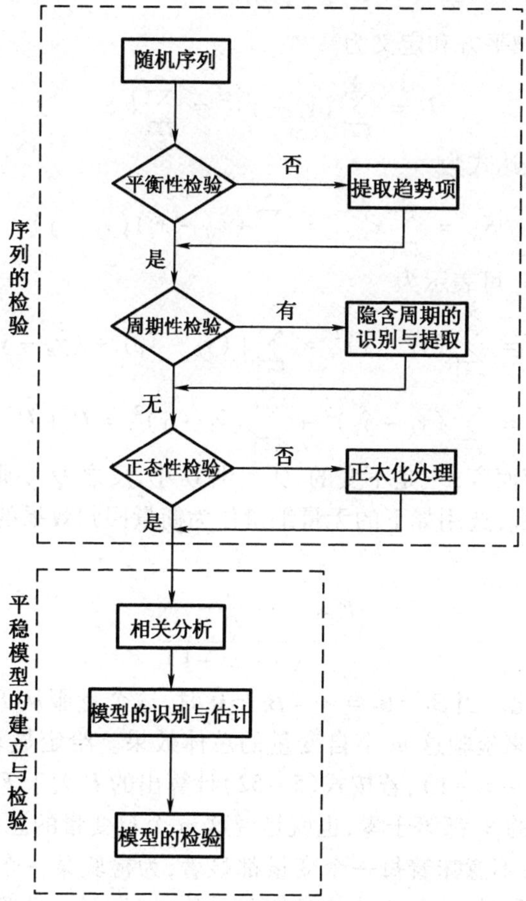

图5-4　时间序列分析建模流程图

式(5-45)称为回归方程,式中 $\beta_0,\beta_1,\cdots,\beta_m$ 称为回归系数,ε 可以看做是 y 中无法用 $x_1, x_2,\cdots,x_m$ 表示的各种复杂的随机因素组成的误差,所以 ε 是随机变量,亦称剩余误差。

回归分析的主要问题是根据 $x_1,x_2,\cdots,x_m$ 的 N 组观测数据,则

$$(x_{k1},x_{k2},\cdots,x_{km},y_k),k=1,2,\cdots,N$$

给出各回归系数 $\beta_0,\beta_1,\cdots,\beta_m$ 的估值 $b_0,b_1,\cdots,b_m$,同时对各个 b_i 作统计检验,以便指出这些估值的可靠程度。

假设有某种方法可以得到估值 $b_0,b_1,\cdots,b_m$,则 y 的观测值可以表示为

$$y_k=b_0+b_1x_{k1}+b_2x_{k2}+\cdots+b_mx_{km}+e_k,k=1,2,\cdots,N \tag{5-46}$$

式中,e_k 是误差 ε_k 的估值。令 $\hat{y}_k$ 为 y_k 的估值,则有

$$\hat{y}_k=b_0+b_1x_{k1}+b_2x_{k2}+\cdots+b_mx_{km}$$

$$e_k=y_k-\hat{y}_k \tag{5-47}$$

b_i 的值可以利用最小二乘法得到,即选取 b_i 使残差平方和

$$Q=\sum_{k=1}^{N}e_k^2=\sum_{k=1}^{N}[y_k-(b_0+b_1x_{k1}+\cdots+b_mx_{km})]^2 \tag{5-48}$$

达到最小。

2. 回归效果的检验

在回归分析中，回归平方和定义为

$$U = \sum_{k=1}^{N} (\hat{y}_k - \bar{y})^2 = \sum_{i=1}^{m} b_i S_{iy} \tag{5-49}$$

式中，S_{iy}称为离差，其表达式为

$$S_{iy} = \sum_{k=1}^{N} x'_{ki} y'_k = \sum_{k=1}^{N} (x_{ki} - \bar{x}_i)(y_k - \bar{y}) \tag{5-50}$$

由此，y 的离差平方和 S_{yy} 可表示为

$$\begin{aligned} S_{yy} &= \sum_{k=1}^{N} (y_k - \bar{y})^2 = \sum_{k=1}^{N} [(y_k - \hat{y}_k) + (\hat{y}_k - \bar{y})]^2 \\ &= \sum_{k=1}^{N} (y_k - \hat{y}_k)^2 + \sum_{k=1}^{N} (\hat{y}_k - \bar{y})^2 = Q + U \end{aligned} \tag{5-51}$$

对于给定的观测值而言，S_{yy}是不变的，Q 大则 U 小，反之 Q 小则 U 大。因此 Q 和 U 都可以用来衡量回归效果。选用如下的无量纲量作为衡量回归效果的指标，则

$$F = \frac{\dfrac{U}{m}}{\dfrac{Q}{(N-m-1)}} \tag{5-52}$$

可见，F 是两个方差之比。当 $\beta_1 = \beta_2 = \cdots = \beta_m = 0$ 时，这个量服从 F 分布，自由度分别是 m 和 $N-m-1$，因此可用来检验这 m 个自变量的总体效果。给定显著水平 α，对于相应的 F 分布的临界值 $F_\alpha(m, N-m-1)$，若按式(5-52)计算出的 F 大于 $F_\alpha(m, N-m-1)$，则推翻假设，即不能认为所有的 β_i 都等于零，也就是说这 m 个自变量的总体效果是显著的。

总体效果的显著并不意味着每一个变量都显著，为检验某一个变量的贡献，从 m 个变量中去掉 x_i，重新计算剩下的 $m-1$ 个量的回归系数(记为 b'_j)，并算出相应的回归平方和为

$$U' = \sum_{m} b'_j S_{jy} = S_{yy} - Q' \tag{5-53}$$

若记

$$V_i = U - U' = Q' - Q \tag{5-54}$$

则有

$$V_i = \frac{b_i^2}{c_{ii}} \tag{5-55}$$

式中，V_i 就是 x_i 在这 m 个变量的回归方程中的贡献，亦称为偏回归平方和。V_i 越大，则相应的 x_i 越重要。

3. 逐步回归算法

逐步回归的思想是：根据各个变量的重要性大小，每步选一个变量进入回归方程，为保证每一步选入回归方程的变量是真正重要的，要对该步即将选择的变量作显著性检验。考虑到较早选入回归方程的某些变量有可能随着其后一些变量的选入而失去原有的重要性，这样的变量应该及早地剔除出去，使最终的回归方程只保留重要性的变量。

逐步回归计算的实质是用无回代过程的消去法解正规方程，把挑选重要变量的思想巧妙地叠加进去，逐步回归算法的实现包括如下三个步骤。

(1)建立正规方程阶段

计算均值，即

$$\bar{x}_i = \frac{1}{N}\sum_{k=1}^{N} x_{ki},\ i = 1,2,\cdots,m,y \tag{5-56}$$

式中，y 看做是形式为 x_y 的量，y_k 看做是 x_{ky}。

计算离差矩阵，即

$$\boldsymbol{S}_{ij} = \boldsymbol{S}_{ji} = \sum_{k=1}^{N}(x_{ki} - \bar{x}_i)(x_{ki} - \bar{x}_j),\ i,j = 1,2,\cdots,m,y \tag{5-57}$$

离差的正规方程归一化为

$$\begin{cases} r_{11}\tilde{b}_1 + r_{12}\tilde{b}_2 + \cdots + r_{1m}\tilde{b}_m = r_{1y} \\ r_{21}\tilde{b}_1 + r_{22}\tilde{b}_2 + \cdots + r_{2m}\tilde{b}_m = r_{2y} \\ \vdots \\ r_{m1}\tilde{b}_1 + r_{m2}\tilde{b}_2 + \cdots + r_{mm}\tilde{b}_m = r_{my} \end{cases} \tag{5-58}$$

式中，r_{ij}是相关系数。有

$$\boldsymbol{r}_{ij} = \frac{S_{ij}}{\sqrt{S_{ii}}\sqrt{S_{jj}}},\quad i,j = 1,2,\cdots,m,y \tag{5-59}$$

相关矩阵($\boldsymbol{r}_{ij}$)的逆矩阵($\bar{\boldsymbol{C}}_{ij}$)与离差矩阵($\boldsymbol{S}_{ij}$)的逆阵($\boldsymbol{C}_{ij}$)的关系为

$$\boldsymbol{C}_{ij} = \frac{\tilde{\boldsymbol{C}}_{ij}}{\sqrt{\boldsymbol{S}_{ii}}\sqrt{\boldsymbol{S}_{jj}}} \tag{5-60}$$

新的残差平方和($\tilde{Q}$)、回归平方和($\tilde{U}$)、贡献($\tilde{V}_i$)都与原值相差一个比例因子。

(2)逐步计算阶段

假设已经计算了 l 步($l \geqslant 0$)，回归方程中引入了 l 个变量，则第 $l+1$ 步的计算内容如下：

算出全部变量的贡献

$$\tilde{V}_i^{(l)} = \frac{(r_{iy}^{(l)})^2}{r_{ii}^{(l)}} = \tilde{V}_i^{(l+1)} \tag{5-61}$$

式中，前一个等号可理解为回归方程中剔除变量 x_i 所损失的贡献，后一个等号意味着变量 x_i 一旦引入所增加的贡献。

变量的剔除与引入

在已引入的变量中，考虑剔除可能存在的不显著变量。在已引入量中选出具有最小贡献量的那一个变量。假如 $\tilde{V}_k^{(l)} = \min\limits_{\text{已引入的}i}\{\tilde{V}_i^{(l)}\}$，则统计量 F 的值为

$$F = (N - l - 1)\tilde{V}_k^{(l)}/\tilde{Q}^{(l)} \tag{5-62}$$

其中

$$\tilde{Q}^{(l)} = \tilde{Q}^{(l-1)} - \tilde{V}_k^{(l)} \tag{5-63}$$

对于 $l=0$，有 $\tilde{Q}^{(0)} = r_{yy} = 1$。

若 $F \leqslant F_a$，则把 x_k 从回归方程中剔除出去；若 $F > F_a$，则考虑从未引入的变量中选出显著的量，即引入剩余变量中具有最大 $\tilde{V}$ 的那个。设 $\tilde{V}_k^{(l+1)} = \min\limits_{\text{已引入的}i}\{\tilde{V}_i^{(l+1)}\}$，$F$ 值为

$$F = [N - (l+1) - 1]\tilde{V}_h^{(l+1)}/\tilde{Q}^{(l+1)} = (N - l - 2)\tilde{V}_h^{(l+1)}/(\tilde{Q}^{(l)} - \tilde{V}_j^{(l+1)}) \tag{5-64}$$

若 $F > F_a$，则把 x_h 引入回归方程，否则逐步计算阶段结束，进入第三阶段。

消去运算

对需要剔除或引入的 x_k 作一次消去运算，消去运算大的计算公式为

$$r_{ij}^{(l+1)}=\begin{cases}r_{kj}^{(l)}/r_{kk}^{(l)} & (i=k,j\neq k)\\ r_{ij}^{(l)}-r_{ik}^{(l)}r_{kj}^{(l)}/r_{kk}^{(l)} & (i\neq k,j\neq k)\\ 1/r_{kk}^{(l)} & (i=k,j=k)\\ -r_{ik}^{(l)}/r_{kk}^{(l)} & (i\neq k,j=k)\end{cases} \tag{5-65}$$

这时,对于已引入回归方程的变量,其回归系数为 $\tilde{b}_i^{(l+1)}=r_{iy}^{(l+1)}$。

$$b_i^{(l+1)}=r_{iy}^{(l+1)}\sqrt{S_{yy}}/\sqrt{S_{ii}} \tag{5-66}$$

至此,第 $l+1$ 步的计算结束。然后,重复(1)~(3)进行计算。当 $l=0,1,2$ 时只考虑引入不考虑剔除,当 $l\geqslant 3$ 时,每一步总是先考虑变量的剔除,不需要剔除时才考虑引入。在既不能剔除又不能引入的情况下,逐步结束计算,转入下一阶段。

(3)结尾

计算 b_0、残差 e_k,以及残差平方(Q)和、回归平方和(U)等分析回归效果的统计量。其中

$$\left.\begin{aligned} b_0 &= \bar{y}-\sum_{l} b_i\bar{x}_i \\ e_k &= y_k-\hat{y}_k=(b_0+\sum^{i} b_i x_{ki}) \end{aligned}\right\} \tag{5-67}$$

式中,求和号仅对已选入的变量进行求和。

4. 随机序列的检验与处理

随机数据处理分析的结果是否正确,取决于数据的一些基本特性,其主要的三个基本特性是数据的平稳性、周期性、正态性。对这三个基本特性进行检验,不仅是分析陀螺随机误差统计特性的重要前提,而且也是建立陀螺随机误差模型的重要前提。

(1)平稳性检验

如果要对陀螺的随机误差数据进行分析,那么首先要对其进行平稳性的检验。检验的目的在于确认在时间原点推移的时候陀螺随机误差时间序列是否也跟随其进行变化。如果陀螺随机误差时间序列具有平稳性,而且假设陀螺随机误差时间序列为各状态历经的。那么,就可以用单个样本记录的时间序列来替代陀螺随机误差的总体平均。这就给数据处理带来了极大方便。如果不平稳,则需要对数据进行平稳化处理。

造成随机过程不平稳的原因,是随机过程中包含有随时间缓慢变化的趋势项。检验这种非平稳趋势项的一种很有效的方法是逆序法,其描述如下。

假设对测试数据记录 $y_1,y_2,\cdots,y_n$ 进行分段,其段落数为 M,并求每一段的均值(或方差),而得到均值(或方差)序列设为 $x_1,x_2,\cdots,x_M$,可以证明 $x_1,x_2,\cdots,x_M$ 是大致不相关的。对于下标为 i 的 x_i,当 $x_j>x_i(j>i,i=1,2,\cdots,M-1)$ 时就将其定义为 x_i 的一个逆序,与 x_i 相应的逆序的个数 A_i 称为 x_i 逆序数。序列 $x_1,x_2,\cdots,x_M$ 的逆序总数定义为

$$A=\sum_{i=1}^{M-1}A_i \tag{5-68}$$

以随机整数序列出现的均值与方差分别为

$$\begin{aligned} E[A] &= \sum_{i=1}^{M-1}E[A_i]=\frac{1}{2}\sum_{i=1}^{M-1}i=\frac{M(M-1)}{4} \\ Var[A] &= \frac{M(2M^2+3M-5)}{72} \end{aligned} \tag{5-69}$$

统计量为

$$u=\frac{\left(A+\frac{1}{2}-E[A]\right)}{\sqrt{Var[A]}} \tag{5-70}$$

渐近服从 $N(0,1)$ 的正态分布。如果 u 值处在 ±2 之内,则认为序列平稳,不含有趋势项(在 0.05 显著水平上);否则序列不平稳,A 的大小决定着序列的趋势,当 A 很大时,表明序列均值(或方差)的趋势是上升的,否则序列均值(或方差)的趋势为下降。

当对随机序列的平稳性检验发现随机序列并不具备平稳性后,需要对陀螺随机误差序列进行平稳化处理,也就是将随机序列中的趋势项提取出来。

设非平稳随机序列中存在着多种长期变化的趋势,用函数表示为

$$f(t)=a_0+a_1t+a_2t^2+a_3t^4+a_5t^{-1}+a_6t^{-2}+a_7t^{\frac{1}{2}}+a_8t^{-\frac{1}{2}}+a_9\mathrm{e}^{-t}+a_{10}\ln t \tag{5-71}$$

作为实际趋势项的近似来拟合非平稳随机序列。利用前述的逐步回归算法,给定首选预报因子 F 的检验值 F_1(用于引入变量的 F 检验临界值)和 F_2(用于剔除变量的 F 检验临界值),编制程序让计算机识别、挑选的函数形式,估计其中的参数 $\alpha_i\,(i=0,1,2,\cdots,10)$,给出趋势项 $f(t)$ 的形式。

为了计算方便,仿真时(5-71)中的时间可以选用相对单位,即

$$t_0=1,\ \Delta t=\frac{1}{N},\ t_n=t_0+n\Delta t=1+\frac{n}{N}(n=1,2,\cdots,N)$$

在提取趋势项后,陀螺随机误差序列变为残差序列,但由于存在着随机游走这个残差序列仍然不能确定其一定是平稳性序列。当残差序列仍然不是平稳性序列时必须进行差分处理,经过一阶的差分处理后残差序列可剔除随机游走变为平稳时间序列。但是因为微分环节将使系统的低频部分发生严重的衰减,所以差分处理存在着改变系统频率特性的缺点。因此,当需要对陀螺随机误差数据序列进行差分处理时,其次数不能超过两次,否则会改变序列的频率特性。

(2)周期性检验

在对陀螺随机误差数据进行平稳性检验之后,需要对陀螺随机误差数据进行周期性检验。所谓周期性检验就是检查陀螺随机误差数据中除去随机量以外,是否含有一些其他的周期性分量,检验的方法是考察由陀螺随机误差数据的自相关函数或功率频谱密度构成的图形。

陀螺随机误差数据中的随机量和周期量的自相关函数构成的图形是不相同的。随机量的自相关函数图像是随着时间增长而衰减的曲线,而周期量的自相关函数图像是振荡曲线。所以当陀螺随机误差序列的自相关函数图像在一定时间的衰减后呈现不衰减的振荡时,说明陀螺随机误差序列中含有周期性分量。

同时,也可根据周期量的功率谱密度曲线进行判别。周期量的功率谱密度曲线存在着明显的尖峰,而没有周期量或周期性不强的话,则没有尖峰或尖峰不明显可见。当使用的滤波器带宽减小时峰值增大,峰的宽度总等于滤波器的宽度时则可以认为存在周期量。

以上方法只是对陀螺数据是否含有周期量进行判别,但如果需要估计出周期量的频率、幅值等特性时需要采用周期分析的方法。

周期图分析法

假设平稳的时间序列为

$$x_1,x_2,\cdots,x_n,\cdots,x_N \tag{5-72}$$

是由各种不同频率的正弦波、余弦波叠加而成的函数，令 $K=\left[\frac{N}{2}\right]$，即

$$K=\begin{cases}\dfrac{N}{2}, & \text{当 } N \text{ 为偶数时,}\\ \dfrac{N-1}{2}, & \text{当 } N \text{ 为奇数时.}\end{cases} \tag{5-73}$$

对时间序列(5－72)式进行傅里叶级数展开有

$$x_t = a_0 + \sum_{j=1}^{K}\left(a_j\cos\frac{2\pi jt}{N} + b_j\sin\frac{2\pi jt}{N}\right), t = 1,2,\cdots,N \tag{5-74}$$

傅里叶系数为

$$\begin{aligned} a_0 &= \frac{1}{N}\sum_{t=1}^{N}x_t = \bar{x}\\ a_j &= \frac{2}{N}\sum_{t=1}^{N}x_t\cos\frac{2\pi jt}{N}\\ b_j &= \frac{2}{N}\sum_{t=1}^{N}x_t\sin\frac{2\pi jt}{N}, j = 1,2,\cdots,\left[\frac{N-1}{2}\right]\end{aligned} \tag{5-75}$$

可以看出，当 N 为偶数时，有

$$\begin{aligned} a_{N/2} &= \frac{2}{N}\sum_{t=1}^{N}x_t\cos t\pi = \frac{1}{N}\sum_{t=1}^{K}(x_{2t} - x_{2t-1})\\ b_{N/2} &= 0\end{aligned} \tag{5-76}$$

则定义

$$I(f_j) = \frac{N}{2}(a_j^2 + b_j^2), j = 1,2,\cdots,\left[\frac{N-1}{2}\right] \tag{5-77}$$

为时间序列(5－72)的周期图。

利用式(5－75)和式(5－77)计算周期图，需要对一组有序数 $\{z_j|j=1,2,\cdots,N\}$（即式中的 x_t）进行傅里叶变换，即计算

$$\begin{cases}\sum\limits_{j=1}^{N}z_j\cos j\theta\\ \sum\limits_{j=1}^{N}z_j\sin j\theta\end{cases} \tag{5-78}$$

取 $V_{N+2}=V_{N+1}=0$，按照递推公式有

$$V_j = z_j + V_{j+1}\cdot 2\cos\theta - V_{j+2} \tag{5-79}$$

对 $j=N,N-1,\cdots,2,1$ 依次进行计算，则有

$$\begin{aligned}\sum_{j=1}^{N}z_j\cos j\theta &= V_1\cos\theta - V_2\\ \sum_{j=1}^{N}z_j\sin j\theta &= V_1\sin\theta\end{aligned} \tag{5-80}$$

采用上述方法，只要算出 $\cos\theta$，$\sin\theta$ 即可，能够省掉 $\cos j\theta$，$\sin j\theta$ 的大量计算工作量，且对任意的 N 值都有效。

(3)正态性检验

正态性检验的目的是判断陀螺随机误差数据是否具有正态分布的特性。如果随机误差时间序列符合平稳性检验,又符合正态性检验,则该随机过程必定是满足各态遍历性的平稳随机过程。

通常我们检验数据正态性的方法是χ^2 拟合优度检验法。

①绘制概率分布直方图

在分析数据的分布性质及其规律时,通常采用直方图的方法,因为这种方法直观简便。设实验数据 $x_1, x_2, \cdots, x_N$,将它的一个区间范围 $a < x < b$ 分成 k 个相等的子区间,整个 x 的范围看成 $k+2$ 个区间构成。令 $c = \frac{b-a}{k}$,$d_j = a + jc(j = 0, 1, \cdots, k)$,以 N_i 表示出现的第 i 区间的数据点个数,称之为观测频数,则 N_i 的计算如下:

a. 当 $x_i < a$ 时,使 N_0 加 1;

b. 当 $x_i \geqslant b$ 时,使 N_{k+1} 加 1;

c. 当上述条件均不满足时,则 $a \leqslant x_i < b$,计算 $j = \left[\frac{x_i - a}{c}\right] + 1$,可求得 j 后令 N_j 加 1。

由 $N_0, N_1, \cdots, N_{k+1}$ 所画出的矩形阶梯图即为概率直方图。

②检验χ^2 的拟合度

正态分布的概率密度函数为

$$p(x) = \frac{1}{\sqrt{2\pi}\sigma} e^{-\frac{(x-\mu)^2}{2\sigma^2}} \tag{5-81}$$

其中,μ,σ 为总体的均值和方差。概率分布函数是概率密度函数的积分,即

$$P(x < X) = \frac{1}{\sqrt{2\pi}\sigma}\int_{-\infty}^{x} e^{-\frac{(x-\mu)^2}{2\sigma^2}} dt = \frac{1}{\sqrt{2\pi}}\int_{-\infty}^{\frac{x-\mu}{\sigma}} e^{-\frac{t^2}{2}} dt \equiv \phi\left(\frac{x-\mu}{\sigma}\right) \tag{5-82}$$

式中,ϕ 称为概率积分。随机变量处于 α 和 β 之间的概率为

$$P(\alpha \leqslant x < \beta) = \phi\left(\frac{\beta-\mu}{\sigma}\right) - \phi\left(\frac{\alpha-\mu}{\sigma}\right) \tag{5-83}$$

对于序列 $x_1, x_2, \cdots, x_N$,如果数据分布具有正太性,则在第 j 个子区间的数据个数可表示为

$$\begin{aligned} F_0 &= N\phi\left(\frac{\alpha-\hat{\mu}}{\hat{\sigma}}\right) \\ &\vdots \\ F_j &= N\left\{\phi\left(\frac{d_j-\hat{\mu}}{\hat{\sigma}}\right) - \phi\left(\frac{d_{j-1}-\hat{\mu}}{\hat{\sigma}}\right)\right\} \\ &\vdots \\ F_{k+1} &= N\left\{1 - \phi\left(\frac{b-\hat{\mu}}{\hat{\sigma}}\right)\right\} \end{aligned} \tag{5-84}$$

式中,$\hat{\mu}$ 和 $\hat{\sigma}$ 分别为样本的均值和方差。

根据观测频数 N_j 构造的统计量,有

$$\chi^2 = \sum_{j=0}^{k+1} \frac{(N_j - F_j)^2}{F_j} \tag{5-85}$$

假设上式渐近服从自由度为 $k-1$ 的χ^2 分布,设给定的显著水平为 a,若$\chi^2 \leqslant \chi^2_{k-1,a}$,则陀螺

随机误差数据为正太分布，否则不是正太分布序列。

5.5.3 ARMA 模型

ARMA 模型（Auto-Regressive and Moving Average Model）是研究时间序列的重要方法，由自回归模型（简称 AR 模型）与滑动平均模型（简称 MA 模型）为基础“混合”构成。

设系统的输入 $e(t)\in R^m$ 为白噪声，则

$$Ee(t)=0,E[e(t)e^T(j)]=Q_e\delta_{tj} \tag{5-86}$$

且输出 $y(t)\in R^m$ 与输入 $e(t)$ 有关系，即

$$y(t)+A_1y(t-1)+\cdots+A_{n_a}y(t-n_a)=C_0e(t)+C_1e(t-1)+\cdots+C_{n_c}e(t-n_c) \tag{5-87}$$

则称(5-87)为向量自回归滑动平均（ARMA）模型。其中 $\boldsymbol{A}_i,\boldsymbol{C}_i$ 为 $m\times m$ 系数阵，n_a,n_c 为阶次，记(5-87)为 ARMA(n_a,n_c)。若 $C_0=\boldsymbol{I}_m,\boldsymbol{I}_m$ 为 $m\times m$ 单位阵，且 $C_i=0(i>0)$，则(5-87)化为

$$y(t)+A_1y(t-1)+\cdots+A_{n_a}y(t-n_a)=e(t) \tag{5-88}$$

称之为向量自回归（AR）模型，记为 AR(n_a)。

若 $A_i=0(i>0)$ 则(5-87)化为

$$y(t)=C_0e(t)+C_1e(t-1)+\cdots+C_{n_c}e(t-n_c) \tag{5-89}$$

称之为向量滑动平均（MA）模型，记为 MA(n_c)。

引入单位滞后算子 q^{-1} 的多项式矩阵：

$$\begin{aligned}\boldsymbol{A}(q^{-1})&=\boldsymbol{I}_m+A_1q^{-1}+\cdots+A_{n_a}q^{-n_a}\\ \boldsymbol{C}(q^{-1})&=\boldsymbol{C}_0+C_1q^{-1}+\cdots+C_{n_c}q^{-n_c}\end{aligned} \tag{5-90}$$

则向量 ARMA、向量 AR、向量 MA 模型可分别表示为

$$\begin{aligned}&\boldsymbol{A}(q^{-1})y(t)=\boldsymbol{C}(q^{-1})e(t),\\ &\boldsymbol{A}(q^{-1})y(t)=e(t)\\ &\boldsymbol{y}(t)=\boldsymbol{C}(q^{-1})e(t)\end{aligned} \tag{5-91}$$

引出传递函数模型为

$$\begin{aligned}&y(t)=\boldsymbol{A}^{-1}(q^{-1})\boldsymbol{C}(q^{-1})e(t), && \boldsymbol{G}(q^{-1})=\boldsymbol{A}^{-1}(q^{-1})\boldsymbol{C}(q^{-1})\\ &y(t)=\boldsymbol{A}^{-1}(q^{-1})e(t), && \boldsymbol{G}(q^{-1})=\boldsymbol{A}^{-1}(q^{-1})\\ &y(t)=\boldsymbol{C}(q^{-1})e(t), && \boldsymbol{G}(q^{-1})=\boldsymbol{C}(q^{-1})\end{aligned} \tag{5-92}$$

其中 $\boldsymbol{A}^{-1}(q^{-1})$ 为 $\boldsymbol{A}(q^{-1})$ 的逆矩阵。

1. 陀螺仪数据的建模

对于已经经过平稳性、周期性、正态性检验和处理的陀螺仪数据，我们要进行最后也是最关键的步骤：对陀螺仪数据进行建模。由于已经经过了平稳性检验和处理，我们可以认为陀螺仪数据现在是白噪声输入时不变系统的输出。在 ARMA 模型中，一般要求 AR 的阶数 n_a 不小于 MA 的阶数 n_c，即($n_a\geqslant n_c$)。进行建模时要先从低阶开始，并按照一定的顺序进行逐步递加的模型拟合和参数的估计。

(1)粗大误差的剔除

在对陀螺仪数据进行 ARMA 建模之前，首先要对数据进行粗大误差的剔除。

粗大误差又称为粗误差或寄生误差，在一定的测量条件下，测得值明显地偏离实际值

所形成的误差。

粗大误差产生的原因如下。

①客观外界条件的原因:包括机械冲击、外界震动、电网供电电压突变、电磁干扰等测量条件意外的改变,引起仪器示值或被测对象位置的改变而产生粗大误差。

②测量人员的主观原因:测量者工作责任心不强,工作过于疲劳,对仪器熟悉与掌握程度不够等原因,引起操作不当,或在测量过程中不小心、不耐心、不仔细等,从而造成错误的读数或错误的记录。

③测量仪器内部的突然故障:若不能确定粗大误差是由上述两个原因产生时,其原因可认为是测量仪器内部的突然故障。

粗大误差对测量数据的影响:

可疑数据:在一列重复测量数据中,有个别数据与其他数据有明显差异,也可能是含有粗大误差(简称粗差)的数据。

异常值:确定混有粗大误差的数据。

①不恰当地剔除不含粗大误差的正常数据,会造成测量重复性偏好的假象。

②未加剔除含粗大误差的不正常数据,必然会造成测量重复性偏低的后果。粗大误差的数值比较大,会对测量结果产生明显的歪曲,一旦发现含有粗大误差的测量值,应将其从测量结果中剔除。

判别数据是否是粗大误差的方法有 3σ 准则、格拉布斯准则、狄克逊准则等。在对陀螺仪数据进行粗大误差判别和剔除时本文采用 3σ 准则。

拉达准则(3σ 准则)

设 $X_1, X_2, \cdots, X_n$ 是被测量的一组等精度测量值,对某个可疑数据 x_d,若

$$|v_d| = |x_d - \bar{x}| \geqslant 3\sigma \tag{5-93}$$

则 x_d 含有粗大误差,可剔除;否则予以保留。式中 σ 为贝塞尔公式计算的标准差;$\bar{x}$ 为样本均值。需要注意的是当样本总数 $n > 50$ 的时候 3σ 准则才可以成立。

图 5-5 是陀螺仪数据未进行粗大误差剔除前的图形。可以看出数据中有多个明显不同于其他陀螺数据的点,它们的幅值明显跳出了正常幅值的范围,对以后的陀螺数据分析建模等工作有很大的影响,所以要剔除这些粗大误差。图 5-6 是进行粗大误差剔除后的陀螺仪数据,可以看出在进行粗大误差剔除后陀螺仪数据没有明显的跳点,而且没有改变数据的原始趋势和结构,这样就保证了陀螺仪数据在今后的数据分析建模工作中的准确性。尤其在导航等对精度要求越高越好的工作中,剔除粗大误差是十分关键和有意义的。在陀螺仪等惯性元件输出数据之后,利用这些数据进行初始对准等工作之前,必须进行粗大误差的检验和剔除工作,在保证数据准确的同时,也不能改变数据的原有性质和变化趋势。

(2)陀螺仪数据 ARMA 模型的建立

因为 ARMA 模型有着多种模型形式,每种模型的形式、阶数和参数都不同,其时间序列的统计特性也不同,所以在建立模型之前,必须先确定模型的形式。对于平稳的随机序列,我们可以利用该随机序列的自相关函数和偏相关函数的特点进行识别。自相关函数和偏相关函数的特点如表 5-1 所示。

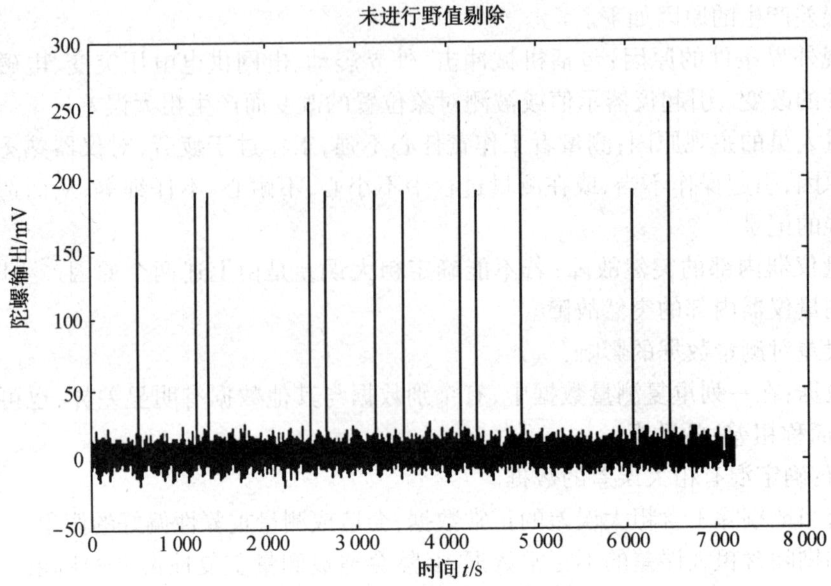

图 5－5　未进行粗大误差剔除前数据

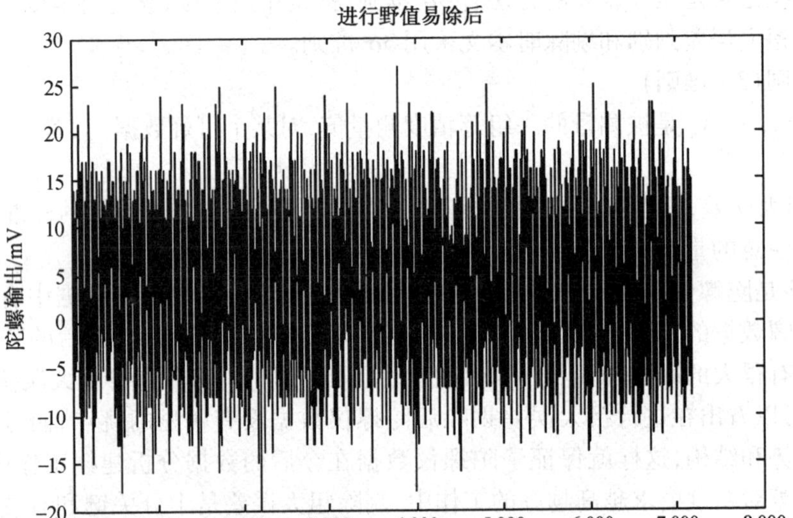

图 5－6　进行粗大误差剔除后数据

表 5－1　ARMA 模型的函数关系

模型类别	自相关	偏相关
AR	拖尾	截尾
MA	截尾	拖尾
ARMA	拖尾	拖尾

设一列平稳的随机序列为

$$\eta_1,\eta_2,\cdots,\eta_N \tag{5-94}$$

其自相关函数的计算公式为为

$$\hat{\rho}_k=\frac{\hat{r}_k}{\hat{r}_0},\ k=0,1,2,\cdots,m;\ m\ll N \tag{5-95}$$

其中

$$\hat{r}_k=\frac{1}{N}\sum_{t=1}^{N-k}(\eta_t-\bar{\eta})(\eta_{t+k}-\bar{\eta})$$

其偏相关函数的递推公式为

$$\hat{\varphi}_{11}=\hat{\rho}_1$$

$$\hat{\varphi}_{k+1,j}=\hat{\varphi}_{kj}-\hat{\varphi}_{k+1,k+1}\hat{\varphi}_{k,k-(j-1)}$$

可根据下列条件判断自相关函数和偏相关函数的尾部情况。

(1)当 $k>n_c$ 时,若

$$P\left\{|\hat{\rho}_k|\leqslant\frac{1}{\sqrt{N}}\left(1+2\sum_{i=1}^{n_c}\hat{\rho}_l^2\right)^{\frac{1}{2}}\right\}\geqslant 70\% \tag{5-96}$$

则认为 $\hat{\rho}_k$ 截尾,模型结构为 MA(n_c);否则需要进一步计算偏相关函数。

(2)当 $m>n_a$ 时,若:

$$P\left\{|\hat{\varphi}_{mm}|\leqslant\frac{1}{\sqrt{N}}\right\}\geqslant 70\% \tag{5-97}$$

则认为 $\hat{\varphi}_{mm}$截尾,模型结构为 AR(n_a);当 $\hat{\rho}_k$、$\hat{\varphi}_{mm}$都不截尾时,则认为它们是拖尾的。模型为 ARMA,但需要确定其阶次。

(3)陀螺实测数据建模

以下是以一组硅微陀螺的实测数据作为对象所进行的分析与建模,如图 5-7 和图 5-8 所示。数据在经过粗大误差的剔除后保证了陀螺的基本精度不会因为存在粗大误差而受到影响。然后根据平稳性原则对陀螺数据进行趋势项的去除。

图 5-7 是陀螺数据在趋势项去除前和去除后的图片对比。可以看出虽然两者之间的变化不大,但后者明显要比前者平稳。然后求陀螺数据的自相关函数。图 5-8 是陀螺数据平稳前后的自相关函数,图 5-9 是陀螺数据平稳前后的偏相关函数图,从图中可以看出陀螺数据的自相关曲线和偏相关曲线均成衰减趋势,并无周期项。由图 5-10 可以看出概率分布直方图近似成一条直线,可以确定数据服从总体正态性分布。同时利用 MATLAB 中 kstest 命令进行验证,得到同样的结果。

平稳化后的陀螺数据就可以进行建模。建立模型的阶次判断可根据式(5-96)和式(5-97)。当然,也有其他的方法可以确定模型的类型,其方法就是模型适用性检验的方法。模型适用性检验是根据检验准则确定适用的模型,常用的检验准则有白噪声检验准则、残差平方和检验准则、FPE 准则、AIC 准则等。

AIC 准则定义为

$$\mathrm{AIC}(k)=L\log\hat{\sigma}_v^2+2\hat{n}\quad(\hat{n}=1,2,\cdots,n) \tag{5-98}$$

式中,L 为样本的大小;$\hat{\sigma}_v^2$ 为噪声方差估计值;$\hat{n}$ 为模型的阶次估计值;n 为预先给定的模型最高阶次。

若 $\mathrm{AIC}(p)=\min\limits_{0\leqslant\hat{n}\leqslant n}\mathrm{AIC}(\hat{n})$,则确定模型的阶次为 p。

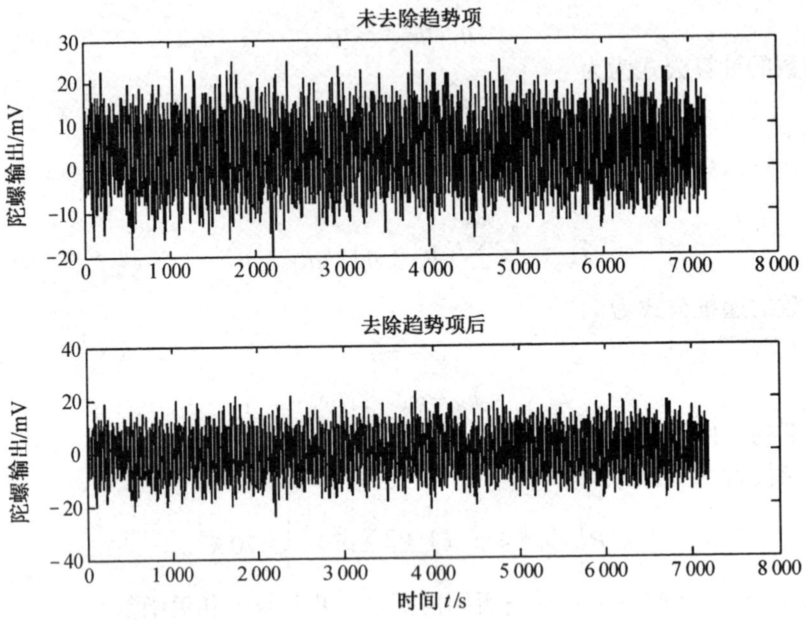

图 5－7　趋势项的剔除

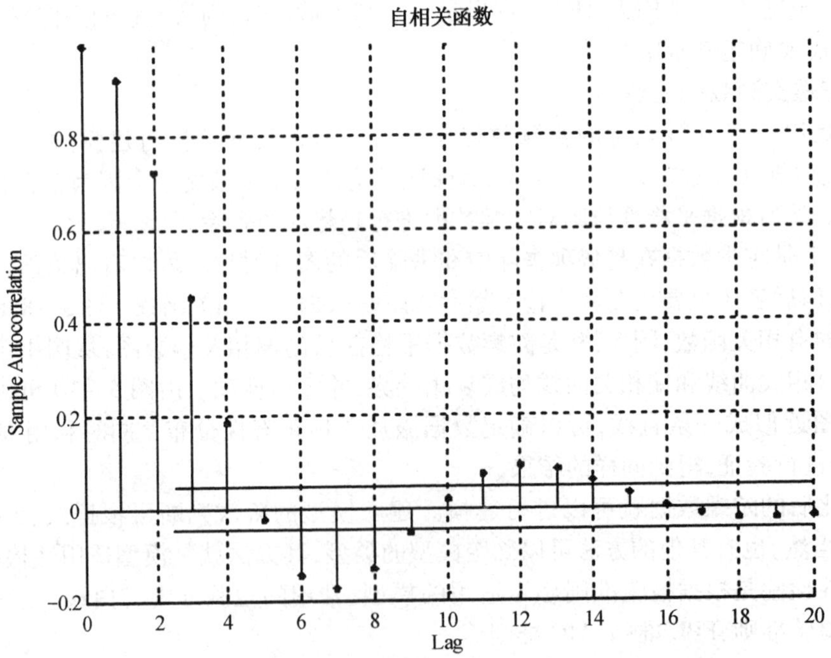

图 5－8　自相关函数曲线

FPE 准则定义为

$$\mathrm{FPE}(m)=\hat{\rho}_m\frac{N+(m+1)}{N-(m+1)}\quad(m=1,2,\cdots N)\tag{5-99}$$

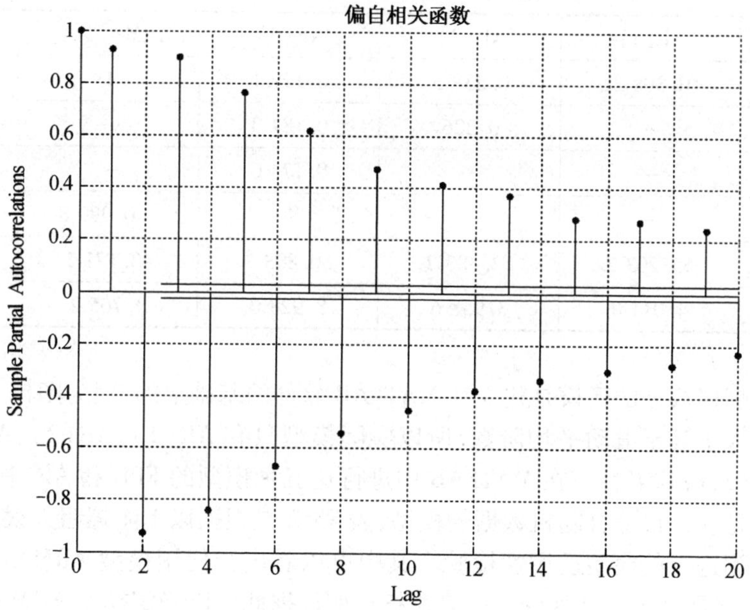

图 5-9 偏相关函数曲线

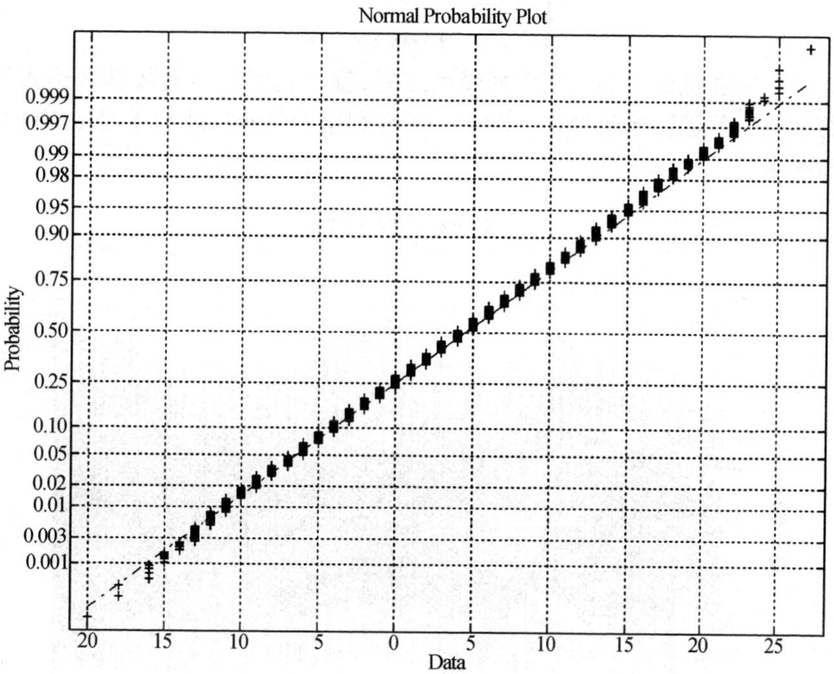

图 5-10 正态性检验图示

式中，$\hat{\rho}_m$ 为模型的预计误差功率估计值，N 为观测数据的长度。

若 $\mathrm{FPE}(p)=\min[\mathrm{FPE}(m)]$，则确定模型阶次为 p。

表 5-2 模型类别及相关参数

	AR(1)	AR(2)	AR(3)	ARMA(1,1)	ARMA(2,1)
ϕ_1	0. 308 2	0. 238 5	0. 199 1	1	1. 012
ϕ_2	—	0. 226	0. 184 3	—	-0. 011 6
ϕ_3	—	—	0. 174 6	—	—
θ_1	—	—	—	-0. 990 8	-0. 991
fpe	55. 203 2	52. 383 7	50. 803 2	43. 171 1	43. 175 1
aic	4. 011 0	3. 958 6	3. 928 0	3. 765 2	3. 765 3

本文对陀螺仪数据的建模是建立在 MATLAB 软件的基础上的,因为随机 ARMA 模型的自回归系数要大于等于滑动平均阶数,所以实际模型只有 AR(1),AR(2),AR(3),ARMA(1,1),ARMA(2,1)这五种。在 MATLAB 中进行这五种模型的 FPE 和 AIC 检测,所得出的值中最小的模型就是最适合随机数据的模型,表 5-2 是根据以上陀螺粗大误差剔除后的陀螺数据随机序列进行的模型适用性检验。其中可以看出当使用模型 ARMA(1,1)时,模型的 FPE 和 AIC 都是最小的且其变化趋势相符。所以据此可以确定模型 ARMA(1,1)是最符合陀螺数据随机序列的模型。利用 MATLAB 仿真软件可以建立陀螺数据随机序列的 ARMA(1,1)模型。其形式为

$$\begin{cases} A(q) = 1 - q^{-1} \\ C(q) = 1 - 0.990\,8q^{-1} \end{cases} \tag{5-100}$$

在建立了陀螺随机误差的时间序列模型之后,就可利用模型的数学表达式结合滤波技术对陀螺的随机误差进行滤波处理。图 5-11 是利用卡尔曼滤波技术对陀螺随机误差进行的滤波处理图示。

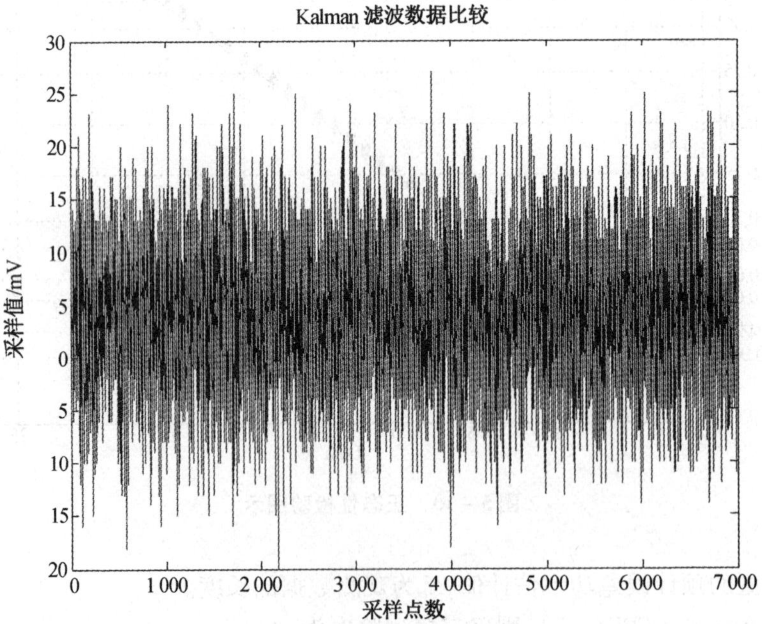

图 5-11 Kalman 滤波比较

5.6 MEMS 陀螺小波去噪

5.6.1 小波变换基本理论

为了克服傅里叶变换及短时傅里叶变换的局限性，众多学者通过努力提出了小波变换理论。小波分析是一种时频域分析方法，而且具有多分辨分析的特性，特别适合于陀螺随机误差的非平稳信号去噪。它通过一种“自适应变化”的时频窗结构，满足实际局部信号时频分析需求，所以小波分析在时频分析中取得了良好的效果，得到广泛的应用和发展。

5.6.2 连续小波变换

设函数 $\psi(t)\in L^1(R)\cap L^2(R)$，$\hat{\psi}(0)=0$，即 $\int_{-\infty}^{+\infty}\psi(t)\mathrm{d}t = 0$，则 $\psi(t)$ 为基本小波或者称为母小波。对母小波 $\psi(t)$ 作伸缩平移得

$$\psi_{a,b}(t)=\frac{1}{\sqrt{|a|}}\psi\left(\frac{t-b}{a}\right),\ a,b\in\boldsymbol{R},a\neq 0 \tag{5-101}$$

称 $\psi_{a,b}(t)$ 为小波函数，简称小波。其中，变量 a 反映函数的尺度，为尺度因子，变量 b 检测函数在 t 轴上的平移位置，为平移因子。所以小波是母小波通过伸缩平移产生的一个函数族。

如果 $\psi(t)$ 是基本小波，$\psi_{a,b}(t)$ 是由上式定义的连续小波函数。则对任意函数有 $f(t)\in L^2(R)$，则其连续小波变换定义为

$$WT_f(a,b) = \frac{1}{\sqrt{|a|}}\int_{-\infty}^{+\infty}f(t)\psi^*\left(\frac{t-b}{a}\right)\mathrm{d}t \tag{5-102}$$

其中，$a\neq 0$，b 和 t 均为连续变量，$\psi^*(t)$ 为 $\psi(t)$ 的复共轭。可以发现，连续小波变换有如下重要性质。

(1) 线性性质：如果 $f(t)$ 和 $g(t)$ 的小波变换分别为 $WT_f(a,b)$ 和 $WT_g(a,b)$，则 $k_1f(t)+k_2g(t)$ 的小波变换为 $k_1WT_f(a,b)+k_2WT_g(a,b)$。

(2) 平移不变性：如果 $f(t)$ 的小波变换为 $WT_f(a,b)$，则 $f(t-t_0)$ 的小波变换为 $WT_f(a,b-t_0)$。就是说，函数 $f(t)$ 平移得小波变换对应于它的小波变换的平移。

如果 $\psi(t)\in L^1(R)\cap L^2(R)$，且满足下面条件

$$c_\psi = \int_{-\infty}^{+\infty}\frac{|\hat{\psi}(\omega)|^2}{|\omega|}\mathrm{d}\omega < +\infty \tag{5-103}$$

则称 $\psi(t)$ 为允许小波，上式称为允许条件。如果 $\psi(t)$ 是允许小波，对任何 $f(t)\in L^2(R)$，此时定义逆小波变换为

$$f(t) = \frac{1}{c_\psi}\int_{-\infty}^{+\infty}\int_{-\infty}^{+\infty}\frac{1}{a^2}WT_f(a,b)\psi_{a,b}(t)\mathrm{d}a\mathrm{d}b \tag{5-104}$$

5.6.3 离散小波变换

连续小波需要加以离散化后才适合在计算机上执行，下面我们讨论离散小波变换。

在连续小波变换中，令参数 $a=2^{-j}$，$b=k2^{-j}$，其中 $j,k\in\mathbf{Z}$，则离散小波表示为

$$\psi_{2^{-j},k2^{-j}}(t)=2^{j/2}\psi(2^jt-k) \tag{5-105}$$

可用 $\psi_{j,k}(t)$ 表示 $\psi_{2^{-j},k2^{-j}}(t)$。

对应的离散小波 $\psi_{j,k}(t)$ 的离散小波变换为

$$WT_f(j,k) = 2^{j/2}\int_{-\infty}^{+\infty} f(t)\psi(2^jt-k)\,\mathrm{d}t \tag{5-106}$$

5.6.4 小波变换的 Mallat 算法

这里有函数 $\phi(t)$ 为区间[0,1)上的常为 1 的函数，称它为 Haar 尺度函数，我们定义：

$$\phi_{j,k}(t)=\phi(2^jt-k) \quad k=0,1,\cdots,2^j-1 \tag{5-107}$$

可以看出 $\phi_{j,k}$ 为尺度函数的伸缩与平移。基于该函数的两尺度方程和小波方程的定义如下：

$$\begin{aligned}\phi(t)&=\phi_{1,0}(t)+\phi_{1,1}(t)\\ \psi(t)&=\phi_{1,0}(t)-\phi_{1,1}(t)\end{aligned} \tag{5-108}$$

在内积空间中，定义 f 的范数为 $\|f\|=\sqrt{\langle f,f\rangle}$。如果 $\|\boldsymbol{u}\|=1$，则称向量 $\boldsymbol{u}$ 为标准化的。所以如果 $f\neq0$，则它的标准化向量 $\boldsymbol{u}=f/\|f\|$。所以可以算出：

$$\|\varphi_{j,k}\|^2 = \int_0^1\phi_{j,k}^2 2(t)\,\mathrm{d}t = \int_{k/2j}^{(k+1)/2j}\mathrm{d}t = \frac{1}{2^j} \tag{5-109}$$

其中，$[k/2^j,(k+1)/2^j]$ 为 $\phi_{j,k}$ 的支撑区间。从而

$$\|\varphi_{j,k}\|=\frac{1}{\sqrt{2^j}} \tag{5-110}$$

类似有

$$\|\psi_{j,k}\|=\frac{1}{\sqrt{2^j}} \tag{5-111}$$

于是我们得到标准化的尺度函数和小波函数如下：

$$\begin{aligned}\phi_{j,k}(t)&=\sqrt{2^j}\phi(2^jt-k)\\ \psi_{j,k}(t)&=\sqrt{2^j}\psi(2^jt-k)\end{aligned} \tag{5-112}$$

式中，$k=0,1,\cdots,2^j-1$。

设有离散序列 $\{a_{n,0},\cdots,a_{n,2^n-1}\}$，该序列可用 V_n 中的如下函数表示为

$$f(t)=a_{n,0}\phi_{n,0}(t)+\cdots+a_{n,2^n-1}\phi_{n,2^n-1}(t) \tag{5-113}$$

将函数 $f(t)$ 作一次小波分解得

$$f(t)=a_{n-1,0}\phi_{n-1,0}(t)+\ldots+a_{n-1,2^{n-1}-1}\phi_{n-1,2^{n-1}-1}(t)+d_{n-1,0}\psi_{n-1,0}(t)+\cdots+ d_{n-1,2^{n-1}-1}\psi_{n-1,2^{n-1}-1}(t) \tag{5-114}$$

用 $\phi_{n-1,k}(t)$ 乘以上式两端并在区间(0,1)上积分，可得

$$\int_0^1 f(t)\varphi_{n-1,k}(t)\,\mathrm{d}t = a_{n-1,k} \tag{5-115}$$

其中，尺度函数的正交性保证了式子的右边只有一项，尺度函数的标准化保证了计算结果正好是 $a_{n-1,k}$。

容易得到

$$a_{n-1,k}=(a_{n,2k}+a_{n,2k+1})/\sqrt{2} \tag{5-116}$$

同样,利用$\psi_{n-1,k}$的正交性和标准化,可以得到小波系数为

$$d_{n-1,k}=(a_{n,2k}-a_{n,2k+1})\sqrt{2} \tag{5-117}$$

对于标准的 Haar 尺度函数和小波,它们满足两尺度方程和小波方程,即

$$\begin{aligned}\phi(t)&=\frac{1}{\sqrt{2}}\phi_{1,0}(t)+\frac{1}{\sqrt{2}}\phi_{1,1}(t)\\ \psi(t)&=\frac{1}{\sqrt{2}}\varphi_{1,0}(t)-\frac{1}{\sqrt{2}}\varphi_{1,1}(t)\end{aligned} \tag{5-118}$$

如果$h=\{h_n\}$是一个滤波器,记$\bar{h}=\{\bar{h}_n\}$,$\bar{h}$为h的时序反转。所以在上式中令$h=\{h_0,h_1\}=\left\{\frac{1}{\sqrt{2}},\frac{1}{\sqrt{2}}\right\}$,$g=\{g_0,g_1\}=\left\{\frac{1}{\sqrt{2}},-\frac{1}{\sqrt{2}}\right\}$,$h,g$分别是低通滤波器和高通滤波器。对于任意长度为$2^n$的输入信号$a^n=\{a_{n,0},a_{n,1},\cdots,a_{n,2^n-1}\}$,将信号补零变成无穷序列,并与低通滤波器和高通滤波器卷积得

$$\begin{aligned}a^n*\bar{h}&=\left\{\cdots,0,\frac{a_{n,0}+a_{n,1}}{\sqrt{2}},\frac{a_{n,1}+a_{n,2}}{\sqrt{2}},\cdots,\frac{a_{n,2^n-2}+a_{n,2^n-1}}{\sqrt{2}},0,\cdots\right\}\\ a^n*\bar{g}&=\left\{\cdots,0,\frac{a_{n,0}-a_{n,1}}{\sqrt{2}},\frac{a_{n,1}-a_{n,2}}{\sqrt{2}},\cdots,\frac{a_{n,2^n-2}-a_{n,2^n-1}}{\sqrt{2}},0,\cdots\right\}\end{aligned} \tag{5-119}$$

对上式进行下抽样得

$$\begin{aligned}D(a^n*\bar{h})&=\left\{\cdots,0,\frac{a_{n,0}+a_{n,1}}{\sqrt{2}},\frac{a_{n,2}+a_{n,3}}{\sqrt{2}},\cdots,\frac{a_{n,2^n-2}+a_{n,2^n-1}}{\sqrt{2}},0,\cdots\right\}\\ D(a^n*\bar{g})&=\left\{\cdots,0,\frac{a_{n,0}-a_{n,1}}{\sqrt{2}},\frac{a_{n,2}-a_{n,3}}{\sqrt{2}},\cdots,\frac{a_{n,2^n-2}-a_{n,2^n-1}}{\sqrt{2}},0,\cdots\right\}\end{aligned} \tag{5-120}$$

式中,算子D表示二元下抽样,是从一个向量中每隔一个元素抽取一个元素组成新的向量,用$\downarrow 2$表示。

从上面可以看出 Haar 小波的低频a^{n-1}和高频d^{n-1}的提取操作(也就是小波分解),与信号低通滤波器$\bar{h}$和高通滤波器$\bar{g}$的卷积的二元下抽样等价。同样,小波重构也可以用滤波器组来实现,具体计算公式为

$$\begin{aligned}(\boldsymbol{U}a^{n-1})*h&=\left\{\cdots,0,\frac{a_{n-1,0}}{\sqrt{2}},\frac{a_{n-1,0}}{\sqrt{2}},\frac{a_{n-1,1}}{\sqrt{2}},\frac{a_{n-1,1}}{\sqrt{2}},\cdots,\frac{a_{n-1,2^{n-1}-1}}{\sqrt{2}},\frac{a_{n-1,2^{n-1}-1}}{\sqrt{2}},0,\cdots\right\}\\ (\boldsymbol{U}d^{n-1})*g&=\left\{\cdots,0,\frac{d_{n-1,0}}{\sqrt{2}},-\frac{d_{n-1,0}}{\sqrt{2}},\frac{d_{n-1,1}}{\sqrt{2}},-\frac{d_{n-1,1}}{\sqrt{2}},\cdots,\frac{d_{n-1,2^{n-1}-1}}{\sqrt{2}},-\frac{d_{n-1,2^{n-1}-1}}{\sqrt{2}},0,\cdots\right\}\end{aligned} \tag{5-121}$$

式中,算子$\boldsymbol{U}$表示二元上抽样,用来从一个向量中每隔一个元素填充一个0元素组成新的向量,用$\uparrow 2$来表示。

由小波变换公式(5-117)和(5-118)可以知道,小波重构的公式为

$$\begin{aligned}a_{n,2k}&=(a_{n-1,k}+d_{n-1,k})\sqrt{2}\\ a_{n,2k+1}&=(a_{n-1,k}-d_{n-1,k})\sqrt{2}\end{aligned} \tag{5-122}$$

综上,小波的分解和重构可以由下面的二通道滤波器组来实现,具体实现过程如图5-12。小波变换的滤波器组实现就是小波变换的 Mallat 算法实现,以上讨论表明小波变换具有等价的滤波器组实现形式。

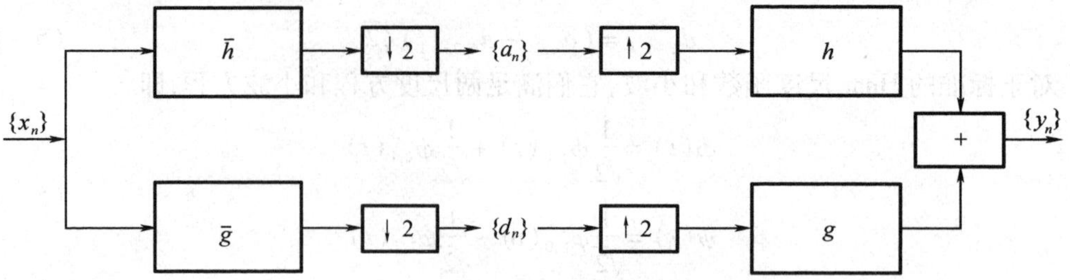

图 5-12　二通道滤波器组的小波分解重构图

5.6.5　小波阈值法陀螺去噪

在实际的工程应用中，信号都是含有噪声的，所以在对信号进行分析的时候要对信号进行去噪。根据信号的频谱一般分布在一个有限区间，而噪声的能量一般集中在高频的特点，可借助傅里叶变换在频域用低通滤波器或高通滤波器进行降噪。前提是信号的频率和噪声的频率可以分离。但是当信号频率和噪声频率有重叠时，可采用低通滤波器对信号进行降噪，可以有效地滤掉噪声，但是也会将信号的低频部分滤掉。所以对于采用傅里叶变换的滤波，保护有用信号和抑制噪声信号之间存在矛盾。

小波变换具有良好的时频局部化特性，在信号去噪中得到了广泛研究并取得了非常好的应用效果。小波去噪能够取得成功是因为小波变换去噪有下面的优点：

(1)多分辨率分析方法，可以描述信号的各种特性，便于提取和保护信号；

(2)小波变换可以对信号进行去相关，在变换后噪声有白化趋势，小波域比时域更有利于去噪；

(3)多样性选择小波基，根据不同的应用场合选取不同的小波函数，以获得更好的去噪效果。

目前，小波去噪方法主要有模极大去噪方法、系数相关性去噪、阈值去噪。小波去噪是一个正在研究的课题，新的方法还在不断提出。

1992 年，Donoho 和 Johnstone 提出了小波阈值收缩方法，这种方法认为幅值比较大的小波系数为信号的，幅值比较小的小波系数是噪声的。采用阈值的方法可以把信号的系数保留，噪声的系数去掉，从而达到去噪的目的。

设有一有限长为 $N=2^J$ 的信号

$$y_i = f_i + \sigma^2 z_i \quad i = 0, 1, \cdots, N-1 \tag{5-123}$$

其中，J 表示小波的最大分解尺度；f_i 为有用信号；z_i 为方差为 σ^2 的高斯白噪声。

小波阈值去噪方法步骤如下：

(1)首先对含噪信号 y_i 进行离散小波变换，得到一组低分辨率下的尺度系数和各分辨率下的小波系数 $d_{j,k}(j=L,L+1,...,J-1,k=1,2,...2^j)$，$j$ 为小波分解尺度；

(2)对小波变换系数进行处理，得到处理后的小波系数 $\hat{d}_{j,k}$，常用的处理方法有硬阈值法和软阈值法。

硬阈值函数：

$$\hat{d}_{j,k}=\begin{cases}d_{j,k}, & |d_{j,k}|\geqslant \lambda_j,\\ 0, & |d_{j,k}|<\lambda_j.\end{cases} \tag{5-124}$$

软阈值函数：

$$\hat{d}_{j,k}=\begin{cases}\mathrm{sign}(d_{j,k})(|d_{j,k}|-\lambda_j), & |d_{j,k}|\geqslant \lambda_j,\\ 0, & |d_{j,k}|<\lambda_j.\end{cases} \tag{5-125}$$

式中，λ_j 为给定的阈值。

(3)用处理后的系数 $\hat{d}_{j,k}$ 作离散小波反变换，得到重构信号 $\hat{y}_i$，得到去噪后的信号。一般是不知道噪声的标准差，需要进行估算。由于噪声主要集中在最高分辨率 $J-1$，所以我们可用小波系数 $d_{J-1,k}(k=1,2,...,2^{J-1})$ 估算噪声标准差，标准差计算公式为

$$\sigma=\sqrt{\frac{1}{N}\sum|d_{J-1,k}|} \tag{5-126}$$

在这种前提下，对阈值的选取采用最常用的全局统一阈值 $\sigma\sqrt{2\ln N}$，其中 N 是信号的长度。

这里在 MEMS 陀螺实测数据的基础上，对信号进行各种小波变换阈值法对比去噪效果。小波变换去噪是在 MATLAB 7.7 环境下进行计算的结果，所用双核计算机主频 2.2 GHz，内存 1 G。将陀螺安装在转台上，以 20 °/s 绕垂直轴转动，通过数据采集单元读取陀螺输出数据并传至上位计算机。将采集数据按参数转换成角速度。陀螺输出数据采样点数为 1 200，采样频率 100 Hz，正交小波变换采用 db3 小波，并对信号进行 3 层小波分解，在阈值的处理上分别采用硬阈值去噪和软阈值去噪以及默认阈值去噪三种方法进行处理。为了比较不同小波去噪方法效果，对测量信号进行滤波前后的结果比较如图 5－13～图 5－16。

从图 5－13～图 5－16 可以看出，进行提升格式小波分解去噪在 MEMS 陀螺信号的去噪中是可行的，可明显降低噪声信号的幅度，取得比较好的效果。几种传统的小波变换方法去噪效果是接近的。对信号去噪效果计算了信噪比(SNR)和均方根误差(RMSE)、方差(STD)以及去噪运行耗机时间进行比较，比较结果见下表 5－3。

表 5－3　去噪结果对比

方法	去噪效果与时间			
	SNR(db)	RMSE	STD	Time(s)
硬阈值	53.307 7	0.043 2	0.031 1	0.244 9
默认阈值	53.011 5	0.044 7	0.031 6	0.188 1
软阈值	53.307 7	0.043 2	0.031 1	0.127 4

表中数据说明小波变换去噪可以较好地消除随机噪声。

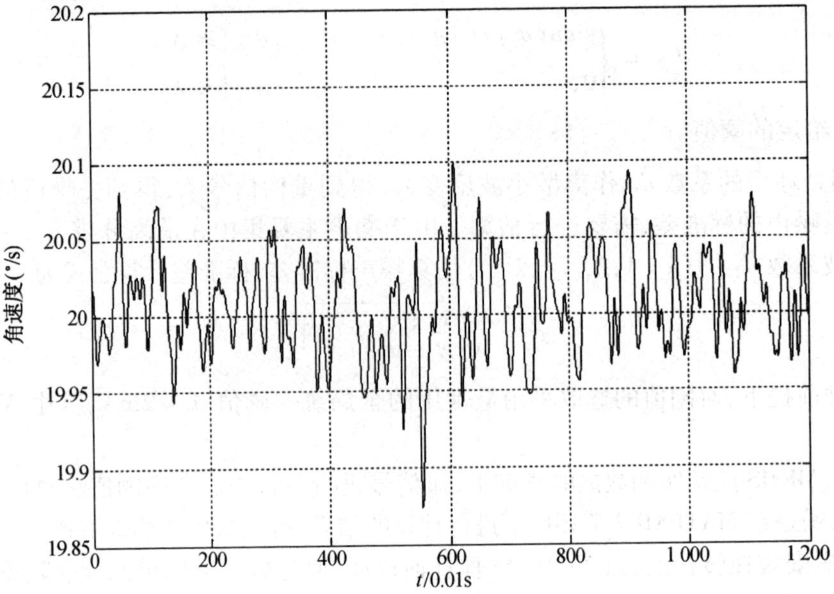

图 5-13　角速度原始信号(20 °/s)

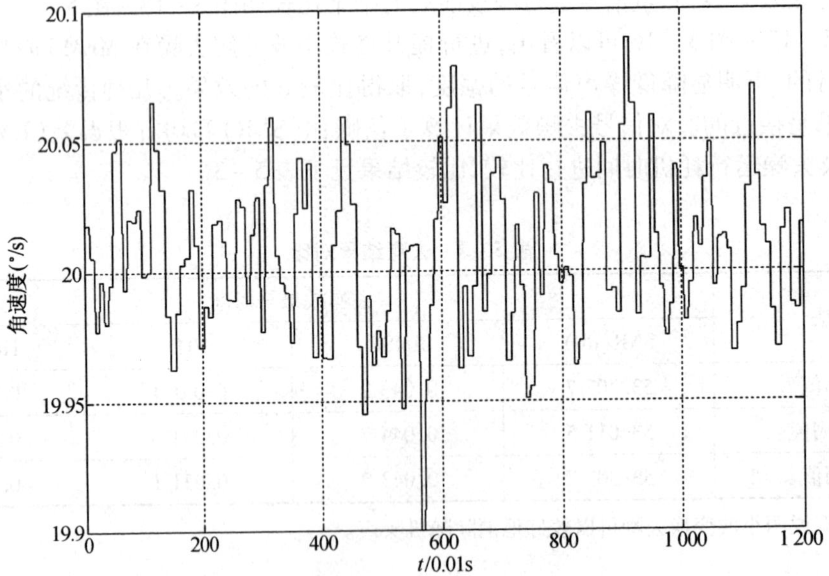

图 5-14　硬阈值去噪信号

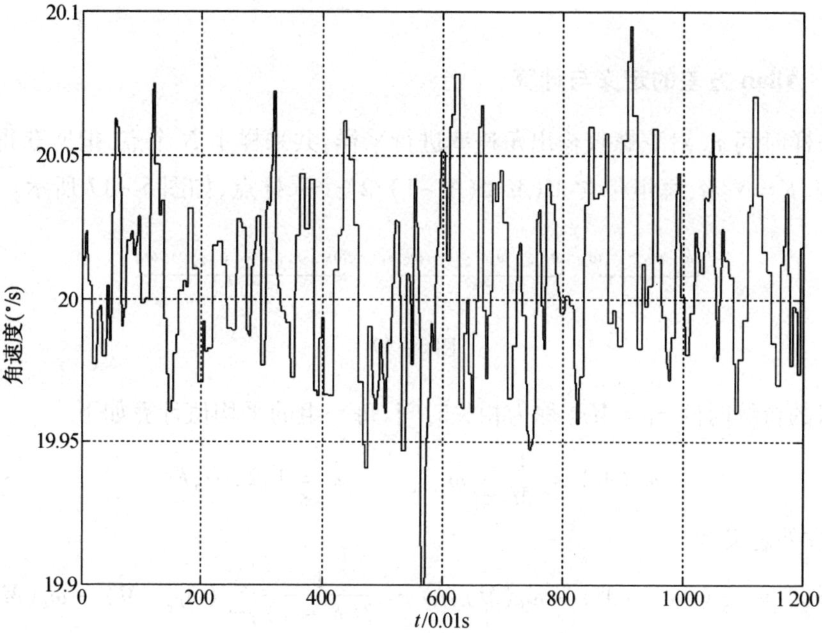

图 5－15 默认阈值去噪信号

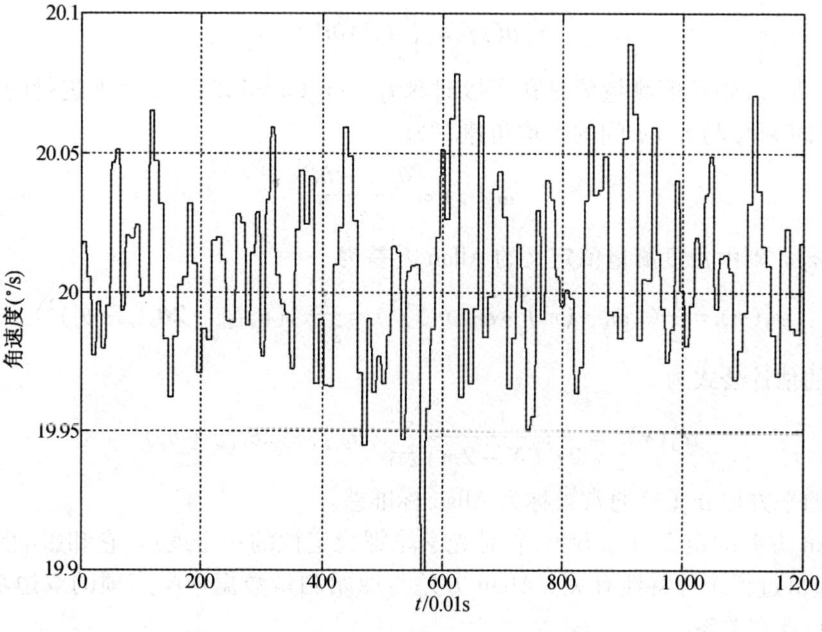

图 5－16 设定软阈值去噪信号

5.7 MEMS 陀螺随机误差的 Allan 方差分析方法

5.7.1 Allan 方差的定义与计算

设以采样时间 τ_0 对陀螺仪输出角速率进行采样，共采样了 N 个点，把所获得的 N 个数据分成 K 组，$K = N/M$，每组包含 $M(M \leqslant (N-1)/2)$ 个采样点，如图 5－17 所示。

$$\underbrace{\omega_1, \omega_2, \cdots, \omega_M}_{k=1}, \underbrace{\omega_{M+1}, \omega_{M+2}, \cdots, \omega_{2M}}_{k=2}, \cdots, \underbrace{\omega_{N-M+1}, \omega_{N-M+2}, \cdots, \omega_N}_{k=K}$$

图 5－17

每一组的持续时间 $\tau_M = M\tau_0$ 称为相关时间，每一组的平均值计算如下

$$\bar{\omega}_k(M) = \frac{1}{M}\sum_{i=1}^{M} \omega_{(k-1)M+i} \quad k = 1, 2, \cdots, K \tag{5-127}$$

Allan 方差定义为

$$\sigma_A^2(\tau_M) \equiv \frac{1}{2}\langle (\bar{\omega}_{k+1}(M) - \bar{\omega}_k(M))^2 \rangle = \frac{1}{2(K-1)}\sum_{k=1}^{K-1} (\bar{\omega}_{k+1}(M) - \bar{\omega}_k(M))^2 \tag{5-128}$$

式中，$\langle\ \rangle$表示求总体平均。

光学陀螺直接输出的实际上是角度测量值

$$\theta(t) = \int_{\omega}^{t} (t')\,\mathrm{d}t' \tag{5-129}$$

设采样时间为 τ_0，则角度测量值是在离散时刻 $t_k = k\tau_0(k = 1, 2, \cdots, N)$ 上进行的，简记为 $\theta_k = \theta(k\tau_0)$。时刻 t_k 与 $t_k + \tau$ 间的平均角速率为

$$\bar{\omega}_k(\tau) = \frac{\theta_{k+m} - \theta_k}{\tau} \tag{5-130}$$

式中，$\tau = m\tau_0$。则由角度测量值定义的 Allan 方差为

$$\sigma_A^2(\tau) = \frac{1}{2}\langle (\bar{\omega}_{k+1}(m) - \bar{\omega}_k(m))^2 \rangle = \frac{1}{2\tau^2}\langle (\theta_{k+2m} - 2\theta_{k+m} + \theta_k)^2 \rangle \tag{5-131}$$

Allan 方差的估计公式为

$$\sigma_A^2(\tau) = \frac{1}{2\tau^2(N-2m)}\sum_{k=1}^{N-2m} (\theta_{k+2m} - 2\theta_{k+m} + \theta_k)^2 \tag{5-132}$$

Allan 方差的平方根 $\sigma_A(\tau)$ 通常被称为 Allan 标准差。

由 Allan 方差的定义可以看出，它是光学陀螺稳定性的一个度量，它和影响陀螺仪性能的固有的随机过程统计特性有关。Allan 方差与原始测量数据中噪声项的双边功率谱密度（PSD）$S_\omega(f)$ 存在关系

$$\sigma_A^2(\tau) = 4\int_0^{\infty} S_\omega(f)\, \frac{\sin^4(\pi f\tau)}{(\pi f\tau)^2}\mathrm{d}f \tag{5-133}$$

上式说明：当通过一个传递函数为 $\sin^4(\pi f\tau)/(\pi f\tau)^2$ 的滤波器时，Allan 方差与陀螺仪输出的噪声总能量成正比。由此，Allan 方差提供了一种方法，能够识别并量化存在于数据

中的不同噪声项。

5.7.2 随机噪声的 Allan 方差

1. 量化噪声

量化噪声是由光学陀螺输出的数字特性引起的，代表了光学陀螺的最低分辨率水平。这一过程的角度功率谱密度为

$$S_\theta(f)=\tau Q^2\left(\frac{\sin^2(\pi f\tau)}{(\pi f\tau)^2}\right)\approx\tau Q^2 \qquad f<\frac{1}{2\tau} \tag{5-134}$$

式中，Q 为量化噪声系数，它的理论极限值是 $S/\sqrt{12}$，S 是陀螺标度因数。由角度功率谱密度可以得到速率功率谱密度

$$S_\omega(f)=(2\pi f)^2 S_\theta(f) \tag{5-135}$$

即

$$S_\omega(f)=\frac{4Q^2}{\tau}\sin^2(\pi f\tau)=(2\pi f)^2Q^2\tau \qquad f<\frac{1}{2\tau} \tag{5-136}$$

将式(5-136)代入式(5-133)并积分得到

$$\sigma_Q^2(\tau)=\frac{3Q^2}{\tau^2} \tag{5-137}$$

因此，量化噪声的 Allan 标准差在 $\sigma_A(\tau)-\tau$ 的双对数图中是斜率为 -1 的直线，如图 5-18 所示，量化噪声可以在 $\tau=\sqrt{3}$ 处读出。

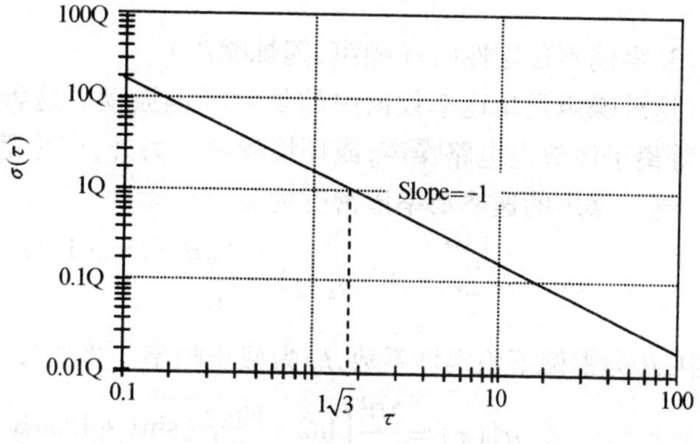

图 5-18 量化噪声 $\sigma(\tau)-\tau$ 双对数图

量化噪声具有短的互相关时间，相当于具有很宽的带宽。在许多应用中，带宽噪声因为载体运动的低带宽而被滤掉了，因此一般应用中，量化噪声在光学陀螺中不是主要的误差源。但在有些应用中，如在瞄准和跟踪系统中，由于要求采样速度很快，量化噪声会成为主要的噪声源，需要采取措施抑制量化噪声。

2. 角度随机游走

光学陀螺具有速率积分的特性，由角速率随机白噪声积分引起的误差角增量具有随机游动的特性，这一误差被称为光学陀螺的角度随机游走。这一误差的主要来源是光子的自发辐射（导致两波频率 f_{cw} 和 f_{ccw} 有一波动）、探测器的散粒噪声、机械抖动；另外，其他相关时间比采样时间短得多的高频噪声，也引起光学陀螺的角度随机游走，但是这些噪声源大多可以在陀螺仪设计时消除掉，这些噪声项在陀螺仪输出中用白噪声谱描述。

对于采用抖动偏频的激光陀螺来说，由于交变偏频使激光陀螺频繁通过锁区，产生较大的角随机游走误差，该误差成为激光陀螺的主要误差源。

角度随机游走噪声的带宽一般低于 10 Hz，处于大多数姿态控制系统的带宽之内。因此，若不能精确确定角度随机游走，它有可能成为限制姿态控制系统精度的主要误差源。

角度随机游走的特征是具有角速率白噪声功率谱，即

$$S_{\omega}(f)=N^2 \tag{5-138}$$

式中，N 为角度随机游走系数。将式(5－138)代入式(5－133)并积分得到

$$\sigma_{\mathrm{arw}}^2(\tau)=\frac{N^2}{\tau} \tag{5-139}$$

角度随机游走的 Allan 标准差在 $\sigma_A(\tau)-\tau$ 双对数图中是斜率为 $-1/2$ 的直线，如图 5－19 所示，角度随机游走系数 N 的大小可以在 $\tau=1$ 处直接读出。

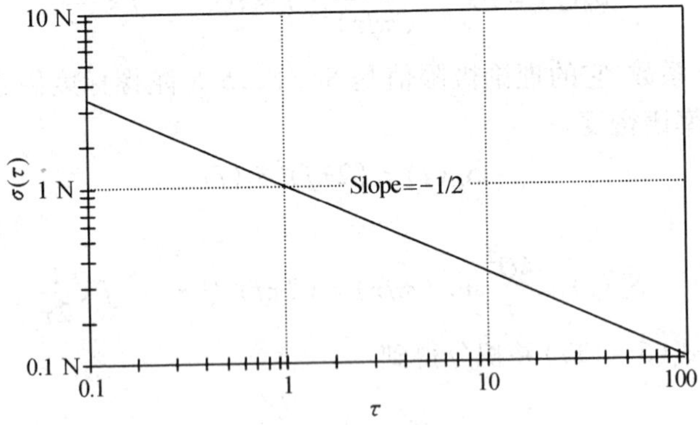

图 5－19　角度随机游走 $\sigma(\tau)-\tau$ 双对数图

3. 零偏不稳定性（$1/f$ 噪声、闪烁噪声）

这种噪声是角速率数据中的低频零偏波动。这种噪声的来源是光学陀螺中的放电组件、等离子体放电电路噪声，或环境噪声。另外，产生随机闪烁的部件也可引起零偏不稳定性。这一噪声的速率功率谱密度为

$$S_{\omega}(f)=\begin{cases}(B^2/2\pi)(1/f), & f\leqslant f_0,\\ 0, & f>f_0.\end{cases} \tag{5-140}$$

式中，B 为零偏不稳定性系数，f_0 为截止频率。将式(5－140)代入式(5－133)并积分，得到

$$\begin{aligned}\sigma_b^2(\tau)&=\frac{2B^2}{\pi}\left[\ln 2-\frac{\sin^3 x}{2x^2}(\sin x+4x\cos x)+Ci(2x)-Ci(4x)\right]\\&=\left(\frac{B}{0.664\,8}\right)^2 \quad \tau\gg\frac{1}{f_0}\end{aligned} \tag{5-141}$$

式中，$x=\pi f_0\tau$，C_i 为余弦积分函数。

在 $\sigma(\tau)-\tau$ 双对数图 4－5 中，$\tau\gg 1/f_0$ 时，零偏不稳定性的 Allan 方差达到稳定，其值可以用来估计零偏不稳定的极限以及估计可能存在的闪烁噪声的截止频率。由图 5－20 中曲线的平直部分可估计出零偏不稳定性系数 B。

4. 角速率随机游走

角速率随机游走是带宽角加速度信号的功率谱密度积分的结果。其来源不太确定，可能是具有长相关时间的指数相关噪声的极限情况，也可能是由于晶体振荡器的老化效应。这一噪声的速率功率谱密度为

$$S_{\omega}(f)=\left(\frac{K}{2\pi}\right)^2\frac{1}{f^2} \tag{5-142}$$

式中，K 是角速率随机游走系数。将式(5－142)代入式(5－133)，积分得

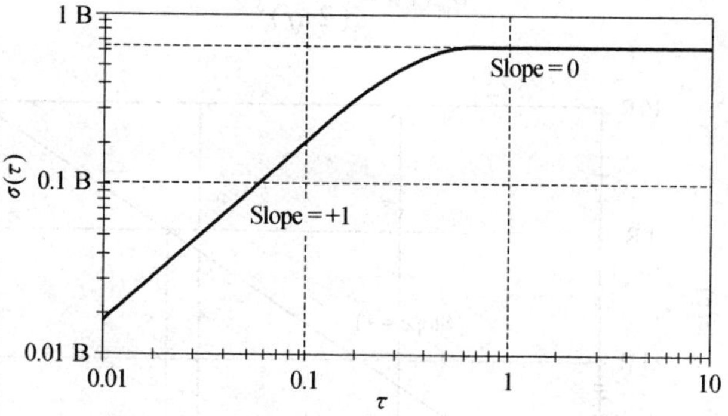

图 5－20 零偏不稳定性 $\sigma(\tau)-\tau$ 双对数图

$$\sigma_{rrw}^2(\tau)=\frac{K^2\tau}{3} \tag{5-143}$$

上式表明,角速率随机游走可由 $\sigma(\tau)-\tau$ 双对数图中一条斜率为 1/2 的直线表示,如图 5－21 所示,而且角速率随机游走系数 K 的值可在 $\tau=3$ 时估计出。

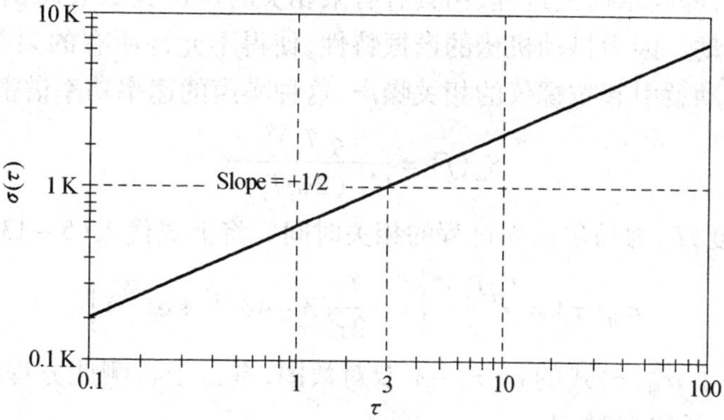

图 5－21 角速率随机游走 $\sigma(\tau)-\tau$ 双对数图

5. 速率斜坡

速率斜坡本质上是一种确定性误差,而不是随机噪声。它在陀螺仪数据中出现,可能是由于光学陀螺光强在长时间内有非常缓慢的单调变化,也可能是由于在同一方向上平台保持非常小的加速度,并持续很长时间,或者是由于外界环境引起光学陀螺的温度变化,从而表现为光学陀螺的真实输入

$$\omega(t)=Rt \tag{5-144}$$

式中,R 是速率斜坡系数。对包含由上式给出的输入数据进行 Allan 方差分析,可得到

$$\sigma_{rr}^2(\tau)=\frac{R^2\tau^2}{2} \tag{5-145}$$

上式表明在 $\sigma(\tau)-\tau$ 双对数图 5－22 中,速率斜坡噪声的斜率为 1,而且速率斜坡系数 R 的值可在 $\tau=\sqrt{2}$ 处估计出。另外,这种噪声的速率功率谱密度为

$$S_\omega(f) = \frac{R^2}{(2\pi f)^3} \tag{5-146}$$

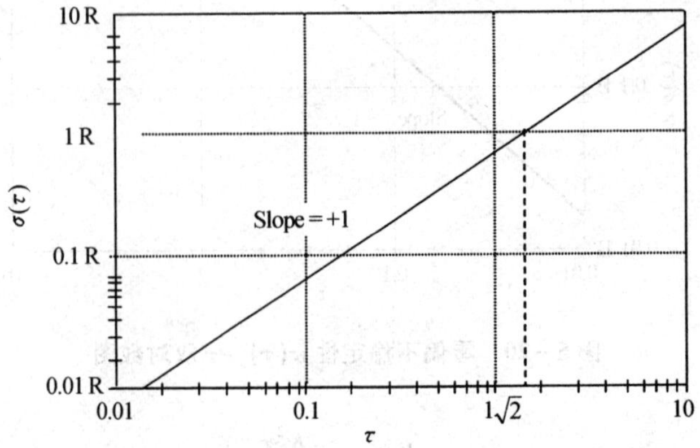

图 5-22　速率斜坡 $\sigma(\tau)-\tau$ 双对数图

6. 指数相关噪声

指数相关噪声，即马尔柯夫过程，用具有有限相关时间的指数衰减函数描述，其可能噪声源是随机机械抖动。因为抖动机构的谐振特性，使得不允许所有的频率等幅作用在陀螺体上。这样随机抖动就引起陀螺仪的相关噪声，这种噪声的速率功率谱密度为

$$S_\omega(f) = \frac{(q_c T_c)^2}{1+(2\pi f T_c)^2} \tag{5-147}$$

式中，q_c 为噪声幅度，T_c 为马尔柯夫过程的相关时间。将上式代入(5-133)式并积分可得

$$\sigma_M^2(\tau) = \frac{(qT_c)^2}{\tau}\left[1 - \frac{T_c}{2\tau}\left(3 - 4e^{-\frac{\tau}{T_c}} + e^{-\frac{2\tau}{T_c}}\right)\right] \tag{5-148}$$

图 5-23 给出了 $\sigma_M^2(\tau)$式的 $\sigma(\tau)-\tau$ 双对数图，有益于检测此方程的不同极限。在 τ 比过程相关时间 T_c 长得多时，有

$$\sigma_M^2(\tau) = \frac{(q_c T_c)^2}{\tau}, \quad \tau \gg T_c \tag{5-149}$$

这就是角度随机游走下的 Allan 方差，其中 $N = q_c T_c$ 为角度随机游走系数。在 τ 比过程相关时间 T_c 短得多时，有

$$\sigma_M^2(\tau) = \frac{q_c^2}{3}\tau, \quad \tau \ll T_c \tag{5-150}$$

这就是速率随机游走的 Allan 方差，q_c 便为速率随机游走系数。

7. 正弦噪声

这种噪声用一组特定的频率函数描述，其高频噪声可能来自于激光放电中的等离子体振荡，而低频噪声是由于环境的周期性变化引起测试平台的缓慢运动而造成的。包含单一频率的正弦噪声的速率功率谱密度为

$$S_\omega(f) = \frac{1}{2}\omega_0^2[\delta(f-f_0) + \delta(f+f_0)] \tag{5-151}$$

式中，ω_0 为速率幅度，f_0 为噪声的频率，$\delta(\ )$是 Dirac 函数。同样，多个正弦噪声可由一系列

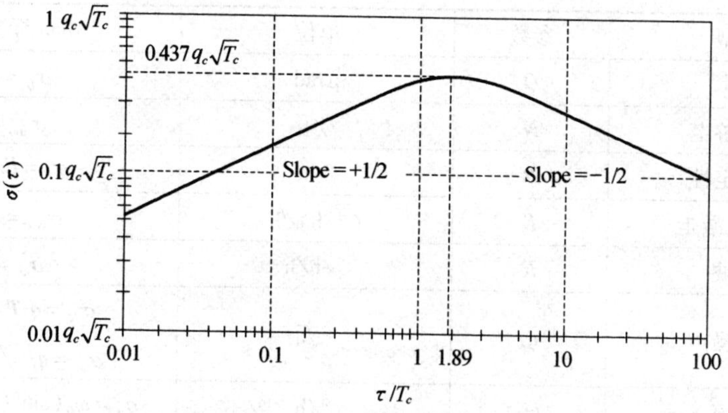

图 5-23 指数相关噪声的 $\sigma(\tau)-\tau$ 双对数图

类似于式(5-151)的多个项之和表示。

将式(5-151)代入式(5-133)并积分,得

$$\sigma_s^2(\tau)=\omega_0^2\left[\frac{\sin^2(\pi f_0\tau)}{\pi f_0\tau}\right]^2 \tag{5-152}$$

由式(5-152)给出的 $\sigma(\tau)-\tau$ 双对数曲线图 5-24 中,当 $\tau\ll 1/f_0$ 时,$\sigma_s(\tau)$ 正比于 τ,斜率为 +1;而当 $\tau\gg 1/f_0$,就表现为以斜率 -1 衰减的具有许多峰值的正弦式波形。

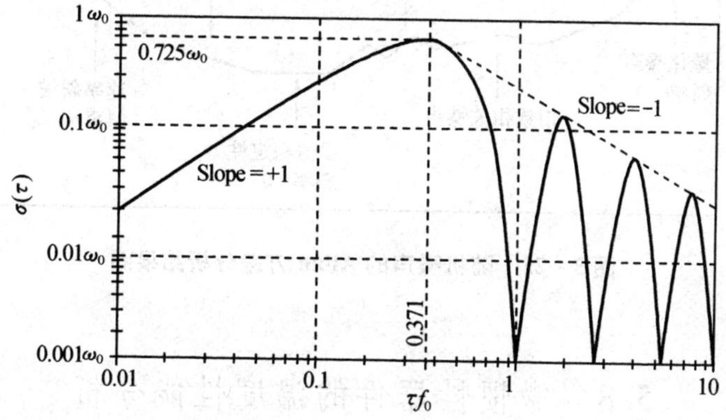

图 5-24 正弦噪声的 $\sigma(\tau)-\tau$ 双对数图

在光学陀螺数据中,辨别和估算出正弦噪声要求观察到几个峰值,但是,正如由图5-24所见到的,连续峰值的振幅下降很快,并可能被其他更高阶的频率掩盖,使观察变得很困难。因此,对于正弦噪声,功率谱密度图更有表现力,用功率谱密度更容易辨识出正弦噪声。

综上所述,各种随机误差源同 Allan 方差之间的关系归纳如表 5-4 所示。

表 5-4　随机误差源与 Allan 方差的关系

噪声类型	参数	单位	Allan 标准差(°/h)
量化噪声	Q	μrad	$\sigma_Q=\sqrt{3}Q/\tau$
角度随机游走	N	$°/\sqrt{h}$	$\sigma_{\mathrm{ar\omega}}=N/\sqrt{\tau}$
零偏不稳定性	B	°/h	$\sigma_b=B/0.664\ 8$
角速率随机游走	K	$(°/h)/\sqrt{h}$	$\sigma_{\mathrm{rrw}}=K\sqrt{\tau/3}$
速率斜坡	R	°/h/h	$\sigma_{\mathrm{rr}}=R\tau/\sqrt{2}$
指数相关噪声	q_c	$°/\sqrt{h}$	$\sigma_M=q_cT_c/\sqrt{\tau}\,(\tau\gg T_c)$ $\sigma_M=q_c\sqrt{\tau/3}\,(\tau\ll T_c)$
正弦噪声	ω_0	°/h	$\sigma_s=\omega_0(\sin^2(\pi f_0\tau)/(\pi f_0\tau))$

一般来说,上述讨论的各种随机噪声都有可能出现在数据中,由这些随机噪声综合影响所给出的典型 Allan 方差曲线如图 5-25。测试表明在大多数情况下,不同的噪声项将出现在不同的 τ 域,这就使辨别数据中存在的不同随机过程变得容易些。

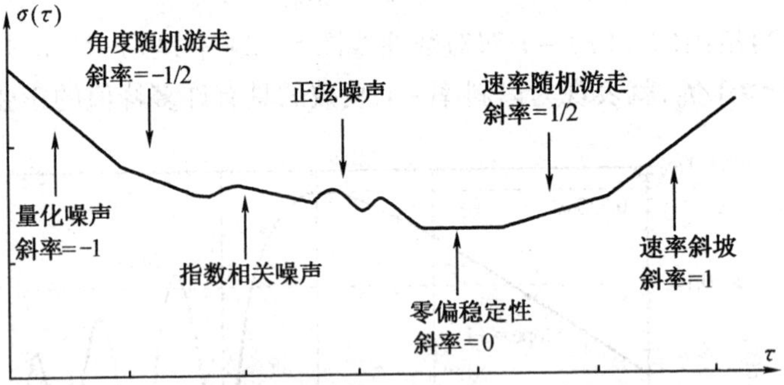

图 5-25　随机噪声的 Allan 方差分析结果图

5.8　微惯性器件的温度性能分析

由于微型陀螺仪主要是采用硅材料的硅微机械陀螺仪,而硅材料是一种热敏材料,所以温度变化是影响微机械陀螺测量精度的主要因素之一,不仅会引起陀螺仪结构尺寸及材料特性的变化,还导致信号处理电路的干扰热噪声发生变化,致使陀螺仪精度和稳定度得不到保证。不同的温度区间 MEMS 器件的输出特性差异很大,而且温度发生变化还会影响 MEMS 器件的零位漂移和标度因数。因此,对硅微机械陀螺仪的温度稳定性进行研究具有重要意义。目前主要有三种方法减小温度对硅微陀螺工作稳定性影响:一是从硅微陀螺的结构、材料和工艺上提高敏感器件的温度稳定性,以提高陀螺精度;二是对陀螺仪输出进行误差特性分析、测试、建模与补偿:三是采取控制温度的方式使陀螺仪工作的环境温度维持恒定,保障陀螺仪硅结构体及驱动检测电路不受温度变化的影响,从而使陀螺仪零偏维持稳定,提高陀螺仪的稳定度。

对于微机械陀螺仪的用户是在测试标定阶段建立温度误差模型来消除温度变化引起的误差。

5.8.1 陀螺仪温度补偿方法分析

微机电陀螺仪应用环境的差异将导致其温度变化模式不同,主要分为以下两种情况。

(1)在大多数情况下由于整个惯性系统准备工作时间很长,陀螺仪内部以及角速率传感器的温度已经达到了稳定的状态,这种情况下只需要确定角速率传感器在不同温度点的零位偏移和标度因数即可。

(2)在少数情况下,系统启动即时性高,也就是说从陀螺仪上电到角速率传感器需要正常输出测量信息之间的时间很短,这时陀螺仪内部及角速率传感器的温度还没有达到稳定,而且内部温度随着系统的启动将不断上升,零点偏移和标度因数也会不断变化,因此需要对惯性器件特性随温度变化的规律进行标定。

针对以上两种情况,微机电陀螺仪采用两种温度补偿的方案来减小系统温度误差。

①系统准备时间短的情况下陀螺仪内部温度并没有达到稳定,而是和外部有一个温度差。温度输出的是陀螺仪内部的温度值,因此得到的温度变化值其实是陀螺仪内部温度与外界环境温度的梯度值。此时必须根据陀螺仪内部温度值的变化来实时计算陀螺仪温度模型的系数,再根据陀螺仪温度模型来对角速率进行补偿。在这种情况下,陀螺的工作时间也宜短(10 s 以内),这样温度变化范围并不大。

②系统准备工作时间长的情况下可以认为陀螺仪内部和角速率传感器温度部已经达到稳定:陀螺每次上电启动零位校正,根据当前陀螺内部温度值找到温度区间段的索引值,再根据索引值号来取值作为该温度区间段的零位偏置值。在第一次上电零位校正结束后再采集 3 000 帧温度数据,再次根据温度索引值进入零位区取即时温度区间段的零位偏置值。

5.8.2 陀螺仪温度补偿模型与即时补偿

在系统准备时间短的情况下,可以根据陀螺仪内部温度值的变化来实时计算陀螺仪温度模型的系数,再根据陀螺仪温度模型来对角速率进行补偿。角速率变化值与温度变化值之间的关系呈一定的线性关系,由此可以建立多项式温度补偿模型如下:

$$\Delta F = a_2 \Delta T^2 + a_1 \Delta T + a_0 \tag{5-153}$$

陀螺仪零偏补偿量为 $\Delta F = F - F_0$,F 是陀螺仪即时的零偏值,F_0 是陀螺仪的初始零偏值;$\Delta T = T - T_0$ 是陀螺仪内部温度与陀螺仪工作初始温度之间的差值,实际上反映了陀螺内部和外部环境的温度上的梯度变化,T 是陀螺仪的即时内部温度,T_0 为环境温度,认为陀螺仪初始温度输出即为环境温度;而 a_0, a_1, a_2 是该温度模型的待定系数;在复杂的工作环境中,陀螺仪的温度输出和零偏输出都存在相当大的噪声,如果温度的初始值受噪声影响而与真实温度值误差很大,那么陀螺仪的温度相对变化误差也会加大,从而影响温度变化特性和零偏输出的准确性;因此为了较为准确的选取这两个初始值,可以选取初始一段时间的平均值来代替第一时刻的输出值,把它作为本次测量的初始值,这样就可以在一定程度上减小噪声对初始值的影响:

$$F_0 = \frac{1}{m}\sum_{i=1}^{m} F_i \quad T_0 = \frac{1}{m}\sum_{i=1}^{m} T_i \tag{5-154}$$

式中，F_i 是陀螺仪的零偏输出序列，T_i 则是温度输出序列，$i=1,2,\cdots,m$。根据陀螺仪零偏输出 F_i 与温度输出 T_i 可以计算出陀螺仪的零偏补偿量 ΔF_i 和温度差值 ΔT_i，即

$$\begin{cases}\Delta F_i = F_i - F_0 \\ \Delta T_i = T_i - T_0\end{cases} \quad (i=m+1,m+2,\cdots,n) \tag{5-155}$$

从而可以得到零偏温度变化值的序列 $[\Delta T_{m+1}\Delta T_{m+2}\cdots\Delta T_n]^{\mathrm{T}}$ 与零偏变化值的序列 $[\Delta F_{m+1}\Delta F_{m+2}\cdots\Delta F_n]^{\mathrm{T}}$。由公式(5-153)，可用最小二乘法来估计参数 $a_i(i=0,1,2)$。可得

$$\boldsymbol{A} = (\Delta\boldsymbol{T}^{\mathrm{T}}\Delta\boldsymbol{T})^{-1}\Delta\boldsymbol{T}^{\mathrm{T}}\Delta\boldsymbol{F}$$

$$\Delta\boldsymbol{T} = \begin{bmatrix} 1 & \Delta T_{m+1} & \Delta T_{m+1}^2 \\ 1 & \Delta T_{m+2} & \Delta T_{m+2}^2 \\ \vdots & \vdots & \vdots \\ 1 & \Delta T_n & \Delta T_n^2 \end{bmatrix}$$

$\Delta\boldsymbol{T}$ 是由温差组成的矩阵，

$$\boldsymbol{A} = [a_0 \quad a_1 \quad a_2]^{\mathrm{T}} \tag{5-156}$$

$$\Delta\boldsymbol{F} = [\Delta F_{m+1} \quad \Delta F_{m+2} \quad \cdots \quad \Delta F_n]^{\mathrm{T}}$$

公式(5-156)中的 $\boldsymbol{A}$ 是待估计的参数，$\Delta\boldsymbol{F}$ 是由陀螺仪零偏补偿量组成的矩阵。

根据公式(5-153)对各温度点的数据进行拟合就可以得到不同温度点的参数值，在不同的温度条件下，a_0,a_1,a_2 取值并不一样，它与陀螺仪初始温度 T_0 呈多项式关系，如下式所示：

$$a_i = b_{i2}T_0^2 + b_{i1}T_0 + b_{i0} \tag{5-157}$$

再通过高低温箱设置陀螺仪初始温度 T_0 在 l 个不同的温度值，可以得到 a_i 的变化序列 $[a_{i1} \quad a_{i2} \quad \cdots \quad a_{il}]^{\mathrm{T}}$ 与 T_0 的变化序列 $[T_{01} \quad T_{02} \quad \cdots \quad T_{0l}]^{\mathrm{T}}$。公式(5-153)用最小二乘法可以估计出 a_i 的系数 b_{i0},b_{i1},b_{i2}。

陀螺仪上电后测出陀螺启动时的初始温度 T_0，根据已经在软件中固化的系数 b_{i0},b_{i1},b_{i2}，即可根据式(5-157)算出温度补偿模型的各系数 a_i；然后根据陀螺输出当前温度 T，计算出 $\Delta\boldsymbol{T}$ 后，由公式(5-153)算出陀螺当前零偏补偿量 $\Delta\boldsymbol{F}$。这时就可以用下面的公式对陀螺当前零偏进行补偿，即

$$F' = F - \Delta F \tag{5-158}$$

上式中的 F 是陀螺仪的零偏输出，F' 是陀螺仪修正后的零偏输出值。

5.8.3 陀螺仪查表插值的补偿技术

在系统准备工作时间长的情况下，首先将微机电陀螺仪工作范围区间按照总体设计要求从 -55°~105°按每区间 2°分为 80 个区间，在这 80 个区间内利用高低温箱标定每个区间段的零位值并存储在处理器的 FLASH 中。在每次陀螺上电启动时根据温度传感器输出值找到区间段的索引值，根据索引值号进入相应的零位区，将该零位区的零位平均值作为该温度区间段的零位偏置值。角速率零位校正完成后，系统采集 3 000 帧数据角速率信号，并将此积分成角偏差，如果角偏差的值在规定范围内的话，就再次根据温度索引值进入零位区取角偏差的零位偏置值，由此得到角偏差的当前温度漂移值。

这种温度补偿处理方法简单实用，尤其是在陀螺工作时间不长的情况下效果尤为显著。

5.9 硅微惯性器件的测试实例

测试对象是采用美国ADI公司的低成本MEMS惯性器件构成的MEMS IMU。测试目的是辨识出MEMS IMU中的各种噪声误差项。这个IMU使用的MEMS微惯性器件是Analog Devices公司的产品,MEMS陀螺是ADXRS150,MEMS加速度计是ADXL105。

5.9.1 硅微惯性器件的常值误差测试分析

这里采用在5.3.6节介绍的6位置静态测试和动态角速率测试方法对惯性测量单元进行测试。测试分析项包括零偏、标度因数和非正交误差。测试结果为确定性误差。测试温度在室内常温(22 ℃)下进行,测试结果如表5-5,表5-6所示。

表5-5 加速度计常值误差

加速度计	X轴		Y轴		Z轴	
零偏/(m/s^2)	14.550 2		18.935 5		-13.021 7	
刻度因数/%	2.381 1		3.342 5		5.555 6	
非正交系数/%	N_{XY}	N_{XZ}	N_{YX}	N_{YZ}	N_{ZX}	N_{ZY}
	-1.561 8	-1.157 6	1.444 4	0.116 5	-1.679 5	1.177 2

表5-6 陀螺常值误差

陀螺	X轴		Y轴		Z轴	
漂移/(°/s)	9.216 8		8.172 3		8.669 6	
刻度因数/%	0.800 0		0.800 0		-0.448 0	
非正交系数/%	N_{XY}	N_{XZ}	N_{YX}	N_{YZ}	N_{ZX}	N_{ZY}
	-1.783 4	0.683 2	-1.328 0	0.530 4	-0.584 8	-0.605 6

5.9.2 硅微惯性器件的随机误差估计

对于硅微惯性器件随机误差的测试分析是通过对采集的惯性器件输出用Allan方差方法进行分析。在室内温度环境下对ADI IMU进行了18个小时的静态测试,测试数据采样频率为100 Hz。Allan方差方法用来评估输出信号中的各种噪声项。ADI IMU的陀螺和加速度计的原始输出电压值转换成角速度和加速度,然后减掉均值。图5-26和图5-27给出了方差与时间对应关系($\sigma(T)$)的对数坐标图形。

从图中可以看出,角度随机游走是主要噪声项。从图中可以拟合绘制出直线,直线的斜率为-1/2。这一点正好符合在$T=1$时加速度计的速率随机游走(VRW)和陀螺的角速率随机游走(ARW)值。计算出的速率随机游走和角速率随机游走值列出在表5-7中。

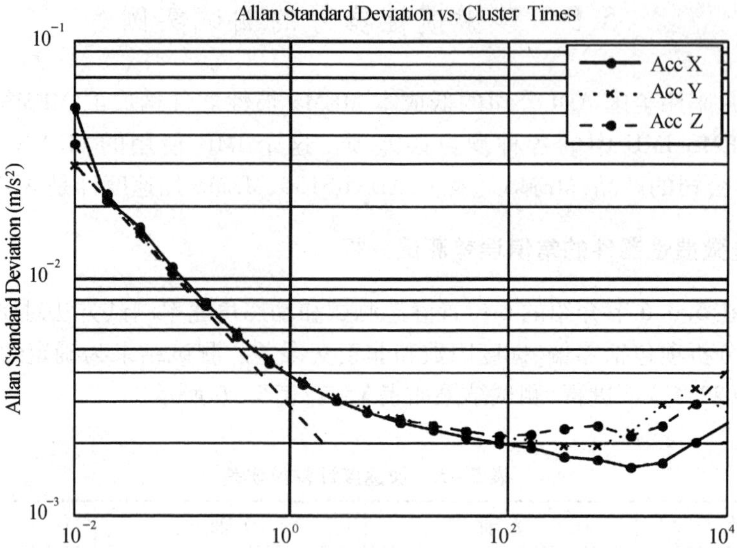

图 5－26　加速度计的 Allan 方差分析结果图

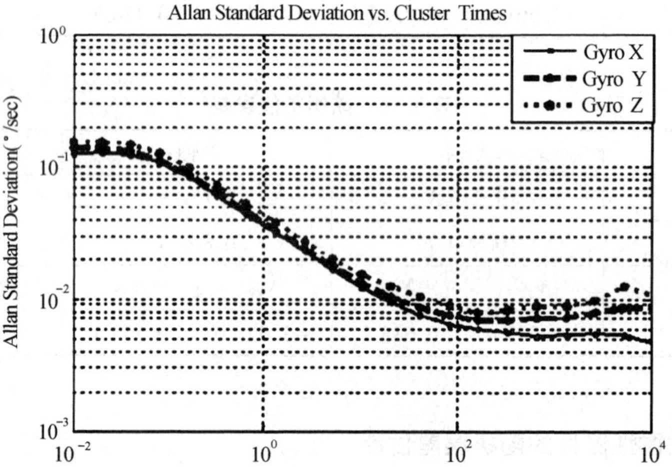

图 5－27　陀螺的 Allan 方差分析结果图

表 5－7　加速度计的速率随机游走和陀螺的角速率随机游走

加速度计 VRW					陀螺 ARW				
X	*Y*	*Z*	Average	σ	*X*	*Y*	*Z*	Average	σ
0. 189 5	0. 180 6	0. 179 7	0. 183 2	0. 005 4	1. 985 0	2. 203 0	2. 580 0	2. 256 0	0. 301

5.9.3　硅微惯性器件的温度性能测试分析

对硅微惯性器件在不同温度下的随机误差进行分析是开发低成本硅微惯性器件应用

系统的重要一环。通过标定过程得到的零偏和标度因数会由于实际使用环境温度和标定环境温度不同而发生变化。除非一个准确的温度误差模型能够建立,否则一些关键参数会有较大的误差而且会降低整个系统的性能。

为了对 MEMS IMU 的温度性能进行测试,在温控箱内将三轴惯性测量组合体和转台固联。这样转台就可以在不同的温控点下转动同时采集 IMU 的输出信号。信号采集频率为 100 Hz,通过 NI(National Instrument)公司的信号采集卡进行,采集后的信号分析处理由虚拟仪器 Labview 工具进行。通过温控测试可以得出不同温度点上的零偏和标度因数,计算得到低成本 MEMS IMU 在不同温度点上的零偏和标度因数。每个温度点上零偏和标度因数如图 5 - 28 至图 5 - 30 所示。这里将每个温度点上通过 6 位置测试得到的常值量减掉。

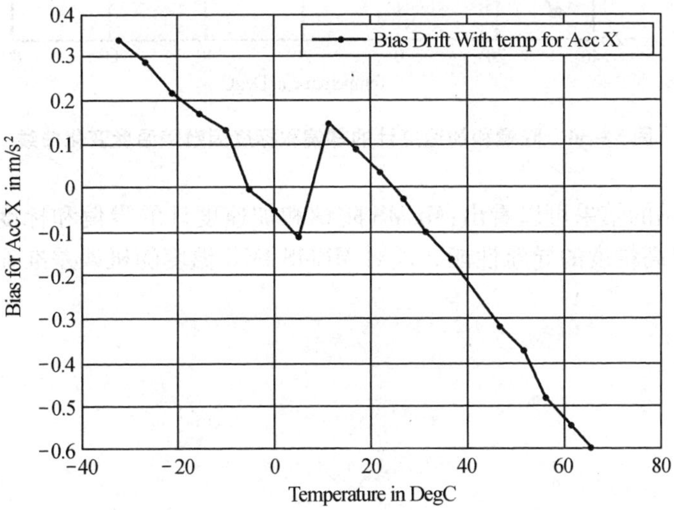

图 5 - 28 加速度计的零偏随温度变化曲线

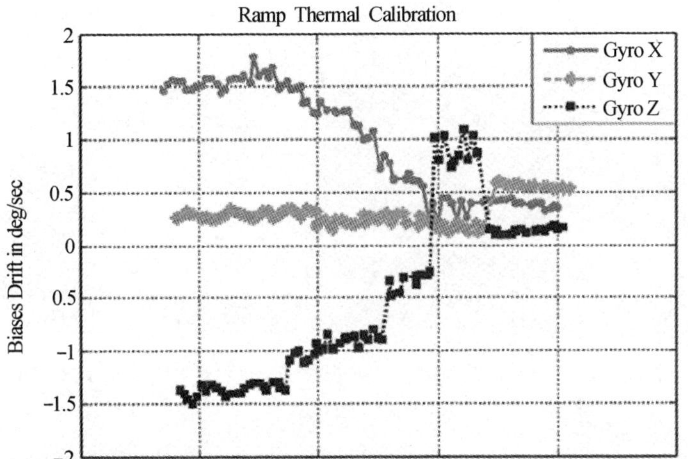

图 5 - 29 陀螺零偏随温度变化曲线

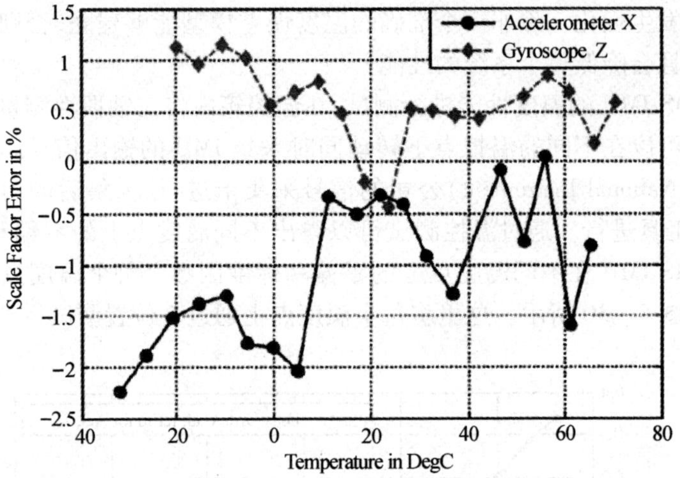

图 5-30 陀螺和加速度计的零偏和标度因数随温度变化曲线

从上面几个图的结果可以看出:MEMS 陀螺和加速度计的零偏和标度因数随着温度明显变化,要想获得高精度的导航性能必须对 MEMS IMU 温度随机误差准确建模。

第6章 微惯性测量、稳定系统

6.1 微惯性测量系统

微惯性器件主要用来构成各种微惯性组合系统，包括微惯性导航系统、运载体微航姿测量系统、微惯性稳定系统等。目前微惯性系统在汽车工程、航空航天、工业控制等领域中得到成功应用。微机电和微光学加工制造技术的发展推动了微惯性器件及系统的应用，新一代微惯性器件包括硅微机械陀螺仪、硅微机械加速度计、石英晶体微惯性仪表、微型静电陀螺仪、微型光纤陀螺仪、微型光波导陀螺仪等。其中，用硅材料制作的微惯性器件不仅使传统的惯性器件实现微型化，而且由于硅的微加工制造技术与集成工艺技术的相容性，可以将敏感器件与处理电路完全集成在一个芯片上，从而能实现真正意义上的机电一体化，这正是目前人们追求的目的，其发展势头也最猛。目前，随着高精度微惯性器件产品的出现，微惯性系统的应用变得越来越广泛。作为微机电系统(MEMS)重要分支的微惯性测量组合系统，具有传统的惯性测量组合系统无可媲美的优点。它的发展将对21世纪的人类生产和生活方式产生革命性的影响，并在未来高科技战争中起举足轻重的作用，是关系国民经济发展和国家安全保障的战略高技术，是我国“十五”863 MEMS计划中重点发展的领域之一。它的研制、开发与应用，将对产业结构调整、国防实力的增强，有着十分重要的战略意义和现实意义。美国国防部的DARPA以及其他政府部门致力于研究低成本、战术级导航系统，并且逐年增加对MEMS的战略投资，每年在军用和民用方面的资金都超过了一亿美元，尤其是使用在MEMS惯性导航系统技术上的总资金也远不止一亿美元。Draper实验室、Litton、喷气推进实验室(JPL)、BEI公司、Honeywell，包括一些世界闻名的高校、研发中心等在惯性技术领域有着卓著研究成果的机构，都投入大量的精力在中精度组合导航系统，并且成效卓著。自从20世纪90年代初期开始，MEMS惯性技术被Draper实验室应用在军事上，包括MEMS-INS、INS/GPS方向等几个项目计划。Draper实验室关于MEMS惯性测量单元的近期研究状况：IMU体积(包括外壳安装部件)共133 cm^3(8.1 in^3)，重272 g，工作输入直流电压5 V，功耗总量大小3.1 W，承受加速度最大值是20 000g。系统测试实验连续进行14天，对电源进行交叉开关，根据测试方案反复拆卸并重新装配，控制温度在0 ℃~70 ℃之间变化。通过测试得到结论：零偏多次启动重复性为3 °/h，标度因数多次启动重复性为7.0×10^{-5}；随机游走最小为0.05 $°/\sqrt{h}$，最大为0.09 $°/\sqrt{h}$之间；温度在70 ℃内波动时，每次启动产生的零偏均值为8 °/h，标度因子均值为2.5×10^{-4}；通过ALLAN方差分析MEMS陀螺的零偏是否稳定，采集1 000 s的数据取均值，则IMU中，陀螺零偏稳定性为0.1 °/h，MEMS惯性导航系统的精度有了大幅度提高。微机电陀螺仪在军用设备上有非常好的应用前景。传统陀螺仪的体积都比较大，而且成本较高。采用MEMS技术的三轴微机电陀螺仪的体积非常小、重量轻而且成本低，精度范围也适用于中短程导弹系统，利于武器系统的大量装备。利用低成本陀螺组合导航技术对现役武器装备进行信息化改造是加速我军武器装备信息化建设的重要途径，而在汽车安全系统、稳定平台测量仪器、工业控制等民用市场上，微惯性测量系统也有相当广阔的发展空间。由微型陀螺仪、微型加速度计和相关的专用集成电路组成了一种重要的 MEMS 系统——微惯性测量单元(Micro Inertial Measurement Unit，MIMU)。微惯性器件由于自身的结构尺寸小，产生的信号十分微弱，极易受到外界干扰，例如受到分布电容的影响等，因此，在实际应用中，要么配以专用集成电路，要么和专用电路封装在一起组合使用。在惯性导航系统、制导系统及一些控制系统中，更希望将微型陀螺仪和微型加速度计等组合在一块，构成微惯性测量组合单元 MIMU，以获得最小尺寸和重量，最可靠的性能，并使干扰信号降低到最低程度。ADI 公司推出的三轴集成型 IMU 模块可以实现三维角速度、加速度、地磁和压力、温度的测量，这为微惯性测量系统的实现创造了更便利的条件。MEMS 技术随着 MEMS 传感器技术的进一步推广，三轴微机电陀螺仪的市场应用前景是非常巨大的。

由于 MEMS 惯性器件的精度限制，MIMU 系统的应用主要分成两类：微航姿系统和微惯性稳定控制系统。

6.1.1 微惯性测量系统基本原理

惯性测量系统和惯性导航系统的原理是相同的。惯性测量技术的理论基础是牛顿力学基本定律，惯性测量系统的核心是惯性测量元件——陀螺和加速度计。陀螺仪测量运动物体的姿态或转动的角速度，加速度计测量速度的变化；陀螺的功能是保持对加速度对准的方向进行跟踪，从而能在惯性坐标系中分辨出指示的加速度；对加速度进行两次积分，就可测出物体的位置。由 3 个正交陀螺、3 个正交加速度计和一个导航计算机，就可综合集成为一种惯性测量组合。导航计算机根据加速度计和陀螺仪的输出以及初始条件进行导航解算，得出载体的姿态、速度、位置等导航参数。由惯性导航到惯性测量，是惯性技术从军用到民用的扩展，但在特定条件下又具有一些区别于惯性导航系统的特点。惯性测量系统精度的提高必须依靠精密的校准和误差补偿。惯性测量系统需采用比惯性导航更为精确的误差模型，通常还增加测后数据分析和平滑处理，或者零速修正等方式。

微惯性航向、姿态系统是近年来惯性技术发展的另一方向，它的基本原理是基于捷联惯性测量系统的测量原理。微惯性航向、姿态系统主要由微惯性测量组合(MIMU)和计算机处理系统组成。MIMU 包括陀螺仪组件和加速度计组件，陀螺仪和速度计直接安装在载体上。陀螺仪组件测取沿载体坐标系三个轴的角速度信号，加速度计组件测取沿载体坐标系三个轴的加速度信号，并送入计算机。地理坐标系视为导航坐标系时，计算机利用这些测量信息，经误差补偿后进行姿态矩阵计算和由载体坐标系至“平台”坐标系的坐标变换。姿态矩阵一方面用于坐标变换，即把沿载体坐标系的加速度信号变换成导航坐标系各轴的加速度信号，以便于导航参数计算；另一方面，利用姿态矩阵的元素可以提取姿态角与航向角信息。这样，由系统中的姿态矩阵计算、加速度信号的坐标变换计算以及姿态与航向计算实现了平台式惯导系统中稳定平台的功能，从而构成所谓的“数学平台”。

微惯性测量系统的主要误差源是加速度计和陀螺仪这两种惯性仪表，包括零偏、标度因数误差、非线性误差、和安装误差等。

6.1.2 微惯性测量单元的结构组成

微惯性器件的组合形式是多种多样的，可以是单个微惯性敏感器件(陀螺仪或加速度计)与其后续电路的组合，也可以是多个微惯性传感器件及其后续电路的组合。可以将传

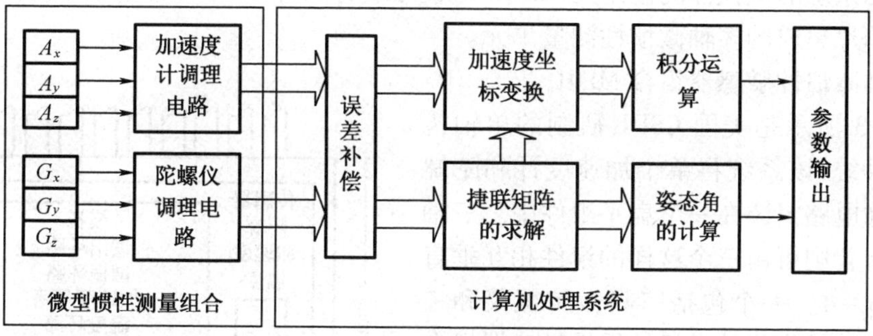

图 6-1 微惯性测量系统简化原理图

感器件与测量线路集成在同一块芯片上,也可以将敏感器件与线路分别制作、分别安装。MIMU 就是将微加速度计、微陀螺、微信号变换处理电路和信号校正电路进行综合集成,从而获得运动体的综合惯性参数测量。它可以实时提供包含运动物体姿态和位置信息的6个独立惯性参数,其核心是满足修正精度要求的微惯性敏感器和专用电路,关键技术是敏感微惯性器件检测矢量的正交性、重合型及其误差微补偿。MIMU 的核心器件是微加速度计和微机械陀螺,国外在微机械加速度计研究方面,主要有四种类型,即压阻式、电容式、压电式和隧道式。目前很多实用的 MIMU 产品采用硅微惯性器件。

图 6-2 是一典型的微惯性测量组合系统框图,该组合系统包括微惯性敏感器组合装置、信号变换和匹配电路、信号修正电路、嵌入式计算机及输入输出接口部分。

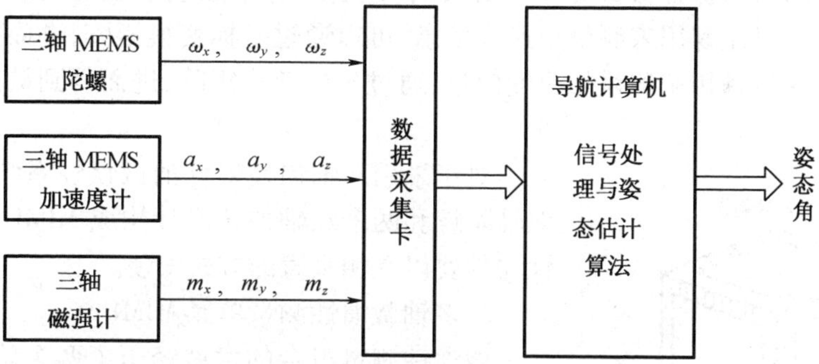

图 6-2 MIMU 航姿系统框图

微惯性测量组合系统包括微机械陀螺仪和微加速度计的安装、专用 ASIC 的安装及其与外界的接口方式、布线方法等。典型的设计是将微陀螺仪和微加速度计分别安装在正六面体的三个互相正交的平面内。每个惯性敏感器器件的输入轴方向需要经过仔细排列,以保证彼此正交。每个微惯性传感器都拥有各自的专用集成电路,产生相应的输出,然后送进微处理器进行集中数据处理。未来的 MIMU 将采用单片集成微机电系统工艺,把陀螺仪和微加速度计以及相关的电路集成在同一块集成芯片上构成单片的 MIMU。

微惯性测量组合结构非常紧凑,因此需要对惯测组合实行微型化设计。通过采用硅微加工技术制作的硅微陀螺、硅微加速度计、专用集成芯片(ASIC),通过微组装技术形成三轴微惯性测量组合。

微航姿系统的微惯性测量单元 MIMU 构成可以有两种形式：单轴微机械惯性敏感装置的组合和单片集成的多轴微惯性测量单元。

1. 单轴微惯性敏感器组合 MIMU

图 6－3 所示是美国 CSDL 研制的单轴传感器组合系统，该系统将单个加速度计和陀螺仪以及附加电路封装在一个扁平组件中。三轴惯性测量装置则可由三个这样的组件相互垂直构成如图 6－4。一个包括三只微陀螺仪和三只微加速度计的集成的微机械惯性敏感器组合 (Micromachined Inertial Sensors Assembly，简称 MMISA)，可进行三维方向的角速率测量和加速度测量，其尺寸为 2 cm×2 cm×0.5 cm，质量为 5 g，功率小于 1 W。

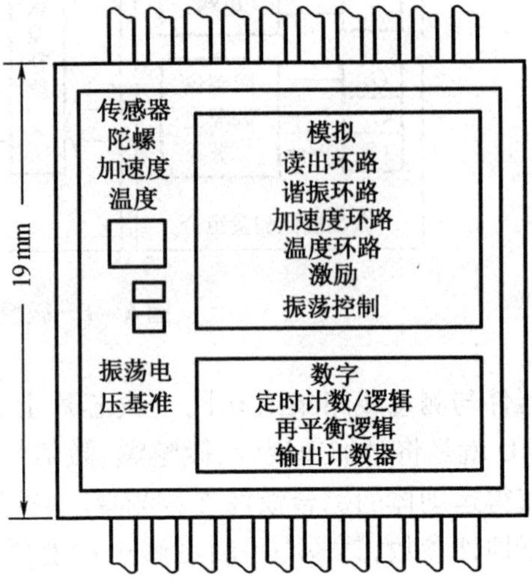

图 6－3　单轴微惯性测量部件

捷联式微惯性系统单轴惯性器件安装时，惯性器件的敏感轴应与载体坐标系的坐标轴分别平行，安装示意图如图 6－5。图中 A_x，A_y，A_z 为三个微加速度计敏感轴；G_x，G_y，G_z 为三个微陀螺敏感轴。微惯件敏感器三维组合装置由三只硅微型陀螺仪和三只微硅加速度计组合而成。其中微陀螺仪和微加速度计分别安装在正六面体基座的三个互相正交的平面内，如图 6－5 所示。每个惯性敏感器件的输入轴方向需要经过仔细排列，以保证彼此正交。必要时，组合装置中还包含温度敏感装置和预热装置，以实现温控。微陀螺用来测量角速度信息，可以通过坐标变换矩阵，进而得到被测体的姿态信息；微加速度计用来测量加速度信息，通过坐标变换矩阵，进而得到被测体的加速度信息。

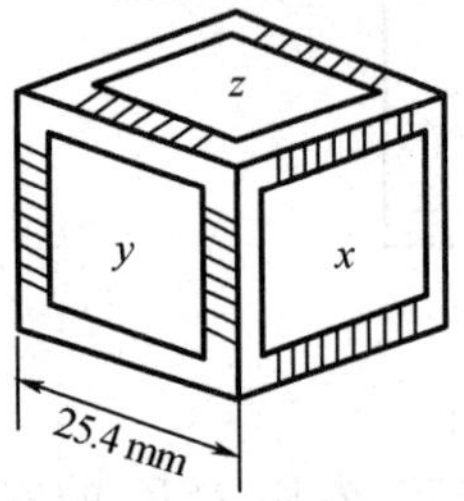

图 6－4　三单轴组合构成 MIMU

对于采用双轴惯性器件的微惯性系统，可以用两个双轴陀螺和两个双轴加速度计构成 MIMU。两个双轴惯性器件要以互相垂直的方式安装。

2. 多轴微惯性测量单元 MIMU

微惯性测量组合的发展经历了两个阶段，第一个是微组装集成阶段，此阶段的特点是六维惯性参量的准集成测量，也就是说，六维惯性参量需要两个或两个以上独立的传感元件进行集成，然后通过微系统集成技术实现微惯性组合整体集成系统。第二个是单片集成阶段，此阶段的特点是多维惯性参量的单片集成测量。单片集成的 MIMU 系统具有更小的体积、更高的精度、更高的可靠性和更低的成本。

单片集成利用传统制造工艺和微组装技术实现高的轴间正交和平行精度，而单片集成则利用光刻工艺来保证轴间正交和平行精度，后者不依赖于前者，而且能够获得更高的精度和更低的加工成本。单片集成可以解决微组装集成所难以克服的一些问题，如陀螺的漂移。这是因为单片集成后多参数的敏感在微小体积上完成，能够实现高精度的信息融合与解耦。

微型单芯片惯性测量组合具有精度高、成本低、体积小、可靠性高等突出优点，是今后惯性参数测量、存储、控制的必然发展趋势。它广泛应用于汽车、家电、电梯、轮船、飞机、摄像机稳像装置等民用领域以及常规武器智能化、制导兵器、卫星发射、航空航天、新概念武器等领域，用以完成炮弹、导弹、火箭、坦克等武器实时实况加速度、姿态等惯性参数的动态测试，为武器系统弹道修正、惯性导航控制、定位等提供位置、姿态等信息。在民用方面，微型单芯片惯性测量组合系统是汽车安全行驶、四轮转向控制、汽车悬挂系统、汽车导航、个人全球定位、汽车飞机等实现无人驾驶的关键技术，另外在工业过程控制与自动化、机器人、自行走系统、石油钻探、智能信息系统、人体运动信息监测以及康复工程研究、计算机外围设备、高级玩具、医院病人的活动监控等领域都有着非常广泛的应用前景。

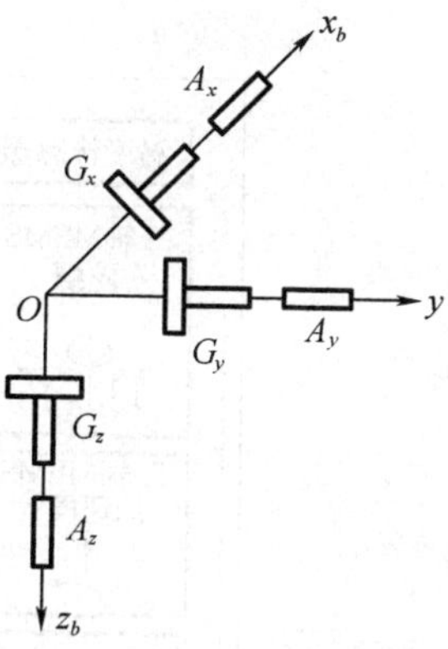

图 6－5 单轴微惯性器件构成 IMU 安装示意图

对惯性传感器的选择要考虑精度、带宽、动态范围、功耗、成本、物理尺寸等诸多因素，进行综合衡量，这里选择 AD 公司推出的 ADIS16405 型 IMU 模块作为典型例子介绍。

ADIS16405 是一款完整的由三轴陀螺仪、磁力计与加速计组成的惯性测量系统。它将 ADI 公司的 iMEMS 与混合信息处理方法结合起来，提供校准的数字惯性检测，是一种高度集成的解决方案。SPI 接口和简单的输出寄存器结构实现了方便的数据访问和配置控制。通过 SPI 端口可以访问下列嵌入式传感器：X、Y 和 Z 轴角速度；X、Y 和 Z 轴加速度；内部温度；电源以及辅助模拟输入。惯性传感器在各个轴上执行精密对准，并对失调和灵敏度进行校准。嵌入式控制器能够对影响 MEMS 传感器的主要因数进行动态补偿，确保在没有测试、电路或用户干预的情况下传感器输出高精确的信号。这款紧凑型模块的尺寸约为 23 mm × 23 mm × 23 mm，并提供方便的柔性连接器系统。

ADIS16405 的结构框图如图 6－6 所示，部分参数如下表 6－1，硬件电路连接如图 6－7。

表 6－1 ADIS16405 的部分参数

	陀螺	加速度计	磁力计
测量范围	±75 °/s、±150 °/s 或 ±300 °/s	±18g	±2.5 gauss
刻度系数	0.012 5 °/s/LSB(±75 °/s)	3.33 mg/LSB	0.5 gauss/LSB
零位温度系数	±0.01 °/sec/℃	±0.3 mg/℃	0.5 mgauss/℃
漂移	0.007 °/s	0.2 mg	

（1）ADIS16405 寄存器

ADIS16405 的所有输出和用户可编程功能全部通过寄存器结构操作。ADIS16405 的每一个寄存器都包括高八位和低八位的 16 位宽度，而且每个寄存器都有其六位地址，如 x 轴向的加速度计输出寄存器命名为 XACCE_OUT，其地址为(0x0B，0x0A)。该寄存器的内容为 14 位二进制补码，表示 X 轴向的加速度测量值，刻度系数为 3.33 mg/LSB。

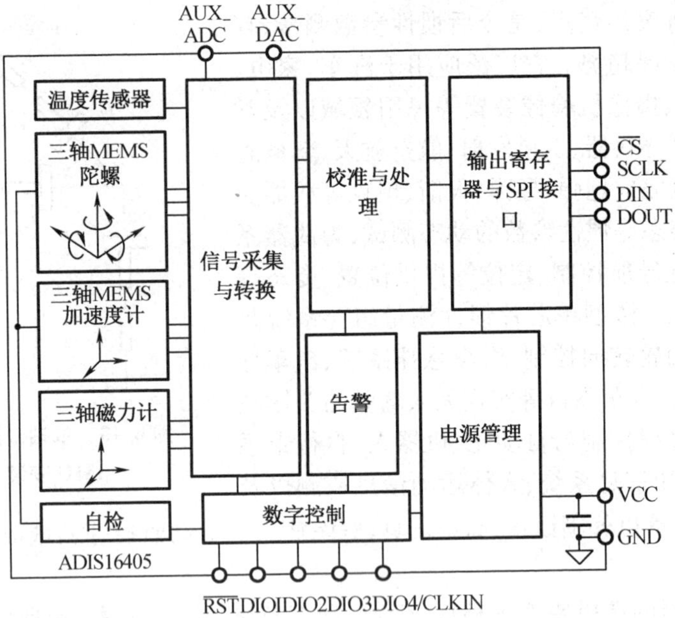

图 6-6　ADIS16405 结构框图

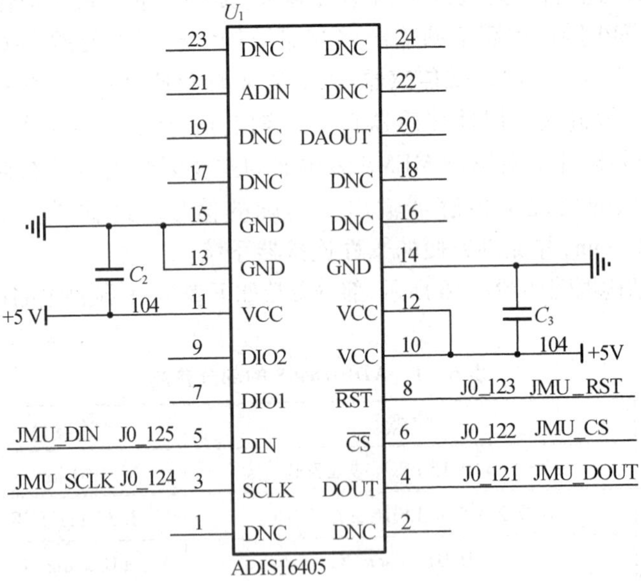

图 6-7　ADIS16405 与处理器的连接

在读写操作中，Master 写控制寄存器时，DIN 数据的最高位为 1，次高位为 0，其次是目标寄存器的六位地址和八位数据，即写寄存器时，Master 传送给 Slave 的数据格式如下：

D15	D14	D13 ~ D8	D7 ~ D0
1	0	6 位寄存器地址	8 位指令数据

Master 读 IMU 寄存器时，DIN 的高两位为 0，然后是目标寄存器的六位地址，低八位在读指令中被忽略。每个寄存器包含两个地址（高位和低位），这两个地址的任何一个都可用于访问该寄存器的 16 位数据。这里需要注意的是 DOUT 总是在下一个数据帧才输出由前一次写寄存器地址决定的 16 位数据，如图 6－8 所示，尽管一个单独的读操作需要两个独立的数据帧周期，但是连续读取数据时，仅需要一个起始时的额外的数据帧。读寄存器时，Master 传送给 Slave 的数据格式如下：

D15	D14	D13 ~ D8	D7 ~ D0
0	0	6 位寄存器地址	忽略

Master 读寄存器时，高位先传出，每一个输出数据寄存器的数据格式如下：

D15	D14	D13 ~ D0
ND	EA	14 位数据

数据从高到低依次为新数据（ND）标志、错误报警（EA）标志和 14 位数据（当数据为 12 位格式时，忽略 13、12 位）。ND 标志表明输出寄存器中有未被读取的数据，在数据寄存器读取操作后，该标志位自动清零。EA 标志表明发生错误情况，状态寄存器包含了所有的错误标志，用户可根据该标志找到错误根源。

（2）ADIS16405 操作

ADIS16405 和处理器的通信采用 SPI 协议，时序如图 6－8 所示。

串行外围接口（SPI）包括四个信号：片选（CS）、串行时钟（SCLK）、数据输入（SDI）和数据输出（SDO）。CS 信号使能 SPI 端口并控制 SPI 事件的帧传输，当片选为高电平时，DOUT 信号线保持高阻态，DIN 和 SCLK 操作无效。一个完整的帧传输包含 16 个 SCLK。SPI 端口工作于全双工模式，因此可以在同一数据帧里同时接收和发送，用户在接收由先前配置决定的输入数据的同时，可配置下一个读周期。

采用具有自带 SPI 接口单片机，除设置好时钟外，还要对时钟极性和时钟相位进行设置，确保 SLCK 的空闲状态为高电平，且在时钟上升沿输出数据，在其下降沿改变数据。

SPI 时钟频率 f_{sclk} 的设置需在 10 kHz ~ 2 MHz 之间，而且 f_{sclk} 与内部采样频率 f_s（该频率由寄存器 SMPL_PRD 控制）及外界对 IMU 读数频率 f_{sample} 存在约束关系，具体为

当 $f_s \geqslant 164$ Hz 时，$10\ \text{kHz} \leqslant f_{sclk} \leqslant 2\ \text{MHz}, \dfrac{1}{f_{sample}} > 40\ \mu\text{s}, \dfrac{1}{f_{sample}} - 16 \times \dfrac{1}{f_{sclk}} > 9(\mu\text{s})$

当 $f_s \leqslant 149$ Hz，$10\ \text{kHz} \leqslant f_{sclk} \leqslant 300\ \text{kHz}, \dfrac{1}{f_{sample}} > 160\ \mu\text{s}, \dfrac{1}{f_{sample}} - 16 \times \dfrac{1}{f_{sclk}} > 75(\mu\text{s})$

SPI 通信时，处理器作为主 SPI（Master），ADIS16405 作为从 SPI（Slave），主从 SPI 间一个完整的传输为 16 个 f_{sclk}。对于 Master 来说，在 f_{sclk} 的作用下，向 Slave 传送数据，同时接收 Slave 发过来的数据。当前周期内，Slave 输出的数据为 ADIS16405 某寄存器地址的内容，该寄存器的地址由

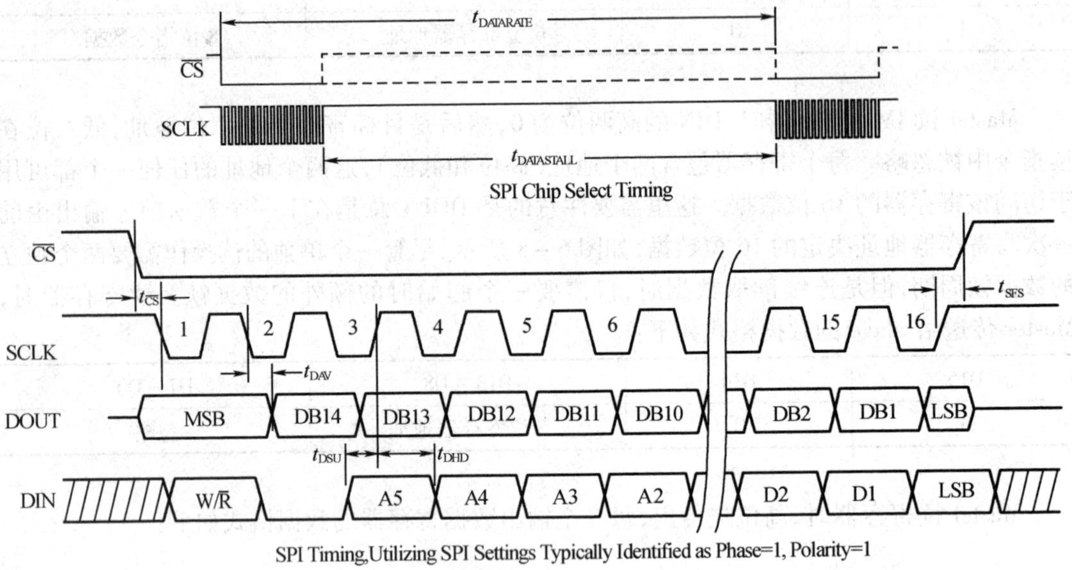

图 6-8　ADIS16405 时序

上一次 SPI 传输时 Master 发送的内容决定。因此,在对 ADIS16405 进行读数操作时,总是需要在前一个 SPI 周期将寄存器地址写入 Slave,在接下来的传输周期读取 Slave 数据。

ADIS16405 中有三轴陀螺和加速度计,同时还有三轴磁强计,组成姿态测量单元,互相取长补短,利用微机械加速度计测得的重力矢量和磁强计测得的地磁矢量来修正速率陀螺漂移;用陀螺来抑制方位角的噪声和短周期的外界干扰。通过 Kalman 滤波算法,实时做出载体姿态角和姿态角速率的最优估计。

6.1.3　微惯性测量系统的嵌入式导航计算机

近年来,单片机及嵌入式技术发展迅速,各种新型嵌入式微处理器不断出现,速度更快,功耗、体积更小,可靠性更高。在各种嵌入式操作系统的支持下嵌入式导航计算机可以有各种实现方式。目前常用的有 ARM 系列单片机、DSP,还有设计方式灵活的基于 SOPC 技术的 FPGA 方案。

作为一个惯性测量系统,导航系统在保持各种传感器数据采集处理有序进行的同时,还要保证系统与传感器之间的通信实时有效,能够对数据进行高速处理。要求导航系统体积小、重量轻,另一方面尽量提高精度,而导航系统的微小型化很大程度上则取决于导航计算机的微小型化。根据以上对组合导航系统任务及性能需求的分析可见,处理器选用 Altera 公司的低成本 FPGA,Cyclone 系列,具体型号为 EP1C12Q240I7。

1. FPGA 电路设计

FPGA(Field Programmable Gate Array),现场可编程门阵列,是专用集成电路(ASIC)领域中的一种半定制电路。它有诸多优点,最重要的是改善了定制电路在应用中的不足,同时不再受到原来可编程器件门电路数目固定的限制。

综合考虑各种因素,本系统选用 ALTERA 公司具有丰富的可编程逻辑单元的 Cyclone 系列,具体型号为 EP1C12Q240I7。该芯片采用 240 脚的 PQFP 封装,提供 173 个 IO 接口;

拥有 12 060 个 LEs;52 个 M4K RAM Block;总共可以提供 239 616Bit 的 RAM;除此之外,芯片里面还拥有 2 个锁相环,以便保障系统的时钟信号。采用可多次擦写的 1M 比特的 ALTERA 专用配置芯片 EPCS1 配置 FPGA,用于保存 FPGA 的配置信息。在主动串行配(AS)置模式下,可通过下载电缆在线配置 FPGA。

FPGA 是整个系统的控制核心,IMU 数据采集任务、GPS 数据采集任务、捷联解算及信息融合任务、调试通信任务、向 OLED 发送数据任务、LED 指示任务等都由它指挥完成。由于 FPGA 设计的不受限制性,完全可以按照系统的需求定制相应的 Nios Ⅱ 软核,下面介绍基于 Nios Ⅱ 的 SOPC 设计。

2. 基于 Nios Ⅱ 的 SOPC 设计

可编程片上系统(SOPC)作为一种与众不同的嵌入式系统,它通过可编程逻辑技术将系统集成在一块硅片上。SOPC 芯片上集成了 CPU、存储器、外围 I/O 及 LVDS、CDR 等,一经上市,马上在灵活性与价格上凸显其优点。

Nios Ⅱ 嵌入式处理器采用指令与数据分开存储的结构,同时含有 32 位指令集。它采用 Avalon 总线结构通信接口,其最大优势和特点是模块化的硬件结构,较为方便的灵活性和可裁减性。基于 NiosII 的 SOPC 系统既有软件部分又有硬件部分,所以设计时要分软硬件两部分来完成。为满足设计需求,使用 Quartus 软件与 SOPC Builder 来搭建 Nios Ⅱ 嵌入式处理器及其外部电路。完成硬件搭建后,SOPC Buider 自动生成一个软件开发包 SDK,以便做相关的软件开发。这里 SDK 与硬件部分定义的 CPU、外部设备及存储器等相对应。嵌入式程序设计通常使用汇编语言和 C 语言来编写程序,有时也用 C++来完成。Nios Ⅱ 处理器结构如图 6-9 所示。

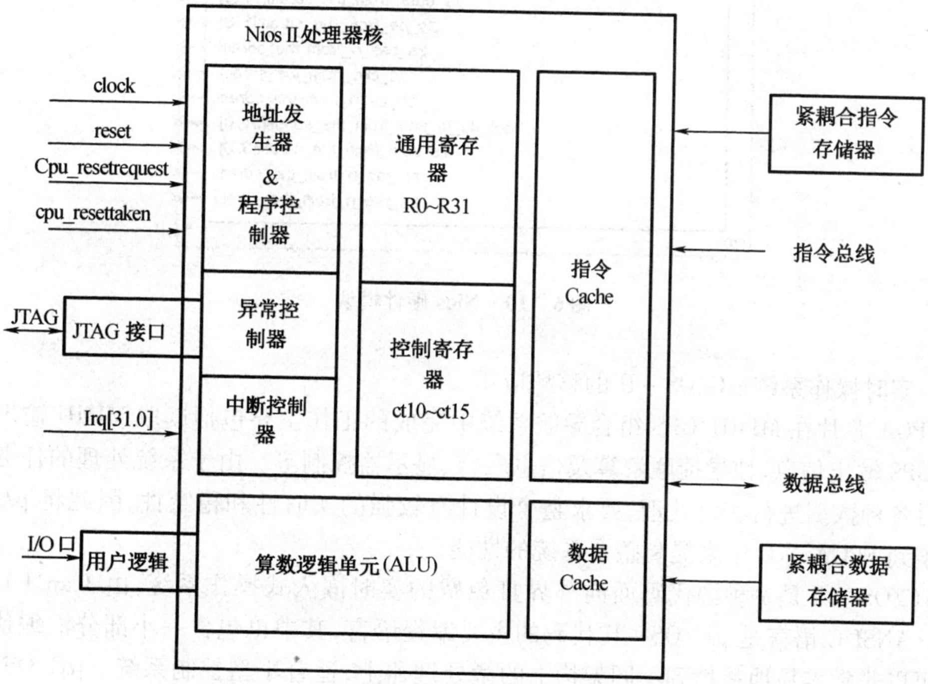

图 6-9 Nios Ⅱ 处理器结构

NiosⅡ系列处理器内核有三种:高性能软核(NiosⅡ/f),具有最高的性能的优化;精简软核(NiosⅡ/e),具有最小逻辑占用的优化;标准软核(NiosⅡ/s),是一种平衡于性能和尺寸的内核。NiosⅡ系统配备全套的软件开发工具,包括集成开发环境(IDE)、编译器、JTAG调试器、TCP/IP协议栈、实时操作系统(RTOS)等。

本系统NiosⅡ内核包括CPU、UART、PIO、SPI、sdram控制器、EPCS控制器、定时器内核等,内核元件图如图6-10所示。

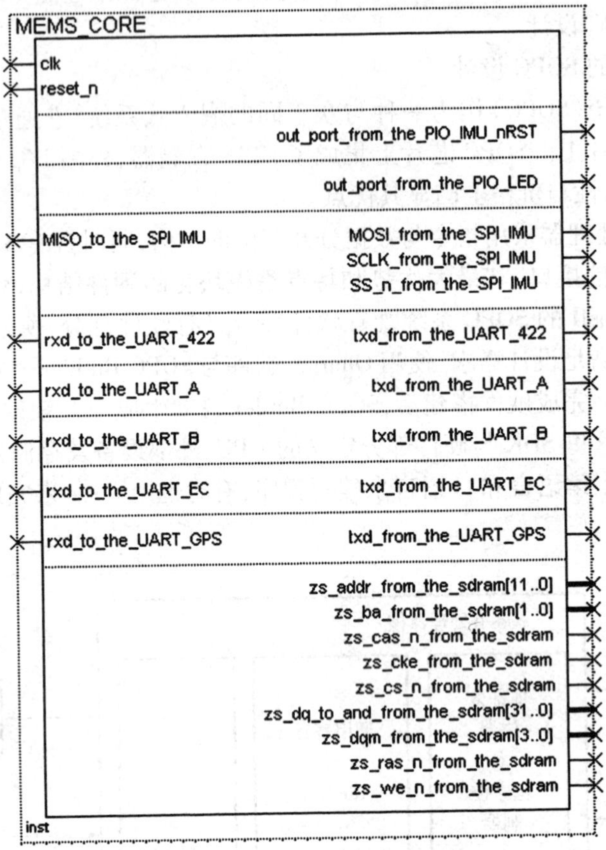

图6-10 Nios硬件模块

3. 实时操作系统μC/OS-II的移植应用

FPGA芯片在MIMU/GPS组合导航系统中完成的工作主要包括读取MIMU输出信息、读取GPS输出信息、惯导捷联解算及信息融合、显示器控制等。由于系统处理的任务较多,且要对各种数据进行实时处理,要求整个设计有较强的实时性和稳定性,因此将μC/OS-Ⅱ移植到FPGA芯片中来提高整个系统的性能。

μC/OS-Ⅱ是一种源代码面向外界且免费的实时嵌入式操作系统,由Jean J Labrosse编写。ANSI C语言是μC/OS-II代码的主要编程语言,其中也包含一小部分汇编代码,因此它可以非常容易地移植到不同架构上的微处理器上,适合小型控制系统。μC/OS-Ⅱ的优点包括较高的执行效率、较小的空间占用率,同时具有优良的实时性能、可扩展性也很强。作为一种优先级抢占型的实时多任务操作系统,μC/OS-Ⅱ能完成任务、时间、资源和内存管理等众多功能。μC/OS－Ⅱ可管理的优先级可达64个，其中系统占用和保留8个，用户最多可运行56个任务。任务中堆栈占用RAM内存较大，其中任务定义的局部变量、缓冲区占用空间的范围及可能中断嵌套数量决定了空间的大小。一般情况下，系统时钟频率决定了应用程序的时间精度，时钟频率设置在10～100 Hz范围内。

除上述提到的功能外，它还提供了信号量、消息队列、邮箱机制、时间相关函数等任务间进行通信同步操作等系统服务功能。

基于MEMS的导航系统中，在μC/OS－II操作系统环境进行程序设计和任务分配的基本步骤如下。

(1)考虑系统各方面工作要求，总的系统程序被分成一系列任务(Task)。这些任务包括采集IMU信号(SPI)、采集GPS信号(UART)、捷联解算及组合导航、通信调试(UART)，及将信息发送到OLED、LED显示等。

(2)定义各任务的任务堆栈。在μC/OS－II中，OS_STK的数据类型被专门用来定义任务堆栈。这里只需建立OS_STK类型的数组，并将数组长度设为TASK_STK_SIZE，同时确定TASK_STK_SIZE的大小，则完成了相应导航系统的任务堆栈的建立工作。

(3)定义任务优先级。定义各个任务的唯一的优先级，需要注意的是每个任务的优先级都要小于系统指定的优先级的最大值。

(4)定义相关的信号量、全局变量、函数声明及定义。应用程序包括各种传感器信息的采集程序、导航解算和信息融合程序及各部分电路间的通信程序等程序。这里将消息邮箱作为任务间参数值传递的主要方法。

(5)主函数中任务的初始化。主要完成消息队列和邮箱在初始任务中的建立。初始化程序负责完成其他所有任务的创建。

(6)打开操作系统，程序的运行主要通过系统的调度或中断方式来完成。本系统中，使用中断方式的有定时采样和UART，余下的任务则依据任务优先级的大小由操作系统统一调度。

6.2 微惯性稳定系统

稳定跟踪系统是一个复杂的多学科的技术密集综合体，它包含了惯性导航技术、微惯性传感器应用技术、数据采集及信号处理技术、精密机械设计技术、精密机构运动学和动力学建模和仿真技术、运动控制技术、闭环伺服控制技术、卫星通信技术以及系统工程技术等多项技术。对于稳定跟踪系统的研究，国外在理论和工程上都取得了重要的科研成果。这些先进的技术成果主要应用于西方发达国家的先进武器系统中，如坦克的炮塔稳定跟踪平台、海上导弹发射平台、移动红外探测器跟踪平台等。

微惯性稳定系统(Inertial Stabilized System)是采用微惯性测量技术来稳定运动体的姿态，例如，用于稳定活动基座卫星电视天线接收的捷联式微机械航姿系统。20世纪80年代末期，利用惯性姿态测量技术建立一个稳定的天线平台用来实时隔离运动载体的横滚、俯仰和方位角的变化以确保接收卫星信号天线的波束中心快速准确地对准卫星，从而实现运动中稳定通信的目的，从技术角度讲其条件已经成熟。在舰船和车辆等运动体上的接收天线，由于舰船和车辆自身的运动，或因波浪、不平地面的环境干扰，天线波束轴线无法时刻对准卫星射线方向，因而也无法正常接收卫星信号。为了实现在舰船和车辆上稳定地接收卫星信号,必须设法使天线波束轴线稳定地对准卫星射线方向,而不受舰船及车辆运动和环境颠簸的影响。低成本移动式卫星电视天线接收系统可安装在舰船、车辆等运动载体上,在舰船或车辆运动或静止状态下能自动跟踪卫星,正常接收卫星信号,同时成本较低。

6.2.1 两轮自平衡电动车的设计与实现

两轮自平衡电动车是一种新型的交通工具,它一改电动自行车和摩托车车轮前后排列方式,而是采用两轮并排固定的方式,这种结构将给人们带来一种全新的驾驭感受。两轮自平衡电动仅靠两个轮子支撑车体,采用蓄电池提供动力,由两个直流无刷电动机驱动,采用多处理器、姿态感知系统、控制算法及车体机械装置共同协调控制车体的平衡,仅靠人体重心的改变便可以实现车辆的启动、加速、减速、停止等动作。

这里以两轮自平衡电动车为研究对象,对其设计方法进行详细介绍,从而说明微惯性稳定系统的设计实现方法。

两轮自平衡电动车采用多处理器协同工作的硬件模式,通过对其硬件系统进行设计与调试,满足了电动车系统的控制要求。为了确定电动车运动姿态,设计了以硅微陀螺仪和加速计为传感器的姿态感知系统,并针对其传感器的误差模型,提出了利用卡尔曼滤波对电动车车体姿态进行最优估计的方法,此种方法可提高两轮自平衡电动车的控制精度。

两轮自平衡电动车的所有运动方式都以平衡控制为前提,因此,平衡控制是两轮自平衡电动车运动中的关键。利用拉格朗日方程建立了两轮自平衡电动车的动力学模型,并在此基础上设计了基于线性二次型最优调节器(LQR)的自平衡控制器,以此实现电动车的平衡控制。针对两轮自平衡电动车控制系统响应快、任务多等特点,设计出了基于 μC/OS－II 操作系统的控制系统软件,使得系统的实时性得到了很大程度的提高。

6.2.2 两轮自平衡电动车的关键技术

1. 系统设计

两轮自平衡电动车的系统设计包括机械结构设计、硬件系统设计和软件系统设计。在结构上保证了电动车的合理性,才能够减少控制系统由于电动车结构设计的不合理而造成的控制的复杂化;硬件系统和软件系统的设计必须满足两轮自平衡电动车的控制要求。

2. 数学建模

全面完整的建模,有助于设计控制器,提高系统的性能。系统建模的重点在动力学方面,主要采用 Lagrange 方程与牛顿力学的方法,已有的动力学建模方法通常没有考虑偏航运动对车轮转动的影响、电机对建模的影响、电动车本体所受到的广义外力。由于两轮自平衡电动车是一个典型的非线性、高阶次系统,线性化问题对系统性能的影响不容忽视。

3. 自平衡控制算法

两轮自平衡电动车属于本征不稳定系统,运动的前提是实现电动车自身的动态自平衡,以及电动车遇到干扰时,如何快速恢复、保持自平衡。针对 PID、极点配置等传统控制算法,动态响应不理想、抗干扰能力较差,控制效果不能达到最优,研究最优控制算法,以提高电动车的自平衡性能和抗干扰能力。

4. 姿态感知系统

两轮自平衡电动车通过姿态感知系统来实时地监测当前的运动姿态,对于两轮自平衡电动车,能够精确地检测出当前车体的倾斜角度,实现有效控制。虽然现在有很多测量角度的技术，但是在实时性，经济性还不够理想。利用硅微陀螺仪和加速度计等惯性传感器组成的姿态感知系统，能够实时、准确地检测两轮自平衡电动车的倾斜角度。然而，由于惯性传感器本身的固有特性，随着时间、温度的外界变化，会产生不同程度的漂移，必须通过一些滤波方法，对陀螺仪和加速度计的采集数据进行融合，使测量的角度与角度真值吻合。

6.2.3 两轮自平衡电动车机械结构与硬件系统设计

两轮自平衡电动车系统设计包括机械结构设计、硬件系统设计、电动机控制器设计、姿态感知系统设计、控制算法及相关软件设计几个部分。本书在这里重点阐述系统机械结构设计和基于 MEMS 惯性传感器两轮自平衡电动车姿态感知系统设计。

1. 机械结构设计

在本课题所设计的坐式两轮自平衡电动车的机械结构中，采用了导轨、滑块、连杆等一些机械构件，解决了由于驾驶方式的变化所带来的操控问题。两轮自平衡电动车机械结构图如图 6 - 11 所示，驾驶座椅与车架固联，车架下方安装了滑块，这样可以使驾驶座椅与车架随滑块一起在导轨上滑动；在踏板的两侧分别安装有导轨以及两个直流无刷电动机；方向盘被固定在操纵杆上，在杆的底部通过铰链与踏板相连，杆的中部通过连杆与车架相连；在踏板的前部以及车架的后部各装有两个支撑轮，对电动车起到了支撑和保护的作用；48 V 12 AH的蓄电池以及控制电路板则位于驾驶座椅的下方。

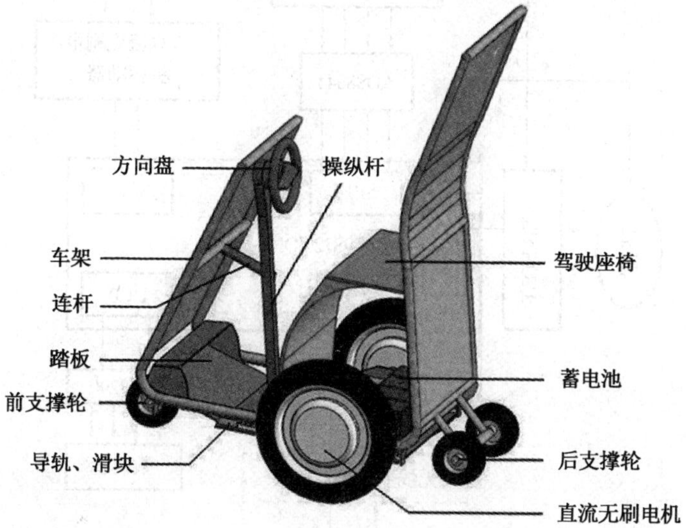

图 6 - 11 两轮自平衡电动车机械结构图

驾驶者在驾驶两轮自平衡电动车时，如果想要使电动车前进或者后退，那么只需向前推或者向后拉方向盘，由于连杆和导轨的作用，会使车架、驾驶座椅以及驾驶者一起前移或者后移，从而使整个车体的质心移动。如果质心前移，车体会前倾，由于控制器的作用，会使两个车轮向前转动，产生一个抵抗倾倒的力矩使车体保持平衡，这就实现了电动车的前进；同理可知，当车体质心后移时，电动车则可以向后运动。

两轮自平衡电动车使用了两台直流无刷电动机，这种电机是市场上的电动车广泛采用的。本课题所使用的无刷电机为三相电机，内部安装有转子位置传感器，可以输出 3 路转子位置信号;额定工作电压为 48 V、额定功率为 500 W。由于电机采用了一体式的设计,所以在两轮自平衡电动车的机械结构中可以省去一些传动机构,使得其结构更为简单,更加有利于加工制造。

图 6-12 直流无刷电动机实物图

2. 系统硬件设计

两轮自平衡电动车在行进过程中需要对传感器数据进行实时测量,并且对这些数据进行处理后,再经过一系列控制算法计算出施加在左右两个电机上的电压并发出对电机控制信号,完成这一功能的器件是微控制器。为了实现对两轮自平衡电动车实时、高效控制,要求微控制器具有较高的处理速度,并且应拥有较多种类的通信接口,如 SCI,I^2C,SPI,CAN 等,以便于系统的扩展与数据传输。这里选用了飞思卡尔电子公司的双核处理器 MC9S12XDP512 作为硬件系统的主控制器,如图 6-13 所示,系统硬件包括有单片机最小系统板、供电电路、传感器模块、双直流无刷电动机驱动器、方向盘数据读取模块、A/D 转换电路以及各种接口电路和显示电路。

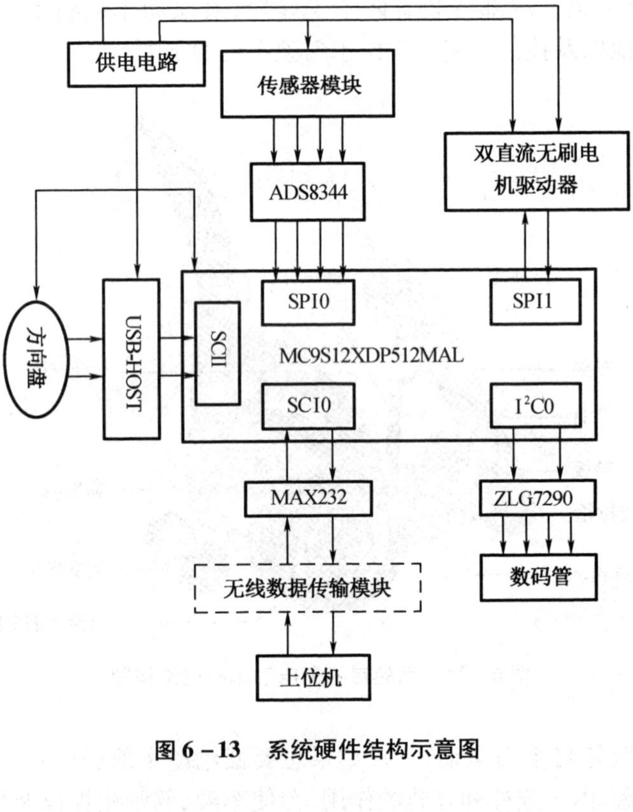

图 6-13 系统硬件结构示意图

3. 主控制器

硬件系统的主控制器选用了飞思卡尔公司的双核处理器 MC9S12XDP512。带协处理器的 MC9S12X 系列单片机是 MC9S12 系列单片机的更新换代产品,MC9S12 目前已有 8 个系列几十个品种。S12X 系列单片机比 S12 速度更快,在 S12 单核 CPU 的基础上增加了 XGate 协处理器,专门用来处理中断和 I/O,可大幅提高实时系统的性能。

S12X 系列单片机的中央处理器 CPU12X 由以下 3 个部分组成:算术逻辑单元 ALU、控制单元和寄存器组。通常外部采用 16 MHz 石英晶体振荡器,通过内部锁相环使片内总线速度达 40 MHz 或 50 MHz。而协处理器 Xgate 采用精简指令流(RISC)结构,速度比主 CPU 快一倍,响应中断也快。协处理器 Xgate 与主 CPU 通过双口 RAM 交换数据。对于双 CPU 系统可能会有的竞争问题,S12X 单片机采用了 8 个内部的硬件信号量(semaphore)予以解决。

S12X 和 Xgate 协处理器 CPU 都是 16 位,基本寻址空间是 64 KB,定义一个指针变量只占用 2 个字节,比 32 位代码效率高。而内部寄存器简单,任务切换时为保护现场而入栈的寄存器少,仅为典型 32 位内核 ARM 的 1/7 ~ 1/8,从而应用程序对内存的资源需求比 32 位机少得多,容易实现应用系统的单片化。

MC9S12XDP512 最多有 3 个 8 路,即 24 路 10 位精度 A/D 转换器。MC9S12XDP512 内部有 5 个控制器局域网(CAN)模块,每个 CAN 有 2 个接收缓冲区和 3 个发送缓冲区。每个 CAN 有发送(TX)、接收(RX)、出错和唤醒等 4 个独立的中断通道。CAN 模块具有自检功能,有低通滤波,有唤醒功能。CAN0 通道不用做 CAN 时,可多一条 J1850 通道。MC9S12XDP512 拥有增强型捕捉定时器。

电压调整模块用于单片机内部提供合适的电源电压。整个单片机外部供电电压为 5 V,I/O端口也是按 5V 供电的逻辑电平设计的,但芯片内部是用 2.5 V 供电,因此该模块产生片内需要 2.5 V 的电压。

单线(Single Wire)BDM 调试模块用于通过 BDM 调试器对片内的 Flash 进行在线编程和擦除,也可以通过该模块在程序运行时动态地获取 CPU 寄存器的状态和信息,用于应用程序的调试。

时钟产生电路产生内部各模块需要的各种时钟,需要加外部晶振。锁相环电路用于产生高于外部晶体振荡器频率的时钟,这是通过片内的压控振荡器产生高于外部时钟频率数倍的振荡,再通过锁相环电路将频率稳定在某一确定的频率上来实现。

系统集成模块 SIM(System Integration Module)接收可屏蔽中断(IRQ)和非可屏蔽中断(XIRQ)的输入信号,接收单片机复位后的运行模式选择信号。根据 MODA、MODB 及 BKGD 引脚复位时的电平状态,单片机可进入单片方式、扩展方式或特殊方式。

4. 供电电路

供电电路采用美国国家半导体(National Semiconductor)生产的 3A 电流输出降压开关型集成稳压芯片 LM2576HVT-12 来实现 48 V 到 12 V 的转换。LM2576 系列开关稳压集成电路是线性三端稳压器件(如 78xx 系列端稳压集成电路)的替代品,内含固定频率振荡器(52 kHz)和基准稳压器(1.23 V),并具有完善的保护电路,包括电流限制及热关断电路等,利用该器件只需极少的外围器件便可构成高效稳压电路;具有可靠的工作性能、较高的工作效率和较强的输出电流驱动能力,从而为 MCU 的稳定、可靠工作提供了强有力的保证。其中,LM2576HV 系列的最大输入电压可以达到 60 V,转换效率为 88%,最大输出电流为 3 A。

如图 6-14 所示,由 LM2576 构成的基本稳压电路仅需四个外围器件,电感 L_2 的选择要根据 LM2576 的输出电压、最大输入电压、最大负载电流等参数选择,本电路中 L_2 为 200 μH。该电路中的输入电容 C_4 一般应大于或等于 100 μF,安装时要求尽量靠近 LM2576 的输入引脚,其耐压值应与最大输入电压值相匹配。而输出电容的值应依据下式进行计算(单位 μF):

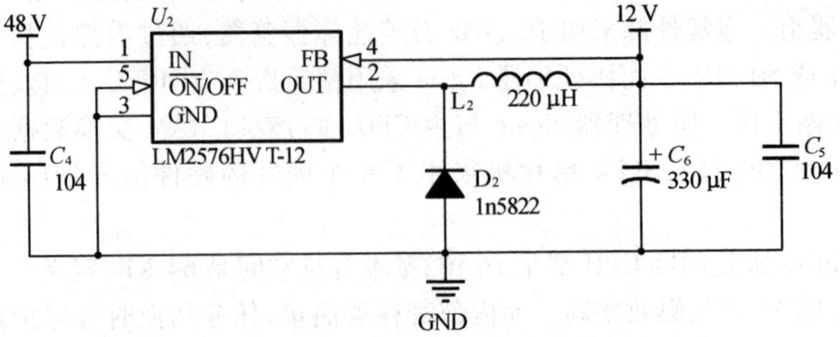

图 6-14　LM2576 稳压电路图

$$C \geqslant 13\ 300 V_{in}/V_{out} \times L \tag{6-1}$$

上式中，V_{in}是 LM2576 的最大输入电压，V_{out}是 LM2576 的输出电压，L 是查表选出的电感 L_2 的值，其单位是 μH。电容 C_6 的耐压值应大于额定输出电压的 1.5~2 倍，对于 12 V 电压输出而言，可以使用耐压值为 25 V 的电容器。二极管 D_2 的额定电流值应大于最大负载电流的 1.2 倍，考虑到负载短路的情况，二极管的额定电流值应大于 LM2576 的最大电流限制。二极管的反向电压应大于最大输入电压的 1.25 倍，本电路中选用的是肖特基二极管 LN5822。

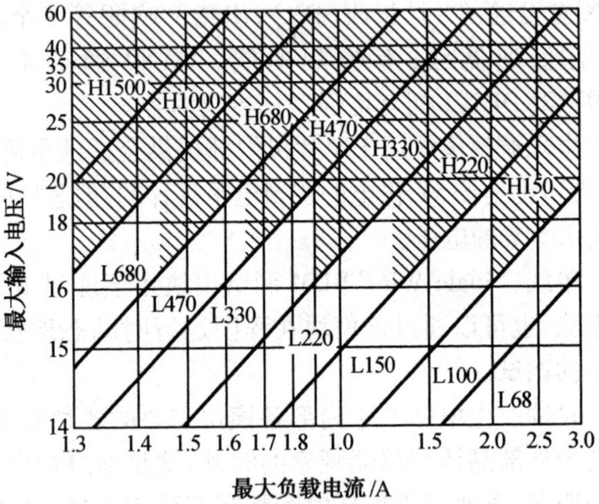

图 6-15　电感值选取图

为了产生 5 V 的隔离电压，采用了广州金升阳科技(MORNSUN)生产的隔离型电源模块 VFB1205MP-6W，该模块的额定输入电压为 12 V、输出电压为 5 V、最大输出电流为 1 200 mA、转换效率为 75%、输入与输出之间的隔离电压为 1 500 V。值得注意的是，输出电容的值不能过大，较大的电容值会使模块的启动延时时间增加或无法启动；电容的值应不大于 1 000 μF，在这里选取电容为 680 μF。

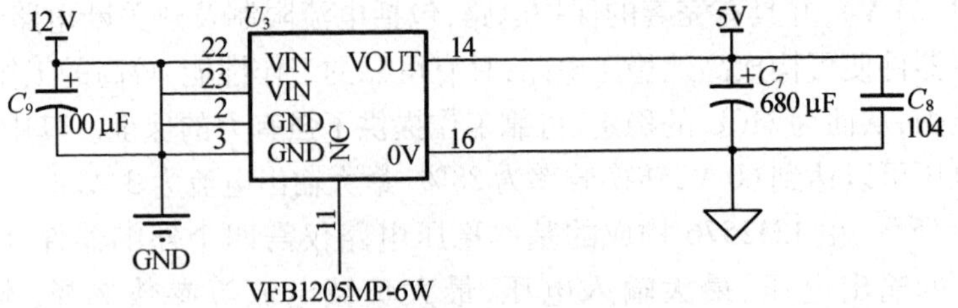

图 6-16　5 V 隔离电源电路原理图

5. A/D 转换电路

虽然 MC9S12XDP512 自带了 24 路 10 位 ADC,但是为了提高传感器的数据的测量精度,采用了一款 16 位、SPI 接口的 ADC—ADS8344。ADS8344 是一款高性能、低功耗的 ADC,采用2.7 ~5 V 单电源供电,最大采样频率为100 kHz,信噪比达84 dB,自带采样/保持电路,包含8 个单端模拟输入通道(CH0 ~ CH7),也可合成为 4 个差分输入。参考电压 VREF 的范围为 500 mV ~ VCC,相应的每个模拟通道的输入为 0 V ~ VREF。ADS8344 电路原理图如图 6 – 17 所示。

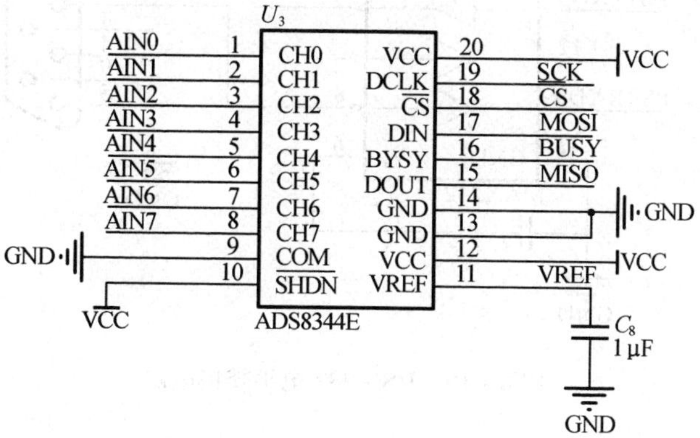

图 6 – 17 ADS8344 电路原理图

为了保证 ADC 的转换精度,本课题采用 MAX4230 对每一路的输入信号进行调理缓冲及阻抗匹配。MAX4230 放大器可以提供 10 MHz 带宽,2 V/μs 转换速率、满摆幅的输入与输出,以及在 5 V 电压或低至 2.7 V 电压下运行的能力。MAX4230 的偏置电流典型值为 50 mA,可以在不影响精度情况下具有相当高的输入阻抗。MAX4230 电路原理图如图 6 – 18 所示。

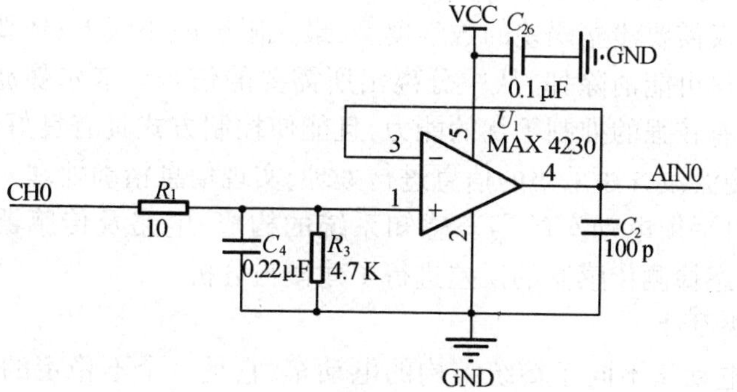

图 6 – 18 MAX4230 电路原理图

6. RS – 232 电平转换电路

为了实现与上位机的数据通信,本课题利用单片机的 SCI0 接口经 MAX232 进行 RS – 232 电平转换后与 PC 机的串口相连。SCI 的接收和发送都有独立的使能和中断位,串口数据发送和接收过程可以通过中断方式或查寻方式。在全双工模式下,两者可以独立或同步运行。

为了确保数据的完整性,SCI 模块可以检查接收数据的断点、校验位和帧错误。

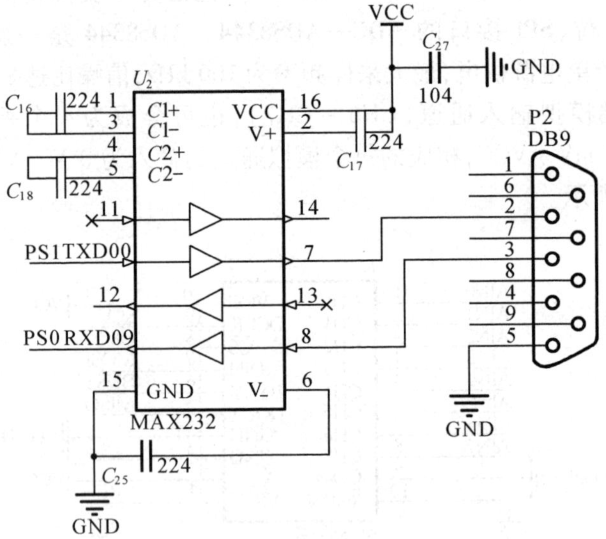

图 6－19　RS－232 电平转换电路

6.2.4　姿态感知系统设计

两轮自平衡电动车的动态自平衡和其他运动控制需要针对电动车的状态及周围的环境信息进行检测。也就是说电动车主控制单元必须对自身工作姿态、工作环境和任务信息进行实时的处理,才能通过控制策略完成相应的控制任务。两轮自平衡电动车作为一个独立的控制系统,需要对它的运动姿态的速度、角度和加速度等信息有准确的估计,以实现对电动车车体的动态平衡的控制与运动控制。

由于姿态感知系统采用的传感器极易受到噪声、温度等环境因素的干扰,导致测量数据不准确,因此不仅需要建立误差的数学模型,最大限度减小误差;还要对测量数据进行滤波,把受到的干扰尽可能消除掉,从中分离出所需要的信号。卡尔曼滤波在处理信息方面应用非常广泛,具有较强的抑制干扰的能力,且能使控制方式具有良好的动态性能,因此很多系统采用卡尔曼滤波方法采集的信息进行处理,实现信息精确处理。

本章对两轮自平衡电动车的姿态感知系统的构成,电路及传感器数据标定进行了研究,并对电动车姿态检测传感器的误差进行了建模与分析。

1. 传感器模块设计

两轮自平衡电动车不同于传统结构的电动车,它是一个不稳定的非线性系统,需要不断地调整自身的角度,来达到动态平衡的结果。对于两轮自平衡电动车,要首先保证车体在运动中能够保持自身的动态平衡。通过不断地测量车体的相对水平面的倾斜角度,再将其调整到合理的位置,就可以实现电动车的自身平衡。虽然现在有很多测量角度的技术,但是在应用范围、测量精度和实时性对于两轮自平衡电动车还不够理想。而惯性姿态导航系统不依赖于任何外部信息,也不向外部辐射能量的自主式导航系统。它通过测量载体在惯性参考坐标系的加速度,然后将其对时间进行积分并变换到导航坐标系中,就可得到导航坐标系中的速度、角度和位置等信息。MEMS 惯性器件具有体积小,抗冲击,可靠性高,寿命长,成本低等优点,是一类非常适于构建微型捷联惯性导航系统的惯性传感器。加速度计测量的是相对于惯性空间的惯性加速度,与加速度计刚性相连的陀螺仪测量的是加速度计在惯性空间的旋转速率。对旋转速率进行积分就可得到加速度计敏感轴在惯性空间的方位变化的信息。因此陀螺仪用于确定一个物理坐标系。加速度计用于确定由惯性力引起的在这个物理坐标系中的运动。本课题设计了基于 MEMS 惯性传感器两轮自平衡电动车姿态感知系统,利用陀螺仪和加速度计惯性传感器组成惯性测量单元,用于检测电动车当前的倾斜角度和角速度,然后送到主控制单元来控制电机实现两轮自平衡电动车的平衡。

2. 加速度计

这里采用一款高精度双轴加速度传感器 SCA100T 来对车体倾角进行检测,其实物图与检测电路原理如图 6-20 所示。SCA100T 是芬兰 VTI Technologies 公司利用 MEMS 微电子技术开发生产并于 2005 年最新推出的一款加速度传感器,体积小,重量仅为 1.2 克。该器件内部包含了一个硅敏感电容传感器和一个 ASIC 专用集成电路,ASIC 电路集成了 EEPROM 存储器、信号放大器、A/D 转换器、温度传感器和 SPI 串行通信接口,组成了一个完整的数字化传感器。传感器在温度和时间方面可靠性和稳定性极高,具有仪表级的良好性能,其广泛的温度范围,高负荷和高抗震性、低噪音、高分辨率以及较强的抗冲击性能使之在双轴平台调平、倾斜测量、垂直方向各种角度测量方面得到广泛应用。

该传感器每个轴可检测 ±90°之间的倾角,所对应的输出电压为 0.5~4.5 V。

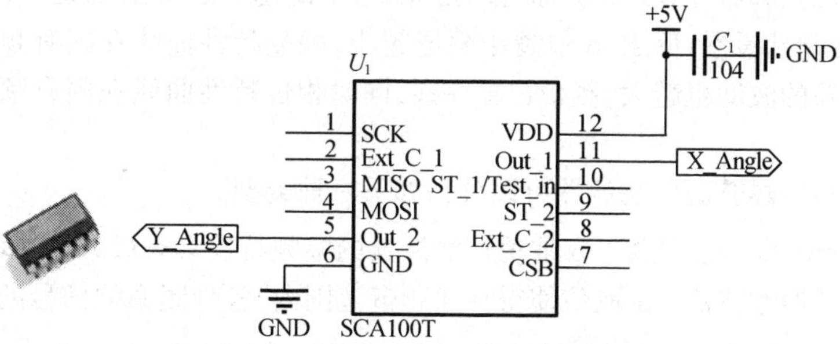

图 6-20 SCA100T 及其检测电路原理图

3. 陀螺仪

这里所使用的角速度传感器采用美国 ADI 公司基于微电子机械系统(MEMS)技术的单轴陀螺仪 ADXRS613,其实物图与检测电路原理图如图 6-21 所示。

ADXRS613 的结构简单、体积小、重量轻、成本低,测量范围可达 ±150 °/s,零位电压为 2.50 V,灵敏度为 12 mV/(°/s)。

4. 传感器模块的低通滤波器设计

为了提高输出的稳定性和抗干扰性,在每路加速度计输出及陀螺仪输出上添加一个低通滤波器。低通滤波器设计要求截止频率为 50 Hz。

低通滤波器的数学模型为

$$A(s)=\frac{A_0\omega_n^2}{s^2+\frac{\omega_n}{Q}s+\omega_n^2} \tag{6-2}$$

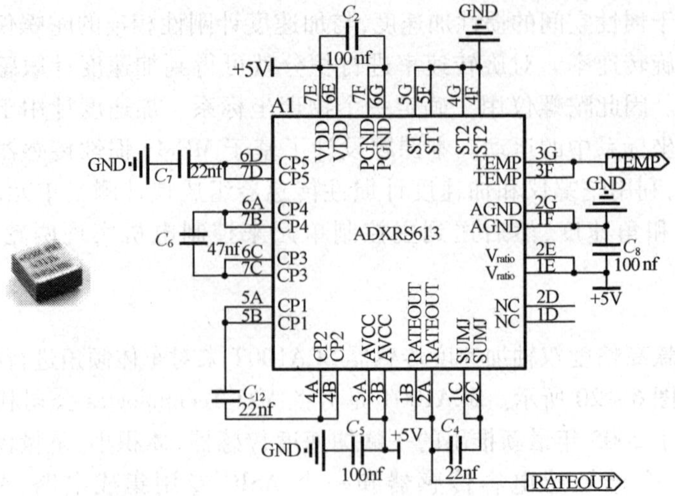

图 6－21　ADXRS613 及其检测电路原理图

式中　A_0——通带增益；

Q——品质因数，$Q=\dfrac{\omega_0}{\Delta\omega}$是谐振频率 ω_0 与带宽 $\Delta\omega$ 之比。

品质因数的倒数，即 $\alpha=1/Q$ 称为阻尼系数，α 值越大系统阻尼越大，幅频特性和相位特性曲线的变化越缓慢；反之，α 值越小阻尼越小，幅频特性曲线在固有频率附近的突起越明显，通带增益的波动也越大，频带也窄一些，同时相位特性曲线在固有频率附近也变得比较陡峭。

根据阻尼系数的选择，滤波器可以分为如下三种类型。

（1）Butterworth 型滤波器　α 取值使滤波器的幅频特性具有最大的平坦区，$\alpha=\sqrt{2}$。

（2）Bessel 型滤波器　α 取值使得在通频带范围内，各种频率的信号的相移与频率呈线性关系。由于阻尼更大，其幅频特性不存在过冲现象，但平坦区小一些，$\alpha=\sqrt{3}$。

（3）Chebyshev 型滤波器　α 取值使得滤波器的幅频特性有规定的起伏，$\alpha=1.157$。

本课题采用 Butterworth 模型，因为 Butterworth 这种类型具有平坦的通带特性，而且在过渡带也有良好的相位特性。由于 Butterworth 滤波器的阶数越高，过渡带越窄，因此本课题选用 8 阶 Butterworth 滤波器 MAX291 来实现对传感器信号的滤波，滤波器硬件电路图如图 6－22 所示。

MAX291 是 MAXIM 公司生产的 8 阶 Butterworth 型开关电容式有源低通滤波器，其截止频率可以在 0.1 Hz～25 kHz。开关电容滤波器需要靠一个时钟来驱动电路工作，该时钟的频率应为 3 dB 截止频率的 100 倍，可以采用外时钟或者内时钟两种方式。在该电路中采用了外接时钟的方式，利用 CD4060 对 5.12 MHz 的时钟进行分频，得到频率为 5 kHz 的时钟作为 MAX291 的驱动时钟来实现 50 Hz 的截止频率。

5. 传感器数据标定

（1）零点的标定 零点即传感器在没有任何输入的情况下，稳定输出的电压值。惯性测量单元在使用中需要找到传感器数据输出的零点，来获得有效信号电压值。

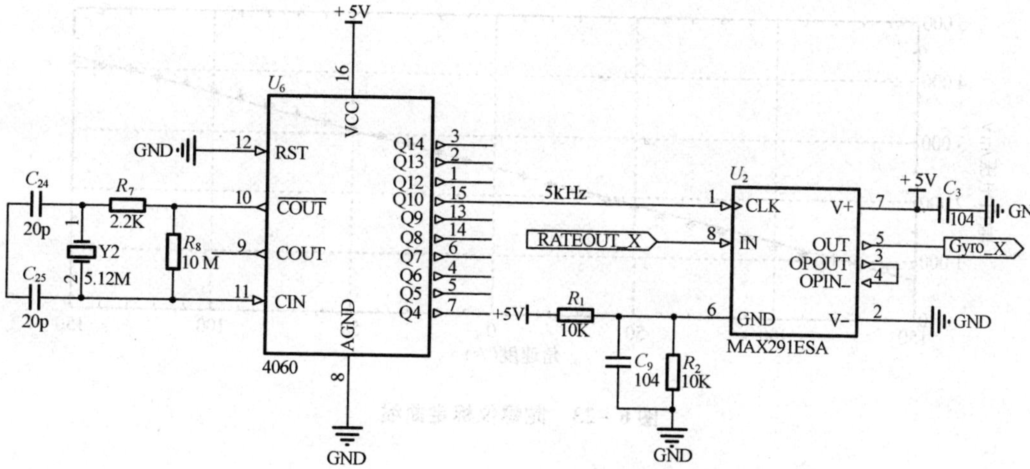

图 6-22　Butterworth 滤波器硬件原理图

$$V_{\text{signal}} = V_{\text{sample}} - V_0 \tag{6-3}$$

式中　V_{signal}——有效信号电压值；

V_{sample}——采样所得电压值；

V_0——零点电压值。

由式(6-3)可知，这个零点的确定将决定数据处理部分的输入信号，即便是微小的零点偏差，也会在后期的数据处理中积累出较大的误差。

IMU 需要零点标定主要有以下原因：

传感器自身性能差异，不同传感器之间性能差异导致零点不同；硬件设计的低通滤波器增益差异，这是由于电子器件性能差异引入的；工作环境如温度等的不同，会导致传感器零点的偏移。

(2)刻度因数的标定

传感器输出电压与真实信号有一个比例关系，即刻度因数。传感器的数据手册中一般会标注刻度因数的典型值和变化范围，但是由于传感器之间参数差异以及引入滤波器增益差异等原因，需要进行额外的标定。

对加速度计的标定的过程相对简单，只需要测量其在重力影响下的电压输出。

由表 6-2 可知，当倾角变化 90°时，输出电压大约变化 2 000 mV。

表 6-2　加速度计实际输出

倾角/(°)	-90(-1g)	0	90(1g)
输出电压/mV	474	2 475	4 473

由图 6-23 可知，陀螺仪 ADXRS613 的零点为 2. 451 V，刻度因数为 11. 8 mV/(°/s)，陀螺仪实际输出如表 6-3 所示。

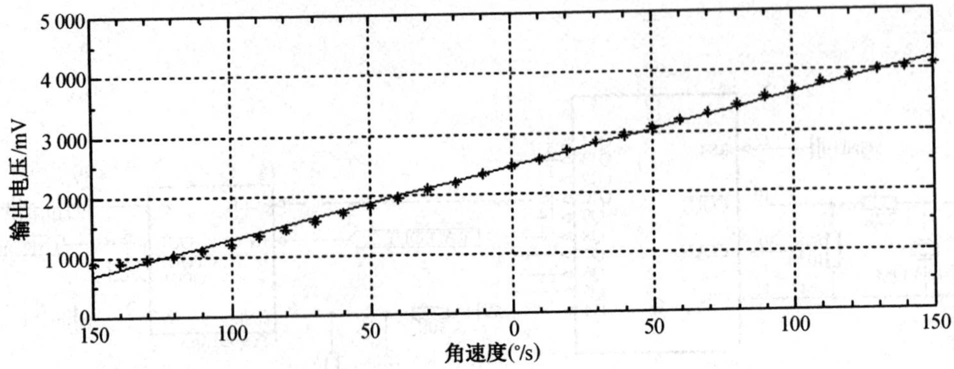

图 6-23　陀螺仪标定曲线

表 6-3　陀螺仪实际输出

角速度/(°/s)	-150	-140	-130	-120	-100	-90	-80	-70
输出电压/mV	880	901	942	1 001	1 098	1 200	1 325	1 438
角速度/(°/s)	-60	-50	-40	-30	-20	-10	0	10
输出电压/mV	1 690	1 821	1 942	2 072	2 187	2 312	2 445	2 573
角速度/(°/s)	20	30	40	50	60	70	80	90
输出电压/mV	2 696	2 823	2 938	3 070	3 189	3 310	3 431	3 561
角速度/(°/s)	100	110	120	130	140	150		
输出电压/mV	3 678	3 801	3 903	4 001	4 065	4 102		

第7章 基于微惯性系统的组合导航技术

7.1 微惯性组合导航系统的基本原理

MIMU是一种基于MEMS技术的低成本惯性测量系统,以其体积小、成本低、功耗小的特点在低精度导航应用领域得到广泛应用。然而由于目前MEMS惯性器件的精度水平还比较低,误差随时间的积累较快,因而MIMU还不足以独立作为导航设备。单独的微惯性导航设备无法满足实际应用的要求,而组合导航系统将各种辅助导航设备结合在一起,扬长避短,已成为新一代导航系统的必选。现在已经有多种辅助导航设备可供选择,例如卫星导航系统、天文导航系统、大气数据系统、磁强度传感器等。组合导航是指两种或两种以上导航技术的组合,由于每种单一的导航系统都有各自的独特性能和局限性,几种不同的导航系统组合可以通过利用多种信息源互相补充,增加目标特征矢量的维数,提高信息的可信度,提高系统的容错能力,最终有效提高整个系统的性能。已有理论证明,通过多个导航系统信息融合获得对环境或目标状态的最优估计,不会使整个系统的性能下降,即组合系统的性能不会低于单一导航系统的性能。组合导航技术采用某些来自导航系统以外的附加导航信息源以提高微惯性导航系统的精度。目前组合导航已成为导航技术领域的一个重要方向。

组合导航的基本思想是将惯性导航系统的输出信号与独立测量的由其他导航系统导出的相同的量进行比较,然后根据这些测量值的差异通过卡尔曼滤波器等信息融合方法给出对惯性导航系统误差的实时估计。通过适当的校正方式,对惯性导航系统进行修正,就有可能获得比单独惯性系统更高的导航精度。

GPS卫星导航具有定位精度高、速度快及精度稳定的优点,但其动态可靠性差,易受外部干扰,并且会受到美国政府GPS政策限制。通过将微惯性导航系统与GPS卫星导航相组合,既能克服GPS存在的易受干扰的问题,又能显著提高微惯性导航系统的精度,实现二者的优势互补。微惯性/GPS组合是目前微惯性组合导航系统的主要应用方式。这种组合导航系统通常采用两种具有互补特性的独立信息源:通常是用一种信息源提供时间短精度高的数据,而第二种信息源提供时间长、稳定性高的数据。例如,无线电信标可以在离散时间间隔内提供精确的位置坐标,因此就限制了惯性导航系统的长时间漂移。同时,惯性系统提供各坐标之间的低噪声连续导航数据,这些数据在短时间内是精确的,且不受外部干扰的影响。

概括地说,现有的各种辅助导航设备可以分为以下几类。

(1)外部测量值:接收信号或观察需要导航的运载体外面的物体所获得的测量值,如由无线电辅助导航设备、卫星、星体跟踪或地面雷达跟踪器提供的观察结果。有的情况下,数据可以在运载体行进过程中传递给运载体,有的时候要有“接收机”或“观察器”接收观察结果。这种辅助导航设备通常提供一个位置坐标,该位置坐标可以用运载体的经度和纬度或相对当地参考坐标系的坐标值来表示。

(2)机械测量值:需要导航的运载体上的附加敏感器给出的测量值。这种辅助导航可以由高度表、多普勒雷达、空速表、磁敏感器、雷达或光电成像系统提供。这些敏感器可以用于提供姿态、速度或位置修正,其中每一种修正都可以用于改进惯性导航系统的工作质量。

图7-1给出组合导航系统的基本原理框图。组合导航系统是由微惯性测量单元(MIMU),GPS等辅助导航设备、导航计算机、显示屏和电源等部分构成。组合导航系统是一个多信息融合系统,能够对各种传感器数据进行采集和处理。组合导航系统是以导航计算机为核心,采用各种估计算法作为理论基础,将各种单一导航系统的导航信息采入计算机,经过综合处理以后,得到最佳的导航参数,形成一个相互联系的结构。组合系统不但提高了导航信息的精度,还提高了系统的可靠程度。嵌入式计算机技术的飞速发展为组合导航计算机的实现提供了各种高速、高精度、小型化和低功耗的形式。导航计算机的微小型化为微惯性组合导航系统的实现创造了条件,目前有各种各样的嵌入式计算机可供选择。组合导航系统的信息融合算法是实现高性能微惯性组合导航的关键。随着以MEMS为代表的惯性测量技术的发展,基于组合导航应用背景的数据融合技术得到迅猛发展,近些年的成果主要集中于以下三方面:

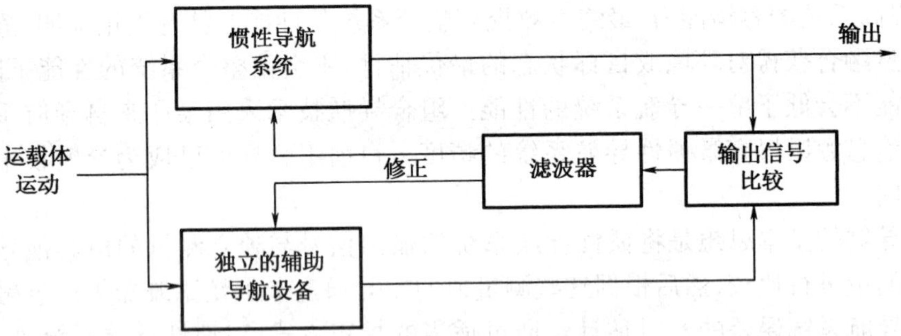

图7-1　组合导航系统的基本原理

(1)线性卡尔曼滤波及EKF(Extended Kalman Filter);

(2)基于采样的滤波器,如UKF(Unscented Kalman Filter)和PF(Particle Filter);

(3)基于人工智能的方法,如人工神经网络和自适应模糊信息系统。

目前,模糊技术、神经网络和遗传算法是计算智能领域的三大重要信息处理方法和计算工具,以它们为基础的信息处理融合与协作技术已引起国内外学者的广泛关注,基本上引导了当今信息融合技术的发展趋势。

人工智能系统的特色在于知识的逻辑推理,神经网络的长处在于知识的获取。因此可利用人工智能和神经网络的互补性质构造高性能的智能系统,尤其是利用神经网络的学习算法自动生成专家系统的知识库。专家系统也可以为神经网络的权重和结构设置初值,并保存在数据库系统中。目前已有不少研究工作将人工智能方法引入随机类方法中,如将模糊逻辑、专家系统、神经网络等与卡尔曼滤波的结合、贝叶斯估计及小波变换的结合等,效果显著。可以预见神经网络与人工智能等新概念、新技术在信息融合中将起到越来越重要的作用,已形成今后信息融合算法的研究趋势。

7.2　微惯性组合导航系统的实现形式

微惯性导航/GPS组合存在的一个问题是当载体处于低动态的情况下，航向角误差量可观性差，从而限制了其提供航向参考的能力。磁强计是一种测量磁场强度及磁场方向的传感器。向量型的三轴磁强计能够测量不共面的三个方向上地磁分量的强度，从而获得地磁矢量的方向和强度，由此最终可计算得到载体的航向信息。将磁强计加入到微惯性导航/GPS组合系统中，把从磁强计的测量数据计算得到的航向角信息引入到组合导航模型的量测量中，能够保证载体在任何运动状态下航向角均可观，同时冗余信息的引入也可以加快载体初始对准的过程。MIMU/GPS/磁强计组合系统是以MEMS器件为核心部分，辅助以GPS、磁强计来实现载体姿态及其他参数的精确测量。系统采用MEMS技术和微电子技术等从根本上改变了传统的惯性测量单元的设计思想和制造方法，将微机械陀螺仪、微机械加速度计、GPS、磁强计及检测、处理电路一体化，因而具有体积小、重量轻、成本低、可靠性高、能承受恶劣的气候环境和机械环境、便于批量生产、精度适中等优点。由于其广阔的应用前景，国内外已经对其进行了深入研究，并将其应用于无人机、飞行器上作为航姿系统，国内相关科研机构也在开展相关研究并取得一定的成果。图7－2为MIMU/GPS/磁强计组合导航系统原理框图。

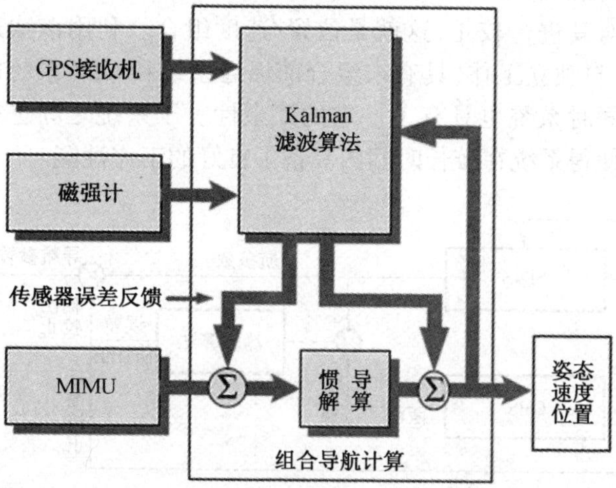

图7－2　微惯性组合导航系统结构框图

MIMU/GPS/磁强计按照以下流程进行解算：

首先，MIMU的陀螺、加速度计输出相应的量测信息，并进行惯导解算求得速度位置和姿态信息，GPS接收机接收卫星信号并解算出速度和位置信息，磁强计输出经过解算后得到的航向角信息；然后将上述三类解算后的信息输入卡尔曼滤波器，经过滤波后得到状态误差量的信息，将速度位置和姿态误差加入惯导解算中进行反馈补偿，这样便可以得到经过组合滤波补偿后较为精确的导航结果。

将两个子系统进行组合时具有多种工作模式。按照组合深度的不同，包括松耦合式（也称浅组合）和紧耦合式（也称深组合）。

7.2.1 松耦合组合模式

松耦合式，是指各导航系统之间各自独立工作，每个导航子系统互不影响，将各自的量测信息引入，经过状态估计，使估计出来的导航参数值逼近最优或者次优。该方式的优点是没有各导航系统的校正，导航信息具有一定的冗余特性，工作比较简单，所以非常容易在工程上实现。组合后的各子系统具有自己的特点，它仅影响着单独子系统进行导航工作时的精度。松耦合式具有的典型方法：一种是GPS重调法，另一种是位置/速度组合法。

1. GPS重调法

在组合导航研究初期，一般采用重调法，该法的使用非常容易。在应用重调法进行捷联惯性组合导航系统的设计时，总是假定GPS系统在导航时的精度比惯性导航系统的精度要高一些。设计该方式的组合系统，惯性系统的参数信息不进行输出，取而代之的是将经过处理的GPS参数用于导航，不仅抑制了陀螺偏差，还使整个系统的精度包含在GPS系统的误差区间内。

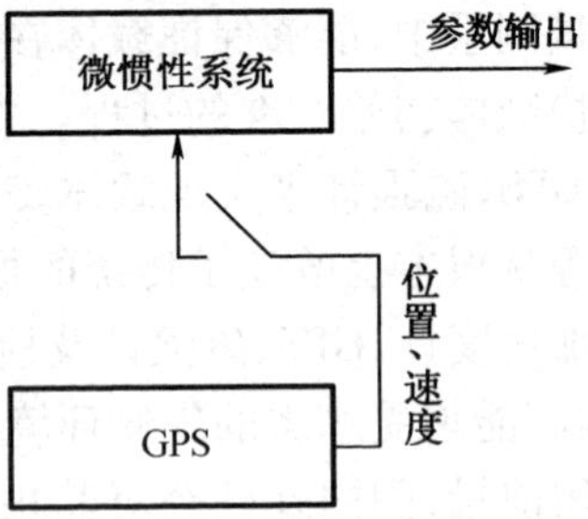

图7-3 GPS重调惯性导航系统原理图

2. 位置/速度组合法

惯性系统和GPS系统都可以输出位置、速度信息，将两个系统的对应信息求差值后得到的量用来预测惯导系统的误差量，同时还可以对其进行校正，这就是位置/速度组合。利用该法进行设计时，组合系统中的两个子系统各自独立工作，具有未组合前惯导系统和GPS系统的全部特性，保证了导航系统的可靠性，同时系统也具有了一定的冗余性。子系统之间进行各自的导航解算，容易在工程上实现，使得系统在较长时间内具备了良好的工作性能。

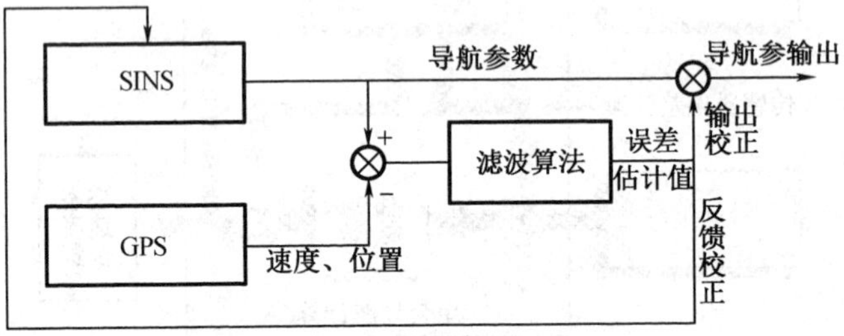

图7-4 位置/速度组合原理图

7.2.2 紧耦合组合模式

紧耦合式，是指组合系统在工作时，利用每个子系统的量测值使得导航参数逼近最优或者次优，与此同时发挥出每个系统的特性。在滤波过程中，每个导航系统相互渗入，得到导航信息的估计值，此法大大降低了每个系统的误差。在组合系统中，GPS的伪距、δ伪距率及星历，被送到解算惯性导航系统定位解算方程的同一导航处理器，由该处理器估算出所有可以观测的系统误差。在紧耦合式中，一般将GPS接收机和惯性系统的惯性仪表集成在一起，即构成一个整体。此方法虽然精度比松耦合式高，但其计算量大，要求完全了解卫星导航和惯性导航的导航信息,在工程上实现有一定的难度。其中伪距、δ伪距率组合是该方法最基本的应用形式。

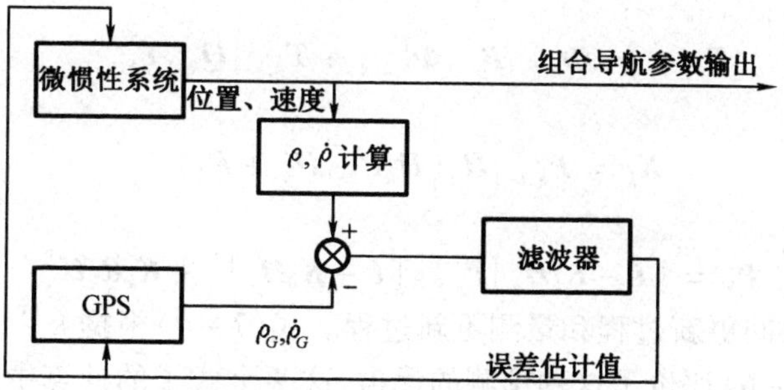

图7－5　伪距、伪距率组合导航

7.3　卡尔曼滤波在微惯性组合导航系统中的应用

7.3.1　卡尔曼滤波器

卡尔曼滤波是一种最优估计方法,是可以由计算机来实现的递推算法,可以对随机信号进行估计。它在已知系统噪声和观测噪声的统计特性基础上,以观测量作为滤波器的输入,以系统的状态估计值作为滤波器的输出,由时间更新和量测更新算法联系滤波器的输入和输出,由系统方程和观测方程对状态量进行估计。

卡尔曼滤波在惯性导航系统中应用可划分为几种不同的结构形式。按估计内容划分有直接法和间接法。直接法是直接估计导航参数,间接法是估计状态参数的误差量。目前在组合导航系统中,多采用间接法滤波。

设随机线性离散系统的方程为

$$X_k = \boldsymbol{\Phi}_{k,k-1}X_{k-1} + \boldsymbol{\Gamma}_{k,k-1}W_{k-1} \tag{7-1}$$

$$Z_k = H_kX_k + V_k \tag{7-2}$$

式中,$\boldsymbol{X}_k$ 是系统的 n 维状态向量,$\boldsymbol{Z}_k$ 是系统的 m 维观测序列,$\boldsymbol{W}_k$ 是 p 维系统过程噪声序列,$\boldsymbol{V}_k$ 是 m 维系统观测噪声序列,$\boldsymbol{\Phi}_{k,k-1}$是系统的 $n\times n$ 维状态转移矩阵,$\boldsymbol{\Gamma}_{k,k-1}$是 $n\times p$ 维系统过程噪声输入序列,$\boldsymbol{H}_k$ 是 $m\times n$ 维观测矩阵。

这里系统的过程噪声和观测噪声统计特性如下:

$$\begin{cases} E[\boldsymbol{W}_k]=0 \\ E[\boldsymbol{V}_k]=0 \\ E[\boldsymbol{W}_k\boldsymbol{V}_k^{\mathrm{T}}]=0 \end{cases} \quad \begin{matrix} E[\boldsymbol{W}_k\boldsymbol{W}_j^{\mathrm{T}}]=Q_k\delta_{kj} \\ E[\boldsymbol{V}_k\boldsymbol{V}_j^{\mathrm{T}}]=R_k\delta_{kj} \end{matrix} \tag{7-3}$$

其中,$\boldsymbol{Q}_k$ 是系统过程噪声 $\boldsymbol{W}_k$ 的 $p\times p$ 维对称非负定方差矩阵,$\boldsymbol{R}_k$ 是系统观测噪声 $\boldsymbol{V}_k$ 的 $m\times m$ 维对称正定方差阵,而 δ_{kj}是 Kronecker－δ 函数。

卡尔曼滤波方法可描述如下:

状态一步预测:

$$\hat{X}_{k,k-1} = \boldsymbol{\Phi}_{k,k-1}\hat{X}_{k-1} \tag{7-4}$$

状态估计：

$$\hat{X}_k = \hat{X}_{k,k-1} + K_k[Z_k - H_k X_{k-1}] \quad (7-5)$$

一步预测误差阵：

$$\boldsymbol{P}_{k,k-1} = \boldsymbol{\Phi}_{k,k-1}\boldsymbol{P}_{k-1}\boldsymbol{\Phi}_{k,k-1}^{\mathrm{T}} + \boldsymbol{T}_{k,k-1}\boldsymbol{Q}_{k-1}\boldsymbol{T}_{k,k-1}^{\mathrm{T}} \quad (7-6)$$

增益矩阵：

$$\boldsymbol{K}_k = \boldsymbol{P}_{k,k-1}\boldsymbol{H}_k^{\mathrm{T}}(\boldsymbol{H}_k\boldsymbol{P}_{k-1}\boldsymbol{H}_k^{\mathrm{T}} + \boldsymbol{R}_k)^{-1} \quad (7-7)$$

估计误差方阵：

$$\boldsymbol{P}_k = [\boldsymbol{I} - \boldsymbol{K}_k\boldsymbol{H}_k]\boldsymbol{P}_{k,k-1}[\boldsymbol{I} - \boldsymbol{K}_k\boldsymbol{H}_k]^{\mathrm{T}} + \boldsymbol{K}_k\boldsymbol{R}_k\boldsymbol{H}_k^{\mathrm{T}} \quad (7-8)$$

卡尔曼滤波有时间更新过程和量测更新过程。式(7－4)根据 $k-1$ 时刻的状态估计预测 k 时刻状态，式(7－6)评价了这种预测的优劣，这两个式子的计算中使用一步转移阵、噪声驱动阵、驱动噪声的方差阵，仅包括与系统动态特性有关的信息。该两式描述了卡尔曼滤波从 $k-1$ 时刻推进到 k 时刻的时间更新过程。其他的式子计算出时间更新值的修正量，包括 $P(k,k-1)$，用来衡量时间更新的质量优劣；$R(k)$，用来衡量量测信息的质量优劣；$H(k)$，用来衡量量测与状态的关系，还有量测值 $Z(k)$。卡尔曼滤波的量测更新过程就是正确合理的利用量测量 $Z(k)$。

在 MIMU/GB 地磁的组合方案中，一般选择姿态误差角、系统的速度误差、位置误差、陀螺随机漂移、加速度计零偏为状态量，建立系统的状态方程。以地磁传感器的载体姿态测量信息、GPS 速度信息、GPS 位置信息为观测量建立组合系统量测方程。在用 GPS 速度、位置组合的基础上，结合地磁传感器，对姿态误差、速度误差和位置误差的估计精度和收敛速度就可以得到提高。

7.3.2 扩展卡尔曼滤波(EKF)

上面所介绍的卡尔曼滤波是假设所研究系统的数学模型是线性的，但是，工程实践中所遇到的物理系统数学模型往往是非线性的，即系统方程或系统方程和量测方程均是非线性的，特别在惯导系统中。解决非线性系统状态估计问题，常用的方法是扩展卡尔曼滤波器。卡尔曼滤波器是对线性系统在最小方差意义下求得系统状态的条件均值和协方差。

1. 离散时间非线性动态系统描述

离散时间非线性动态系统的状态方程和观测方程分别为

$$\boldsymbol{x}(k+1) = \boldsymbol{f}(k,\boldsymbol{x}(k)) + \boldsymbol{W}(k) \quad (7-9)$$

$$\boldsymbol{z}(k) = \boldsymbol{h}(k,\boldsymbol{x}(k)) + \boldsymbol{V}(k) \quad (7-10)$$

式中，$\boldsymbol{x}(k) \in \boldsymbol{R}^n$ 是 k 时刻目标的状态向量；$\boldsymbol{f}$ 是一个向量函数，描述了系统的状态转移映射；$\boldsymbol{W}(k) \in \boldsymbol{R}^n$ 是过程演化噪声；$\boldsymbol{z}(k) \in \boldsymbol{R}^n$ 是传感器在 k 时刻的观测向量；$\boldsymbol{h}$ 是一个向量函数，描述观测映射；$\boldsymbol{V}(k) \in \boldsymbol{R}^n$ 是量测噪声矩阵。

对非线性动态系统可作如下假设：

(1) $\boldsymbol{f},\boldsymbol{h}$ 对其变元连续可微；

(2)初始化状态 $\boldsymbol{x}(0)$ 可以是任意分布，其均值向量和协方差矩阵分别为

$$E[\boldsymbol{x}(0)] = \boldsymbol{\mu}_0,\ E[\boldsymbol{x}(0)\boldsymbol{x}^{\mathrm{T}}(0)] = \boldsymbol{P}(0) \quad (7-11)$$

(3)系统的过程演化噪声 $\boldsymbol{W}(k)$ 和观测噪声 $\boldsymbol{V}(k)$ 为均值为零的高斯白噪声，其协方差矩阵分别为 $\boldsymbol{Q}(k)$ 和 $\boldsymbol{R}(k)$，其统计特性为

$$E[\boldsymbol{W}(k)] = \boldsymbol{0},\ E[\boldsymbol{W}(k)\boldsymbol{W}^{\mathrm{T}}(j)] = \boldsymbol{Q}(k)\delta_{kj} \quad (7-12)$$

$$E[\boldsymbol{V}(k)]=0,\ E[\boldsymbol{V}(k)\boldsymbol{V}^{\mathrm{T}}(j)]=\boldsymbol{R}(k)\delta_{kj} \tag{7-13}$$

（4）系统的过程演化噪声、量测噪声和初始条件之间是相互独立的，即

$$E[\boldsymbol{W}(k)\boldsymbol{V}^{\mathrm{T}}(j)]=0 \tag{7-14}$$

$$E[\boldsymbol{x}(0)\boldsymbol{W}^{\mathrm{T}}(k)=0,\ E[\boldsymbol{x}(0)\boldsymbol{V}^{\mathrm{T}}(k)]=0 \tag{7-15}$$

2. 扩展 Kalman 滤波算法

对于非线性滤波问题，通常的处理方法是利用线性化技术将非线性滤波问题转化为近似的线性滤波问题，然后利用线性滤波理论求解，得到非线性滤波问题的次优滤波算法。其中，最常用的线性化方法是泰勒级数展开，所得到的滤波方法是扩展卡尔曼滤波。

假定直到 k 时刻所有的量测信息为 $Z^k=|z(1),z(2),\cdots,z(k)|$，$k$ 时刻状态方程估计值为 $\hat{\boldsymbol{x}}(k\mid k)$，估计误差的协方差矩阵为 $\boldsymbol{P}(k\mid k)$。

$k+1$ 时刻状态方程的线性化方程为

$$\begin{aligned}\boldsymbol{x}(k+1)=&\boldsymbol{f}(k,\hat{\boldsymbol{x}}(k\mid k))+\boldsymbol{f}_x(k)[(\boldsymbol{x}(k)-\hat{\boldsymbol{x}}(k\mid k)]+\\&\frac{1}{2}\sum_{i=1}^{n}\boldsymbol{e}_i[x(k)-\hat{\boldsymbol{x}}(k\mid k)]^{\mathrm{T}}\boldsymbol{f}_{xx}(k)\\&[\boldsymbol{x}(k)-\hat{\boldsymbol{x}}(k\mid k)]^{\mathrm{T}}\boldsymbol{f}_{xx}(k)\end{aligned} \tag{7-16}$$

式中：$\boldsymbol{e}_i\in\mathbf{R}^n$ 是第 i 个标准基向量，并且

$$\boldsymbol{f}_x(k)=\frac{\partial\boldsymbol{f}(k,\boldsymbol{x}(k))}{\partial\boldsymbol{x}^{\mathrm{T}}}\bigg|_{x=\hat{x}(k\mid k)}=\begin{bmatrix}\dfrac{\partial\boldsymbol{f}(k,\boldsymbol{x}(k))}{\partial\boldsymbol{x}_1}&\cdots&\dfrac{\partial\boldsymbol{f}_1(k,\boldsymbol{x}(k))}{\partial\boldsymbol{x}_n}\\\vdots&\ddots&\vdots\\\dfrac{\partial\boldsymbol{f}_n(k,\boldsymbol{x}(k))}{\partial\boldsymbol{x}_1}&\cdots&\dfrac{\partial\boldsymbol{f}_n(k,\boldsymbol{x}(k))}{\partial\boldsymbol{x}_n}\end{bmatrix}_{x=\hat{x}(k\mid k)} \tag{7-17}$$

$k+1$ 时刻观测方程的线性化方程为

$$\begin{aligned}\boldsymbol{z}(k+1)=&\boldsymbol{h}(k,\hat{\boldsymbol{x}}(k+1\mid k))+\boldsymbol{h}_x(k+1)[(\boldsymbol{x}(k+1)-\hat{\boldsymbol{x}}(k+1\mid k)]+\\&\frac{1}{2}\sum_{i=1}^{n}\boldsymbol{e}_i[\boldsymbol{x}(k+1)-\hat{\boldsymbol{x}}(k+1\mid k)]^{\mathrm{T}}\boldsymbol{h}_{xx}(k+1)\\&[\boldsymbol{x}(k+1)-\hat{\boldsymbol{x}}(k+1\mid k)]+\text{高阶项}+\boldsymbol{V}(k+1)\end{aligned} \tag{7-18}$$

式中：$\boldsymbol{e}_i\in\mathbf{R}^n$ 是第 i 个标准基向量，并且

$$\begin{aligned}\boldsymbol{h}_x(k+1)&=\frac{\partial\boldsymbol{h}(k,\boldsymbol{x}(k+1))}{\partial\boldsymbol{x}^{\mathrm{T}}}\bigg|_{x=\hat{x}(k+1\mid k)}\\&=\begin{bmatrix}\dfrac{\partial\boldsymbol{h}(k,\boldsymbol{x}(k+1))}{\partial\boldsymbol{x}_1}&\cdots&\dfrac{\partial\boldsymbol{h}_1(k,\boldsymbol{x}(k+1))}{\partial\boldsymbol{x}_n}\\\vdots&\ddots&\vdots\\\dfrac{\partial\boldsymbol{h}_n(k,\boldsymbol{x}(k+1))}{\partial\boldsymbol{x}_1}&\cdots&\dfrac{\partial\boldsymbol{h}_m(k,\boldsymbol{x}(k+1))}{\partial\boldsymbol{x}_n}\end{bmatrix}_{x=\hat{x}(k+1\mid k)}\end{aligned} \tag{7-19}$$

当采用一阶 EKF 算法时，将式(7－16)和式（7－18)中的二阶项和高阶项省略，一阶 EKF 的步骤如下。

（1）$k+1$ 时刻状态一步预测为

$$\hat{\boldsymbol{x}}(k+1\mid k)=\boldsymbol{f}(k,\hat{\boldsymbol{x}}(k\mid k)) \tag{7-20}$$

状态预测误差为

$$\tilde{\boldsymbol{x}}(k+1|k)=\boldsymbol{x}(k+1)-\hat{\boldsymbol{x}}(k+1|k)=\boldsymbol{f}(k)[\boldsymbol{x}(k)-\hat{\boldsymbol{x}}(k|k)]+\boldsymbol{W}(k) \tag{7-21}$$

状态预测误差协方差矩阵为

$$\boldsymbol{P}(k+1|k)=\boldsymbol{f}_x(k)\boldsymbol{P}(k|k)\boldsymbol{f}_x^{\mathrm{T}}(k)+\boldsymbol{Q}(k) \tag{7-22}$$

(2)$k+1$ 时刻观测一步预测为

$$\hat{\boldsymbol{z}}(k+1|k)=\boldsymbol{h}(k+1,\hat{\boldsymbol{x}}(k+1|k)) \tag{7-23}$$

观测一步预测误差协方差为

$$\boldsymbol{S}(k+1)=\boldsymbol{h}_x(k+1)\boldsymbol{P}(k+1|k)\boldsymbol{h}_x^{\mathrm{T}}(k+1)+\boldsymbol{R}(k+1) \tag{7-24}$$

(3)滤波增益为

$$\boldsymbol{K}(k+1|k)=\boldsymbol{P}(k+1|k)\boldsymbol{h}_x^{\mathrm{T}}(k+1)\boldsymbol{S}^{-1}(k+1) \tag{7-25}$$

(4)状态更新方程为

$$\hat{\boldsymbol{x}}(k+1|k+1)=\boldsymbol{x}(k+1|k)+\boldsymbol{K}(k+1)[\boldsymbol{z}(k+1)-\hat{\boldsymbol{z}}(k+1|k)] \tag{7-26}$$

(5)滤波误差协方差更新方程表示为

$$\boldsymbol{P}(k+1|k+1)=\boldsymbol{P}(k+1|k)-\boldsymbol{K}(k+1)\boldsymbol{S}(k+1)\boldsymbol{K}^{\mathrm{T}}(k+1) \tag{7-27}$$

可以看出,EKF 只是对最优项的一阶逼近,方法比较简单。如果在展开式(7-18)中取更多的项,并推导出状态条件均值的更高阶矩递推关系,则可以得到更精确的非线性滤波器,如二阶截断的滤波器(简称二阶滤波器)。尽管二阶滤波器能获得高于 EKF 的估计精度,但是计算量太大,所以它的实际应用远不如 EKF 广泛。由于 EKF 算法是由泰勒级数的一阶或二阶展开式获得,并忽略了高阶项,因此,在滤波过程中不可避免地引入了线性化误差。

7.3.3 Unscented 卡尔曼滤波理论

目前,在姿态确定领域中,扩展卡尔曼滤波(EKF)是应用最广、最成熟的非线性滤波方法。但是,由于 EKF 是对高斯滤波器中非线性函数进行一阶线性化近似的结果,所以对于强非线性系统,EKF 引入的线性化误差很大。此外,EKF 必须计算非线性向量函数的 Jacobi 矩阵,但繁琐而易错。而姿态确定系统模型一般都有一定的非线性,尤其是在无陀螺姿态系统中,由动力学方程引入的非线性比较强。系统模型一般也比较复杂,很难求导。

针对 EKF 方法的局限性,如果采用先进的非线性滤波方法并且进行合理的姿态参数配置,将有助于获得更高的估计精度和更好的收敛性能,而且还能降低方法实现的难度。

Unscented 卡尔曼滤波(Unscented Kalman Filter, UKF)是 20 世纪 90 年代出现的一种非线性滤波方法。与 EKF 相比,UKF 具有估计精度高、收敛速度快等优点,并且不必对非线性状态函数和观测函数求导。尤其是在 UKF 中,预测误差协方差矩阵由向量的外积构成,更有利于姿态传播。

非线性滤波中所要解决的最基本、最重要的问题是计算随机变量经过变换以后的统计特性。另外,无论状态具有怎样的分布,它在已知观测值时的条件均值总是最小方差估计,而方差是对估计精度的一种度量。UKF 方法的建立是基于如下的事实:逼近任意的分布比逼近它的任何非线性函数更容易。UKF 的基础是 Unscented 变换(Unscented Transformation, UT),其基本思想是用一组确定的离散采样点(称为 Sigma 点)来近似状态变量的分布。UKF 假定状态满足高斯分布,因此只需逼近其均值和方差。

1. Unscented 变换

对于如下的非线性变换

$$y = f(x) \tag{7-28}$$

假设已知 n 维随机向量 $\boldsymbol{x}$ 的均值和协方差分别为 $\bar{x}$ 和 P_x，则对上述非线性系统进行滤波的目的是计算 y 的均值 $\bar{y}$ 和方差 P_y。

Unscented 变换是按照如下的步骤来进行。

(1)构造 Sigma 点

根据随机向量 $\boldsymbol{x}$ 的平均值 $\bar{x}$ 和协方差 P_x，在 $\bar{x}$ 的附近构造一组采样点 χ_i

$$\chi_i = \begin{cases} \bar{x} + (\sqrt{(n+\kappa)P_x})_i, & i = 1,\cdots,n \\ \bar{x} - (\sqrt{(n+\kappa)P_x})_i, & i = n+1,\cdots,2n \\ \bar{x}, & i = 0 \end{cases} \tag{7-29}$$

显然，其样本均值和方差分别为 $\bar{x}$ 和 P_x，因此可以用这组采样点 χ_i 来近似表示高斯状态 $\boldsymbol{x}$ 的分布。式(7-29)中，$\sqrt{*}$ 为矩阵的平方根，约定为

$$\sqrt{P_x}\,\sqrt{P_x}^{\mathrm{T}} = P_x \tag{7-30}$$

可以通过协方差矩阵的 Cholesky 分解或者特征值分解(奇异值分解)求得，其中 Cholesky 分解要求协方差矩阵为正定的。$(\sqrt{(n+\kappa)P_x})_i$ 中的下标 i 表示矩阵的第 i 列，是与 x 同型的列向量。$\kappa > 0$ 为可调尺度参数，调整它可以提高逼近精度。

(2)利用 Sigma 点进行非线性传播

将上面构造的 Sigma 点直接按照(7-28)的关系作非线性变换，则产生一组变换样本点

$$Y_i = f(\chi_i)$$

变换样本点 Y_i 即可近似表示 y 的分布。下面利用 Y_i 来计算 y 的均值和方差。

(3)计算 y 的均值和方差

$$\bar{y} \approx \sum_{i=0}^{p} W_i^{(m)} Y_i \tag{7-31}$$

$$P_y \approx \sum_{i=0}^{p} W_i^{(c)} (Y_i - \bar{y})(Y_i - \bar{y})^{\mathrm{T}} \tag{7-32}$$

式中，$W_i^{(m)}$ 和 $W_i^{(c)}$ 分别为根据 Y_i 计算 y 的均值和方差所用加权，在标准的 Unscented 变换中为

$$W_i^{(m)} = W_i^{(c)} = \begin{cases} \kappa/(n+\kappa), & i = 0 \\ 1/[2(n+\kappa)], & i = 1,\cdots,2n \end{cases} \tag{7-33}$$

从上面的三个步骤中可以看出，Unscented 变换不需要计算非线性函数的 Jacobi 矩阵，变换中仅涉及函数计算，即使系统的模型比较复杂，也并不增加算法实现的难度。

Unscented 变换与 Monte Carlo 方法明显的区别：

首先，样本点的选取不是随机的，是按照一定的要求(其均值和方差与状态向量的相同)和规则产生确定的样本点(Sigma 点)$\chi_i, i = 0,1,\cdots,p$；

其次，样本点的个数 p 较少，其数目与状态的维数呈简单的线性关系。

我们对这个滤波器的名字作如下解释。名字中含有“卡尔曼滤波”是为了说明这个新的滤波器和卡尔曼滤波有一定的联系(滤波器结构相同，且测量更新原理相同)，但 UKF 又

是对卡尔曼滤波的推广，即在状态的预测阶段采用了与卡尔曼滤波完全不同的状态传播方式，利用一种称为 Unscented 的变换技术，以确定性的样本点来逼近状态的统计特性，这是一个完全独立于卡尔曼滤波器的过程。

2. Unscented 卡尔曼滤波算法的实现

Unscented 卡尔曼滤波算法基于如下的非线性离散状态空间模型：

$$x_{k+1} = f_k(x_k) + w_k \tag{7-34}$$

$$y_k = h_k(x_k) + v_k \tag{7-35}$$

其中，x 为系统的状态变量（维数为 n）；f_k 为离散的状态传播方程；w_k 为系统的过程噪声，假定为零均值高斯白噪声，满足分布 $w_k \sim N(0,Q_k)$；y_k 为测量值，h_k 为测量方程，v_k 为系统的测量噪声，满足分布 $v_k \sim N(0,R_k)$；状态的初始值 x_0 满足分布 $x_0 \sim N(0,P_0)$。

在某些情况下，过程噪声和观测噪声未必是加性的，所以式(7-34)和式(7-35)的更一般形式为

$$x_{k+1} = f_k(x_k, w_k) \tag{7-34$'$}$$

$$y_k = h_k(x_k, v_k) \tag{7-35$'$}$$

Unscented 卡尔曼滤波与卡尔曼滤波一样，也是由"时间更新"和"测量更新"构成。当系统模型分别为式(7-34)~式(7-35)或者式(7-34)′~式(7-35)′时，时间更新和测量更新的形式会有所不同。下面以$[t_{k-1},t_k]$为例，介绍如何由 $\hat{x}_{k-1}$和 $P_{x,k-1}$得到 $\hat{x}_k^-$ 和 $P_{x,k}^-$，继而得到 $\hat{x}_k$ 和 $P_{x,k}$的过程。

时间更新

(1)当状态方程和观测方程为式(7-34)和式(7-35)时：

①根据 $\hat{x}_k-1$ 和 P_{k-1}，按照(7-29)的构造 Sigma 点$\chi_{k-1}^i, i=0,\cdots,2n$。

②计算预测 Sigma 点和均值

$$\chi_{k|k-1}^i = f_k(\chi_{k-1}^i) \tag{7-36}$$

$$\hat{x}_k^- = \sum_{i=0}^{2n} W_i^{(m)} \chi_{k|k-1}^i \tag{7-37}$$

$$P_{x,k}^- = \sum_{i=0}^{2n} W_i^{(c)} [\chi_{k|k-1}^i - \hat{x}_k^-][\chi_{k|k-1}^i - \hat{x}_k^-]^{\mathrm{T}} + Q_k \tag{7-38}$$

(2)当状态方程和观测方程为(7-34)′和(7-35)′时

这时，需要采用增广形式的状态向量和协方差。设增广的状态向量为 $\boldsymbol{x}_{a,k} = [x_k^{\mathrm{T}}, W_k^{\mathrm{T}}, v_k^{\mathrm{T}}]^{\mathrm{T}}$，则由前面对噪声的假设，可得此增广状态的均值为 $\hat{\boldsymbol{x}}_{a,k} = [\hat{x}_k^{\mathrm{T}}, 0_{m\times1}^{\mathrm{T}}, 0_{l\times1}^{\mathrm{T}}]^{\mathrm{T}}$。其中，$m$ 和 l 分别为过程噪声和观测噪声的维数，相应增广的状态协方差为

$$\boldsymbol{P}_{a,k} = \begin{bmatrix} P_{x,k} & 0 & 0 \\ 0 & Q_k & 0 \\ 0 & 0 & R_k \end{bmatrix}$$

①根据 $\hat{\boldsymbol{x}}_{a,k-1}$和 $\boldsymbol{P}_{a,k-1}$，按照(7-29)构造 Sigma 点$\chi_{a,k-1}^i, i=0,\cdots,2n$。

②计算预测 Sigma 点和均值

$$\chi_{a,k|k-1}^i = f_k(\chi_{a,k-1}^i) \tag{7-39}$$

$$\hat{x}_{a,k}^- = \sum_{i=0}^{2(n+m+l)} W_i^{(m)} \chi_{a,k|k-1}^i \tag{7-40}$$

$$P_{a,k}^{-} = \sum_{i=0}^{2(n+m+l)} W_i^{(m)} [\chi_{a,k|k-1}^{i} - \hat{x}_{a,k}^{-}][\chi_{a,k|k-1}^{i} - \hat{x}_{a,k}^{-}]^{\mathrm{T}} \tag{7-41}$$

测量更新

(1)当状态方程和观测方程为式(7-34)和式(7-35)时:

$$\gamma_{k|k-1}^{i} = h(\chi_{k-1}^{i}) \tag{7-42}$$

$$\hat{y}_k^{-} = \sum_{i=0}^{2n} W_i^{(m)} \gamma_{k|k-1}^{i} \tag{7-43}$$

$$P_{y,k} = \sum_{i=0}^{2n} W_i^{(c)} [\gamma_{k|k-1}^{i} - \hat{y}_k^{-}][\gamma_{k|k-1}^{i} - \hat{y}_k^{-}]^{\mathrm{T}} + R_k \tag{7-44}$$

$$P_{xy,k} = \sum_{i=0}^{2n} W_i^{(c)} [\chi_{k|k-1}^{i} - \hat{x}_k^{-}][\gamma_{k|k-1}^{i} - \hat{y}_k^{-}]^{\mathrm{T}} \tag{7-45}$$

$$K = P_{xy,k} P_{y,k}^{-1} \tag{7-46}$$

$$\hat{x}_k = \hat{x}_k^{-} + K(y_k - \hat{y}_k^{-}) \tag{7-47}$$

$$P_{x,k} = P_{x,k}^{-} - K P_{y,k} K^{\mathrm{T}} \tag{7-48}$$

(2)当状态方程和观测方程为式(7-34)′和式(7-35)′时:

测量更新方程从式(7-42)至式(7-48)中,除了将$2n$改为$2(n+m+l)$,在式(7-44)中将R_k去掉以外,其余基本相同。

可以发现,如果在(7-44)和(7-45)令$P_{y,k} = H_k P_k^{-} H_k^{\mathrm{T}} + R_k$,$P_{xy,k} = P_{x,k}^{-} H_k^{\mathrm{T}}$,则测量更新公式与扩展卡尔曼滤波中的完全相同。由于UKF方法是用样本加权求和($\sum$,Sigma)来逼近随机分布的,并且采用卡尔曼滤波的结构,所以Merwe将UKF以及与其原理类似的算法统称为Sigma点卡尔曼滤波器(Sigma-Point Kalman Filters, SPKFs)。这类方法实际上是一种加权统计线性回归技术。

3. 连续系统的离散化问题

Unscented卡尔曼滤波算法假设状态传播方程为离散的,但是一般的动态系统模型为连续的,为此,在滤波前需要首先对连续系统离散化。假设连续系统的形式为

$$\dot{x} = f(x,w) \tag{7-49}$$

式中,$w \sim N(0,Q)$。

现在的问题是如何根据式(7-49)得到其等价的离散系统。如果不存在过程噪声w,式(7-49)就是一个一阶常微分方程,那么在一个测量采样周期T内,从x_k到x_{k+1}的传播可以以x_0作为初始条件,通过对(7-49)的数值积分实现。当存在过程噪声时,(7-49)就是一个随机微分方程,不能简单地采用上述的方法,这时可以采用下面的两种近似方法。

(1)方法1

把式(7-49)描述的微分方程转化为形如式(7-34)的等效离散模型,其中等效的离散过程噪声为加性的。$x_{k+1} = f_k(x_k)$在一个测量周期T,通过对$\dot{x} = f(x, 0_{m\times 1})$的数值积分实现,等效的过程噪声的协方差$Q_k$按照扩展卡尔曼滤波算法中的离散化方法近似计算。即对式(7-49)线性化,得到状态误差的状态方程

$$\frac{\mathrm{d}\Delta x}{\mathrm{d}t} = F(t)\Delta x + G(t)w \tag{7-50}$$

根据式(7-50),可得等效的过程噪声为

$$Q_k = \int_0^{\mathrm{T}} \boldsymbol{\Phi}(T-s)\boldsymbol{G}(s)\boldsymbol{Q}(s)\boldsymbol{G}^{\mathrm{T}}(s)\boldsymbol{\Phi}^{\mathrm{T}}(T-s)\,\mathrm{d}s \tag{7-51}$$

式中，$\boldsymbol{\Phi}(t)$为状态转移矩阵，满足 $\dot{\boldsymbol{\Phi}}(t)=\boldsymbol{F}(t)\boldsymbol{\Phi}(t)$。

(2)方法 2

式(7-49)描述的微分方程转化为形如式(7-34)′的等效离散模型。在一个测量采样周期 T，通过对式(7-49)进行数值积分实现 $x_{k+1}=f_k(x_k,w_k)$。在数值积分时，w 在一个小的采样周期 T_w 可以近似为常值 w_k，而 $w_k\sim N(0,Q_k)$，$Q_k=Q/T_w$。一般情况下，T_w 比 T 小得多，为方便计算，通常取为 T 的几分之一。

7.4 粒子滤波在微惯性组合导航系统中的应用

由于微惯性系统是一个非线性系统，MEMS 惯性器件有较大的误差，而误差的组成大部分是非高斯的，这就需要研究非线性、非高斯条件下滤波方法。卡尔曼滤波在大失准角非线性、非高斯条件下滤波会发散，而 EKF 只适合小失准角。UKF 方法需要特殊的点集近似状态的分布。粒子滤波(Partical Filter，PF)的基本思想是利用粒子集来表示概率，通过粒子来表达其分布。它特别适合于非线性非高斯系统，在信号处理中具有广泛的应用范围，最近几年粒子滤波应用于微惯性组合导航系统有很多研究成果。

7.4.1 贝叶斯定理

在事件 B 为真的条件下，事件 A 为真的概率，定义为条件概率。它的一般形式为

$$p(A\mid B) \tag{7-52}$$

该式说明在条件事件 B 为真时，A 为真的条件概率，概率 $p(A\mid B)$表示可获得信息的相关程度。条件概率适合于经验知识的表示。

贝叶斯公式的应用需要知道参数 x 的先验分布，然后才能以先验分布为条件，求有观测向量的后验分布 $p(x\mid z)$。当对参数 x 没有任何分布信息的时候，假定 x 在其允许变化的范围内均匀分布，这就是贝叶斯假设。

这里以 $\boldsymbol{z}=[z_1\ z_2\cdots\ z_n]^{\mathrm{T}}$ 为观测向量，$\boldsymbol{x}=[x_1\ x_2\cdots\ x_m]^{\mathrm{T}}$ 为不知道分布的参数向量。由贝叶斯估计，假设已经知道参数 $\boldsymbol{x}$ 的分布，但是在获得观测向量数据 $\boldsymbol{z}$ 之前，那么可以通过概率分布 $p(\boldsymbol{x})$ 表示，$p(\boldsymbol{x})$ 叫做 $\boldsymbol{x}$ 的先验分布，由先验分布可求出概率密度函数为 $p(\boldsymbol{z}\mid\boldsymbol{x})$。则

$$p(\boldsymbol{z}\mid\boldsymbol{x})p(\boldsymbol{x})=p(\boldsymbol{z},\boldsymbol{x})=p(\boldsymbol{z})p(\boldsymbol{x}\mid\boldsymbol{z}) \tag{7-53}$$

当观测向量 $\boldsymbol{z}$ 已知之后，$\boldsymbol{x}$ 的条件概率密度分布为

$$p(\boldsymbol{x}\mid\boldsymbol{z})=\frac{p(\boldsymbol{z}\mid\boldsymbol{x})\cdot p(\boldsymbol{x})}{p(\boldsymbol{z})} \tag{7-54}$$

$$1=\int_{\boldsymbol{x}}p(\boldsymbol{x}\mid\boldsymbol{z})\mathrm{d}\boldsymbol{x}=\frac{\int_{\boldsymbol{x}}p(\boldsymbol{z}\mid\boldsymbol{x})\cdot p(\boldsymbol{x})\mathrm{d}x}{p(\boldsymbol{z})}$$

这里 $c(\boldsymbol{z})$为与 $\boldsymbol{x}$ 相互独立量，上式代入式(7-54)有

$$p(\boldsymbol{x}\mid\boldsymbol{z})=\frac{p(\boldsymbol{z}\mid\boldsymbol{x})p(\boldsymbol{x})}{\int_{\boldsymbol{x}}p(\boldsymbol{z}\mid\boldsymbol{x})p(\boldsymbol{x})\mathrm{d}x}=c(\boldsymbol{z})\cdot p(\boldsymbol{z}\mid\boldsymbol{x})p(\boldsymbol{x}) \tag{7-55}$$

从上面的贝叶斯公式推导过程我们可以知道，先验分布 $p(\boldsymbol{x})$可以用来表达未知参数的

分布情况。而$p(\boldsymbol{x}|\boldsymbol{z})$表示在有了外部观测量$\boldsymbol{z}$的条件下，对$\boldsymbol{x}$的分布情况，称为$\boldsymbol{x}$的后验分布。后验分布包含了$\boldsymbol{x}$的先验信息同时包括观测量带来的新信息。先验分布在$p(\boldsymbol{x})$之中描述，有了$\boldsymbol{x}$的先验信息后观测量分布在$p(\boldsymbol{z}|\boldsymbol{x})$中表示。概率分布$p(\boldsymbol{z}|\boldsymbol{x})$可以看作为$\boldsymbol{x}$的函数，称之为似然(Likelihood)函数。获得观测样本后，似然函数说明，$\boldsymbol{x}$的后验分布等于先验分布跟似然函数的乘积的比例。目前工程应用中已经广泛使用的卡尔曼滤波技术也是一种贝叶斯估计，然而卡尔曼滤波需要线性系统状态方程，观测噪声满足高斯分布，可是实际应用时许多情况并不满足这种假设，所以粒子滤波方法的出现提供了一类新的非线性滤波技术。

7.4.2　粒子滤波原理

在绪论中已经介绍了各种滤波理论，包括粒子滤波。在实际工程技术应用中，为了利用量测量估计状态量，多采用卡尔曼滤波。而粒子滤波技术可以克服卡尔曼滤波的一些缺陷，没有线性化方面的限制，在非线性非高斯状态下，粒子滤波技术可以获得更好的效果。

1. 蒙特卡罗原理

蒙特卡罗方法是一种利用“随机数”来模拟计算的方法。对于实际中不能直接求解的值，可以通过概率的方法求解近似值。由概率的定义原理，事件的概率可以通过事件发生的频率来近似估计，如果统计样本数特别大时，事件的发生频率就可看做概率。所以，可以先对随机变量进行大量的随机抽样，然后把这些抽样值分别代入预先建立的数学模型，验证模型结构的失效概率。蒙特卡罗方法就是采用这种思路分析的。

对于随机变量ξ，设它的数学期望为$E(\xi)$，当对ξ进行N次重复采样时，所得到相互独立的ξ值的序列为$\xi_1,\xi_2,\cdots,\xi_N$，N次重复采样的算术平均值为

$$\bar{\xi}_N = \frac{1}{N}\sum_{i=1}^{N}\xi_i \tag{7-56}$$

根据大数定理有

$$P(\lim_{N\to\infty}\xi_N = x) = 1 \tag{7-57}$$

当$N\to\infty$时有

$$\xi_N = E(\xi) = x \tag{7-58}$$

当$N\to\infty$时，式(7-58)成立，因此均值ξ_N可作为x的估计值。蒙特卡罗思想就是用部分实验样本数据来求得随机变量的统计估计值。应用蒙特卡罗方法解决问题时需要设置各种概率分布的随机变量参数，把模型的参数量用统计方法估计出来，进而求解问题数值解。

2. 粒子滤波

序贯重要性采样算法是一种蒙特卡罗方法，即SIS(Sequential Importance Sampling, SIS)，它对递推贝叶斯滤波的实现是通过蒙特卡罗模拟，是序贯蒙特卡罗(SMC)滤波方法基础。对于贝叶斯估计无法从后验密度函数中直接进行采样时，需要寻找一个容易从中进行采样的密度函数，称为重要性密度函数。这种方法是利用一系列随机样本的加权和表示所需的后验概率密度，从而得到状态的估计。当$N\to\infty$，从蒙特卡罗方法得到后验概率密度的函数，SIS滤波器接近最优贝叶斯估计，这就是粒子滤波估计。

设在k时刻有后验概率密度函数$p(x_{0:k}|z_{1:k})$的随机测量$\{x_{0:k}^i,w_k^i\}$，这里$\{x_{0:k}^i,i=1,2,\cdots,N\}$为样本集合，即含有$N$个粒子，$\{W_k^i,i=1,2,\cdots,N\}$为$N$个粒子的归一化权重为

$$\sum_i W_k^i = 1 \tag{7-59}$$

k 时刻后验概率密度离散加权可近似为

$$p(x_{0:k} \mid z_{1:k}) \approx \sum_{i=1}^{N} w_k^i \delta(x_{0:k} - x_{0:k}^i) \tag{7-60}$$

这里权重的值一般是通过重要性采样法进行选择。但 $p(x)$ 未知时，可以从容易采样的参考分布 $q(x_{0:k} \mid z_{1:k})$ 中采样，对得到的采样粒子进行加权来近似后验分布 $p(_{0:k} \mid z_{1:k})$。权值可以定义为如下公式：

$$w_k^i \propto \frac{p(x_{0:k}^i \mid z_{1:k})}{q(x_{0:k}^i \mid z_{1:k})} \tag{7-61}$$

重要性密度函数是对后验概率密度函数的近似。$q(x_{0:k} \mid z_{1:k})$ 可以进行如下分解：

$$q(x_{0:k} \mid z_{1:k}) = q(x_k \mid x_{0:k-1}, z_{1:k}) q(x_{0:k-1} \mid z_{1:k-1}) \tag{7-62}$$

即样本集合 $x_{0:k}^i \sim q(x_{0:k} \mid z_{1:k})$ 是每一步递推通过将新粒子 $x_k^i \sim q(x_k \mid x_{0:k-1}, z_{1:k})$ 添加进上前一步的集合 $x_{0:k-1}^i \sim q(x_{0:k-1} \mid z_{1:k-1})$ 来获得。$p(x_{0:k} \mid z_{1:k})$ 可以表示为下述的递推形式：

$$\begin{aligned} p(x_{0:k} \mid z_{1:k}) &= \frac{p(z_k \mid x_k) p(x_k \mid x_{k-1})}{p(z_k \mid z_{1:k-1})} p(x_{0:k-1} \mid z_{1:k-1}) \\ &\propto p(z_k \mid x_k) p(x_k \mid x_{k-1}) p(x_{0:k-1} \mid z_{1:k-1}) \end{aligned} \tag{7-63}$$

则权值计算是按照下述递推公式：

$$\begin{aligned} w_k^i \propto \frac{p(x_{0:k}^i \mid z_{1:k})}{q(x_{0:k}^i \mid z_{1:k})} &= \frac{p(z_k \mid x_k^i) p(x_k^i \mid x_{k-1}^i) p(x_{0:k-1}^i \mid z_{1:k-1})}{q(x_k^i \mid x_{0:k-1}^i) q(x_{0:k-1}^i \mid z_{1:k-1})} \\ &= w_{k-1}^i \frac{p(z_k \mid x_k^i) p(x_k^i \mid x_{k-1}^i)}{q(x_k^i \mid x_{0:k-1}^i, z_{1:k})} \end{aligned} \tag{7-64}$$

假设状态估计过程是最优估计滤波，参考分布函数只依赖于 x_{k-1} 与 z_k，则重要性密度函数满足：

$$q(x_k \mid x_{0:k-1}, z_{1:k}) = q(x_k \mid x_{k-1}, z_k) \tag{7-65}$$

即有

$$x_k^i \sim q(x_k \mid x_{k-1}^i, z_k) \tag{7-66}$$

则对于滤波密度函数有

$$p(x_k \mid z_{1:k}) \approx \sum_{i=1}^{N} w_k^i \delta(x_k - x_k^i) \tag{7-67}$$

这里

$$w_k^i \propto w_{k-1}^i \frac{p(z_k \mid x_k^i) p(x_k^i \mid x_{k-1}^i)}{q(x_k^i \mid x_{k-1}^i, z_k)} \tag{7-68}$$

对权值进行归一化后为

$$w_k^{(*)i} = \frac{w_k^i}{\sum_{i=1}^{n} w_k^i} \tag{7-69}$$

这样，后验概率密度 $p(x_{0:k} \mid z_{1:k})$ 的估算为

$$p(x_{0:k} \mid z_{1:k} \approx \sum_{i=1}^{N} w_k^i \delta(x_{0:k} - x_{0:k}^i) \tag{7-70}$$

当 $N \to \infty$ 时，由蒙特卡罗估计值，就可以近似真实的后验概率密度 $p(x_{0:k} \mid z_{1:k})$。

对于重要性函数给定的条件，上面推导实现了一个递推计算重要性权重，从而获得后验概率密度的方法。基于 SIS 算法的粒子滤波 PF 估计实现步骤如下：

(1)由式(7－66)获得初始采样粒子的集合；

(2)由式(7－68)计算出采样粒子集中粒子的权值；

(3)由式(7－69)粒子权值归一化修正；

(4)由式(7－67)进行估计输出 $x(k|k)=\sum_{i=1}^{N}x_{k|k}^{i}w_{k}^{i}$。

对于基本 PF 算法来说，实现起来比较简单，但是粒子滤波算法的一个常见问题是退化现象(degeneracy phenomenon)。经过若干步迭代计算后，有些粒子点的权重变得很小，退化现象会使大量的计算浪费在那些权值小的粒子中，可是这些粒子对估计 $p(x_k|z_{1:k})$ 的影响几乎为零。

可以采用有效采样尺度 N_{eff} 方法对退化现象检测，它定义为

$$N_{\mathrm{eff}}=\frac{N}{1+\mathrm{var}(w_k^i)} \tag{7-71}$$

其中，第 i 个粒子所对应的权值是 w_k^i，权重 w_k^i 的方差是 $\mathrm{var}(w_k^i)$。在实际计算应用中采取 N_{eff} 的近似估计值为

$$N_{\mathrm{eff}}=\frac{1}{\sum_{i=1}^{N}(w_k^i)^2} \tag{7-72}$$

上式中 $N_{\mathrm{eff}}\leqslant N$，$N_{\mathrm{eff}}$ 越小退化现象会越严重。显然退化现象严重影响粒子滤波的精度和计算效率。想要减小不利影响，一种方法是用尽可能多的粒子数，但这样必然会导致较大的计算量。粒子滤波的状态估计精度取决于粒子数，所以粒子滤波的计算量一般会明显高于卡尔曼滤波。需要提高粒子滤波的计算实时性，就要尽量消除退化想象。可以采用重采样和优选重要密度函数的方法来减小粒子的退化现象。

粒子滤波还有一个易出现的问题，就是随着粒子数的增多计算量急剧膨胀，随着状态维数的增高，为提高估计精度需要的粒子数将会更多，这就使此算法由于受计算量的影响很难广泛地应用于实时动态系统的状态估计之中。为了克服粒子滤波的这些缺陷，在应用时必须根据实际情况对基本 PF 算法做必要的改进。

3. 消除退化现象的方法

(1)再采样

为了减小退化现象可以采用再采样方法。通过减小权值较小的粒子数，增加大权值的粒子数来计算。

通过对后验概率密度的离散近似表达式是再采样所用的基本方法：

$$p(x_k|z_{1:k})\approx\sum_{i=1}^{N}w_k^i\delta(x_k-x_k^i) \tag{7-73}$$

重新进行一次采样，产生新的粒子集合为 $\{x_k^i, i=1,2,\cdots,N\}$，并且满足条件：

$$\Pr(x_k^{i*}=x_k^j)=w_k^j$$

再采样后的粒子是独立同分布的，重新设置权值为

$$w_k^i=\frac{1}{N} \tag{7-74}$$

再采样方法虽然能够在一定程度上减小粒子滤波退化问题，但是它会引起粒子耗尽问

题。原来的粒子集合中少数几个大权值的粒子被反复采样,而许多权值太小的粒子被去掉。结果采样中只包含了少数粒子的多次重复,丧失了粒子的多样性。图7-6为再采样过程示意图,大粒子表示权重大,小粒子表示权重小。

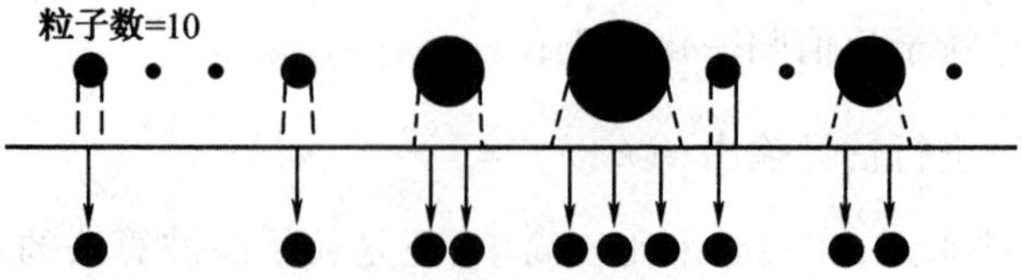

图7-6 粒子滤波再采样过程

(2)优选重要性密度函数

重要性密度函数在粒子滤波中具有非常重要的作用,$q(x)$接近$p(x)$程度越近越好。优选重要密度函数的作用是使重要性权重的方差最小或者N_{eff}最大,在以x_{k-1}^i,Z_k为前提条件下,能够使N_{eff}最大的重要性密度函数表达式为

$$q(x_k \mid x_{k-1}^i, z_k) = p(x_k \mid x_{k-1}^i, z_k) = p(z_k \mid x_k, x_{k-1}^i)/p(z_k \mid x_{k-1}^i) \tag{7-75}$$

将上式代入(7-68)有

$$w_k^i \propto w_{k-1}^i p(z_k \mid x_{k-1}^i) = w_{k-1}^i \int p(z_k \mid x_k^i) p(x_k^i \mid x_{k-1}^i) \mathrm{d}(x_k^i) \tag{7-76}$$

对于给定的$x_{k-1}^{(i)}$,无论以概率$q(x_k \mid x_{k-1}^i, z_k)$的采样结果如何$w_k^i$都是相同取值,所以优选重要性密度函数会取得最优选择。

最优重要性密度函数需要从$p(x_k \mid x_{k-1}^i, z_k)$中抽取样本,还需要对这个函数进行积分运算。所以一般选择系统的状态转移概率密度函数作为重要性密度函数。系统状态转移概率密度函数为

$$q(x_k \mid x_{k-1}^i, z_k) = p(x_k \mid x_{k-1}^i)$$

此时权值更新为

$$w_k^i \propto w_{k-1}^i p(z_k \mid x_k^i) \tag{7-77}$$

设计一个重要性密度函数要考虑使用新的观测值。已经研究出一些其他更好的重点密度函数选择方法,包括先验编辑方法、EKF采样方法、UKF采样方法。

7.4.2 EPF

EPF算法用EKF对样本进行预测和更新的目的就是使得状态粒子$\{\boldsymbol{X}_k^i, i=1,2,\cdots,N\}$近似服从$p(\boldsymbol{X}_k \mid \boldsymbol{Z}_{1:k})$的分布,基于EKF粒子更新的EPF算法步骤如下:

设非线性离散系统初始对准误差估计的状态方程和量测方程为

$$\boldsymbol{X}_k = \boldsymbol{\Phi}_{k,k-1}\boldsymbol{X}_{k-1} + \boldsymbol{\Gamma}_{k-1}\boldsymbol{Q}_{k-1} \tag{7-78}$$

$$\boldsymbol{Z}_k = \boldsymbol{C}\boldsymbol{X}_k + \boldsymbol{V}_k \tag{7-79}$$

$\boldsymbol{X}_k, \boldsymbol{Q}_k \in \mathbf{R}^n$是状态和噪声矢量;$k$是时间步;$\boldsymbol{Z}_k, \boldsymbol{V}_k \in \mathbf{R}^m$是量测矢量和噪声矢量。

(1)初始化($k=0$):$\boldsymbol{X}$满足$\hat{\boldsymbol{X}}_0^i = E(\boldsymbol{X}_0^i)$,$\hat{\boldsymbol{P}}_0^i = \mathrm{Var}(\boldsymbol{X}_0^i)$,抽取采样点$\boldsymbol{X}_0^i \sim p(\boldsymbol{X}_0)$,初始粒子数为$N_0$,并令$\boldsymbol{W}_0^i = 1/N_0, i=1,2,\cdots,N_0$。

(2)重要性采样

①对每个采样点 $\boldsymbol{X}_{k-1}^i$,应用EKF算法得到状态更新和方差为 $\hat{\boldsymbol{X}}_k^i,\hat{\boldsymbol{P}}_k^i$。

$$\begin{aligned}
\boldsymbol{X}_{k/k-1}^i &= \boldsymbol{\Phi}_{k,k-1}\boldsymbol{X}_{k-1/k-1}^i + \boldsymbol{\Gamma}_{k-1}\boldsymbol{Q}_{k-1} \\
K_k &= \boldsymbol{P}_{k,k-1}^i C_k^i[C_k^i\boldsymbol{P}_{k,k-1}^i(C_k^i)^{\mathrm{T}}]^{-1} \\
\boldsymbol{P}_{k,k-1}^i &= \boldsymbol{\Phi}_{k,k-1}\boldsymbol{P}_{k-1}^i(\boldsymbol{\Phi}_k^i)^{\mathrm{T}} + \boldsymbol{\Gamma}_k^i\boldsymbol{Q}_k(\boldsymbol{\Gamma}_k^i)^{\mathrm{T}} \\
\hat{\boldsymbol{X}}_k^i &= \boldsymbol{X}_{k/k-1}^i + K_k[\boldsymbol{Z}_k - C\boldsymbol{X}_{k/k-1}^i] \\
\hat{\boldsymbol{P}}_k^i &= [I - K_kC_k^i]\boldsymbol{P}_{k,k-1}^i
\end{aligned} \tag{7-80}$$

抽取粒子满足分布

$$\hat{\boldsymbol{X}} \sim q(\boldsymbol{X}_k^i/\boldsymbol{X}_{k-1},\boldsymbol{Z}_{1:k})$$

②权值更新:

$$\boldsymbol{W}_k^i = \boldsymbol{W}_{k-1}^i\frac{p(\boldsymbol{Z}_k \mid \hat{\boldsymbol{X}}_k^i)p(\hat{\boldsymbol{X}}_k^i \mid \hat{\boldsymbol{X}}_{k-1}^i)}{q(\hat{\boldsymbol{X}}_k^i \mid \boldsymbol{X}_{k-1},\boldsymbol{Z}_{1:k})} \tag{7-81}$$

权值归一化:$\boldsymbol{W}_k^i = \boldsymbol{W}_k^i/\sum_{j=1}^{N_k}\boldsymbol{W}_k^j,\ i = 1,2,\cdots,N_k$。

在这一步我们使用EKF来实现重要性采样,它利用了最新的观测值信息,这样与观测值相关性大的粒子权重变大,其他的粒子权重变小。

(3)再采样:基本的再采样方法是减少小权值的粒子,集中于大权值的粒子。为了获取满足分布 $p(\boldsymbol{X}_{0:k}^i \mid \boldsymbol{Z}_{1:k})$ 的随机样本 $\{\boldsymbol{X}_k^i\}_{i=1}^{N_k}$。再采样的方法有很多种,本文采用随机抽取法。可以根据各粒子的权值将$[0,l]$区间按 $c_i = \sum_{j=0}^{i}\boldsymbol{W}_k^j$ 分成 N_k 个子区间;然后在$[0,1]$区间按均匀分布随机地产生 N_k 个随机数 $\mu_i(i=1,2,\cdots,N_k)$,当随机数 μ_i 落入区间 $I_m = (c_{m-1},c_m]$时,复制对应样本 $\hat{\boldsymbol{X}}_k^i = \hat{\boldsymbol{X}}_k^m$。再采样后的 N_k 个粒子是独立分布的,所以权值被重新设定为$\{\hat{\boldsymbol{X}}_{k/k}^i,\boldsymbol{W}_k^i\} \to \{\tilde{\boldsymbol{X}}_{k/k}^i,N_k^{-1}\}$。

(4)状态估计更新

$$\boldsymbol{X}(k \mid k) = \sum_{i=1}^{N_k}\tilde{\boldsymbol{X}}_{k|k}^i\boldsymbol{W}_k^i \tag{7-82}$$

(5)返回第(2)步中用EKF来估计 k 时刻状态量误差的方差 $\hat{P}_k^i$ 和 k 时刻的状态量。若终止计算则结束。

EPF算法在状态预测阶段采用EKF来更新采样粒子,其结果含有最新的观测值信息。所以与观测值相关性大的粒子的权值就会增大,在粒子总数中的比例将相应增加,其他无关的粒子将被剔除,从而消除退化现象。另外该算法在每次迭代滤波过程根据估计量误差的方差动态调整误差数,如在算法中第(2)步。所以EPF算法的效率和精度要高于单纯的粒子滤波算法。

7.4.3 UPF

从以上原理可知粒子滤波器设计的关键就是选择合理的参考分布,现在最常见的选取方法是令 $q(x_k \mid x_{k-1},z_k) = p(x_k \mid x_{k-1})$,而这种选取方式丢失了 k 时刻的量测值,使得 x_k 严重依赖于系统状态转移模型。如果模型不准确，或者量测噪声突然增大，则这种参考分布不能有效地表示真实分布，同时在这种分布下，计算权重时没有考虑系统的模型噪声，因此可以在样本产生后先用本次的量测值对样本进行更新，然后进行重采样。由上一节可知，最优重要性密度函数实现起来很困难，但利用局部线性化方法对最优重要性密度函数进行次优近似是完全可能的。基于 UKF 对非线性的处理能力，我们可以先利用 UKF 算法得到随机变量的均值和方差，之后根据这个随机变量的分布来产生粒子滤波的采样，即粒子。

1. UPF 算法

UPF 算法是在粒子滤波算法的基础上提出的一种新的算法。假定有一组随机样本 $\{x_{k-1}^i, i=1,2,\cdots,N\}$，$k-1$ 时刻服从概率密度函数为 $p(x_{k-1} \mid y_{1:k-1})$ 的分布，则 UPF 算法对样本进行预测和更新的目的就是使得 $\{x_k^i, i=1,2,\cdots,N\}$ 近似服从 $p(x_k \mid y_{1:k})$ 的分布。

UPF 算法步骤如下。

(1)初始化($k=0$)：抽取采样点 $x_0^i \sim p(x_0)$，并令 $w_0^i = 1/N, i=1,2,\cdots,N$。

(2)重要性采样(SIS)：对每个采样点 x_{k-1}^i，应用 UKF 算法得到 x_k^i, p_k^i。

权值更新：

$$w_k^i = w_{k-1}^i \frac{p(z_k \mid x_k^i) p(x_k^i \mid x_{k-1}^i)}{q(x_k^i \mid x_{k-1}, z_{1:k})} \tag{7-83}$$

所得的重要性函数为

$$q(x_k^i \mid x_{k-1}, z_{1:k}) = N(x_k^i; x_k^{-i}, P_k^i) \tag{7-84}$$

其中，$N(x;m;P)$ 是变量 x 的高斯分布密度函数，均值和方差分别为 m 和 p，它充分利用了新的观测值，因而改进了粒子抽样的精度。

(3)再采样：$\{x_{k/k}^{(i)}, N_k^i\} \rightarrow \{\tilde{x}_{k/k}^{(i)}, N^{-1}\}$，再采样的方法有很多种，本文采用随机抽取法。

(4)状态更新：

$$x(k \mid k) = \sum_{i=1}^{N} \tilde{x}_{k|k}^{(i)} N_k^i \tag{7-85}$$

UKF 算法在更新粒子 $\{x_{k-1}^i, i=1,2,\cdots,N\}$ 的过程中，用到了最新的观测值 y_k，更新后的粒子 $\{x_k^i, i=1,2,\cdots,N\}$ 的作用是用来计算权值，同时，按照以上推导可以发现权值较大的粒子都是与观测值信息相关性大的，而与观测信息无关或相关性小的粒子多占的权值很小。

UPF 与粒子滤波的不同之处在于状态预测阶段 UPF 采用 UKF 来更新采样粒子，其结果包含了最新的观测值信息。所以与观测值相关性大的粒子的权值就会增大，经过再采样相关性大的粒子在粒子总数中的比例将相应增加，而与观测值信息无关的粒子将被剔除，使得计算时总是利用与观测信息相关的粒子而不用理会无关的粒子从而节约时间，所以在算法的效率和精度方面 UPF 算法要高于单纯的粒子滤波算法。

7.5 EKF/UKF 在微惯性/GPS 组合导航系统中的应用

惯性导航系统本质上都是非线性的，线性 Kalman 滤波算法在惯性器件精度不太低的情况可以适用，但若采用的惯性器件精度很低时(如陀螺的漂移在 100°/h 以上)，将导致组合导航系统的严重非线性。常用的线性误差模型都是在假设姿态误差角是小量的情况下得到的，由于忽略了高阶项，所以当存在较大的导航误差时，线性化误差方程不能精确地描述系统的非线性特性,这在低成本的 MEMS 惯导与 GPS 的伪距、伪距率紧耦合系统中尤为突出,因为伪距、伪距率的量测方程本身就是非线性的。因此直接采用非线性模型研究低成本的 MIMU/GPS 紧耦合导航问题,可以更准确地描述系统的特性,提高组合的精度。

组合导航系统的组合算法为本章 7.3 节中的卡尔曼滤波器结构。

得到 k 时刻陀螺和加速度计随机误差作为卡尔曼滤波器状态变量中陀螺和加速度计随机误差状态量,参与递推估计。设随机误差为 $\hat{x}_{k|k-1}$,其他变量与卡尔曼滤波器中的定义相同,估计形式为

$$\hat{x}_k = \hat{x}_{k|k-1} + K_k[z_k - h(\hat{x}_{k|k-1})] \tag{7-86}$$

7.5.1　组合系统的状态方程

这里的滤波方法采用卡尔曼滤波,导航坐标系取为当地东北天地理坐标系,其中坐标系 XYZ 三个轴分别指向东北天,状态变量 X_I 包括 MAHRS(MEMS Attitude and Heading Reference System)的输出量误差和惯性器件误差。这里以陆地车辆运动为应用背景,不考虑速度和位置的垂直分量。则

$$X_I = [\delta\varphi_E\ \delta\varphi_N\ \delta\varphi_U\ \delta V_E\ \delta V_N\ \delta L\ \delta\lambda\ \varepsilon_E\ \varepsilon_N\ \varepsilon_U \nabla_E\ \nabla_N\ \nabla_U]^{\mathrm{T}}$$

其中,$\delta\varphi_E\ \delta\varphi_N\ \delta\varphi_U$ 为载体三轴姿态误差角,$\delta V_E\ \delta V_N$ 为载体的东向和北向速度误差,$\delta L\ \delta\lambda$ 为经度、纬度位置误差,$\varepsilon_E\ \varepsilon_N\ \varepsilon_U$ 为陀螺三个轴随机漂移,$\nabla_E\ \nabla_N\ \nabla_U$为加速度计三个轴零偏。

系统状态方程为

$$\dot{X}(t) = \boldsymbol{F}_I(t)\boldsymbol{X}_I(t) + \boldsymbol{G}_I(t)\boldsymbol{W}_I(t) \tag{7-87}$$

式中,$\boldsymbol{F}_I$,$\boldsymbol{G}_I$ 和 $\boldsymbol{W}_I$ 分别为状态转移矩阵、噪声驱动矩阵和系统噪声,其中噪声向量 $\boldsymbol{W}_I = [W_\varepsilon\ W_\Delta]^{\mathrm{T}}$,$\boldsymbol{W}_\varepsilon$ 为陀螺漂移向量,$\boldsymbol{W}_\Delta$ 为加速度计零偏向量。这里采用如下的惯导系统误差方程,其中 L 为纬度,λ 为经度,R 为地球半径,R_M 为地球子午圈曲率半径,R_N 为卯酉圈曲率半径,Ω 为地球自转角速度,f 为加速度计三轴分量,$\boldsymbol{C}_b^n$ 为姿态矩阵。该模型适用于沿地球表面运动的运载体上的导航系统。

(1)姿态误差方程

$$\begin{cases}\dot{\varphi} = -\dfrac{1}{R}\delta V_N + \left[\Omega\sin L + \dfrac{V_E}{R}\tan L\right]\varphi_N - \left[\Omega\cos L + \dfrac{V_E}{R}\right]\varphi_U + \varepsilon_E \\ \dot{\varphi} = -\Omega\sin L\delta L + \dfrac{1}{R}\delta V_E - \left[\Omega\sin L + \dfrac{V_E}{R}\tan L\right]\varphi_E - \dfrac{V_N}{R}\varphi_U + \varepsilon_N \\ \dot{\varphi}_U = \left[\Omega\cos L + \dfrac{V_E}{R}\sec^2 L\right]\delta L + \dfrac{1}{R}\tan L\delta V_E + \left[\Omega\cos L + \dfrac{V_E}{R}\right]\varphi_E + \dfrac{V_N}{R}\varphi_N + \varepsilon_U\end{cases} \tag{7-88}$$

(2)速度误差方程

$$\begin{cases}\delta\dot{V}_N = -2\omega_{ie}\sin L\cdot\delta V_E + g\cdot\varphi_E + \nabla_N \\ \delta\dot{V}_E = 2\omega_{ie}\sin L\cdot\delta V_N - g\cdot\varphi_N + \nabla_E\end{cases} \tag{7-89}$$

(3)位置误差方程

$$\begin{cases}\delta\dot{L} = \dfrac{\delta V_N}{R_M} \\ \delta\dot{\lambda} = \dfrac{\delta V_E}{R_N\cos L} + \dfrac{V_E}{R_N\cos L}\tan L\delta L\end{cases} \tag{7-90}$$

该模型适用于沿地球表面运动的运载体上的导航系统。

$$F_I = \begin{bmatrix} F_N & F_s \\ 0 & F_M \end{bmatrix}_{13\times 13}$$

式中，F_N 为对应位置、速度和姿态角误差方程的系统阵，其非零元素如下。

$F(1,2) = \Omega\sin L + \dfrac{V_E}{R_N}\tan L$　　$F(1,3) = -\left(\Omega\cos L + \dfrac{V_E}{R_N}\right)$

$F(1,5) = -\dfrac{1}{R_M}$　　$F(2,1) = -\left(\Omega\sin L + \dfrac{V_E}{R_N}\tan L\right)$

$F(2,3) = -\dfrac{V_N}{R_M}$　　$F(2,4) = \dfrac{1}{R_N}$

$F(2,6) = -\Omega\sin L$　　$F(3,1) = \Omega\cos L + \dfrac{V_E}{R_N}$

$F(3,2) = \dfrac{V_N}{R_M}$　　$F(3,4) = \dfrac{1}{R_M\tan L}$

$F(3,6) = \Omega\cos L + \dfrac{V_E}{R_N}\sec^2 L$　　$F(4,3) = f_N$

$F(4,4) = \dfrac{V_E}{R_N}$　　$F(4,5) = \dfrac{V_E}{R_N}\tan L + 2\Omega\sin L$

$F(4,6) = 2\Omega V_N\cos L + \dfrac{V_E V_N}{R_N}\sec^2 L$　　$F(5,3) = -f_E$

$F(5,4) = 2\Omega\sin L + \dfrac{V_E}{R_N}\tan L$　　$F(5,6) = -\left(2\Omega V_E\cos L + \dfrac{V_E^2}{R_N}\sec^2(L)\right)$

$F(6,5) = \dfrac{1}{R_M}$　　$F(7,4) = \dfrac{1}{R_N\cos L}$

$F(7,6) = \dfrac{V_E\tan L}{R_N\cos L}$

$$F_s = \begin{bmatrix} C_b^n & C_b^n & 0_{3\times 2} \\ 0_{2\times 3} & 0_{2\times 3} & (C_b^n)_{2\times 2} \\ 0_{2\times 3} & 0_{2\times 3} & 0_{2\times 2} \end{bmatrix}_{7\times 6}，(C_b^n)_{2\times 2}\text{为姿态矩阵前两行}$$

$$F_M = I_{6\times 6}$$

$$G_I = \begin{bmatrix} 0_{7\times 3} & 0_{7\times 3} \\ I_{3\times 3} & 0_{3\times 3} \\ 0_{3\times 3} & I_{3\times 3} \end{bmatrix}_{13\times 6}$$

7.5.2 组合系统的量测方程

组合系统的观测量有 GPS 接收机输出的速度、经纬度信息和三轴地磁传感器输出的三个姿态角信息。这些量与相应 MAHRS 的输出信息之差值作为量测量。

三轴姿态角的误差量测是 MAHRS 输出的姿态信息和三轴地磁传感器输出的相应信息的差值。

设 MAHRS 的姿态输出为

$$\begin{cases}\Phi_{EI} = \varphi_E + \delta\Phi_{EI} \\ \Phi_{NI} = \varphi_N + \delta\Phi_{NI} \\ \Phi_{UI} = \varphi_U + \delta\Phi_{UI}\end{cases}$$

三轴地磁传感器的姿态输出为

$$\begin{cases}\Phi_{EE} = \varphi_E + P_E \\ \Phi_{NE} = \varphi_N + P_N \\ \Phi_{UE} = \varphi_U + P_U\end{cases}$$

式中　$\Phi_{EI},\Phi_{NI},\Phi_{UI}$——MAHRS 输出的姿态角；

$\varphi_{EI},\varphi_{NI},\varphi_{UI}$——系统真实的姿态角；

$\delta\Phi_{EI},\delta\Phi_{NI},\delta\Phi_{UI}$——MAHRS 姿态误差；

$\Phi_{EE},\Phi_{NE},\Phi_{UE}$——三轴地磁传感器输出的姿态角；

P_E,P_N,P_U——三轴地磁传感器姿态角误差。

组合导航系统的姿态误差观测方程为

$$Z_1(t) = \begin{bmatrix}\Phi_{EI} - \Phi_{EE} \\ \Phi_{NI} - \Phi_{NE} \\ \Phi_{UI} - \Phi_{UE}\end{bmatrix} = \begin{bmatrix}\delta\Phi_{EI} + P_E \\ \delta\varphi_{NI} + P_N \\ \delta\Phi_{UI} + P_U\end{bmatrix} = \boldsymbol{H}_1(t)\boldsymbol{X}_I(t) + \boldsymbol{V}_1(t) \tag{7-91}$$

式中，$\boldsymbol{H}_1 = [I_{3\times3} \quad 0_{3\times10}]$；$\boldsymbol{V}_1(t) = [P_E \quad P_N \quad P_U]$，为三轴地磁传感器的零均值观测白噪声。

速度误差的量测是 MAHRS 输出的速度信息和 GPS 接收机输出相应的信息差值。

设 MAHRS 的速度输出为

$$\begin{cases}V_{EI} = V_E + \delta V_{EI} \\ V_{NI} = V_N + \delta V_{NI}\end{cases} \tag{7-92}$$

GPS 子系统的速度输出为

$$\begin{cases}V_{Eg} = V_E + M_E \\ V_{Ng} = V_N + M_N\end{cases} \tag{7-93}$$

式中　V_{EI},V_{NI}——MAHRS 输出的速度；

V_E,V_N——系统真实的速度；

$\delta V_{EI},\delta V_{NI}$——MAHRS 速度误差；

V_{Eg},V_{Ng}——GPS 系统输出的速度；

M_E,M_N——GPS 接收机沿东、北方向的速度误差。

组合系统速度误差的观测量方程为

$$Z_2(t) = \begin{bmatrix}V_{EI} - V_{Eg} \\ V_{NI} - V_{Ng}\end{bmatrix} = \begin{bmatrix}\delta V_{EI} + M_E \\ \delta V_{NI} + M_N\end{bmatrix} = \boldsymbol{H}_2(t)\boldsymbol{X}_I(t) + \boldsymbol{V}_2(t) \tag{7-94}$$

式中，$\boldsymbol{H}_2 = [0_{2\times3} \quad I_{2\times2} \quad 0_{2\times8}]$；$\boldsymbol{V}_2(t) = [M_E \quad M_N]^{\mathrm{T}}$，为 GPS 的零均值观测白噪声。

位置误差量测量是 MAHRS 输出的经纬度信息和 GPS 接收机输出的相应信息的差值。设 MAHRS 的位置输出为

$$\begin{cases}L_I = L + \delta L_I \\ \lambda_I = \lambda + \delta\lambda_I\end{cases} \tag{7-95}$$

GPS 系统的位置输出为

$$\begin{cases} L_G = L - \frac{\delta L_{GN}}{R} \\ \lambda_G = \lambda - \frac{\delta L_{GE}}{R\cos L} \end{cases} \tag{7-96}$$

式中 L_I,λ_I——MAHRS 输出的纬、经度；

L,λ——系统无误差的纬度、经度；

$\delta L_I,\delta\lambda_I$——MAHRS 输出纬度、经度误差；

L_G,λ_G——GPS 系统输出的纬度、经度；

L_{GE},L_{GN}——GPS 接收机沿东向北向的位置误差。

组合导航系统的位置误差观测方程为

$$\boldsymbol{Z}_3(t) = \begin{bmatrix} (\lambda_I - \lambda_G)R\cos L \\ (L_I - L_G)R \end{bmatrix} = \begin{bmatrix} R\delta\lambda_I + L_{GE} \\ R\delta L_I + L_{GN} \end{bmatrix} = \boldsymbol{H}_3(t)\boldsymbol{X}_I(t) + \boldsymbol{V}_3(t) \tag{7-97}$$

式中，$\boldsymbol{H}_3 = [0_{2\times5}\ \mathrm{diag}(R\cos L\quad R)\ 0_{2\times6}]$；$\boldsymbol{V}_3(t) = [N_E\quad N_N]^{\mathrm{T}}$ 为 GPS 的零均值观测白噪声。组合系统的总量测方程如下：

$$\boldsymbol{Z}(t) = \begin{bmatrix} Z_1(t) \\ Z_2(t) \\ Z_3(t) \end{bmatrix}_{7\times1} \tag{7-98}$$

7.5.3 仿真条件设定

根据传感器特性设置仿真条件如下：初始速度误差 0.5 m/s，初始姿态误差角分别为 1°，1°，1°，陀螺仪常值漂移 100 °/h，陀螺随机漂移为 10°/h，加速度计常值零偏为 1 000 μg，随机零偏 500 μg，GPS 接收机位置误差 10 m(1σ)，速度误差为 0.05 m/s(1σ)。三轴地磁传感器姿态角误差为 0.2°(1σ)，已消除当地地磁倾角。

设 MAHRS 解算周期为 0.2 s。地磁传感器输出周期为 1 s，GPS 的速度、位置信号周期为 1 s。初始起始点为经度 126.6°、纬度 45.7°，组合系统解算周期为 1 s。

设定三轴角速度的周期分别为 40 s、80 s、60 s；幅值分别为 3°，12.5°，3°。车辆为东向、北向匀速运动，速度为 0.5 m/s。利用 MAHRS、GPS、地磁传感器信号计算车辆的姿态、速度和位置经纬度。采用四阶 Runge-kutta 法完成四元数的即时修正。

7.5.4 仿真结果及结论

分别以 EKF 滤波方法及 UKF 滤波方法进行仿真，图 7－7 为 EKF/UKF 滤波姿态、速度和位置误差曲线。

从仿真的误差曲线可以看出，对于非线性严重的低精度微航姿系统采用改进 UKF 方案组合的效果要明显优于常规 EKF 方案。EKF 方案导航误差曲线波动较大，相比而言改进 UKF 方案的误差曲线较为平稳且精度较高。说明改进以后的 UKF 滤波有更高的导航精度，更适用于非线性严重的低精度惯导与 GPS 的组合导航系统中。

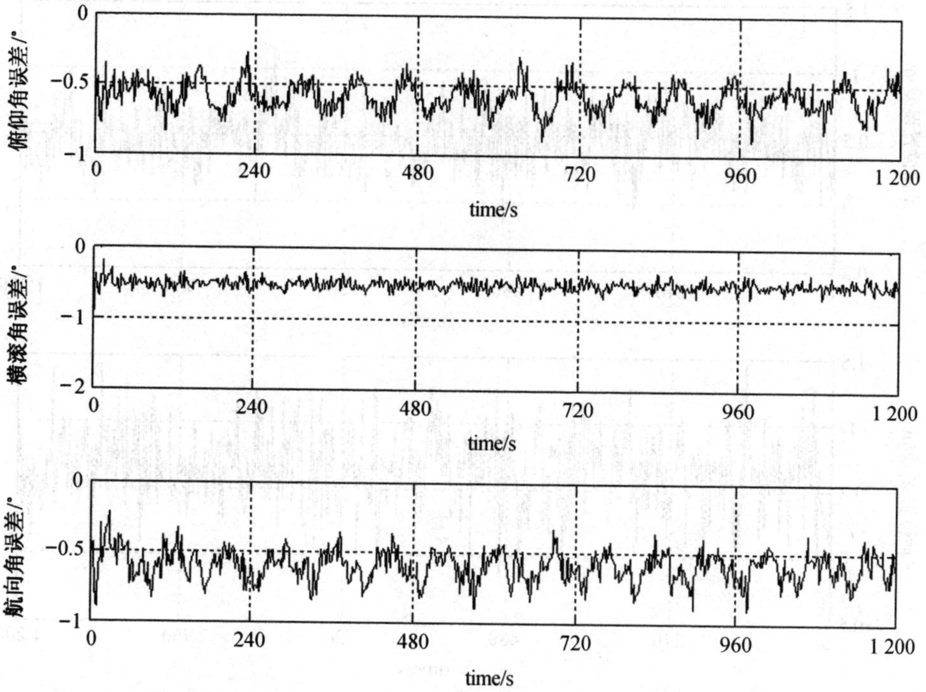
俯仰角误差/°
横滚角误差/°
航向角误差/°
0
-0.5
-1
-2
0
240
480
720
960
1 200
time/s

(a)

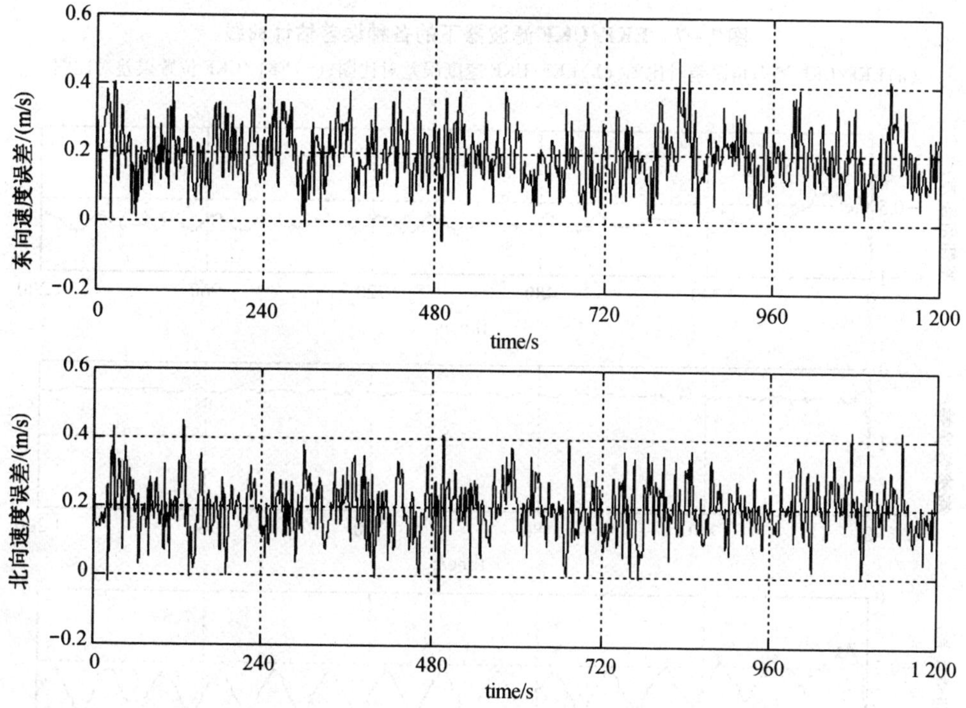
东向速度误差/(m/s)
北向速度误差/(m/s)
0.6
0.4
0.2
0
-0.2
0
240
480
720
960
1 200
time/s

(b)

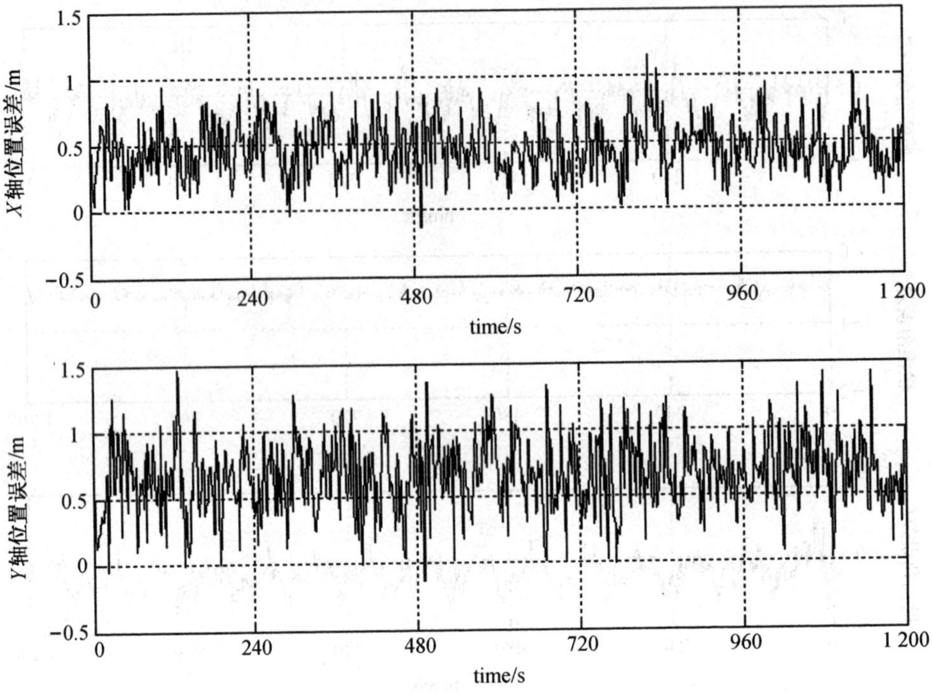

(c)

图 7-7　EKF/UKF 滤波器下的各种误差估计曲线

(a)EKF/UKF 姿态角误差对比图;(b)EKF/UKF 速度误差对比图;(c)EKF/UKF 位置误差对比图

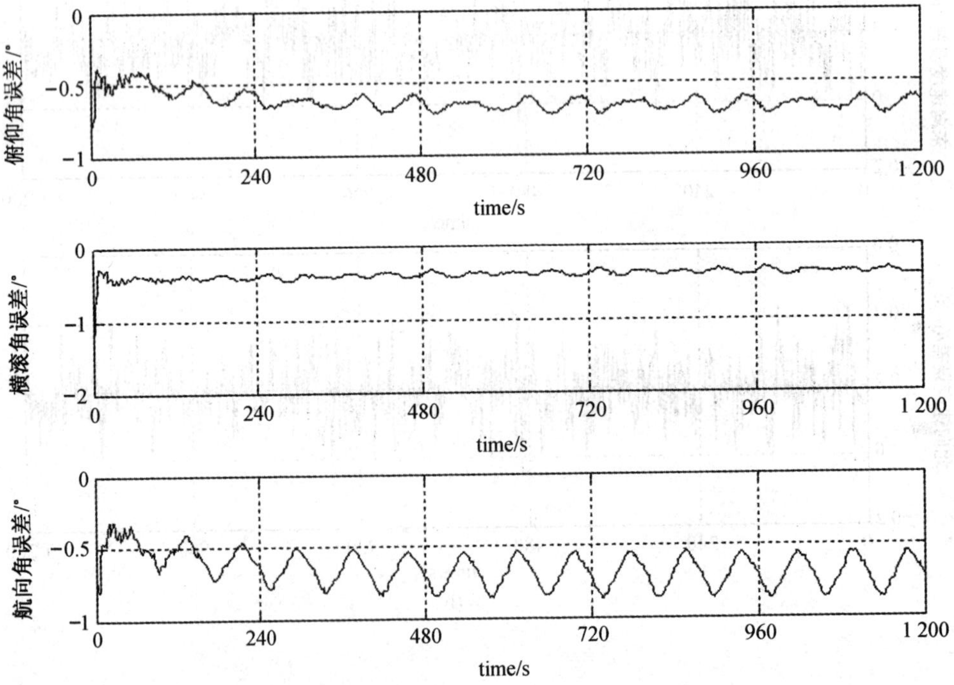

(a)

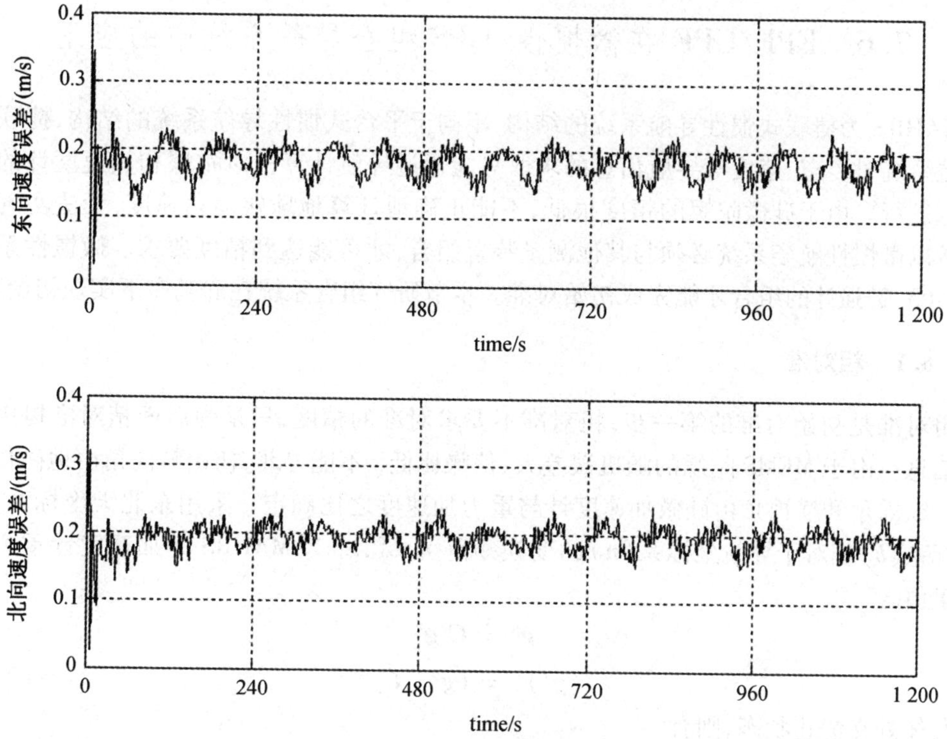

(b)

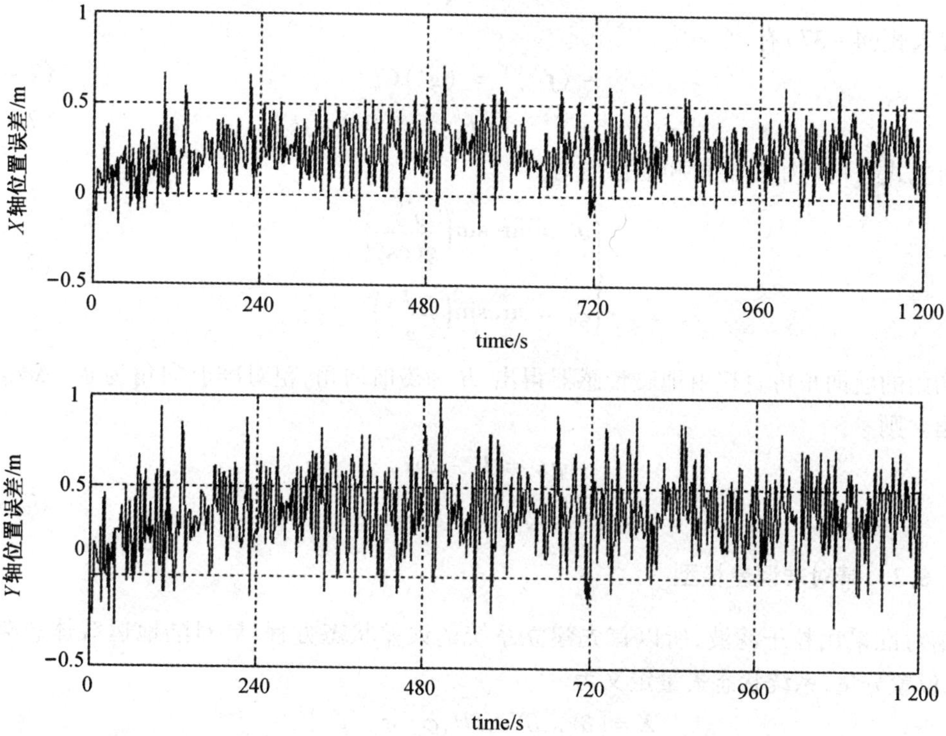

(c)

图 7－8　UKF 滤波器下的各种误差估计曲线

(a) UKF 姿态角误差图；(b) UKF 速度误差图；(c) UKF 位置误差图

7.6 EPF/UPF 在微惯性/GPS 组合导航系统中的应用

MAHRS 为捷联式惯性导航系统的结构,不同于平台式惯性导航系统的结构,捷联式惯性导航系统对姿态、速度等导航信息的求取只能通过导航计算机对陀螺和加速度计的输出值解算进行。由于硅微陀螺的精度很低,不能正确地计算地球转动角速度,无法实现自对准。所以微惯性航姿系统必须与其他测量装置组合,才可能达到精度要求。微惯性系统只有与 GPS、磁强计的组合才能完成初始对准。本节研究组合系统在静基座下实现初始对准。

7.6.1 粗对准

粗对准是初始对准的第一步,粗对准不要求对准的精度,只是为后面精对准提供初始姿态信息。由于 MEMS 陀螺的随机误差大、信噪比低,不能寻北,初始航向角由地磁传感器提供。纵摇角和横摇角由硅微加速度计与重力加速度之比确定。采用东北天坐标系,设载体坐标系(b)相对于导航坐标系(n)的变换矩阵为 $\boldsymbol{C}_b^n$,g^b 为 MAHRS 的加速度计重力加速度测量值。

$$\begin{aligned}\boldsymbol{g}^b &= \boldsymbol{C}_n^b\boldsymbol{g}^n\\(\boldsymbol{g}^b)^{\mathrm{T}} &= (\boldsymbol{g}^n)^{\mathrm{T}}\boldsymbol{C}_b^n\end{aligned}\tag{7-99}$$

载体处在静止状态,则有

$$\boldsymbol{f}^b = -\boldsymbol{g}^b\tag{7-100}$$

代入式(4-37)有

$$-(\boldsymbol{f}^b)^{\mathrm{T}} = (g^n)\boldsymbol{C}_b^n\tag{7-101}$$

$$[-f_x^b \quad -f_y^b \quad -f_z^b] = [0\ 0\ g]C_b^n\tag{7-102}$$

由上式可得初始横摇角和纵摇角为

$$\begin{cases}\theta_0 = \arcsin\left(\dfrac{\boldsymbol{f}_x^b}{\boldsymbol{g}\cos\xi}\right)\\[2ex]\xi_0 = \arcsin\left(\dfrac{-\boldsymbol{f}_y^b}{g}\right)\end{cases}\tag{7-103}$$

初始的航向角可直接由地磁传感器得出,H 为磁航向角,粗对准航向角为 ψ_0,$\Delta\psi_M$ 为地磁偏角。则

$$\begin{aligned}\psi_M &= H - \Delta\psi_M\\\psi_0 &= \psi_M\end{aligned}\tag{7-104}$$

7.6.2 精对准误差模型

精对准采用粒子滤波,所以首先建立系统的误差状态方程,针对陆地运载体忽略垂直速度、位置分量,系统状态矢量定义为

$$\boldsymbol{X} = [\delta V_E, \delta V_N, \delta H, \varphi_E, \varphi_N, \varphi_U]^{\mathrm{T}}$$

这里选择六维状态矢量,δV_E 为东向速度误差,δV_N 为北向速度误差,δH 是航向角误差。$\boldsymbol{\varphi}$ 是载体坐标系相对于导航坐标系失准角向量,φ_E 是横摇角误差,φ_N 是纵摇角误差,φ_U 是航向角误差。由惯导基本方程可得姿态角非线性误差方程:

$$\begin{cases}\dot{\varphi}_E = -(\sin\varphi_U)w_{ie}\cos L + \varphi_N w_{ie}\cos L - \dfrac{\delta V_N}{R} + \xi_E \\ \dot{\varphi}_N = (1-\cos\varphi_U)w_{ie}\cos L - \varphi_E w_{ie}\sin L + \dfrac{\delta V_E}{R} + \xi_N \\ \dot{\varphi}_U = (-\varphi_U\sin\varphi_U + \varphi_E\cos\varphi_U)w_{ie}\cos L + \dfrac{\delta V_E}{R}\tan L + \xi_U\end{cases} \tag{7-105}$$

其中,L 为地理纬度;R 是地球半径;ξ 为陀螺漂移沿东北天坐标系的分量;ξ_E,ξ_N,ξ_U 为陀螺各分量的随机噪声;ω_{ie}为地球自转角速度。

速度误差方程:

$$\begin{cases}\delta\dot{V}_E = -(\cos\varphi_U - 1)f_E + (\sin\varphi_U)f_N - g(\varphi_N\cos\varphi_U + \varphi_E\sin\varphi_U) + 2w_{ie}(\sin L)\delta V_N + \nabla_E \\ \delta\dot{V}_N = -(\sin\varphi_U)f_E + (\cos\varphi_U - 1)f_N - g(\varphi_E\cos\varphi_U - \varphi_N\sin\varphi_U) - 2w_{ie}(\sin L)\delta V_E + \nabla_N\end{cases} \tag{7-106}$$

其中,∇_N,∇_E,为加速度计的东向和北向偏置误差,f 为载体坐标系的比力,g 为当地重力加速度。为集中讨论算法的性能,这里采用简化的误差模型如下:

$$\begin{cases}\delta\dot{V}_E = -g(\varphi_N\cos\varphi_U + \varphi_E\sin\varphi_U) + 2w_{ie}(\sin L)\delta V_N + \nabla_E \\ \delta\dot{V} = g(\varphi_E\cos\varphi_U - \varphi_N\sin\varphi_U) - 2w_{ie}(\sin L)\delta V_E + \nabla_N \\ \dot{\varphi}_E = -(\sin\varphi_U)w_{ie}\cos L + \varphi_N w_{ie}\sin L + \xi_E \\ \dot{\varphi}_N = (1-\cos\varphi_U)w_{ie}\cos L - \varphi_E w_{ie}\sin L + \xi_N \\ \dot{\varphi}_U = (-\varphi_N\sin\varphi_U + \varphi_E\cos\varphi_U)w_{ie}\cos L + \xi_U\end{cases} \tag{7-107}$$

由于 MAHRS 在静态时的测量误差只有包含常值误差和随机误差,在短时间内噪声的变化率可忽略不计。所以陀螺仪和加速度计的偏置误差可表示为

$$\begin{cases}\dot{\xi}_N = 0 \\ \dot{\xi}_E = 0 \\ \dot{\xi}_D = 0 \\ \dot{\nabla}_N = 0 \\ \dot{\nabla}_E = 0\end{cases} \tag{7-108}$$

本文取水平加速度计和 GPS 的速度之差 $\delta V_E,\delta V_N$ 和航向角误差 δH 为观测量。这里 $\boldsymbol{Z}(t) = [\delta V_E,\delta V_N,\delta H]^{\mathrm{T}}$。

这里量测方程为

$$Z(t) = FX(t) + w(t) \tag{7-109}$$

$$Z_1 = \delta V_E + w_E$$

$$Z_2 = \delta V_N + w_N$$

$$Z_3 = \varphi_U - \psi_M = \delta H + w_H$$

$$\boldsymbol{Z} = \begin{bmatrix} Z_1 \\ Z_2 \\ Z_3 \end{bmatrix}$$

$$F=\begin{bmatrix}1&0&0&0&0&0\\0&1&0&0&0&0\\0&0&1&0&0&0\end{bmatrix}$$

式中，w_E 和 w_N 是 GPS 的量测噪声，ψ_M 是地磁航向角，w_H 是地磁传感器量测噪声，$w(t)\sim N(0,R)$。

7.6.3 EPF/UPF 算法在初始对准中的仿真比较分析

利用上一节建立的微惯性航姿系统的误差模型在 MATLAB 7.7 环境下进行静基座初始对准仿真实验。所用双核计算机主频 2.2 GHz，内存 1 G。设地球半径取为 6 370 km；当地地理纬度取为 $L=46.606\,5°$；$g=9.780\,49\ \text{m/s}^2$；地球自转角速度 $\omega_{ie}=15.04\ °/\text{h}$；初始水平失准角均为 1°；初始方位大失准角为 6°；陀螺常值漂移为 10°/h；陀螺随机漂移为 0.03 °/s；加速度计常值偏置为 5 mg；加速度计随机误差为 1 mg；系统采样频率 50 Hz；仿真时间为 600 s；地磁航向角随机误差为 0.1°；初始粒子数 1 000 个。状态矢量 $\boldsymbol{X}$ 估计初值为 0，状态矢量 $\boldsymbol{X}$ 的方差初值为 P_0，系统状态方程噪声方差为 Q，量测噪声方差为 V。

$$P_0=\text{diag}\{(0.1\ \text{m/s})^2,(0.1\ \text{m/s})^2,(0.1°)^2,(1°)^2,(1°)^2,(6°)^2\}$$

$$Q=\text{diag}\{0.001,0.001,0.1,0.03,0.03,0.03\}$$

$$V=\text{diag}\{(0.1\ \text{m/s})^2,(0.1\ \text{m/s})^2,(0.1°)^2\}$$

采用 EPF 滤波和 UPF 算法仿真结果如图 7－9～图 7－11。

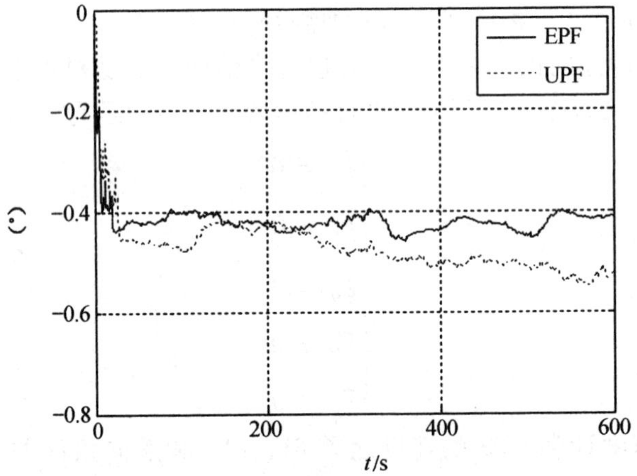

图 7－9　横摇角误差曲线

从图 7－9 至图 7－11 中可见，在微惯性航姿系统的静基座初始对准中 EPF 算法滤波取得了良好效果。UPF 算法中横摇角和纵摇角、航向角收敛时间约为 50 s 内，而 EPF 滤波技术收敛时间约为 250 s，UPF 算法只用五分之一的时间。UPF 算法收敛速度明显快于扩展粒子滤波技术，而且估计误差精度高，方差小。表 7－1 给出估计误差比较。

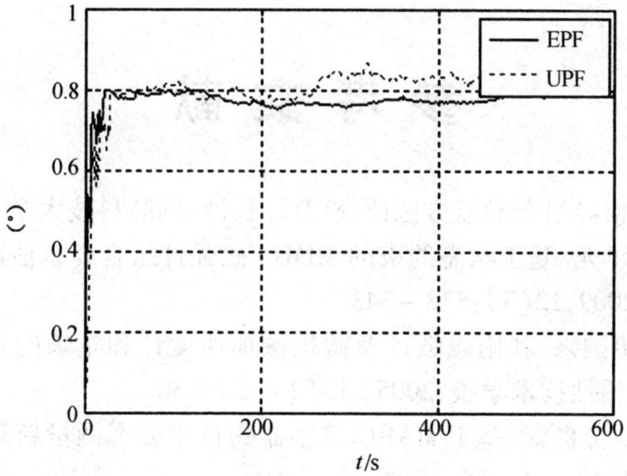

图 7－10　纵摇角误差曲线

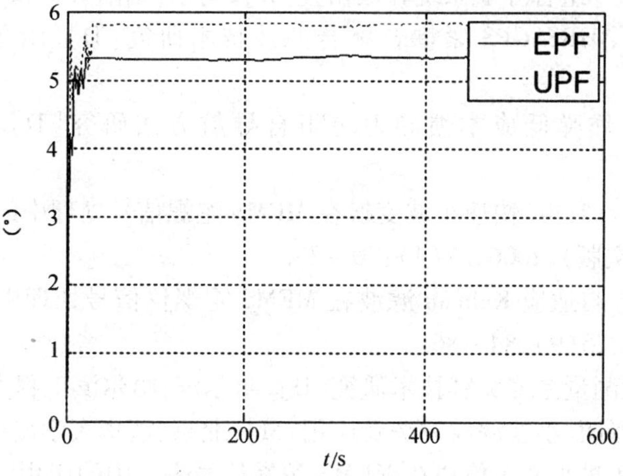

图 7－11　航向角误差曲线

表 7－1　UPF 和 EPF 估计 RMS 误差比较

方法	φ_E/(°)	φ_N/(°)	φ_U/(°)
EPF	0.227 4	0.418 5	0.685 8
UPF	0.189 27	0.268 9	0.313 8

从表 7－1 可以看出，UPF 算法姿态角估计误差基本上是 EPF 算法的一半。

本章介绍了粒子滤波的相关基础知识，有贝叶斯定理、蒙特卡罗定理、序贯重要性采样等相关定理。针对粒子滤波的退化现象产生的原因介绍了消除退化现象的方法：再采样和优选重要性密度函数。在粒子滤波的基础上给出了 UPF 滤波估计方法，它采用 UKF 对样本粒子进行预测和更新以消除退化现象。最后在微惯性组合系统的初始对准中应用 EPF/UPF 方法进行了仿真，并对 EPF 和 UPF 滤波方法进行了仿真比较，结果证明 UPF 方法在非线性、低精度惯性器件条件下的滤波效果稳定且能达到一定的精度。所以，UPF 算法确实能够克服退化现象和解决粒子滤波计算量大的问题。

参 考 文 献

[1] 何晓峰. 北斗/微惯导组合导航方法研究[D]. 长沙:国防科技大学,2009.

[2] 薛亮,姜澄宇,常洪龙. 基于状态约束的 MIMU/磁强计组合姿态估计滤波算法[J]. 中国惯性技术学报, 2009,12(3):338 -343.

[3] 黄旭, 王常虹, 伊国兴. 利用磁强计及微机械加速度计和陀螺的姿态估计扩展卡尔曼滤波器[J]. 中国惯性技术学报,2005, 13(2): 27 -30.

[4] 傅建国, 王孝通, 金良安. 基于 MARG 传感器的自主姿态测量新算法[J]. 中国惯性技术学报,2004, 12(4): 51 -56.

[5] 马云峰. MSINS/GPS 组合导航系统及其数据融合技术研究[D]. 南京:东南大学, 2006.

[6] 黄丽斌. MINS/GPS 组合导航系统算法研究[D]. 南京:东南大学,2004.

[7] 夏琳琳. 低成本 AHRS/GPS 紧耦合融合滤波技术研究[D]. 哈尔滨:哈尔滨工程大学,2008.

[8] 陈帅. 精确制导炸弹低成本惯导卫星组合导航方法研究[D]. 南京:南京理工大学, 2008.

[9] 吉训生,王寿荣,许宜申. 快速小波变换在 MEMS 陀螺信号处理中的应用(英文)[J]. 东南大学学报(英文版),2006,22(4):70 -73.

[10] 吉训生,王寿荣. 自适应 Kalman 滤波在 MEMS 陀螺仪信号处理中的应用[J]. 传感器与微系统,2006,25(9):84 -86.

[11] 杨金显. 微惯性测量系统关键技术研究[D]. 哈尔滨:哈尔滨工程大学,2008.

[12] 潘泉,张磊,孟晋丽. 小波滤波方法及应用[M]. 北京:清华大学出版社,2005.

[13] 苏丽,周雪梅. 改进小波阈值法在 MEMS 陀螺信号去噪中的应用[J]. 中国惯性技术学报,2009,17(2):231 -235.

[14] 李杰,曲芸,刘俊,等. 模平方小波阈值在 MEMS 陀螺信号降噪中的应用[J]. 中国惯性技术学报,2008,16(2):236 -239.

[15] 夏敦柱, 周百令,王寿荣. 实时小波滤波方法在硅微陀螺仪中的应用研究[J]. 中国惯性技术学报,2007,15(1):92 -95.

[16] Lee J G, Yoon Y J. Extension of strapdown attitude algorithm for high-frequency base motion [J]. Journal of Guidance, Control, and Dynamics, 1990, 27(4):738 -743.

[17] Jiang Y F. Improved strapdown coning algorithm[J]. IEEE Transactions on Aerospace and Electronic Systems, 1992, 28(2):484 -490.

[18] Savage P G. Strapdown inertial navigation integration algorithm design, part 2: velocity and position algorithms[J]. Journal of Guidance, Control and Dynamics, 1998, 21(2):208 -221.

[19] Ignagni M B. Duality of optimal strapdown sculling and coning compensation algorithms[J]. Journal of the Institute of Navigation, 1998, 45(2):85 -95.

[20] Litmanovich Y A, Lesvuchevslcy V M, Gusinslcv V Z. Two new classes of strapdown navigation algorithms[J]. Journal of Guidance, Control, and Dynamics, 2000, 27(1):34 -44.

[21] 武元新. 对偶四元数导航算法与非线性高斯滤波研究[D]. 长沙:国防科学技术大学,2005.
[22] 秦永元. 惯性导航[M]. 北京:科学出版社,2006.
[23] 刘涛,曾祥利,曾军. 实用小波分析入门[M]. 北京:国防工业出版社,2006.
[24] 孙延奎. 小波分析及其应用[M]. 北京:机械工业出版社,2005.
[25] 程正兴,杨守志,冯晓霞. 小波分析的理论算法进展和应用[M]. 北京:国防工业出版社,2007.
[26] 成礼智,王红霞,罗永. 小波的理论与应用[M]. 北京:科学出版社,2004.
[27] 万德钧,房建成. 惯性导航初始对准[M]. 南京:东南大学出版社,1998.
[28] 陈兵舫,张育林,杨乐平. H_∞ 鲁棒滤波在惯导初始对准中的应用[J]. 中国惯性技术学报,2000,12(8), 58 -62.
[29] 何秀凤. Kalman 滤波技术在磁航向和捷联惯性组合系统初始对准中的应用[D]. 南京:南京航空航天大学学报,1995,27(3).
[30] 杨莉. 采用 BP 神经网络的惯导初始对准系统[D]. 南京:南京航空航天大学学报,1996,28(4).
[31] 马建军,郑志强. 数字罗盘辅助实现 MIMU 静基座初始对准[J]. 系统仿真学报,2007,19(10):2260 -2263.
[32] 程洪炳,黄国荣,宋艳君. MEMS 惯性测量组件动基座对准研究[J]. 弹箭与制导学报,2007,27(5):59 -64.
[33] 曹娟娟,房建成,盛蔚. 大方位失准角 MIMU 空中对准建模及半物理仿真[D]. 北京:北京航空航天大学学报,2008,34(1):63 -66.
[34] 王立冬,蔡玲,鲁军. 车载捷联惯导系统静止条件下的初始对准方法研究[J]. 中国惯性技术学报,2004,12(2):1 -12.
[35] 胡宏灿,郭立,朱俊株. 卡尔曼滤波器在导航系统初始对准中的应用[J]. 微电子学与计算机,2006,23(2):163 -165.
[36] 张卫明,张继惟,范子杰. UKF 在惯性导航系统初始对准中的应用研究[J]. 系统工程与电子技术,2007,29(4):589 -592.
[37] 苏宛新,黄春梅,刘陪伟. 自适应 Kalman 滤波在 SINS 初始对准中的应用[J]. 中国惯性技术学报, 2010,18(1):42 -44.
[38] Carvalho H, Del Moral P, Monin A. Optimal nonlinear filtering in GPS/INS integration [J]. IEEE Transactions on Aerospace and Electronic Systems, 1997, 33(3): 835 -849.
[39] Dmitriyev S P, Stepanov O A, Shepel S A. Nonlinear filtering methods application in ins alignment[J]. IEEE Transactions on Aerospace and Electronic Systems, 1997, 33(1): 260 -272.
[40] 崔平远,孙新蕊,裴福俊. 一种基于自适应粒子滤波的捷联初始对准方法研究[J]. 系统仿真学报,2008,20(20):5714 -5717.
[41] 崔平远,郑黎方,裴福俊. 基于卡尔曼/粒子组合滤波器的组合导航方法研究[J]. 系统仿真学报,2007,21(1):220 -223.
[42] 聂琦,高晓颖,李刚. 改进粒子滤波在捷联惯导系统姿态确定中的应用[J]. 系统仿真学报,2009,21(5):1282 -1285.

[43] 李涛. 非线性滤波方法在导航系统中的应用研究[D]. 长沙:国防科学技术大学,2003:96 - 102.

[44]郑黎方. SINS/GPS 组合导航系统新算法的研究与实现[D]. 北京: 北京工业大学,2008:43 - 54.

[45] 聂琦. 非线性滤波及其在导航系统中的应用[D]. 哈尔滨:哈尔滨工程大学,2008.

[46] 杨元喜. 自适应动态导航定位[M]. 北京: 测绘出版社,2006:68 - 74.

[47] 张共愿,赵忠. 粒子滤波及其在导航系统中的应用综述[J]. 中国惯性技术学报,2006,12(14): 91 - 94.

[48] 李弼成,黄洁,高世海. 信息融合技术及其应用[M]. 北京:国防工业出版社,2010.

[49] 秦永元,张洪钺,汪叔华. 卡尔曼滤波与组合导航原理[M]. 西安:西北工业大学出版社,1998.

[50] 王丹力,张洪钺. 惯导系统初始对准的非线性滤波算法[J]. 中国惯性技术学报,1999,7(3):17 - 21.

[51] 张帆, 曹喜滨, 邹经湘. 一种新的全角度四元数与欧拉角的转换算法[J]. 南京理工大学学报,2002,26(4): 376 - 379.

[52] 李跃军, 阎超. 飞行器姿态角解算的全角度双欧法[J]. 北京航空航天大学学报,2007,33(5): 505 - 508.

[53] 王亚锋,刘华平,张友安. 关于捷联惯导系统全姿态导航的一种新诠释[J]. 系统仿真学报,2007,19(20):4755 - 4758.

[54] 赵忠. 关于捷联惯性系统全姿态计算[J]. 中国惯性技术学报, 1994,2(2): 20 - 33.

[55] 陈哲. 全姿态飞机捷联式系统姿态角的计算[J]. 中国惯性技术学报, 1982,6: 76 - 85.

[56] 杨金显. 基于 ARM-Linux 平台车载导航系统设计与实现[D]. 哈尔滨:哈尔滨工程大学,2008.

[57] 朱威,张明,吴文启. 捷联惯性导航频域算法的仿真研究[J]. 系统仿真技术及其应用,2006,8:183 - 186.

[58] 朱威. 捷联惯导系统频域与小波域内导航算法研究[D]. 长沙:国防科技大学,2006.

[59] 张苗欢. 基于频域的惯性导航技术研究[D]. 哈尔滨:哈尔滨工程大学,2008.

[60] 曾鸣,冯建鑫,于志伟. 基于角速度频域重构的旋转矢量解算[J]. 中国惯性技术学报,2008,16(2): 144 - 147.

[61] 毛奔,林玉荣,惯性器件测试与建模[M]. 哈尔滨:哈尔滨工程大学出版社,2007.

[62] 刘基余. GPS 卫星导航定位原理与方法 [M]. 2 版. 北京:科学出版社,2008.

[63] 孙枫, 奔粤阳, 高伟. 捷联惯导算法中螺旋理论的应用[J]. 系统工程与电子技术,2007, 29(9): 1532 - 1535.

[64] 王玲玲, 富立. 模糊推理在捷联航姿系统中的应用[J]. 中国惯性技术学报,2006, 14(6): 45 - 47.

[65] 赵耀霞. 惯性导航系统航向姿态计算算法研究[J]. 机械工程与自动化,2006,3: 102 - 104.

[66] 付旭, 周兆英, 熊沈蜀. 基于 EKF 的多 MEMS 传感器姿态测量系统[J]. 清华大学学报(自然科学版),2006,46(11): 1857 - 1859.

[67] 秦永元,张士邈. 捷联惯导姿态更新的四子样旋转矢量优化算法研究[J]. 中国惯性技术学报,2001,9(4): 1 - 7.

[68] 刘巧光，杨海军，郭美凤. 捷联惯性导航系统的姿态算法优化设计[J]. 中国惯性技术学报，1999,7(2)：1－5.
[69] 许刚,陆恺,田蔚风. 船用捷联惯导系统的姿态算法研究[J]. 中国惯性技术学报，1997,5(4)：15－18.
[70] 韩志强. 基于八元数的捷联惯导算法研究[D]. 哈尔滨:哈尔滨工业大学，2006.
[71] 曾庆化，刘建业，熊智. 一种角速率激光陀螺惯导系统高精度姿态算法[J]. 上海交通大学学报，2006,40(12)：2159－2163.
[72] 余杨,张洪钺. 高精度捷联姿态算法设计[J]. 中国惯性技术学报，2008,16(1)：39－43.
[73] 孙丽,秦永元. 捷联惯导系统姿态算法比较[J]. 中国惯性技术学报，2006,14(3)：6－10.
[74] 姚耀中，徐玉如. 粒子群优化算法分析[J]. 哈尔滨工程大学学报,2007,28(11):1242－1246.
[75] 马忠孝,陈明,刘宗玉. 激光捷联惯导系统/地形辅助导航系统中卡尔曼/粒子组合滤波算法设计及仿真[J]. 中国惯性技术学报，2006,14(1)：41－46.
[76] 康健,司锡才,芮国胜. 基于贝叶斯原理的粒子滤波技术概述[J]. 现代雷达，2004，26(1)：34－36.
[77] Pitt M,Shephard N. Filtering via simulation：auxiliary particle filters[J]. Journal of the American Statistical Association，1999,94(446):590－599.
[78] 莫以为,萧德云. 进化粒子滤波算法及其应用[J]. 控制理论与应用,2005,22(2).
[79] 邓小龙,谢剑英,王林. 基于当前统计模型的改进粒子滤波[J]. 控制与决策,2005,20(5).
[80] Jayesh H, Kotecha, Petar M. Gaussian Particle filtering[J]. IEEE Transactions on Signal Proeessing,2003:2592－2601.
[81] Fox D. KLD-sampling：Adaptive particle filters[J]. International Journal of Robotics Research,2003,22(12):985－1003.
[82] 李锦明. 电容式微机械陀螺仪设计[M]. 北京:国防工业出版社,2006.
[83] 王喆垚. 微系统设计与制造[M]. 北京:清华大学出版社,2008.
[84] 张晶宇. MIMU/GPS/磁强计组合导航序贯自适应滤波技术[D]. 长沙:国防科学技术大学,2011.
[85] 陈淑铃. 硅微陀螺仪温度稳定性研究[D]. 南京:东南大学，2010.
[86] 梁丽娟. 基于机器人及军用导航系统的 MEMS 陀螺仪性能研究[D]. 北京:北京交通大学,2011.
[87] 陈宝毅. MEMS 惯性器件的数据采集与误差分析技术研究[D]. 哈尔滨:哈尔滨工程大学,2009.
[88] 谢世军. 三轴微机电陀螺仪微惯性测量研究[D]. 南京:南京理工大学，2011.
[89] 苑海静. 船用 MEMS 航姿测量系统算法研究与实现[D]. 哈尔滨：哈尔滨工程大学,2010.
[90] 孙柏虹. 基于 MEMS 的捷联航姿系统初始对准技术研究[D]. 哈尔滨:哈尔滨工程大学,2010.
[91] 霍亮. 两轮自平衡电动车的关键技术研究[D]. 哈尔滨:哈尔滨工程大学,2010.